精品课程立体化教材系列

工程计价实务

严　玲　尹贻林　主编

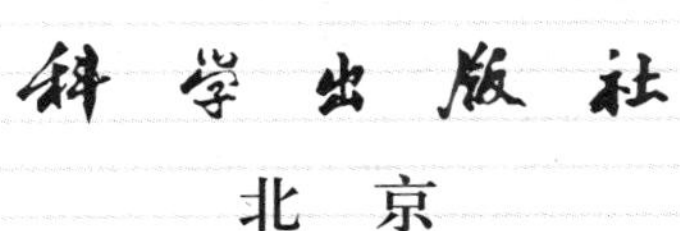

北　京

内 容 简 介

全过程工程造价咨询业务是我国工程咨询业的发展方向，与此对应，本书结合国内最新的《建设工程工程量清单计价规范》(GB5050—2008)、2007年《标准施工招标文件》(第56号令)和中国建设工程造价管理协会标准《建设项目全过程造价咨询规程》(CECA/GC4—2009)等最新文件，阐述了全过程工程计价的五个阶段的基础知识和操作实务，并结合国内工程定额计价和工程量清单计价模式将之分为基础篇、定额计价篇、工程量清单计价篇。基础篇介绍了工程造价费用的构成和工程计价原理；定额计价篇介绍了决策阶段的工程投资估算、财务评价，设计阶段概算的编制与审查、施工图预算编制；工程量清单计价篇介绍了交易阶段工程量的编制、招标控制价的编制、投标报价编制，施工阶段的工程价款管理，竣工阶段的工程竣工结算的编制与审查。

本书可作为高等院校工程管理、工程造价相关专业的教材，也可供工程造价专业的从业人员参考。

图书在版编目(CIP)数据

工程计价实务/严玲，尹贻林主编. —北京：科学出版社，2010.5
ISBN 978-7-03-027203-4

Ⅰ.①工… Ⅱ.①严…②尹… Ⅲ.①建筑工程-工程造价-高等学校-教材 Ⅳ.①TU723.3

中国版本图书馆CIP数据核字(2010)第065097号

责任编辑：赵静荣 马 跃 / 责任校对：郑金红
责任印制：张克忠 / 封面设计：耕者设计工作室

科学出版社出版
北京东黄城根北街16号
邮政编码：100717
http://www.sciencep.com

源海印刷有限责任公司 印刷
科学出版社发行 各地新华书店经销

*

2010年5月第 一 版 开本：787×1092 1/16
2010年5月第一次印刷 印张：28 1/2
印数：1—3 500 字数：676 000

定价：42.00元

(如有印装质量问题，我社负责调换)

前　言

我国全过程工程造价管理的概念及理论提出由来已久，并已经在实践中得到了应用。随着工程造价管理模式改革的推进，在工程项目建设前期采用定额计价进行项目投资费用的估算、工程项目交易期采用工程量清单计价进行招投标、工程项目实施阶段采用以单价合同和工程量清单为依据的合同价款管理与竣工结算编制，这些工程计价内容已经得到了业内的共识。国家各部委也相继出台了一些文件对建设项目全过程中相关阶段的造价管理工作进行规范和完善。其中最为重要的是2007年国家发展和改革委员会(以下简称为“国家发改委”)等九部委联合颁发了《标准施工招标文件》(第56号令)，出台了新的施工通用合同条款，2008年住房和城乡建设部、国家质量监督检验检疫总局联合发布了《建设工程工程量清单计价规范》(GB5050—2008)。此外，中国建设工程造价管理协会还出版了《建设项目全过程造价咨询规程》(2009CECA/GC4—2009)。这些文件进一步强化了工程交易和实施过程中的工程造价管理。

本书的第一个特点是提出将全过程工程计价分为三个时期、五个阶段。全书将工程项目建设前期的工程计价确定为以工程定额计价模式为核心、工程项目建设交易期的工程计价确定为以工程量清单计价为核心、工程项目实施期以合同管理为核心，以2007年版合同为蓝本介绍了在工程量清单计价模式下的工程价款管理和竣工结算。但是本书并没有将定额计价与工程量清单计价对立起来，而是认为两种计价依据在工程造价全过程计价中各有侧重、互相依赖。

本书的第二个特点是在章节安排上，将全书分为三篇七章，全面涵盖全过程工程计价的业务要求。分别介绍如下：第一篇为基础篇，包括两章，第一章介绍了工程计价的概念和全过程工程计价的内容以及造价工程师的作用，第二章介绍了现行的工程造价费用构成、工程计价依据和工程计价原理。第二篇为定额计价篇，包括决策和设计两个阶段，第三章决策阶段的工程计价介绍了建设项目的投资估算、财务评价等项目决策阶段造价咨询的内容；第四章设计阶段的工程计价介绍了设计概算、施工图预算等工程造价文件的编制与审核；第三篇为工程量清单计价篇，包括招投标、施工、竣工等三个阶段，第五章交易阶段的工程计价介绍了工程量清单编制、招标控制价的编制、投标报价的编制等内容；第六章施工阶段的工程价款管理介绍了工程计量与支付、调价、变更、索赔等内容；第七章竣工阶段的工程计价介绍了竣工结算的编制与审核等内容。

本书的第三个特点是将每一个阶段的工程计价活动以一个完整的实际案例进行讲解。每一个案例都能完整地展现一个阶段主要的工程计价工作，帮助理解相关工程造价的知识要点，也增强学生学习的实务性。

本书是在尹贻林教授指导下，由严玲教授全面负责编写的。本书各章的参编人员如下:第一章、第二章由严玲、赵华编写;第三章由严玲、杨艳荣编写;第四章由杨苓刚、赵宇飞编写;第五章由尹贻林、谢强编写;第六章由尹贻林、郭凯寅编写;第七章由赵华、严玲编写。

本书在编写过程中还得到了天津理工大学柯洪副教授、吴静副教授以及福建工程学院戴一璟老师的帮助,书中案例部分得到了北京金马威工程咨询公司周和生先生的帮助,在此一并表示感谢。

编　者

2010 年 3 月

目　　录

第一篇 基 础 篇

第一章 绪 论

本章导读

自工程造价管理活动产生以来，工程造价的确定与控制便成为其中重要的组成部分，并逐渐形成相对成熟的工程计价体系。目前，我国采用的全过程工程计价体系涵盖了三个时期——建设前期、交易期、实施期；五个阶段——决策阶段、设计阶段、交易阶段、施工阶段和竣工阶段。在上述三个时期、五个阶段的工程计价活动中，已基本形成了在建设项目前期的成本计划采用概预算定额计价体系，项目交易及实施过程中则推行工程量清单计价体系的框架。我国的造价工程师及造价员参与了全过程造价管理活动，为工程建设的各参与方提供不同层次的专业化服务，并将随着我国工程造价管理的发展变革而不断拓展其执业范围。

本章的主要内容包括国内外工程计价的发展沿革、我国的全过程工程计价内容介绍及我国造价工程师在全过程计价中的作用等三部分内容，为读者阅读本书进行总体性的背景介绍。

第一节 工程计价的含义及其发展过程

一、工程计价的含义

工程计价是工程造价管理的重要组成部分。工程造价是指完成一个建设项目预期开支或实际开支的全部建设费用，即该工程项目从建设前期到竣工投产全过程所花费的费用总和。工程计价则是指，在工程项目实施建设的各个阶段，根据不同的目的，综合运用技术、经济、管理等手段，对特定工程项目的工程造价进行全过程、全方位的预测、优化、计算、分析等一系列活动的总和。

工程计价的概念应该从以下三个方面进行理解：

第一，工程计价是全过程的。一般说来，工程计价突出的是全过程的工程计价，在建设程序的决策阶段、设计阶段、交易阶段、施工阶段、竣工阶段等五个阶段合理计算和确定投资估算价、设计概算价、施工图预算价、合同价、竣工结算价、竣工决算价。但在不同阶段工程计价的目的不同，因此其具体的工作内容、工作方法等有所差异。

第二，工程计价是全方位的。工程计价不单是工程建设中承发包双方的工作，政府、社会（如行业协会、造价管理机构、中介机构）等各方都需要进行工程造价的计价工作。政府主管部门主要是在国家利益的基础上进行宏观的指导和管理工作；行业协会、造价管理机构、中介机构等主要是从技术角度进行专业化的业务指导、管理和服务。

第三，工程计价是复杂的管理活动。工程计价不能仅从字面的简单释义来理解，认为它就是对工程造价（或价格）的计算。实际上，工程计价是涵盖了工程造价的预测、优化、计算、分析等多种活动的一种管理过程。尤其是在优化建设方案、设计方案的基础上，在建设程序的各个阶段，要采用一定方法和措施把工程造价控制在合理的范围和核定的造价限额以内。

二、工程计价的发展过程

（一）国际工程计价的发展过程

国际上，工程计价的发展大致可以分为以下五个阶段。

1. 工程计价的萌芽阶段

国际上工程计价的起源可以追溯到16世纪以前。当时大多数的建筑设计都比较简单，业主往往聘请当地的手工艺人即工匠负责建筑物的设计和施工，工程完成后按双方事先协商好的总价支付，或者先确定一个单位单价，然后乘以实际完成的工程量。那时，建筑师尚未成为一种独立的职业。

2. 工程计价的雏形出现

16～18世纪，随着资本主义社会化大生产的出现和发展，在现代工业发展最早的英国出现了现代意义上的工程计价。技术发展促使大批工业厂房的兴建，许多农民在失去土地后向城市集中，需要大量住房，从而使建筑业逐渐得到发展，设计和施工逐步分离并各自形成了一个独立专业。此时，工匠需要有人帮助他们对已完成的工程量进行测量和估价，以确定应得的报酬，从事这些工作的人员逐步专门化、专业化，并被称为工料测量师。他们以工匠小组的名义与工程委托人和建筑师洽商，估算和确定工程价款。

这时的工料测量师是在工程完工以后才去测量工程量和结算工程造价的，因而工程造价管理处于被动状态，不能对设计与施工施加任何影响，只是对已完工程进行实物消耗量的测定，但它却为工程造价形成专门的学科奠定了基础。

3. 工程计价的正式诞生——工程计价的第一次飞跃

19世纪初期，工程建设项目的竞争性招标投标开始在资本主义国家推行。工程造价的预测理所当然地成为实行这种制度的关键。参与投标的承包商往往雇佣一个估价师为自己做这项工作，而业主（或代表业主利益的工程师）也需要雇佣一个估价师为自己计算拟建工程的工程量，为承包商提供工程量清单；同时要求工程测量师在工程设计以后和开工之前就对拟建的工程进行测量与估价，以确定招标的标底或投标报价。招投标制度的实行进一步强化了工程测量师的地位和作用。与此同时，工程测量师的工作范围也扩大了，而且工程估价活动从竣工后提前到施工前进行，虽然只是从建设程序上向前迈进了一步，但却是历史性的一大步。

1868年3月，英国成立了“测量师协会[①](Surveyor's Institution)”，其中最大的一个分会是工料测量师分会。这一工程造价管理专业协会的创立，标志着现代工程造价管理专业的正式诞生。英国测量师协会的成立使工程造价管理人士开始了有组织的相关理论和方法的研究，这一变化，也使得工程造价管理走出了传统管理的阶段，进入了现代工程造价管理阶段。这一时期完成了工程计价历史上的第一次飞跃。

4.“投资计划和控制制度”的产生——工程计价的第二次飞跃

从20世纪40年代开始，由于资本主义经济学的发展，许多经济学的原理被应用于工程造价管理领域。工程造价管理从一般的工程造价确定和简单的工程造价控制的初始阶段开始向重视投资效益的评估、重视工程项目的经济与财务分析等方向发展。

同时，英国的教育部和英国皇家特许测量师协会(RICS)的成本研究小组(RICS Cost Research Panel)相继提出成本分析和规划的方法。成本规划方法的提出大大改变了工程计价工作的意义，使工程计价工作从原来被动的工作状况转变成主动，从原来设计结束后做估算转变成与设计工作同时进行，甚至在设计之前即可做出估算，并可根据工程委托人的要求使工程造价控制在限额以内。这样，从20世纪50年代开始，“投资计划和控制制度”就在英国等经济发达的国家应运而生。

在客观条件上，正逢第二次世界大战后的全球重建时期，大量的工程项目上马为工程造价管理的理论研究和实践提供了许多机会，从而使工程计价的发展获得了第二次飞跃。

5. 工程计价的综合与集成发展阶段——工程计价的第三次飞跃

20世纪70年代末～90年代初，工程造价管理的研究又有了新的突破。各国纷纷在改进现有理论和方法的基础上，借助其他管理领域在理论和方法上的最新发展，对工程造价管理进行了更深入和全面的研究。这一时期，英国提出了“全生命周期造价管理(life cycle costing management，LCCM)”，就是要求人们从工程项目全生命周期出发去考虑造价和成本问题，关键是要实现工程项目整个生命周期中造价的最小化；美国稍后提出了“全面造价管理(total cost management，TCM)”，就是全生命周期的费用(造价)管理，包括全过程、全要素(所谓全要素是指造价管理不是单一地仅对造价要素进行管理，工期、质量与造价密切相关，必须对造价、工期、质量这三个基本要素进行集成管理)、全风险(是指工程项目实现过程中存在的各种风险，这些风险都可能影响到工程造价)、全团队(是指在工程项目造价管理中涉及的多个不同利益主体)的造价管理；我国在20世纪80年代末90年代初提出了“全过程造价管理(whole process cost management，WPCM)”，全过程造价管理是对从项目决策阶段开始到竣工验收交付使用为止的各阶段的工程造价进行合理确定和有效控制。这三种工程造价管理理论的提出和发展，标志着工程造价理论和实践的研究进入了一个全新的阶段——综合与集成的阶段。

---

① 在1881年，维多利亚女王特允了测量师协会可以使用“皇家特许”的名义，1921年时赐予了皇家庇护，1930年测量师协会更名为特许测量师协会(Charted Surveyor's Institution)，1946年启用皇家特许测量师协会名称(Royal Institute of Charted Surveyor，RICS)至今。

（二）国内工程计价模式的改革

1. 建筑产品价格市场化阶段

在长期的计划经济体制下，建筑行业不被看作是生产行业，建筑产品不被当作商品，建筑产品的价格由政府规定，背离了价值规律。那时既没有合格的市场主体，也没有作为市场交换对象的客体，更无法形成供求机制、竞争机制、价格机制等市场机制，因此不存在建筑市场。人们所认识和接受的，完全是计划经济理论和实践。1978 年实行改革开放以来，建筑市场开始萌芽和发展，到 20 世纪 80 年代后才开始形成。

1984 年以后，建筑业作为城市改革的突破口，率先进行管理体制的改革，推行了大量以市场为取向的改革措施。这其中，尤以推行工程招标承包制度为关键，招标投标制的建立和活动的开展改革了建筑业的计划经济体制，使供求关系及价格确定均迈向市场化。1993 年国家明确提出“我国经济改革的目标是建立市场经济体制”，从此，建筑企业全面启动了市场体制的建设。1994 年建设部、国家体制改革委员会（以下简称国家体改委）印发了《全面深化建筑市场体制改革的意见》的通知（建字 552 号文），明确提出：加快改革定额取费制度，建立由市场形成价格的新机制。1999 年，《中华人民共和国招标投标法》（以下简称为《招标投标法》）的颁布标志着我国建筑市场的实际建立。2001 年 12 月，我国加入 WTO 后，建筑业的改革力度加大，建筑市场也进一步放开。

上述建筑市场建立、发展、开放的过程中，我国建筑产品价格的市场化经历了“国家定价—国家指导价—国家调控价”三个阶段，其最终目标是要建立以市场形成价格的价格机制。

1）国家定价阶段

计划经济体制时期的建筑产品不具有商品属性，国家是建筑产品价格形式和价格水平的决策主体。这一阶段，建立起了适应国家基本建设管理体制的概预算定额体系，对工程造价实行行政指令的直接管理，包括：①费用和成本计取标准的管理，即工程概预算定额的制定、颁布和正确执行；②对费用和成本计算的准确性把关，即对工程概、预、结算进行审核。

2）国家指导价阶段

改革开放后，出现了预算包干价格形式和工程招标投标价格形式等新的建筑产品价格形式。预算包干价格虽然是按照国家有关部门规定的包干系数、包干标准及计算方法计算，但因为其对工程施工中费用的变动采取了一次包死的形式，对提高工程价格管理水平有一定作用。而工程招标投标价格属于国家指导性价格，是在最高限价范围内国家指导下的竞争性价格。

3）国家调控价阶段

这一阶段是国家调控的招标投标价格形式，即在国家有关部门调控下，由工程承发包双方根据工程市场中建筑产品供求关系变化自主确定工程价格。与国家指导价相比，国家调控价具有自发形成、自发波动、自发调节的特征。

2. 工程计价模式的改革

20 世纪 50～70 年代，我国的建设工程造价管理制度是政府的计划模式。建设产品价格是通过计划分配建设工程任务而形成的计划价格，概预算定额基价是量价合一的价格。

1984年，建设工程招标制开始施行，建筑工程造价管理体制开始突破传统模式，但形式虽变，内容实质照旧。概预算定额的法定地位没有改变。20世纪90年代初，国家建设主管部门提出“政府宏观指导，企业自主报价，竞争形成价格，加强动态管理”和“控制量、指导价、竞争费”的改革思路，但改革进程十分缓慢，改革也迟迟不见成效。

20世纪90年代中后期以来，《中华人民共和国建筑法》（以下简称为《建筑法》）、《中华人民共和国价格法》（以下简称为《价格法》）、《中华人民共和国合同法》（以下简称为《合同法》）、《中华人民共和国招标投标法》的相继出台，定额体系开始出现一系列变化。部分材料价格渐渐放开，工程结算时的材料价格调整已经被允许，但仍不能满足市场经济发展的要求。

2001年初，国家宣布年内国有建筑施工企业将逐渐改制，面向市场，全国大多数省市的定额管理模式将出现历史性的改变，量价分离，单项报价提上日程，使材料价格有望走向市场化，定额的法定性地位也将降低，变为指导性。

2003年，《建设工程工程量清单计价规范》颁布，建设部提出从2003年7月1日起全面推行工程量清单计价的管理模式，与国际惯例接轨的一种新管理模式正在逐步形成。

2008年，经住房和城乡建设部与国家质量监督检验检疫总局联合发布《建设工程工程量清单计价规范》（GB 50500—2008）（以下简称2008《计价规范》），于2008年12月1日起施行。

3. 2008《计价规范》颁布的条件与政策背景

近几年工程建设领域与工程造价密切相关的事件及政策规定催生了2008《计价规范》的诞生。

(1) 国务院从2003年起，在全国范围开展清理拖欠工程款、清理拖欠农民工工资的活动。最高人民法院于2004年9月29日发布了《关于审理建设工程施工合同纠纷案件适用法律问题的解释》（法释〔2004〕14号），该解释多条涉及工程合同条款如何认定的问题，为规范工程计价行为提供了法律保障。

(2) 财政部、建设部于2004年10月20日印发了《建设工程价款结算暂行办法》（财建〔2004〕369号），2007年中国建筑工程造价管理协会发布了协会标准《建设项目工程结算编审规程》（CECA/GC3—2007），对工程建设领域涉及工程价款结算、价款支付、工程计量、工程变更与价款调整、索赔、竣工结算、工程价款审核、工程价款争议处理等问题做了针对性的明确规定，使规范工程计价行为有章可循。

(3) 2003年10月15日，建设部、财政部印发了《建筑安装工程费用项目组成》（建标〔2003〕206号），提出了措施费和规费的概念。

(4) 2005年6月7日，建设部办公厅印发了《建筑工程安全防护、文明施工措施费及使用管理规定》（建办〔2005〕89号），明确规定上述费用由《建筑安装工程费用项目组成》中的文明施工费、环境保护费、临时设施费、安全施工费组成，并规定投标方安全保护、文明施工措施的报价，不得低于依据工程所在地工程造价管理机构测定费率计算所需费用总额的90%。

(5) 2006年12月8日，财政部、国家安全生产监督管理总局印发《高危行业企业安全生产费用财务管理暂行办法》(财企〔2006〕478 号),规定“建筑施工企业提取的安全费用列入工程造价,在竞标时,不得删减”。

(6) 2004 年,建设部标准定额司委托中国建设工程造价管理协会组织煤炭、建材、冶金、有色、化工五个专业委员会,编制了“03 规范”附录 E“矿山工程工程量清单项目及计算规则”,建设部于 2005 年 2 月 17 日以计价规范局部修订的形式发布了第 313 号公告,自 2005 年 6 月 10 日起实施。

(7) 2007 年 11 月 1 日,国家发改委、财政部、建设部等九部委联合颁布《标准施工招标文件》(第 56 号令),规定了新的通用合同条款。该合同条款对工程变更的估价原则、暂列金额、计日工、暂估价、价格调整、计量与支付、预付款、工程进度款、竣工结算、索赔、争议的解决等都有明确定义与相应的规定。在 2008《计价规范》中,很多内容的修订借鉴了第 56 号令。

(8) 建设部 2006 年 3 月发布《工程造价咨询企业管理办法》(建设部第 149 号令),建设部 2006 年 12 月发布《注册造价工程师管理办法》(建设部第 150 号令),中国建筑工程造价管理协会(以下简称中价协)2006 年 6 月发布《全国建设工程造价人员管理暂行办法》(中价协〔2006〕013 号),规范了对工程造价咨询人、造价工程师、造价员的管理。

第二节　全过程的工程计价

一、全过程工程计价的三个时期

根据建设项目管理的特点和全过程造价管理的理论,建设工程项目全过程计价可按照建设过程的不同阶段划分为三个时期,即工程项目前期的造价规划、工程项目交易阶段的合同价格形成和施工阶段合同价款管理三个时期,见图 1.1。工程计价依据也与全过程造价管理三个时期的不同计价要求相适应。

(一) 工程建设前期

工程建设前期的造价规划是在拟建项目前期阶段,根据项目生命周期中期望获得的价值、功能等对该项目的成本(造价)进行策划或估算,通过项目建议书及投资匡算、可行性研究及投资估算、初步设计及设计概算和施工图设计及施工图预算等活动来实现造价规划目标,但是由于项目建议书阶段对投资匡算精度要求不高,目前在国内工程建设前期的工程计价主要包括投资估算、设计概算等内容。

(二) 工程交易期

工程交易期是指工程设计完成后进行工程招投标和签订施工合同阶段。从工程交易过程来看,业主的主要任务是招标和评标,编制招标文件、提供工程量清单,选择合适的承包商以及合同价格类型,对承包商而言则是进行投标报价。承包商提交给业主的投标估价是竞争的需要或者是与业主谈判的需要,投标估价中包括直接施工成本、间接费、利润和税金。因此,承包商需要根据招标文件中的要求进行询价、估价、报价决策等工作,依据

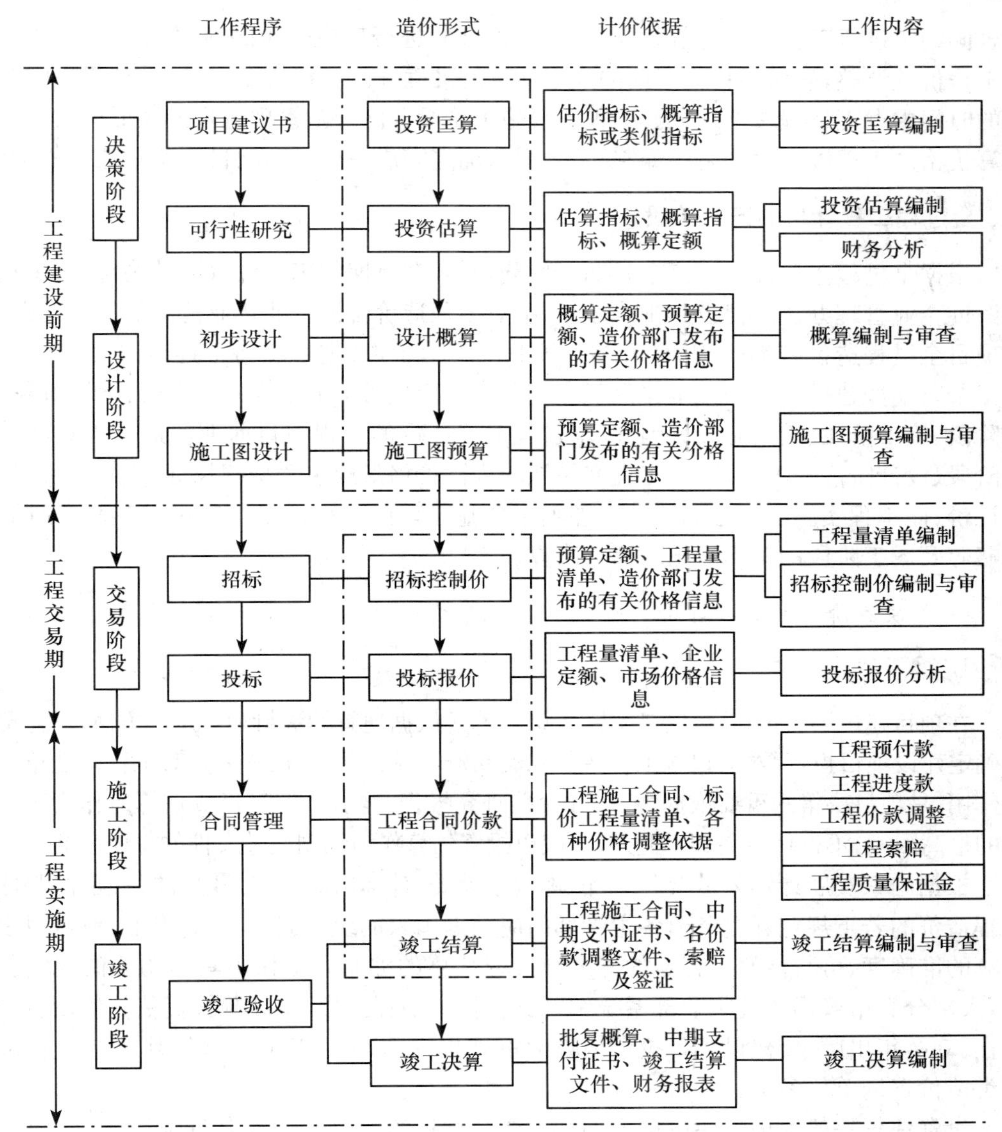

图 1.1 建设工程项目全过程计价内容

工程量清单、施工方案等进行投标报价。这一阶段，多数承包商会选择较为精确的详细估算方法，对投标报价高于招标控制价的投标予以拒绝。

（三）工程实施期

工程实施期是指施工合同签订后，工程施工开始至竣工验收交付使用阶段。在合同签订之后的阶段，主要是签订合同的当事人对合同价格的控制。在工程项目建设过程中，合同价格的调整、设计的变更、工程索赔等众多因素的影响都可以使合同价格发生变化。此阶段的主要工作是根据工程合同的约定，履行合同义务，进行项目施工。发包人应该按照合同约定进行工程计量与价款支付，并根据合同进行变更估价、签证估价、索赔计算以及工程价款调整，确保项目完工前的成本估算的准确性。工程完工后，发承包双方应在约定的时间内办理工程竣工结算。工程项目施工阶段合同价款管理过程最终形成的是工程结算价格。工程竣工验收后要编制竣工决算，确定完成一个工程项目所实际花费的费用。

二、全过程工程计价的五个阶段

根据全过程工程计价的三个时期的划分，其各个时期的工程计价活动均符合《工程造价咨询企业管理办法》（建设部149号令）中对工程造价咨询企业执业范围的规定。在《建设项目全过程造价咨询规程》（CECA/GC4—2009）中，又进一步将上述全过程工程计价的三个时期按建设项目的基本建设程序划分为五个阶段，分别是决策阶段、设计阶段、交易阶段、施工阶段、竣工阶段。因此，全过程工程计价的工程项目前期的造价规划涵盖决策阶段、设计阶段的工程计价；工程交易期的合同价格形成主要指招投标（交易）阶段的工程计价；而工程实施期的合同价款管理则包含施工阶段工程计量与支付、工程价款调整、索赔等及竣工阶段的工程竣工结算与决算。

（一）决策阶段的工程计价

1. 投资估算

在项目建议书及可行性研究阶段，投资估算是依据现有的资料和一定的方法，预先测算和确定建设项目投资数额（包含工程造价和流动资金）的文件。投资估算对工程总造价起控制作用，是项目决策的重要依据之一，可行性研究报告一经批准，其投资估算应作为工程造价的最高限额，不得任意突破。此外，一般以投资估算作为编制设计文件的重要依据。

根据国家发展计划委员会（以下简称国家计委）计标〔1988〕30号文件《关于控制建设工程造价的若干规定》的规定，各主管部门应根据国家的统一规定，结合专业特点，对投资估算的准确度、可行性研究报告的深度和投资估算的编制办法做出具体明确的规定。目前，大部分省市或国务院工业部系统编制都有投资估算指标，供编制投资估算使用。中价协在2007年出版了《建设项目投资估算编审规程》（CECA/GC1—2007）作为行业标准供各类造价咨询单位参考。

投资估算一般由项目建设单位（业主）或其委托的工程咨询机构编制。

2. 财务分析

建设项目经济评价应该执行国家发改委、建设部发布的《建设项目经济评价方法和参数》（第三版，2006年）的有关规定。承担全过程工程造价管理咨询建设项目经济评价工作的主要内容为财务评价。财务评价的内容应包括财务分析与财务评价两部分，财务分析与评价工作包括项目盈利能力分析、偿债能力分析和不确定性分析。

（二）设计阶段的工程计价

1. 设计概算

设计概算是在建设项目设计阶段，在投资估算控制下，根据设计要求和设计文件，采用一定的方法计算和确定建设项目从筹建至竣工交付使用所需全部费用的文件。设计概算是设计文件不可分割的组成部分。初步设计、技术简单项目的设计方案均应有概算,技术设计应有修正概算。

设计概算一般由设计单位编制。

2. 施工图预算

施工图预算是在施工图设计完成后,施工开始前根据施工图设计文件和相关依据,采用一定方法计算和确定建设项目工程造价的文件。在定额计价体系下,对于实行招投标的工程来说,施工图预算是确定标底的基础。自从 2003 年 7 月 1 日国家标准《建设工程工程量清单计价规范》开始实施以来,施工图预算作为确定标底的基础性作用必然逐步减弱直至不复存在。在 2008《计价规范》实施后,要求实行工程量清单招标的工程必须编制招标控制价。施工图预算也是一种重要的投标前的工程造价规划。

施工图预算一般由设计单位编制。

(三) 交易阶段的工程计价

1. 工程量清单与招标控制价

工程量清单与招标控制价编制的内容、依据、要求、表格格式等应执行 2008《计价规范》的有关规定。

招标控制价的编制未采用工程造价管理机构发布的工程造价信息时,需在招标文件或答疑补充文件中予以说明,采用的市场价格应通过调查、分析确定,有可靠信息来源。

2. 投标报价分析

投标报价的分析应依据招标文件、招标控制价、投标文件及工程计价有关规定。对投标报价分析一般应包括错漏项分析,算术性错误分析,不平衡报价分析,明显差异单价的合理性分析,措施费用分析,安全文明措施费用、规费、税金等不可竞争费用的审核。在投标报价分析活动中,应仅对各投标单位的投标文件中有关报价中存在的问题提出书面意见,供评标专家评标时参考,不应对投标文件进行任何修改,承担工程量清单或招标控制价编制的工程造价咨询单位的专家不应参加同一项目的评标工作。

(四) 施工阶段的工程计价

1. 工程预付款

工程预付款拨付的时间和金额应按照发、承包双方的合同约定执行,合同中无约定的宜执行《建设工程价款结算暂行办法》(财建〔2004〕369 号)的相关规定。

2. 工程计量支付

工程造价咨询单位应委托方的要求,按建设工程施工发、承包合同协议条款约定的时间及方法参与工程计量,负责按时审查并确认进度款的支付额度,向建设单位提交进度款支付建议，并建立相应工程计量支付管理台账。工程造价咨询单位在审核与确定本期应支付的进度款金额时，应注意按照合同条款的约定，做好工程预付款、计日工、变更和索赔款项的同期支付。

3. 工程变更

应根据承发包合同条款的约定，审核工程变更资料是否齐全完整，并及时完成对工程变更费用的审查及处理。工程造价咨询单位应依据合同文件及相关资料，做好下列内容的收集和审查：业主签发的工程变更指令，设计单位提供的变更图纸及说明，经业主方审查同意的变更施工方案及承包方上报的工程变更价款预算申请报告等。

4. 工程索赔

索赔是指在合同履行过程中，对于非己方的过错而应由对方承担责任的情况造成的损失，向对方提出经济补偿的要求。工程造价咨询单位应依据建设工程施工发承包合同的约定和国家的相关规定处理工程索赔，注意索赔理由的正当性、证据的有效性及时效性；应在规定的时间内根据承发包合同约定予以审核，或要求申请人进一步补充索赔理由和证据；应采用合理的索赔计算方法，对于工程索赔加强主动控制，避免索赔费用的扩大。

(五) 竣工阶段的工程计价

竣工结算价是指发、承包双方依据国家有关法律、法规和标准规定，按照合同约定确定的最终工程造价。当承包人完成施工合同约定的全部工程内容，发包人依法组织竣工验收合格后，由发、承包双方按照合同约定的工程价款，即合同价、合同价款调整以及索赔和现场签证等事项确定的最终工程造价。

竣工结算由承包商编制。

第三节 我国造价工程师在全过程计价中的作用

一、造价工程师的执业

我国自 1997 年建立了注册造价工程师执业资格制度后，2006 年建设部又颁布了《注册造价工程师管理办法》(建设部 150 号令)，对造价工程师的注册、执业、继续教育和监督管理进行了规定。该管理办法对注册造价工程师的表述为："通过全国造价工程师执业资格统一考试或者资格认定、资格互认，取得中华人民共和国造价工程师资格，并按照本办法注册，取得中华人民共和国造价工程师注册证书和执业印章，从事工程造价活动的专业人员。"

根据《注册造价工程师管理办法》(建设部 150 号令)，注册造价工程师的执业范围如下：

(1) 建设项目建议书、可行性研究投资估算的编制和审核，项目经济评价，工程概、预、结算和竣工结(决)算的编制和审核。

(2) 工程量清单、标底(或者控制价)、投标报价的编制和审核，工程合同价款的签订及变更、调整、工程款支付与工程索赔费用的计算。

(3) 建设项目管理过程中设计方案的优化、限额设计等工程造价分析与控制，工程保险理赔的核查。

(4)工程经济纠纷的鉴定。

按照建设项目基本建设程序划分，各阶段的造价工程师的执业内容如图 1.2 所示。

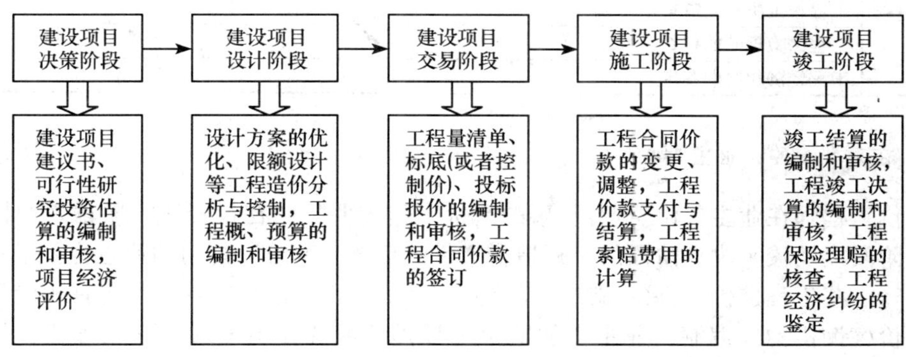

图 1.2 按基本建设程序划分造价工程师的执业内容

尽管这个范围是对造价工程师执业内容的整体规定，但是造价工程师在不同的单位有不同的执业范围要求。比如，在业主方执业的造价工程师就要进行全过程的造价控制，从建设项目投资决策一直到竣工决算，如果从全生命周期的角度考虑，还包括项目运营期直至项目结束的造价控制。在承包商方执业的造价工程师就不用进行全过程的造价控制，一般是从编制投标报价开始，到竣工结算为止的造价控制。

因此，造价工程师在不同的单位执业，具体的执业内容就有所区别，如表 1.1 所示。

表 1.1 在不同单位注册的造价工程师执业内容

阶 段	执业内容	建设单位(业主)	施工单位(承包商)	工程造价咨询企业
建设项目决策阶段	建设项目建议书、可行性研究投资估算的编制和审查，项目经济评价	√		√
建设项目设计阶段	设计方案的优化、限额设计等工程造价分析与控制			√
	工程概、预算的编制			√
	工程概、预算的审查	√		√
建设项目交易阶段	工程量清单、标底(或者控制价)的编制			√
	工程量清单、标底(或者控制价)的审查	√		
	投标报价的编制		√	√
	投标报价的审查	√	√	√
	工程合同价款的签订	√	√	√
建设项目施工阶段	工程合同价款的变更、调整		√	√
	工程价款支付与结算	√	√	√
	工程索赔费用的计算		√	√

续表

阶　段	执业内容	建设单位（业主）	施工单位（承包商）	工程造价咨询企业
建设项目竣工阶段	竣工结算的编制		√	√
	竣工结算的审查	√		
	工程竣工决算的编制	√		√
	工程竣工决算的审查	√		√
	工程保险理赔的核查	√	√	√
	工程经济纠纷的鉴定	√	√	√

1. 在建设单位(业主)执业

造价工程师在业主单位执业，从事的造价工作主要集中在投资决策阶段、设计阶段、招投标阶段以及竣工决算阶段的工程造价文件的审核。部分有能力的业主也要求造价工程师进行一些工程造价文件的编制工作，但大部分工程造价工作会委托给有相应资质的工程造价咨询机构来编制。业主方的造价工程师一般要参与全过程的工程造价管理工作，但主要是协调和审核工作。

2. 在施工单位(承包商)执业

造价工程师在承包商单位执业，主要是从招投标阶段开始到工程竣工结算完成的过程中的造价文件的编制和管理工作，比如，编制投标报价文件、提供人工和材料的预算用量、编制工程结算文件等。很显然，承包商参与建设项目的过程决定了在施工单位执业的造价工程师的工作内容。

3. 在工程造价咨询企业执业

工程造价咨询企业是造价工程师执业的最广泛的单位。由于工程造价咨询企业既可以为业主提供造价咨询服务，也可以为承包商提供服务，因此，造价工程师在工程造价咨询企业执业的话，就要求掌握全过程的造价咨询执业内容。也就是说，凡是《注册造价工程师管理办法》规定的造价工程师的执业范围，工程造价咨询企业都应该能够提供。

二、造价工程师执业范围的拓展

我国内地造价工程师缺乏宏观和系统控制、优化工程造价的管理地位，在项目实施过程中主动干预项目实施的力量薄弱，究其缘由是长久以来我国工程咨询形成了分割管理的格局，我国内地造价工程师所从事的工程造价管理实际上是全过程造价咨询的一部分，并不符合国际咨询业全过程工程造价管理的主流趋势。英国、美国等发达国家所认可的造价咨询专业人士所从事的领域更为宽广，对其自身专业素养的要求也更为苛刻。我国香港地区建筑业专业人士的执业就充分体现了英联邦体系下对专业人士的要求。

香港地区建设项目实施全过程中，在不同阶段执业的专业人士主要包括项目经理(project manager)、建筑师(architect)、景观技师(landscape architect)、屋宇装备工程师(building services engineer)、工料测量师(造价工程师，quantity surveyor)、结构工程师

图 1.3 工作中的建筑业专业人士

(structure engineer)、保养测量师(maintenance surveyor)等,见图 1.3。在建设项目实施全过程的各阶段,上述专业人士均能够结合自身专业优势,为雇主提供专业化的知识或技能服务,其执业整体范围见图 1.4。

从图 1.4 中可见,上述专业人士不仅能够直接参与建设项目自规划设计至实施建造的传统全过程服务的执业,而且向前甚至可以为政府制定有关政策提供专业化建议,向后则延伸至项目建成以后的运行、维护阶段的各种专业化服务。

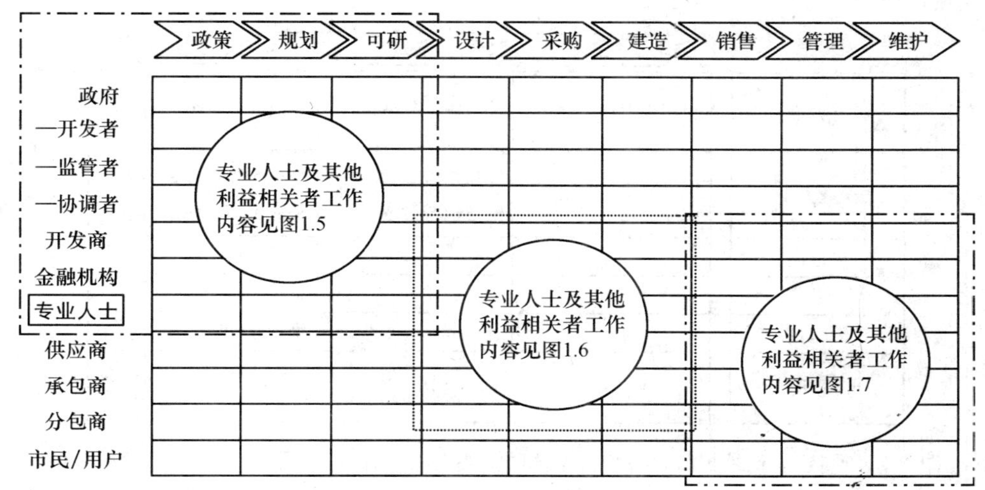

图 1.4 我国香港地区建筑产业各种专业人士基本执业范围

结合建设项目实施的生命周期,图 1.4 中各种项目利益相关者及专业人士在不同阶段的主要活动或目标内容详见图 1.5~图 1.7。

	政策	规划	可研
政府 -作为开发者 -作为监管者 -作为协调者	-土地供应/政策 -规划与建造规章 -法律、融资结构	-预算 -(提供)满足社会需要的设施	-项目优先级 -融资
开发商	-获取土地 -开发正确的项目(在合适的时间)	-获取土地 -开发正确的项目(在合适的时间)	-融资计划 -符合法定约束
金融机构			提供融资
专业人士	-为政府方提供专业建议	-提供金融、法律及规划的专业知识或技能	-规划、设计、工程及管理等服务

图 1.5 项目前期决策阶段各相关主体的主要工作内容——以香港地区为例

	设计	采购	建造
开发商	-定义项目的范围及需求		
专业人士	-提供满足财政、功能及审美等需求的设计	-现金流计划 -合同策划 -招投标	-建造计划 -项目管理
供应商	-早期介入(在DB模式下)	-投标	-进度、质量和成本控制
承包商	-早期介入(在DB模式下)	-投标	-进度、质量和成本控制
分包商		-投标	-进度、质量和成本控制

图 1.6　项目设计及建造阶段各相关主体的主要工作内容——以香港地区为例

	销售	管理	维护
开发商	-利润最大化	-长期成本最小化	-长期成本最小化
专业人士	-估价与定价 -市场战略	-提高功能绩效 -维持运行效率	-全生命周期分析 -全成本周期成本估价
供应商			-产品评价
承包商			-维护
分包商			-维护(分包)
市民/用户	-物有所值 -改善生活质量		

图 1.7　项目运行、维护阶段各相关主体的主要工作内容及其目标——以香港地区为例

其中，造价工程师(或工料测量师)作为专业人士中的一员，在项目建设全过程的主要执业范围是：

(1) 成本规划(计划)(cost planning)，包括规划、可研、设计、招投标等各阶段的各种造价或成本估算。

(2) 制定合同策略(contract strategy)，包括编制工程量清单、施工规范及图纸、各种费率表、拟定合同条款、分包策略、资格预审等。

(3) 编制招标文件(tender document)及参与招标其他工作，包括编制招标文件、有效投标评估、工程变更估量。

(4) 招标(tendering)过程服务，即根据项目预算造价、工程量清单、图纸及其他有关文件，评估各投标人、选择合适的承包商。

(5) 合同管理(contract management)，包括造价控制(项目预算、月造价报表等)、现金流计划、工程变更管理、中期支付(对比工程量清单核实已完工程量、单价等)。

(6) 竣工结(决)算(final account)，包括依据招投标文件、项目预算造价、合同价、工程变更等信息，核算结算造价。

(7) 争端解决(dispute resolution)，即作为争端解决顾问，为寻求调解、仲裁或法院裁决等合理方式提供建议。

综上所述，我国造价工程师的执业范围与国际上通行的造价专业人士(工料测量师)的执业范围仍有较大差距。然而，随着2008《计价规范》的推行，要求重点对施工阶段基于合同的工程价款进行管理，也明确了造价工程师施工阶段工程价款管理职能，这就要求我国造价工程师要从被动地反映工程师的设计向能动地影响工程设计、从被动地反映合同管理结果向主动地影响合同管理过程的转变。造价工程师理应抓住机遇与国际接轨，不断拓展执业范围，做好迅速从单纯计量计价平台向项目管理和合同管理转变，同时也要做好向“项目财务顾问”的平台进发的准备。

第二章　工程计价的理论概述

本章导读

建设项目的全过程工程计价活动具有单件性、多次性、计价依据复杂性、动态性等特点。从计价过程来讲，决策阶段大多采用从上至下的类比估算方法，而设计阶段、招投标阶段、施工阶段的工程计价主要采用从下而上的分部组合计价方法。在我国，尽管存在工程定额计价体系和工程量清单计价体系，但其工程计价原理是一样的。

本章简要介绍了我国现阶段建设项目工程计价的基本概念和基本原理，包括工程造价的费用构成；工程计价的基本原理；工程计价依据的定额体系与工程量清单计价体系等三个方面的内容，为全书的学习打下基础。

第一节　工程造价构成

一、我国现行建设项目工程造价的构成

工程造价是按照确定的建设内容、建设规模、建设标准、功能要求和使用要求等将工程项目全部建成并验收合格交付使用所需的全部费用。根据国家发改委和建设部审定(发改投资〔2006〕1325 号)发行的《建设项目经济评价方法与参数(第三版)》的规定，工程造价中的主要构成部分是建设投资，包括工程费用、工程建设其他费用和预备费三部分。工程费用是指直接构成固定资产实体的各种费用，可以分为建筑安装工程费和设备及工器具购置费；工程建设其他费用是指根据国家有关规定应在投资中支付，并列入建设项目总造价或单项工程造价的费用。预备费是为了保证工程项目的顺利实施，避免在难以预料的情况下造成投资不足而预先安排的一笔费用。工程造价中的另外两个部分是建设期利息及固定资产投资方向调节税。建设项目总投资的具体构成内容如图 2.1 所示。

二、工程造价的费用内容

(一) 工程费用

1. 设备及工器具购置费

设备及工器具购置费由设备购置费和工具、器具及生产家具购置费组成，它是固定资产投资中的积极部分。在生产性工程建设中，设备及工、器具购置费用占工程造价比重的增大，意味着生产技术的进步和资本有机构成的提高。

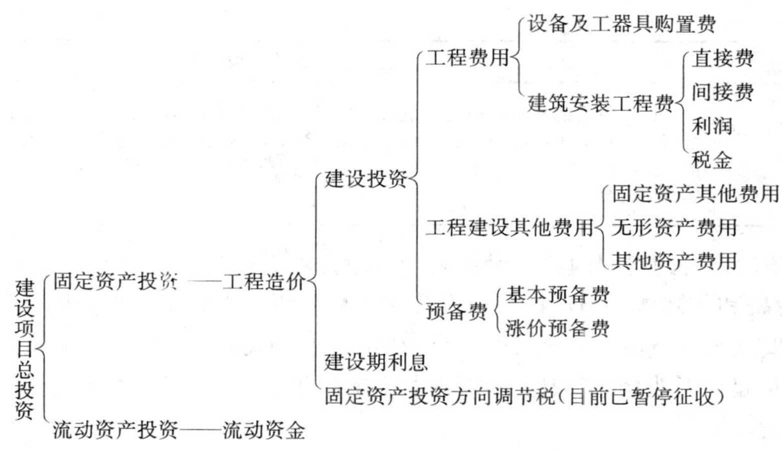

图 2.1　我国现行建设项目总投资构成

注:项目总投资主要是指在项目可行性研究阶段用于财务分析时的总投资构成,在"项目报批总投资"或"项目概算总投资"中只包括铺底流动资金,其金额通常为流动资金总额的30%。

1) 设备购置费的构成

设备购置费是指为建设项目购置或自制的达到固定资产标准的各种国产或进口设备、工具、器具的购置费用。它由设备原价和设备运杂费构成。

设备购置费=设备原价+设备运杂费

式中,设备原价指国产设备或进口设备的原价;设备运杂费指除设备原价之外的关于设备采购、运输、途中包装及仓库保管等方面支出费用的总和。

(1) 设备原价的构成内容。设备原价的构成内容因国产设备或进口设备而有所不同。其中,国产设备原价一般指的是设备制造厂的交货价,或订货合同价。它一般根据生产厂或供应商的询价、报价、合同价确定,或采用一定的方法计算确定。国产设备原价分为国产标准设备原价和国产非标准设备原价。进口设备的原价是指进口设备的抵岸价,通常是由进口设备到岸价(CIF)和进口从属费构成。进口设备的到岸价,即抵达买方边境港口或边境车站的价格。在国际贸易中,交易双方所使用的交货类别不同,则交易价格的构成内容也有所差异。

上述不同设备的原价构成内容对比见表 2.1。

表 2.1　设备原价构成内容对比表

设备类型		设备原价构成说明
国产设备	标准设备	国产标准设备原价有两种,即带有备件的原价和不带有备件的原价。在计算时,一般采用带有备件的原价。国产标准设备一般有完善的设备交易市场,因此可通过查询相关交易市场价格或向设备生产厂家询价得到国产标准设备原价
	非标准设备	非标准设备由于单件生产、无定型标准,所以,无法获取市场交易价格,只能按其成本构成或相关技术参数估算其价格。按成本计算估价法,非标准设备的原价由以下各项组成:①材料费;②加工费;③辅助材料费(简称辅材费);④专用工具费;⑤废品损失费;⑥外购配套件费;⑦包装费;⑧利润;⑨税金;⑩非标准设备设计费

续表

设备类型	设备原价构成说明
进口设备	进口设备的原价是指进口设备的抵岸价，通常是由进口设备到岸价（CIF）和进口从属费构成。其中，CIF 通常由：①货价；②国际运费；③运输保险费等组成。而进口从属费则包括：①银行财务费；②外贸手续费；③关税；④消费税；⑤进口环节增值税；⑥车辆购置税等具体费用内容

（2）设备运杂费的费用内容。设备运杂费通常由下列各项构成：

第一，运费和装卸费。国产设备由设备制造厂交货地点起至工地仓库（或施工组织设计指定的需要安装设备的堆放地点）止所发生的运费和装卸费；进口设备则由我国到岸港口或边境车站起至工地仓库（或施工组织设计指定的需安装设备的堆放地点）止所发生的运费和装卸费。

第二，包装费。在设备原价中没有包含的，为运输而进行的包装支出的各种费用。

第三，设备供销部门的手续费。按有关部门规定的统一费率计算。

第四，采购与仓库保管费。这是指采购、验收、保管和收发设备所发生的各种费用，包括设备采购人员、保管人员和管理人员的工资、工资附加费、办公费、差旅交通费，设备供应部门办公和仓库所占固定资产使用费、工具用具使用费、劳动保护费、检验试验费等。这些费用可按主管部门规定的采购与保管费费率计算。

2）工具、器具及生产家具购置费的构成

工具、器具及生产家具购置费，是指新建或扩建项目初步设计规定的，保证初期正常生产必须购置的没有达到固定资产标准的设备、仪器、工卡模具、器具、生产家具和备品备件等的购置费用。一般以设备购置费为计算基数，按照部门或行业规定的工具、器具及生产家具费率计算。

2. 建筑安装工程费

根据建设部（建标〔2003〕206号）颁布的“关于印发《建筑安装工程费用项目组成》的通知”，我国现行建筑安装工程费用项目主要由四部分组成：直接费、间接费、利润和税金。其具体构成如图 2.2 所示。

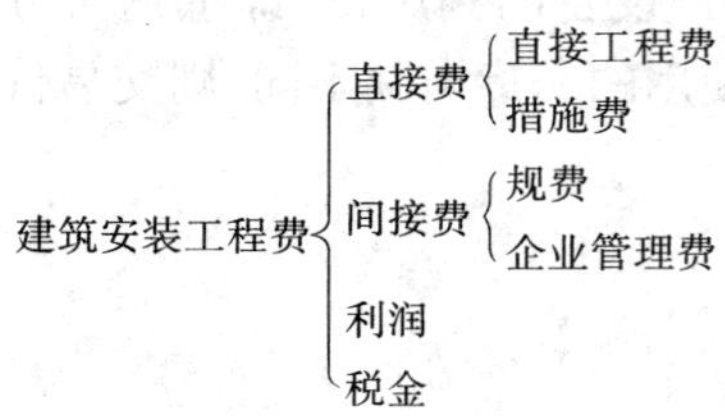

图 2.2　建筑安装工程费用的组成

1）直接费

建筑安装工程直接费由直接工程费和措施费组成。

（1）直接工程费。直接工程费是指施工过程中耗费的直接构成工程实体的各项费用，包括人工费、材料费、施工机械使用费。

第一，人工费。人工费是指直接从事建筑安装工程施工作业的生产工人开支的各项费用。构成人工费的基本要素有两个，即人工工日消耗量和人工日工资单价。

其一，人工工日消耗量。它是指在正常施工生产条件下，建筑安装产品（分部分项工程或结构构件）必须消耗的某种技术等级的人工工日数量。它由分项工程所综合的各个工序施工劳动定额包括的基本用工、其他用工两部分组成。

其二，相应等级的日工资单价包括生产工人基本工资、工资性补贴、生产工人辅助工资、职工福利费及生产工人劳动保护费。

人工费的基本计算公式为

$$人工费 = \sum(工日消耗量 \times 日工资单价)$$

第二，材料费。材料费是指施工过程中耗费的构成工程实体的原材料、辅助材料、构配件、零件、半成品的费用。构成材料费的基本要素是材料消耗量、材料基价和检验试验费。

其一，材料消耗量。材料消耗量是指在合理使用材料的条件下，建筑安装产品（分部分项工程或结构构件）必须消耗的一定品种规格的原材料、辅助材料、构配件、零件、半成品等的数量标准。它包括材料净用量和材料不可避免的损耗量。

其二，材料基价。材料基价是指材料在购买、运输、保管过程中形成的价格，其内容包括材料原价（或供应价格）、材料运杂费、运输损耗费、采购及保管费等。

其三，检验试验费。检验试验费是指对建筑材料、构件和建筑安装物进行一般鉴定、检查所发生的费用，包括自设试验室进行试验所耗用的材料和化学药品等费用。不包括新结构、新材料的试验费和建设单位对具有出厂合格证明的材料进行检验，对构件做破坏性试验及其他特殊要求检验试验的费用。

材料费的基本计算公式为

$$材料费 = \sum(材料消耗量 \times 材料基价) + 检验试验费$$

第三，施工机械使用费。施工机械使用费是指施工机械作业所发生的机械使用费以及机械安拆费和场外运费。构成施工机械使用费的基本要素是施工机械台班消耗量和机械台班单价。

其一，施工机械台班消耗量，它是指在正常施工条件下，建筑安装产品（分部分项工程或结构构件）必须消耗的某类某种型号施工机械的台班数量。

其二，机械台班单价。其内容包括台班折旧费、台班大修理费、台班经常修理费、台班安拆费及场外运输费、台班人工费、台班燃料动力费、台班养路费及车船使用税。

施工机械使用费的基本计算公式为

$$施工机械使用费 = \sum(施工机械台班消耗量 \times 机械台班单价)$$

有关日工资单价、材料基价和检验试验费、机械台班单价的具体构成和计算请参考有关定额书籍相关介绍。

(2) 措施费。措施费是指实际施工中必须发生的施工准备和施工过程中技术、生活、安全、环境保护等方面的非工程实体项目的费用。所谓非实体性项目，是指其费用的发生和金额的大小与使用时间、施工方法或者两个以上工序相关，并且不形成最终的实体工程，如大型机械设备进出场及安拆、文明施工和安全防护、临时设施等。措施费项目的构成需考虑多种因素，除工程本身的因素外，还涉及水文、气象、环境、安全等因素。综合《建筑安装工程费用项目组成》、2008《计价规范》以及《建筑工程安全防护、文明施工措施费用及使用管理规定》（建办〔2005〕89 号）的规定，措施项目费可以归纳为以下几项（表 2.2）。

表 2.2　一般建设项目的措施费构成内容

序　号	措施费名称	相关说明
1	安全、文明施工费	指按照国家现行的建筑施工安全、施工现场环境与卫生标准和有关规定，购置和更新施工安全防护用具及设施、改善安全生产条件和作业环境所需要的费用
2	夜间施工增加费	指因夜间施工所发生的夜班补助费、夜间施工降效、夜间施工照明设备摊销及照明用电等费用
3	二次搬运费	指因施工场地狭小等特殊情况而发生的二次搬运费用
4	冬雨季施工增加费	指在冬季、雨季施工期间，为了确保工程质量，采取保温、防雨措施所增加的材料费、人工费和设施费用，以及因工效和机械作业效率降低所增加的费用
5	大型机械设备进出场及安拆费	指机械整体或分体自停放场地运至施工现场或由一个施工地点运至另一个施工地点，所发生的机械进出场运输、转移费用及机械在施工现场进行安装、拆卸所需的人工费、材料费、机械费、试运转费和安装所需的辅助设施的费用
6	施工排水费	指为确保工程在正常条件下施工，采取各种排水措施所发生的各种费用
7	施工降水费	指为确保工程在正常条件下施工，采取各种降水措施所发生的各种费用
8	地上、地下设施，建筑物的临时保护设施费	指为了保护施工现场的一些成品免受其他施工工序的破坏，而在施工现场搭设一些临时保护设施所发生的费用
9	已完工程及设备保护费	指竣工验收前，对已完工程及设备进行保护所需费用
10	专业措施项目	原《建筑安装工程费用项目组成》中列示的混凝土、钢筋混凝土模板及支架费被列为建筑工程的专业措施项目，脚手架费被列为建筑工程、装饰装修工程和市政工程的专业措施项目

2）间接费

间接费是指虽不直接由施工的工艺过程所引起，但却与工程的总体条件有关的，施工企业为组织施工和进行经营管理，以及间接为施工服务的各项费用，其组成内容见表 2.3。

表 2.3　间接费的组成及其具体费用项目

序　号	间接费的组成	费用说明	具体费用项目
1	规费	指政府和有关权力部门规定必须缴纳的费用	(1) 工程排污费；(2) 社会保障费，包括：①养老保险费；②失业保险费；③医疗保险费；(3) 住房公积金；(4) 危险作业意外伤害保险
2	企业管理费	指建筑安装企业组织施工生产和经营管理所需费用	(1) 管理人员工资；(2) 办公费；(3) 差旅交通费；(4) 固定资产使用费；(5) 工具用具使用费；(6) 劳动保险费；(7) 工会经费；(8) 职工教育经费；(9) 财产保险费；(10) 财务费；(11) 税金；(12) 其他

3）利润及税金

利润及税金是施工企业社会劳动所创造的那部分价值在施工项目工程造价中的体现。

(1) 利润。利润是指施工企业完成所承包工程获得的盈利。利润的计算同样因计算基础的不同而不同。可以分别以直接费、人工费和机械费、人工费等为利润计算基础，在建设产品的市场定价过程中，应根据市场的竞争状况适当确定利润水平。取定的利润水平过高可能会导致丧失一定的市场机会，取定的利润水平过低又会面临很大的市场风险，相对于相对固定的成本水平来说，利润率的选定体现了企业的定价政策，利润率的确定是否合理也反映出企业的市场成熟度。

(2) 税金。税金是指国家税法规定的应计入建筑安装工程费用的营业税、城市维护建设税及教育费附加。

(二) 工程建设其他费用

工程建设其他费用是指应在建设项目的建设投资中开支的固定资产其他费用、无形资产费用和其他资产费用，其目的是为了保证工程建设顺利完成和交付使用后能够正常发挥效用。

1. 固定资产其他费用

固定资产其他费用是固定资产费用的一部分。固定资产费用系指项目投产时将直接形成固定资产的建设投资，包括工程费用以及在工程建设其他费用中按规定将形成固定资产的费用，后者被称为固定资产其他费用。固定资产其他费用的构成内容见表 2.4。

表 2.4　建设项目固定资产其他费用的构成

序　号	资产其他费用构成	费用说明
1	建设管理费	指建设单位从项目筹建开始直至工程竣工验收合格或交付使用为止发生的项目建设管理费用，包含建设单位管理费、工程监理费以及工程总承包管理费
2	建设用地费	为获得建设用地而支付的费用，包括土地征用及迁移补偿费、土地使用权出让金
3	可行性研究费	指在建设项目前期工作中，编制和评估项目建议书(或预可行性研究报告)、可行性研究报告所需的费用
4	研究试验费	指为建设项目提供和验证设计参数、数据、资料等所进行的必要的试验费用以及设计规定在施工中必须进行试验、验证所需费用
5	勘察设计费	指委托勘察设计单位进行工程水文地质勘察、工程设计所发生的各项费用，包括工程勘察费、初步设计费(基础设计费)、施工图设计费(详细设计费)、设计模型制作费等
6	环境影响评价费	为全面、详细评价本建设项目对环境可能产生的污染或造成的重大影响所需的费用
7	劳动安全卫生评价费	为预测和分析建设项目存在的职业危险、危害因素的种类和危险危害程度，并提出先进、科学、合理可行的劳动安全卫生技术和管理对策所需的费用
8	场地准备及临时设施费	包括建设项目场地准备费、建设单位临时设施费，不包括已列入建筑安装工程费用中的施工单位临时设施费用
9	引进技术和引进设备其他费	引进项目图纸资料翻译复制费、备品备件测绘费；出国人员费用；来华人员费用；银行担保及承诺费
10	工程保险费	指建设项目在建设期间根据需要对建筑工程、安装工程、机器设备和人身安全进行投保而发生的保险费用，包括建筑安装工程一切险、引进设备财产保险和人身意外伤害险等
11	联合试运转费	指新建项目或新增加生产能力的工程，在交付生产前按照批准的设计文件所规定的工程质量标准和技术要求，进行整个生产线或装置的负荷联合试运转或局部联动试车所发生的费用净支出(试运转支出大于收入的差额部分费用)

续表

序　号	资产其他费用构成	费用说明
12	特殊设备监督检验费	指在施工现场组装的锅炉及压力容器、压力管道、消防设备、燃气设备、电梯等特殊设备和设施，由安全监察部门按照有关安全监察条例和实施细则以及设计技术要求进行安全检验，应由建设项目支付的、向安全监察部门缴纳的费用
13	市政公用设施费	指使用市政公用设施的建设项目，按照项目所在地省一级人民政府有关规定建设或缴纳的市政公用设施建设配套费用，以及绿化工程补偿费用

2. 无形资产费用

无形资产费用系指直接形成无形资产的建设投资，主要是指专利及专有技术使用费。其主要内容包括：

(1) 国外设计及技术资料费、引进有效专利、专有技术使用费和技术保密费。

(2) 国内有效专利、专有技术使用费用。

(3) 商标权、商誉和特许经营权费等。

3. 其他资产费用

其他资产费用系指建设投资中除形成固定资产和无形资产以外的部分，主要包括生产准备及开办费等。生产准备及开办费用是指建设项目为保证正常生产(或营业、使用)而发生的人员培训费、提前进厂费以及投产使用必备的生产办公、生活家具用具及工器具等购置费用。其主要内容包括：

(1) 人员培训费及提前进厂费，包括自行组织培训或委托其他单位培训的人员工资、工资性补贴、职工福利费、差旅交通费、劳动保护费、学习资料费等。

(2) 为保证初期正常生产(或营业、使用)所必需的生产办公、生活家具用具购置费。

(3) 为保证初期正常生产(或营业、使用)必需的第一套不够固定资产标准的生产工具、器具、用具购置费，不包括备品备件费。

(三) 预备费、建设期利息及固定资产投资方向调节税金

1. 预备费

按我国现行规定，预备费包括基本预备费和涨价预备费。

1) 基本预备费的内容

基本预备费是指针对在项目实施过程中可能发生难以预料的支出，需要事先预留的费用，又称工程建设不可预见费，主要指设计变更及施工过程中可能增加工程量的费用，基本预备费一般由以下三部分构成：

(1) 在批准的初步设计范围内，技术设计、施工图设计及施工过程中所增加的工程费用；设计变更、工程变更、材料代用、局部地基处理等增加的费用。

(2) 一般自然灾害造成的损失和预防自然灾害所采取的措施费用。实行工程保险的工程项目，该费用应适当降低。

(3) 竣工验收时为鉴定工程质量对隐蔽工程进行必要的挖掘和修复费用。

2) 涨价预备费的内容

涨价预备费是指针对建设项目在建设期间内由于材料、人工、设备等价格可能发生变化引起工程造价变化而事先预留的费用,亦称为价格变动不可预见费。涨价预备费的内容包括:人工、设备、材料、施工机械的价差费,建筑安装工程费及工程建设其他费用调整,利率、汇率调整等增加的费用。

2. 建设期利息

建设期利息包括向国内银行和其他非银行金融机构贷款、出口信贷、外国政府贷款、国际商业银行贷款以及在境内外发行的债券等在建设期间应计的借款利息。

国外贷款利息的计算中,还应包括国外贷款银行根据贷款协议向贷款方以年利率的方式收取的手续费、管理费、承诺费,以及国内代理机构经国家主管部门批准的以年利率的方式向贷款单位收取的转贷费、担保费、管理费等。

3. 固定资产投资方向调节税

由于固定资产投资方向调节税现已停征,在此不予介绍。

第二节　工程计价依据

所谓工程计价依据,是用以计算工程造价的基础资料总称,包括工程定额,人、材、机及设备单价,工程量清单,工程造价指数,工程量计算规则,以及政府主管部门发布的有关工程造价的经济法规、政策等。根据工程造价计价依据的不同,目前我国处于工程定额计价和工程量清单计价两种计价模式并存的状态。本节仅概略介绍目前我国工程计价定额及工程量清单,其具体应用将结合后面各章节工程计价实务部分分别阐述。

一、工程计价定额

工程定额是在合理的劳动组织和合理地使用材料与机械的条件下,完成一定计量单位合格建筑产品所消耗资源的数量标准。工程定额是一个综合概念,是建设工程造价计价和管理中各类定额的总称,包括许多种类的定额,可以按照不同的原则和方法对它进行分类。

工程定额中的预算定额、概算定额、费用定额、概算指标、投资估算指标等都是计价性定额,主要用来在建设项目的不同阶段作为确定和计算工程造价的依据。

(一) 预算定额

1. 预算定额的概念与用途

1) 预算定额的概念

预算定额,是指在合理的施工组织设计、正常施工条件下、生产一个规定计量单位合格结构件、分项工程所需的人工、材料和机械台班的社会平均消耗量标准。预算定额是工程建设中的一项重要的技术经济文件，是编制施工图预算的主要依据，是确定和控制工程造价的基础。

2）预算定额的作用

(1) 预算定额是编制施工图预算、确定建筑安装工程造价的基础。施工图设计一经确定，工程预算造价就取决于预算定额水平和人工、材料及机械台班的价格。预算定额起着控制劳动消耗、材料消耗和机械台班使用的作用，进而起着控制建筑产品价格的作用。

(2) 预算定额是编制施工组织设计的依据。施工组织设计的重要任务之一，是确定施工中所需人力、物力的供求量，并做出最佳安排。施工单位在缺乏本企业的施工定额的情况下，根据预算定额，亦能够比较精确地计算出施工中各项资源的需要量，为有计划地组织材料采购和预制件加工、劳动力和施工机械的调配，提供了可靠的计算依据。

(3) 预算定额是工程结算的依据。工程结算是建设单位和施工单位按照工程进度对已完成的分部分项工程实现货币支付的行为。按进度支付工程款，需要根据预算定额将已完分项工程的造价算出。单位工程验收后，再按竣工工程量、预算定额和施工合同规定进行结算，以保证建设单位建设资金的合理使用和施工单位的经济收入。

(4) 预算定额是施工单位进行经济活动分析的依据。预算定额规定的物化劳动和劳动消耗指标，是施工单位在生产经营中允许消耗的最高标准。施工单位必须以预算定额作为评价企业工作的重要标准，作为努力实现的目标。施工单位可根据预算定额对施工中的劳动、材料、机械的消耗情况进行具体的分析，以便找出并克服低功效、高消耗的薄弱环节，提高竞争能力。只有在施工中尽量降低劳动消耗，采用新技术、提高劳动者素质，提高劳动生产率，才能取得较好的经济效果。

(5) 预算定额是编制概算定额的基础。概算定额是在预算定额基础上综合扩大编制的。利用预算定额作为编制依据，不但可以节省编制工作的大量人力、物力和时间，收到事半功倍的效果，还可以使概算定额在水平上与预算定额保持一致，以免造成执行中的不一致。

(6) 预算定额是合理编制招标控制价、投标报价的基础。在深化改革中，预算定额的指令性作用将日益削弱，而施工单位按照工程个别成本报价的指导性作用仍然存在，因此预算定额作为编制招标控制价的依据和施工企业报价的基础性作用仍将存在，这也是由预算定额本身的科学性和指导性决定的。

2. 预算定额的种类

根据不同的分类依据，预算定额有不同的分类结果，具体见表 2.5。

表 2.5　预算定额的种类

序　号	分类依据	定额划分内容
1	按专业性质	建筑工程定额、安装工程定额
2	按管理权限和执行范围	全国统一预算定额、行业统一预算定额、地区统一预算定额
3	按生产要素	劳动定额、机械定额、材料消耗定额

3. 预算定额示例

表 2.6 为 1995 年《全国统一建筑工程基础定额》中砖石结构工程部分砖墙项目的示例。其中工作内容有：调、运、铺砂浆，运砖；砌砖包括窗台虎头砖、腰线、门窗套；安装木砖、铁件等。

表 2.6　砖墙定额示例(单位：10 立方米)

定额编号			4-2	4-3	4-5	4-8	4-10	4-11
项　目		单位	单面清水砖墙			混水砖墙		
			1/2 砖	1 砖	1 砖半	1/2 砖	1 砖	1 砖半
人工	综合工日	工日	21.79	18.87	17.83	20.14	16.08	15.63
材料	水泥砂浆 M5	立方米	—	—	—	1.95	—	—
	水泥砂浆 M10	立方米	1.95	—	—	—	—	—
	水泥混合砂浆 M2.5	立方米	—	2.25	2.40	—	2.25	2.40
	普通黏土砖	千块	5.641	5.314	5.350	5.641	5.341	5.350
	水	立方米	1.13	1.06	1.07	1.33	1.06	1.07
机械	灰浆搅拌机 200 升	台班	0.33	0.38	0.40	0.33	0.38	0.40

(二) 概算定额

1. 概算定额的概念

概算定额，是在预算定额基础上，确定完成合格的单位扩大分项工程或单位扩大结构构件所需消耗的人工、材料和机械台班的数量标准，所以概算定额又称作扩大结构定额。

概算定额是预算定额的综合与扩大。它将预算定额中有联系的若干个分项工程项目综合为一个概算定额项目。例如，砖基础概算定额项目，就是以砖基础为主，综合了平整场地、挖地槽、铺设垫层、砌砖基础、铺设防潮层、回填土及运土等预算定额中分项工程项目。

概算定额与预算定额的相同之处在于，它们都是以建(构)筑物各个结构部分和分部分项工程为单位表示的，内容也包括人工、材料和机械台班使用量定额三个基本部分，并列有基准价。概算定额表达的主要内容、表达的主要方式及基本使用方法都与预算定额相近。

概算定额与预算定额的不同之处在于项目划分和综合扩大程度上的差异，同时，概算定额主要用于设计概算的编制。概算定额综合了若干分项工程的预算定额，因此使概算工程量计算和概算表的编制，都比编制施工图预算简化一些。

2. 概算定额的作用

从 1957 年开始我国在全国试行统一的《建筑工程扩大结构定额》之后，各省、市、自治区根据本地区的特点，相继编制了本地区的概算定额。为了适应建筑业的改革，原国家计委、建设银行总行在计标〔1985〕352 号文件中指出，概算定额和概算指标由省、市、自治区在预算定额基础上组织编写，分别由主管部门审批，报国家计划委员会备案。概算定额主要作用如下：①初步设计阶段编制概算、扩大初步设计阶段编制修正概算的主要依据。②对设计项目进行技术经济分析比较的基础资料之一。③建设工程主要材料计划编制的依据。④控制施工图预算的依据。⑤施工企业在准备施工期间，编制施工组织总设计或总规划时，对生产要素提出需要量计划的依据。⑥工程结束后，进行竣工决算和评价的依据。⑦编制概算指标的依据。

3. 概算定额的内容与形式

按专业特点和地区特点编制的概算定额手册，内容基本上是由文字说明、定额项目表和附录三个部分组成(表 2.7)。

表 2.7　概算定额手册的主要内容

序　号	主要内容	内容说明
1	文字说明	包括总说明和分部工程说明，在总说明中，主要阐述概算定额的编制依据、使用范围、包括的内容及作用、应遵守的规则及建筑面积计算规则等。分部工程说明主要阐述本分部工程包括的综合工作内容及分部分项工程的工程量计算规则等
2	定额项目表	主要包括： (1) 定额项目的划分。通常可按工程结构或工程部位(分部)划分 (2) 定额项目表。这是概算定额手册的主要内容，由若干节定额组成。各节有工程内容、定额表及附注说明组成。定额表中列有定额编号、计量单位、概算价格、人工、材料、机械台班消耗量指标，综合了预算定额的若干项目和数量
3	附录	

4. 概算定额示例

建筑工程概算定额示例说明见表 2.8。其中工程内容有：模板制作、安装、拆除，钢筋制作，安装、混凝土浇捣、抹灰、刷浆。

表 2.8　现浇钢筋混凝土柱概算定额表(单位：10 立方米)

概算定额编号				4-3		4-4	
项目		单位	单价/元	矩形柱			
				周长 1.8 米以内		周长 1.8 米以外	
				数量	合价	数量	合价
基准价		元		13 428.76		12 947.26	
其中	人工费	元		2 116.40		1 728.76	
	材料费	元		10 272.03		10 361.83	
	机械费	元		1 040.33		856.67	
合计工		工日	22.00	96.20	2 116.40	78.58	1 728.76

续表

概算定额编号				4-3		4-4	
项目		单位	单价/元	矩形柱			
				周长 1.8 米以内		周长 1.8 米以外	
				数量	合价	数量	合价
材料	中(粗)砂(天然)	吨	35.81	9.494	339.98	8.817	315.74
	碎石 5～20 毫米	吨	36.18	12.207	441.65	12.207	441.65
	石灰膏	立方米	98.89	0.221	20.75	0.155	14.55
	普通木成材	立方米	1 000.00	0.302	302.00	0.187	187.00
	圆钢(钢筋)	吨	3 000.00	2.188	6 564.00	2.407	7 221.00
	组合钢模板	千克	4.00	64.416	257.66	39.848	159.39
	钢支撑(钢管)	千克	4.85	34.165	165.70	21.134	102.50
	零星卡具	千克	4.00	33.954	135.82	21.004	84.02
	铁钉	千克	5.96	3.019	18.42	1.912	11.40
	镀锌铁丝 22#	千克	8.07	8.368	67.53	9.206	74.29
	电焊条	千克	7.84	15.644	122.65	17.212	134.94
	803 涂料	千克	1.45	22.901	33.21	16.038	23.26
	水	立方米	0.99	12.700	12.57	12.300	12.21
	水泥 452#	千克	0.25	664.459	166.11	517.117	129.28
	水泥 525#	千克	0.30	4 141.200	1 242.36	4 141.200	1 242.36
	脚手架	元			196.00		90.60
	其他材料费	元			185.62		117.64
机械	垂直运输费	元			628.00		510.00
	其他机械费	元			412.33		346.67

(三) 费用定额

费用定额是建设工程编制设计概算、施工图预(结)算、招标控制价(或标底)以及调解处理工程造价纠纷的依据；也是确定投标价、工程结算审核的指导；还可作为企业内部核算和制定企业定额的参考。目前，工程费用定额有两种表现形式，一种以定额计价为基础，一种以清单计价为基础。

1. 以定额计价为基础

建设工程费用定额是规定各有关工程费用的取费标准，包括取费的基础和取费的费率。一般以某个或多个自变量为计算基础，反映各项费用的百分率。它包括措施费费用定额、间接费费用定额等。

1) 措施费费用定额

措施费是指为完成工程项目施工，发生于该工程施工前和施工过程中非工程实体项目的费用。它由技术措施费和组织措施费组成。

(1) 技术措施费。技术措施费套用消耗量定额项目计算得出，内容包括：大型机械设备进出场及安拆费；混凝土、钢筋混凝土模板及支架费；脚手架费；施工排水、降水费；已完工程及设备保护费；其他技术措施费。

(2) 组织措施费。组织措施费以费率形式计算得出，内容包括：环境保护费；文明施工费；安全施工费；临时设施费；夜间施工增加费；二次搬运费；冬雨季施工增加费；生产工具用具使用费；检验试验费；工程定位复测、工程点交、场地清理费等；其他组织措施费。

如《北京市建设工程费用定额》(2001)中，现场管理费中临时设施费的规定如表 2.9 所示。

表 2.9　现场管理费——临时设施费

定额编号	项　目			计费基数	费率/%	
					四环路以内	四环路以外
1-1	建筑工程	建筑面积	50 000 平方米外	直接费	2.7	2.3
1-2			50 000 平方米内		2.9	2.5
1-3			20 000 平方米内		3.1	2.6
1-4	装饰工程			人工费	15.0	13.0
1-5	构筑物			直接费	2.6	2.2
1-6	钢结构工程				2.0	1.7
1-7	独立土石方、地下降水工程				2.2	1.8
1-8	桩基础				1.9	1.7
1-9	仿古建筑				2.8	2.4
1-10	安装工程			人工费	19.0	16.0
1-11	市政府工程	道路、桥梁		直接费	4.0	3.6
1-12		管道			3.6	3.1
1-13	绿化工程			人工费	5.0	4.0
1-14	庭院工程			直接费	2.9	2.4

2）间接费费用定额

间接费由规费、企业管理费组成。

(1) 规费。规费是政府和有关权力部门规定必须缴纳的费用，内容包括：社会保障费；住房公积金；危险作业意外伤害保险；工程排污费；工程定额测定费；上级(行业)管理费。

(2) 企业管理费。企业管理费是指建筑安装企业组织施工生产和经营管理所需费用，内容包括：管理人员工资；办公费；差旅交通费；固定资产使用费；工具用具使用费；劳动保险费；工会经费；职工教育经费；财产保险费；财务费；税金及其他。

2. 以清单计价为基础

随着 2008《计价规范》的颁布执行，一些省市依据 2008《计价规范》和《建筑安装工程费用项目组成》(建标〔2003〕206 号)等有关规定，结合各省自身实际情况重新进行建设工程费用定额编制，进而能更好地与清单计价相结合。建设工程费用定额一般由总则、工程费用的组成、工程类别的划分、工程费用取费标准及有关规定和工程造价计算程序组成。它包括企业管理费、利润取费标准和规定；措施项目费取费标准及规定；其他项目费标准及规定；规费取费标准及有关规定；税金计算标准及有关规定。如《江苏省建设工程费用定额》形式及内容如表 2.10～表 2.13 所示。

1）企业管理费、利润取费标准和规定

企业管理费、利润计算基础按该定额规定执行。包工不包料、点工的管理费和利润包含在工资单价中。意外伤害保险费在管理费中列支，费率不超过税前总造价的 0.6‰。企业管理费、利润标准见表 2.10。

表 2.10 建筑工程企业管理费和利润取费标准

序号	项目名称	计算基础	企业管理费率/%			利润率/%
			一类工程	二类工程	三类工程	
1	建筑工程	人工费+机械费	31	28	25	12
2	预制构件制作	人工费+机械费	15	13	11	6
3	构件吊装、打预制桩	人工费+机械费	11	9	7	5
4	制作兼打桩	人工费+机械费	15	13	11	7
5	大型土石方工程	人工费+机械费	6			4

2）措施项目费取费标准及规定

措施费计算分为两种形式：一种是以费率计算，另一种是以工程量乘以综合单价计算。

（1）部分以费率计算的措施项目费率标准见表 2.11。

表 2.11 措施项目费费率标准

项目	计算	费率/%					
	基础	建筑工程	单独装饰	安装工程	市政工程	修缮土建修缮（安装）	仿古（园林）
现场安全文明施工措施费	分部分项工程费	见表 2.12					
夜间施工增加费		0～0.1	0～0.1	0～0.1	0.05～0.15	0～0.1	0～0.1
冬雨季施工增加费		0.05～0.2	0.05～0.1	0.05～0.1	0.1～0.3	0.05～0.2	0.05～0.2
已完工程及设备保护		0～0.05	0～0.1	0～0.05	0～0.02	0～0.05	0～0.1
临时设施费		1～2.2	0.3～1.2	0.6～1.5	1～2	1～2（0.6～1.5）	（0.3～0.7）
检验试验费		0.2	0.2	0.15	0.15	0.15（0.1）	0.3（0.06）
赶工费		1～2.5	1～2.5	1～2.5	1～2.5	1～2.5	1～2.5
按质论价费		1～3	1～3	1～3	0.8～2.5	1～2	1～2.5
住宅分户验收		0.08	0.08	0.08	—	—	—

表 2.12 现场安全文明施工措施费费率标准

序号	项目名称	计算基础	基本费率/%	现场考评费率/%	奖励费（获市级文明工地/获省级文明工地）/%
1	建筑工程	分部分项工程费	2.2	1.1	0.4/0.7
2	构件吊装		0.85	0.5	—
3	桩基工程		0.9	0.5	0.2/0.4
4	大型土石方工程		1	0.6	—
5	单独装饰工程		0.9	0.5	0.2/0.4
6	安装工程		0.8	0.4	0.2/0.4
7	市政工程		1.1	0.6	0.2/0.4
8	仿古建筑工程		1.5	0.8	0.3/0.5
9	园林绿化工程		0.7	0.4	—
10	修缮工程		0.8	0.4	0.2/0.4

(2) 二次搬运费、大型机械设备进出场及安拆费、施工排水、已完工程及设备保护费、特殊条件下施工增加费、地上地下设施与建筑物的临时保护设施费以及专业工程措施费，按工程量乘以综合单价计取。

3) 其他项目费标准及规定

(1) 暂列金额、暂估价按发包人给定的标准计取。

(2) 计日工。由发承包双方在合同中约定。

(3) 总承包服务费。招标人应根据招标文件列出的内容和向总承包人提出的要求，参照下列标准计算：①招标人仅要求对分包的专业工程进行总承包管理和协调时，按分包的专业工程估算造价的1%计算；②招标人要求对分包的专业工程进行总承包管理和协调，并同时要求提供配合服务时，根据招标文件中列出的配合服务内容和提出的要求，按分包的专业工程估算造价的2%～3%计算。

4) 规费取费标准及有关规定

(1) 工程排污费。按有权部门规定计取。

(2) 建筑安全监督管理费。按有关部门规定计取。

(3) 社会保障费及住房公积金按表2.13的标准计取。

表2.13　社会保障费率及公积金费率标准

序　号	工程类别	计算基础	社会保障费率/%	公积金率/%
1	建筑工程、仿古园林	分部分项工程费＋措施项目费＋其他项目费	3	0.5
2	预制构件制作、构建吊装、桩基工程		1.2	0.22
3	单独装饰工程		2.2	0.38
4	安装工程		2.2	0.38
5	桥梁、水工构筑物		2.5	0.38
6	道路、市政排水工程		1.8	0.31
7	市政给水、燃气、路灯工程		1.9	0.34
8	大型土石方工程		1.2	0.22
9	修缮工程		3.5	0.62
10	单独加固工程		3.1	0.55
11	点工	人工工日	15	
12	包工不包料		13	

注：①社会保障费包括养老保险费、失业保险费、医疗保险费、工伤保险费、生育保险费。②点工和包工不包料的社会保障费和公积金已经包含在人工工资单价中。③人工挖孔桩的社会保险费率和公积金费率按2.8%和0.5%计取。④社会保障费费率和公积金费率将随着社保部门要求和建设工程实际参保率的增加，适时调整。

5) 税金计算标准及有关规定

税金包括营业税、城市建设维护税、教育费附加，按各市规定计取。

(四) 概算指标

1. 概算指标的概念及其作用

1) 概算指标的概念

建筑安装工程概算指标通常是以整个建筑物和构筑物为对象，以建筑面积、体积或成套设备装置的台或组为计量单位而规定的人工、材料、机械台班的消耗量标准和造价指标。

从上述概念中可以看出，建筑安装工程概算定额与概算指标的主要区别如下：

(1) 确定各种消耗量指标的对象不同：概算定额是以单位扩大分项工程或单位扩大结构构件为对象，而概算指标则是以整个建筑物(如100平方米或1000立方米建筑物)和构筑物为对象。因此概算指标比概算定额更加综合与扩大。

(2) 确定各种消耗量指标的依据不同：概算定额以现行预算定额为基础，通过计算之后才综合确定出各种消耗量指标，而概算指标中各种消耗量指标的确定，则主要来自各种预算或结算资料。

2) 概算指标的作用

概算指标和概算定额、预算定额一样，都是与各个设计阶段相适应的多次性计价的产物，它主要用于投资估价、初步设计阶段，其作用主要有：①概算指标可以作为编制投资估算的参考。②概算指标中的主要材料指标可以作为匡算主要材料用量的依据。③概算指标是设计单位进行设计方案比较、建设单位选址的一种依据。④概算指标是编制固定资产投资计划，确定投资额和主要材料计划的主要依据。

2. 概算指标的分类、组成内容及表现形式

1) 概算指标的分类

概算指标可分为两大类，一类是建筑工程概算指标，另一类是安装工程概算指标，如图2.3所示。

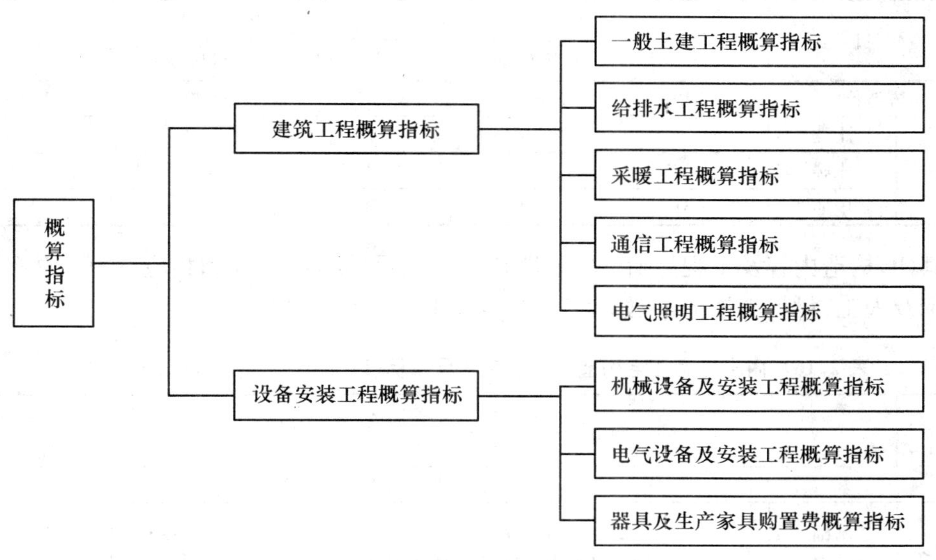

图2.3　概算指标分类图

2) 概算指标的组成内容

概算指标的组成内容一般分为文字说明和列表形式两部分，以及必要的附录。

(1) 文字说明。它包括总说明和分册说明。其内容一般包括概算指标的编制范围、编制依据、分册情况、指标包括的内容、指标未包括的内容、指标的使用方法、指标允许调整的范围及调整方法等。

(2) 列表形式。列表形式有以下两大类：

第一，建筑工程列表形式。房屋建筑、构筑物一般是以建筑面积、建筑体积、“座”、“个”等为计算单位，附以必要的示意图，示意图画出建筑物的轮廓示意或单线平面图，列出综合指标：元/平方米或元/立方米，自然条件(如地耐力、地震烈度等)，建筑物的类型、结构形式及各部位中结构主要特点，主要工程量。

总体来讲建筑工程列表形式分为以下几个部分：

其一，示意图。表明工程的结构、工业项目，还表示出吊车及起重能力等。

其二，工程特征。对采暖工程特征应列出采暖热媒及采暖形式；对电气照明工程特征可列出建筑层数、结构类型、配线方式、灯具名称等；对房屋建筑工程特征主要就工程的结构形式、层高、层数和建筑面积进行说明，如表 2.14 所示。

表 2.14　内浇外砌住宅结构特征

结构类型	层　数	层高/米	檐高/米	建筑面积/平方米
内浇外砌	六层	2.8	17.7	4 206

其三，经济指标。说明该项目每 100 平方米每座的造价指标及其中土建、水暖和电照等单位工程的相应造价，如表 2.15 所示。

表 2.15　内浇外砌住宅经济指标(以 100 平方米建筑面积计算)

项　目		合计/元	其　中			
			直接费/元	间接费/元	利润/元	税金/元
单方造价		30 422	21 860	5 576	1 893	1 093
其中	土建	26 133	18 778	4 790	1 626	939
	水暖	2 565	1 843	470	160	92
	电照	614	1 239	316	107	62

其四，构造内容及工程量指标。说明该工程项目的构造内容和相应计算单位的工程量指标及人工、材料消耗指标，如表 2.16、表 2.17 所示。

表 2.16　内浇外砌住宅构造内容及工程量指标(以 100 平方米建筑面积计算)

序　号	构造特征		工程量	
			单　位	数　量
		一、土建		
1	基础	灌注桩	立方米	14.64
2	外墙	二砖墙、清水墙勾缝、内墙抹灰刷白	立方米	24.32
3	内墙	混凝土墙、一砖墙、抹灰刷白	立方米	22.70
4	柱	混凝土柱	立方米	0.70
5	地面	碎砖垫层、水泥砂浆面层	平方米	13
6	楼面	120 毫米预制空心板、水泥砂浆面层	平方米	65
7	门窗	木门窗	平方米	62
8	屋面	预制空心板、水泥珍珠岩保温、三毡四油卷材防水	平方米	21.7
9	脚手架	综合脚手架	平方米	100

续表

序　号	构造特征		工程量	
			单　位	数　量
二、水暖				
1	采暖方式	集中采暖		
2	给水性质	生活给水明设		
3	排水性质	生活排水		
4	通风方式	自然通风		
三、电照				
1	配电方式	塑料管暗配电线		
2	灯具种类	日光灯		
3	用电量			

表 2.17　内浇外砌住宅人工及主要材料消耗指标（以 100 平方米建筑面积计算）

序　号	名称及规格	单　位	数　量	序　号	名称及规格	单　位	数　量
一、土建				二、水暖			
1	人工	工日	506	1	人工	工日	39
2	钢筋 ϕ10 以上	吨	3.25	2	钢管	吨	0.18
3	型钢	吨	0.13	3	暖气片	平方米	20
4	水泥	吨	18.10	4	卫生器具	套	2.35
5	白灰	吨	2.10	5	水表	个	1.84
6	沥青	吨	0.29	三、电照			
7	红砖	千块	15.10	1	人工	工日	20
8	木材	立方米	4.10	2	电线	米	283
9	砂	立方米	41	3	钢管	吨	0.04
10	砺	立方米	30.5	4	灯具	套	8.43
11	玻璃	平方米	29.2	5	电表	个	1.84
12	卷材	平方米	80.8	6	配电箱	套	6.1
				四、机械使用费		%	7.5
				五、其他材料费		%	19.57

第二，安装工程列表形式。设备以“吨”或“台”为计算单位，也可以设备购置费或设备原价的百分比(%)表示；工艺管道一般以“吨”为计算单位；通信电话站安装以“站”为计算单位。列出指标编号、项目名称、规格、综合指标(计算单位/元)之后一般还要列出其中的人工费，必要时还要列出主要材料费、辅材费。

3）概算指标的表现形式

概算指标在具体内容的表示方法上，分综合指标和单项指标两种形式。

(1) 综合概算指标。综合概算指标是按照工业或民用建筑及其结构类型而制定的概算指标。综合概算指标的概括性较大，其准确性、针对性不如单项指标。

(2) 单项概算指标。单项概算指标是指为某种建筑物或构筑物而编制的概算指标。单项概算指标的针对性较强，故指标中对工程结构形式要作介绍。只要工程项目的结构形式及工程内容与单项指标中的工程概况相吻合，编制出的设计概算就比较准确。

（五）投资估算指标

1. 投资估算指标及其作用

工程建设投资估算指标是编制建设项目建议书、可行性研究报告等前期工作阶段投资估算的依据，也可以作为编制固定资产长远规划投资额的参考。投资估算指标为完成项目建设的投资估算提供依据和手段，它在固定资产的形成过程中起着投资预测、投资控制、投资效益分析的作用，是合理确定项目投资的基础。投资估算指标中的主要材料消耗量也是一种扩大材料消耗量指标，可以作为计算建设项目主要材料消耗量的基础。估算指标的正确制定对于提高投资估算的准确度、对建设项目的合理评估、正确决策具有重要意义。

2. 投资估算指标的内容

投资估算指标是确定和控制建设项目全过程各项投资支出的技术经济指标，其范围涉及建设前期、建设实施期和竣工验收交付使用期等各个阶段的费用支出，内容因行业不同而各异，一般可分为建设项目综合指标、单项工程指标和单位工程指标三个层次。

1）建设项目综合指标

这是指按规定应列入建设项目总投资的从立项筹建开始至竣工验收交付使用的全部投资额，包括单项工程投资、工程建设其他费用和预备费等。

建设项目综合指标一般以项目的综合生产能力单位投资表示，如元/吨、元/千瓦。或以使用功能表示，如医院床位：元/床。

2）单项工程指标

这是指按规定应列入能独立发挥生产能力或使用效益的单项工程内的全部投资额，包括建筑工程费、安装工程费、设备、工器具及生产家具购置费和可能包含的其他费用。单项工程一般划分原则如下：

(1) 主要生产设施，指直接参加生产产品的工程项目，包括生产车间或生产装置。

(2) 辅助生产设施，指为主要生产车间服务的工程项目，包括集中控制室、中央实验室、机修、电修、仪器仪表修理及木工（模）等车间，原材料、半成品、成品及危险品等仓库。

(3) 公用工程，包括给排水系统（给排水泵房、水塔、水池及全厂给排水管网）、供热系统（锅炉房及水处理设施、全厂热力管网）、供电及通信系统（变配电所、开关所及全厂输电、电信线路）以及热电站、热力站、煤气站、空压站、冷冻站、冷却塔和全厂管网等。

(4) 环境保护工程，包括废气、废渣、废水等处理和综合利用设施及全厂性绿化。

(5) 总图运输工程，包括厂区防洪、围墙大门、传达及收发室、汽车库、消防车库、厂区道路、桥涵、厂区码头及厂区大型土石方工程。

(6) 厂区服务设施，包括厂部办公室、厂区食堂、医务室、浴室、哺乳室、自行车棚等。

(7) 生活福利设施，包括职工医院、住宅、生活区食堂、职工医院、俱乐部、托儿所、幼儿园、子弟学校、商业服务点以及与之配套的设施。

(8) 厂外工程，如水源工程、厂外输电、输水、排水、通信、输油等管线以及公路、铁路专用线等。

单项工程指标一般以单项工程生产能力单位投资，如“元/吨”或其他单位表示。如变配电站:“元/千伏安”;锅炉房:“元/蒸汽吨”;供水站:“元/立方米”;办公室、仓库、宿舍、住宅等房屋则区别不同结构形式以“元/平方米”表示。

3) 单位工程指标

单位工程指标按规定应列入能独立设计、施工的工程项目的费用,即建筑安装工程费用。

单位工程指标一般以如下方式表示:如房屋区别不同结构形式以“元/平方米”表示;道路区别不同结构层、面层以“元/平方米”表示;水塔区别不同结构层、容积以“元/座”表示;管道区别不同材质、管径以“元/米”表示。

二、工程量清单

工程量清单是指建设工程的分部分项项目、措施项目、其他项目、规费项目和税金项目的名称和相应数量等的明细清单。工程量清单是工程量清单计价的基础,应作为编制招标控制价、投标报价、计算工程量、支付工程款、调整合同价款、办理竣工结算以及工程索赔等的依据之一。

工程量清单包括分部分项工程量清单,措施项目清单,其他项目清单,规费、税金项目清单。

(一) 分部分项工程量清单

1. 分部分项工程量清单包括的内容

分部分项工程量清单应包括项目编码、项目名称、项目特征、计量单位和工程量。

1) 项目编码

分部分项工程量清单项目编码以五级编码设置,用十二位阿拉伯数字表示。一、二、三、四级编码为全国统一;第五级编码应根据拟建工程的工程量清单项目名称设置。各级编码代表的含义如下:

(1) 第一级表示工程分类顺序码(分二位)。建筑工程为01、装饰装修工程为02、安装工程为03、市政工程为04、园林绿化工程为05、矿山工程为06。

(2) 第二级表示专业工程顺序码(分二位)。

(3) 第三级表示分部工程顺序码(分二位)。

(4) 第四级表示分项工程项目名称顺序码(分三位)。

(5) 第五级表示工程量清单项目名称顺序码(分三位)。

当同一标段(或合同段)的一份工程量清单中含有多个单位工程且工程量清单是以单位工程为编制对象时,编制工程量清单应特别注意对项目编码10~12位的设置不得有重号的规定。

2) 项目名称

分部分项工程量清单的项目名称应按计价规范附录的项目名称结合拟建工程的实际确定。计价规范附录表中的“项目名称”为分项工程项目名称,是形成分部分项工程量清单项目名称的基础,在编制分部分项工程量清单时可予以适当调整或细化,清单项目名称应表达详细、准确。计价规范中的分项工程项目名称如有缺陷,招标人可作补充,并报当地工程造价管理机构(省级)备案。

3）项目特征

项目特征是对项目的准确描述，是确定一个清单项目综合单价不可缺少的重要依据，是区分清单项目的依据，是履行合同义务的基础。分部分项工程量清单的项目特征应按“清单计价规范”附录中规定的项目特征，结合技术规范、标准图集、施工图纸、按照工程结构、使用材质及规格或安装位置等，予以详细而准确的表述和说明。凡项目特征中未描述到的其他独有特征，由清单编制人视项目具体情况确定，以准确描述清单项目为准。

4）计量单位

计量单位应采用基本单位，除各专业另有特殊规定外均按以下单位计量：

(1) 以重量计算的项目——吨或千克(t 或 kg)。

(2) 以体积计算的项目——立方米(m^3)。

(3) 以面积计算的项目——平方米(m^2)。

(4) 以长度计算的项目——米(m)。

(5) 以自然计量单位计算的项目——个、套、块、樘、组、台……

(6) 没有具体数量的项目——宗、项……

各专业有特殊计量单位的，再另外加以说明，当计量单位有两个或两个以上时，应根据所编工程量清单项目的特征要求，选择最适宜表现该项目特征并方便计量的单位。

5）工程量计算

工程量主要通过工程量计算规则计算得到。工程量计算规则是指对清单项目工程量的计算规定。除另有说明外，所有清单项目的工程量应以实体工程量为准，并以完成后的净值计算；投标人投标报价时，应在单价中考虑施工中的各种损耗和需要增加的工程量。

清单计价规范附录 A～附录 F 中给出了各类别工程的项目设置和工程量计算规则，包括建筑工程、装饰装修工程、安装工程、市政工程、园林绿化工程、矿山工程等六个部分。

2. 分部分项工程量清单的标准格式

分部分项工程量清单是指表示拟建工程分项实体工程项目名称和相应数量的明细清单，应包括项目编码、项目名称、项目特征、计量单位和工程量五个部分的要件。其格式如表 2.18 所示，在分部分项工程量清单的编制过程中，由招标人负责前六项内容填列，金额部分在编制招标控制价或投标报价时填列。

表 2.18　分部分项工程量清单与计价表

工程名称：　　　　　　标段：　　　　　　第　页　共　页

序　号	项目编码	项目名称	项目特征	计量单位	工程量	金额/元		
						综合单价	合　价	其中：暂估价

（二）措施项目清单

1. 措施项目列项

2008《计价规范》中将实体项目划分为分部分项工程量清单，非实体项目划分为措施项目。措施项目清单指为完成工程项目施工，发生于该工程施工前和施工过程中技术、生活、文明、安全等方面的非工程实体项目清单。措施项目清单应根据拟建工程的具体情况参照表 2.19 列项。

表 2.19　措施项目一览表

序　号	项目名称
通用措施项目	
1	安全文明施工（含环境保护、文明施工、安全施工、临时设施）
2	夜间施工
3	二次搬运
4	冬雨季施工
5	大型机械设备进出场及安拆
6	施工排水
7	施工降水
8	地上、地下设施，建筑物的临时保护设施
9	已完工程及设备保护
专业措施项目	
建筑工程	
1.1	混凝土、钢筋混凝土模板及支架
1.2	脚手架
1.3	垂直运输机械
装饰装修工程	
2.1	脚手架
2.2	垂直运输机械
2.3	室内空气污染测试
安装工程	
3.1	组装平台
3.2	设备、管道施工安全、防冻和焊接保护措施
3.3	压力容器和高压管道的检验
3.4	焦炉施工大棚
3.5	焦炉烘炉、热态工程
3.6	管道安装后的充气保护措施
3.7	隧道内施工的通风、供水、供气、供电、照明及通讯设施
3.8	现场施工围栏
3.9	长输管道临时水工保护措施
3.10	长输管道施工便道管道
3.11	长输管道跨越或穿越施工措施
3.12	长输管道地下管道穿越地上建筑物的保护措施
3.13	长输管道工程施工队伍调遣
3.14	格架式抱杆

续表

序　号	项目名称
市政工程	
4.1	围堰
4.2	筑岛
4.3	便道
4.4	便桥
4.5	脚手架
4.6	洞内施工通风管路、供水、供气、供电、照明及通讯设施
4.7	驳岸块石清理
4.8	地下管线交叉处理
4.9	行车、行人干扰增加
4.10	轨道交通工程路桥、市政基础设施施工监测、监控、保护
矿山工程	
5.1	特殊安全技术措施
5.2	前期上山道路
5.3	作业平台
5.4	防洪工程
5.5	凿井措施
5.6	临时支护措施

2. 措施项目清单的标准格式

措施项目费用的发生与使用时间、施工方法或者两个以上的工序相关，并大都与实际完成的实体工程量的大小关系不大，如大中型机械进出场及安拆、安全文明施工和安全防护、临时设施等，但是有些非实体项目则是可以计算工程量的项目，典型的是混凝土浇筑的模板工程，与完成的工程实体具有直接关系，并且是可以精确计量的项目，用分部分项工程量清单的方式采用综合单价，更有利于措施费的确定和调整。

(1) 措施项目中可以计算工程量的项目清单宜采用分部分项工程量清单的方式编制，列出项目编码、项目名称、项目特征、计量单位和工程量计算规则(表 2.20)。

表 2.20　措施项目清单与计价表(一)

工程名称：　　　　　　　　　　　　标段：　　　　　　　　　　　　第　　页 共　　页

序　号	项目编码	项目名称	项目特征描述	计量单位	工程量	金额/元	
						综合单价	合　价

注：本表适用于以综合单价形式计价的措施项目。

(2) 不能计算工程量的项目清单，以“项”为计量单位进行编制(表 2.21)。

表 2.21　措施项目清单与计价表(二)

工程名称：　　　　标段：　　　　第　　页　共　　页

序　号	项目名称	计算基础	费率/%	金额/元
1				
2				

注：本表适用于以"项"计价的措施项目；计算基础可以为"直接费"、"人工费"或"人工费＋机械费"。

(三) 其他项目清单

其他项目清单是指分部分项工程量清单、措施项目清单所包含的内容以外，因招标人的特殊要求而发生的与拟建工程有关的其他费用项目和相应数量的清单。工程建设标准的高低、工程的复杂程度、工程的工期长短、工程的组成内容、发包人对工程管理要求等都直接影响其他项目清单的具体内容，其他项目清单宜按照表 2.22 的格式编制，出现未包含在表格中内容的项目，可根据工程实际情况补充。

表 2.22　其他项目清单与计价汇总表

序　号	项目名称	计量单位	金额/元	备　注
1	暂列金额			明细详见表 2.23
2	暂估价			
2.1	材料暂估价		—	明细详见表 2.24
2.2	专业工程暂估价			明细详见表 2.25
3	计日工			明细详见表 2.26
4	总承包服务费			明细详见表 2.27
合计				—

注：材料暂估价进入清单项目综合单价，此处不汇总。

1. 暂列金额

暂列金额是指招标人暂定并包括在合同中的一笔款项。不管采用何种合同形式，其理想的标准是，一份合同的价格就是其最终的竣工结算价格，或者至少两者应尽可能接近。但工程建设自身的特性决定了工程的设计需要根据工程进展不断地进行优化和调整，业主需求可能会随工程建设进展出现变化，工程建设过程还会存在一些不能预见、不能确定的因素。消化这些因素必然会影响合同价格的调整，暂列金额正是因这类不可避免的价格调整而设立，以便达到合理确定和有效控制工程造价的目标。设立暂列金额并不能保证合同结算价格就不会再出现超过合同价格的情况，是否超出合同价格完全取决于工程量清单编制人对暂列金额预测的准确性，以及工程建设过程是否出现了其他事先未预测到的事件。

暂列金额可按照表 2.23 的格式列示。

表 2.23　暂列金额明细表

工程名称：　　　　标段：　　　　第　　页共　　页

序　号	项目名称	计量单位	暂定金额/元	备　注
1				
2				
3				
合计				—

注：此表由招标人填写，如不能详列，也可只列暂定金额总额，投标人应将上述暂列金额计入投标总价中。

2. 暂估价

暂估价是指招标阶段直至签订合同协议时，招标人在招标文件中提供的用于支付必然要发生但暂时不能确定价格的材料以及专业工程的金额，包括材料暂估单价、专业工程暂估价。暂估价数量和拟用项目应当结合工程量清单中的“暂估价表”予以补充说明。为方便合同管理，需要纳入分部分项工程量清单项目综合单价中的暂估价应只是材料费，以方便投标人组价。专业工程的暂估价一般应是综合暂估价，应当包括除规费和税金以外的管理费、利润等取费。

暂估价可按照表 2.24、表 2.25 的格式列示。

表 2.24　材料暂估价表

工程名称：　　　　标段：　　　　第　　页共　　页

序　号	材料名称、规格、型号	计量单位	单价/元	备　注
1				
2				
3				

注：① 此表由招标人填写，并在备注栏说明暂估价的材料拟用在哪些清单项目上，投标人应将上述材料暂估单价计入工程量清单综合单价报价中。

② 材料包括原材料、燃料、构配件以及按规定应计入建筑安装工程造价的设备。

表 2.25　专业工程暂估价

工程名称：　　　　标段：　　　　第　　页共　　页

序　号	工程名称	工程内容	金额/元	备　注
1				
2				
3				
合计				—

注：此表由招标人填写，投标人应将上述专业工程暂估价计入投标总价中。

3. 计日工

计日工是为了解决现场发生的零星工作的计价而设立的。计日工对完成零星工作所消耗的人工工时、材料数量、施工机械台班进行计量，并按照计日工表中填报的适用项目的单价进行计价支付。计日工适用的所谓零星工作一般是指合同约定之外的或者因变更而产生的、工程量清单中没有相应项目的额外工作,尤其是那些时间不允许事先商定价格的额外工作。

计日工可按照表 2.26 的格式列示。

表 2.26 计日工表

工程名称: 标段: 第 页 共 页

序号	项目名称	单位	暂定数量	综合单价/元	合价/元
1	人工				
1.1					
…					
人工小计					
2	材料				
2.1					
…					
材料小计					
3	施工机械				
3.1					
…					
施工机械小计					
总计					

注:此表项目名称、数量由招标人填写,编制招标控制价时,单价由招标人按有关规定确定;投标时,单价由投标人自主报价,计入投标总价中。

4. 总承包服务费

总承包服务费是为了解决招标人在法律、法规允许的条件下进行专业工程发包以及自行供应材料、设备,并需要总承包人对发包的专业工程提供协调和配合服务,对供应的材料、设备提供收、发和保管服务以及进行施工现场管理时发生并向总承包人支付的费用。招标人应预计该项费用并按投标人的投标报价向投标人支付该项费用。

总承包服务费按照表 2.27 的格式列示。

表 2.27 总承包服务费计价

工程名称: 标段: 第 页 共 页

序号	项目名称	项目价值/元	服务内容	费率/%	金额/元
1	发包人发包专业工程				
2	发包人供应材料				
合计					

(四) 规费、税金项目清单

规费项目清单应按照下列内容列项:工程排污费;工程定额测定费;社会保障费,包括养老保险费、失业保险金、医疗保险费;住房公积金;危险作业意外伤害保险。出现未包含在上述规范中的项目,应根据省级政府或省级有关权力部门的规定列项。

税金项目清单应包括以下内容：营业税，城市建设维护税，教育费附加。如国家税法发生变化，税务部门依据职权增加了税种，应对税金项目清单进行补充。

规费、税金项目清单与计价表如表 2.28 所示。

表 2.28 规费、税金项目清单与计价表

工程名称： 标段： 第 页 共 页

序 号	项目名称	计算基础	费率/%	金额/元
1	规费			
1.1	工程排污费			
1.2	社会保障费			
1.2.1	养老保险费			
1.2.2	失业保险费			
1.2.3	医疗保险费			
1.3	住房公积金			
1.4	危险作业意外伤害保险			
2	税金	分部分项工程费＋措施项目费＋其他项目费＋规费		
合计				

注：根据建设部、财政部发布的《建筑安装工程费用组成》（建标〔2003〕206 号）的规定，“计算基础”可为“直接费”、“人工费”或“人工费＋机械费”。

第三节 工程计价基本原理

一、工程计价的基本方法

建设项目是兼具单件性与多样性的集合体。每一个建设项目的建设都需要按业主的特定需要进行单独设计、单独施工，不能批量生产和按整个项目确定价格，只能采用特殊的计价程序和计价方法。尽管各种工程计价模式不尽相同，但实际上，所有的计价活动都可以基于以下基本方法中的一种或其组合方法来进行。

（一）利用函数关系对拟建项目的成本进行类比估算法

当一个建设项目还没有具体的图纸和工程量清单时，我们需要利用产出函数进行匡算。在微观经济学中把过程的产出和资源的消耗这两者之间的关系叫做产出函数。在建筑工程中，产出函数建立了产出的总量或规模与各种投入（比如人力、材料、机械等）之间的关系。因此，对某一特定的产出，我们可以通过对各投入参数赋予不同的值，从而找到一个最低的生产成本。房屋建筑面积的大小和消耗的人工之间的关系就是产出函数的一个例子。

投资的匡算常常基于某个表明设计能力或者形体尺寸的变量，如建筑面积、高速公路的长度、工厂的生产能力等。在这种类比估算方法下尤其要注意规模对造价的影响。项目的成本并不总是和规模大小呈线性关系的，典型的规模经济或规模不经济都会出现。

因此要慎重选择合适的产出函数，寻找到规模和经济有关的经验数，以便尽可能利用最低的单位成本，例如，生产能力指数法与单位生产能力估算法就是采用不同的生产函数。

当利用基于经验的成本函数估算成本时，需要一些统计技术，这些技术将建造或运营某设施与系统的一些重要特征或属性联系起来。数理统计推理的目的是为了找到最合适的参数值或者常数，用于在假定的成本函数中进行成本估算。

（二）利用单位成本估算法

如果一个建设项目的设计方案已经确定，常用的是一种单价估算法。首先是将项目分解成多个层次，将某工作分解成许多项任务，当然每项任务都是为建设服务的。一旦这些任务确定，并有了工作量的估算，用单价与每项任务的量相乘就可以得出每项任务的成本，从而得出每项工作的成本。当然，必须对在工程量清单表格中项目每个组成部分进行估算，才能计算出总的造价。

单价法的简单原理如下：

为进行成本估算，假设一个项目分解成 n 个组成元素，Q_i 为第 i 个元素的工程量，u_i 为其相应的单价，那么项目的总成本计算如下：

$$y = \sum_{i=1}^{n} u_i Q_i$$

式中，n 为组成元素的数量。根据施工现场的特点、所采用的施工技术或者管理方法，每个组成元素的成本单价 u_i 可能要进行调整。

当然利用单价估算法还可有一种特殊的应用，就是“因子估算法”。工业项目通常会包括几个主要的设备系统，如化工厂的锅炉、塔、泵、辅助设施如管道、阀门、电气设备等。项目的总造价主要就是由这些主要设备及其配件的采购和安装成本组成。这种情况下可以采用主要设备的成本为基础，再增加一部分或乘以一个因子来计算辅助设备和配件。

（三）混合成本分配估算法

在工程项目中，将混合成本分配到各种要素的原则经常应用于成本估算。由于难以在每一个要素和其相关的成本之间建立一种因果联系，因此混合成本通常按比例分配到各种要素的基本费用中。例如，通常是将建设单位管理费、土地征用费、勘察设计费等按比例进行分配。

（四）工程项目的分解与组合估算法

任何一个建设项目都可以分解为一个或几个单项工程；任何一个单项工程都是由一个或几个单位工程所组成，作为单位工程的各类建筑工程和安装工程仍然是一个比较复杂的综合实体，还需要进一步分解。就建筑工程来说，又可以按照施工顺序细分为土石方工程、砖石砌筑工程、混凝土及钢筋混凝土工程、木结构工程、楼地面工程等分部工程。分解成分部工程后，虽然每一部分都包括不同的结构和装修内容，但是从工程计价的角度来看，还需要把分部工程按照不同的施工方法、不同的构造及不同的规格，加以更为细致的分解，划分为更为简单细小的部分。经过这样逐步分解到分项工程后，就可以得到基本构造要素了。找到了适当的计量单位及当时当地的单价，就可以采取一定的计价方法，进行分项分部组合汇总，计算出某工程的工程总造价。一般来说，分解结构层次越多，基本子项也越细，计算也更精确。

在我国，工程造价计价的主要思路也是将建设项目细分至最基本的构成单位(如分项工程)，用其工程量与相应单价相乘后汇总，即为整个建设工程造价。

二、分部组合计价模式下工程计价的组成要素

工程造价分部组合计价的基本原理可以通过计算公式表述如下：

建筑安装工程造价 = $\sum$[单位工程基本构造要素工程量(分项工程)×相应单价]

上述公式中包含工程造价分部组合计价的三大组成要素：①单位工程基本构造要素的划分；②工程量计算规则；③工程单价。

(一) 我国预算定额项目与清单项目划分

工程量清单项目划分的理论依据是工作结构分解理论(work breakdown system, WBS)，即将一个完整的建设工程按系统规则和要求分解成相互独立、相互影响、相互联系的项目单元。

1. 项目分解形式

1) 用主要的可交付物和子项目作为分解的第一层

分解结构如图 2.4 所示。

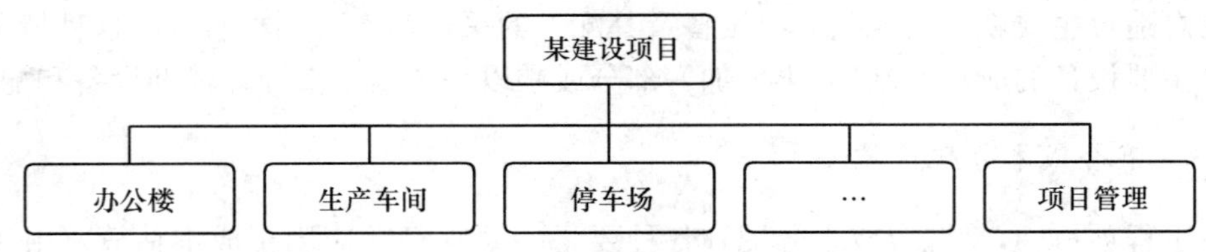

图 2.4　项目按可交付物分解结构图

2) 用项目生命周期作为分解的第一层

项目可交付物插在第二层，如图 2.5 所示。

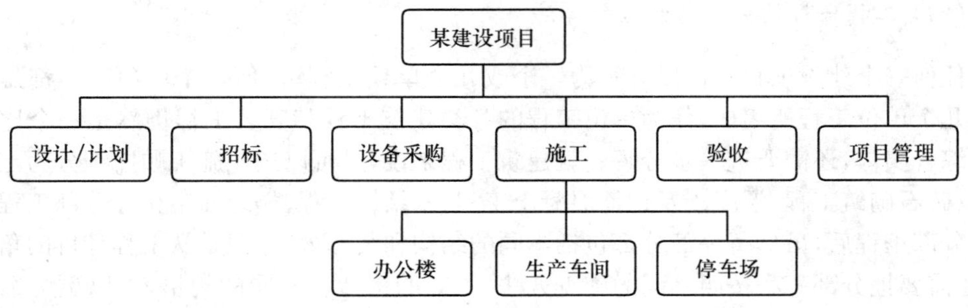

图 2.5　项目按阶段分解结构图

3）逐层分解 WBS 上层要素

常用的有以下几种分解方式：

（1）按功能分解。通常在项目技术设计前将项目的总功能目标逐步分解成各个部分的局部功能目标，再做功能面目录，详细说明该功能的特征。如面积、技术的（建筑、结构、装备等）、物理的（如通风、采光等）要求等。比如一座办公楼可以分为办公室、展览厅、停车场等功能部分。

（2）按施工顺序分解。常见的施工项目可分为如下实施过程：土方及地基基础工程、主体工程、机械和电器安装、附属设施、装饰工程等。

（3）按构成元素或部位分解。要素有明显的专业特征，一般不能独立存在，它们必须通过有机组合构成功能。比如一个建筑物可以粗略地分为下层结构、外部结构、内部结构、设施与设备等。

（4）按工艺工种分解。如把建设工程项目分为混凝土、砖石、金属材料、装饰工程、保温隔湿等。

2. 我国预算定额项目划分

我国长期以来使用工程定额进行投标报价，所形成的项目分解体系主要是面向材料和工种工程进行分解划分，费用项目划分十分详细具体。一般一个建设工程项目的单项工程可分为土建、装饰、修缮、市政、园林、安装等专业单位工程。每一专业定额又划分为若干分部工程、分项工程、分项子目和定额子目。预算定额体系根据建筑结构及施工程序从分部工程开始往下细分，共分为四层，按章、节、项目、子目等顺序排列，如图 2.6 所示。这种划分主要考虑的因素是便于准确核算人工、机械、材料的消耗量，满足计价的准确性。

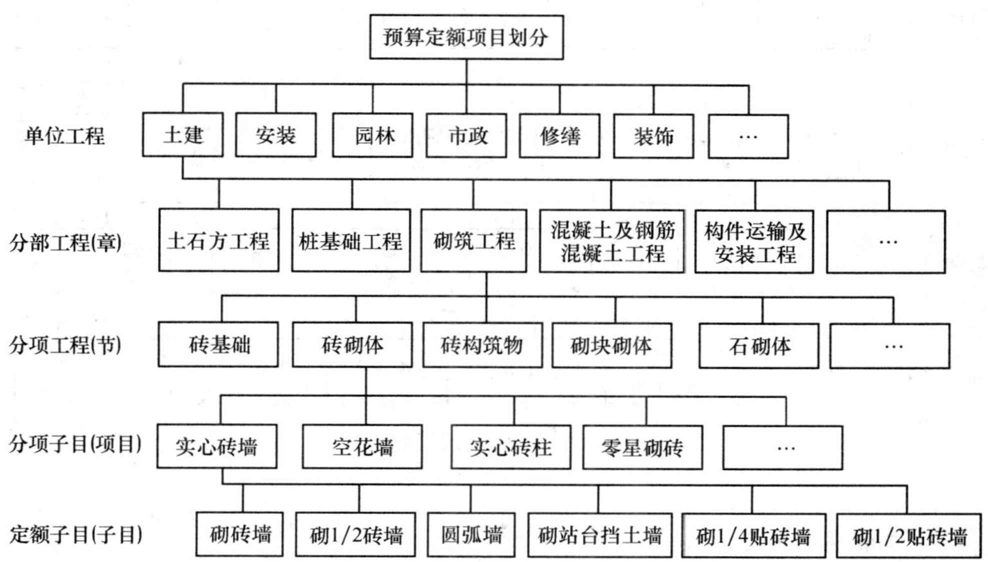

图 2.6　定额项目划分

3. 工程量清单项目划分

工程量清单项目划分在 WBS 指导下，各专业工程划分为分部工程、分项工程、清单项目三个层次的项目体系。工程量清单项目划分的特点有如下三点：

(1) 按施工过程、工种工程划分清单项目，为进度、造价综合控制提供便利。2008《计价规范》将工程项目按施工过程、工种工程进行分类、编码，以利于工程进度款、变更款、索赔款的按期结算，并能利用投资偏差分析技术实现对进度、成本的综合控制。

(2) 区分实体项目与措施项目。按照量价分离和工程实体消耗与措施性相分离的原则，将工程实体消耗列入分部分项工程清单项目，相应的费用需要通过计量支付环节才能在工程进度款中体现；将措施性消耗，如垂直运输机械、脚手架、临时设施等单独列入措施项目，作为总额承包，相应的费用不需计量工程量即可支付。

(3) 清单项目划分设置灵活，给予施工企业选择施工方法的自主权，清单子目的划分仅考虑材料品种、构件类型、工程部位的不同，对于材料规格、构件尺寸等由具体清单编制人自行设置，施工工艺、施工机械也由施工企业自主选择。

2008《计价规范》对工程量清单中的分部分项工程做了如下划分：单位工程分为建筑工程、装饰装修工程、安装工程、市政工程、园林绿化工程、矿山工程。建筑工程划分为八个分部工程，每个分部工程又分为若干子分部工程，每个子分部工程又分为若干个分项工程，见图 2.7。

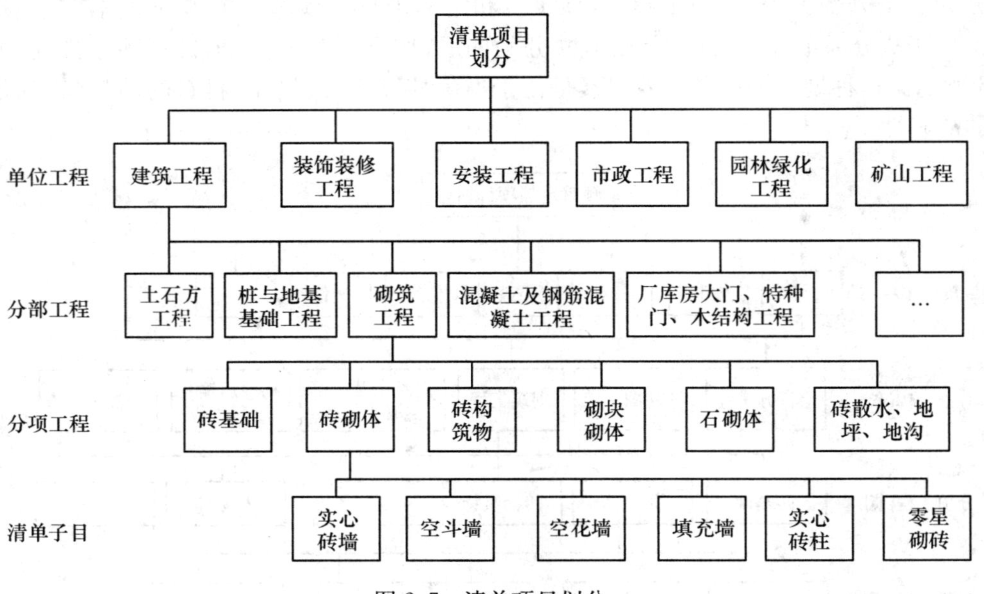

图 2.7　清单项目划分

(二) 工程量的确定

工程量是以物理计量单位或自然计量单位表示的各分部分项工程和结构构件的数量

标准。工程量必须按照工程量计算规则和相关规定进行正确计算。

1. 我国现有的工程量计算规则

(1)《全国统一建筑工程预算工程量计算规则》(土建工程 GJD—101—1995),与《全国统一建筑工程基础定额》配套使用,其中包括建筑面积及各分部分项工程的计算规则,是目前计算施工工程量的重要依据。另外还有《全国统一安装工程预算工程量计算规则》(GYD—201—2000)。

(2) 国家标准《建设工程工程量清单计价规范》各附录中规定的计算规则。

(3) 地方性规则,如编排在各种《××省××工程消耗量定额》中的规则,是当地计算施工工程量的参考依据。

2. 工程量计算中应注意的问题

(1) 工程量计算列项必须与设计图纸一致。设计图纸是计算工程量的基础和依据,工程量计算项目应与图纸设计的内容保持一致,不得随意修改内容。

(2) 工程量计算必须与分部分项工程的计算规则项目划分统一。每一具体的分部分项工程或结构构件在预(概)算定额中都有相应的项目。计算工程量时必须根据定额子目的划分原则及所包含的工作内容进行计算。

(3) 工程量计算结果必须准确。各种数据在工程量计算过程中要正确保留规定的小数位数,以保证计算结果的准确性。

(4) 在安排各分部分项工程计算顺序时,可按定额顺序或按照施工顺序依次进行计算。对于计算同一张图纸的分项工程量时,可采用如下几种顺序:按顺时针或逆时针顺序计算、按横竖顺序计算、按编号顺序计算、按轴线顺序计算。

(三) 分项工程单价的确定

工程单价的形成主要有三种方式:工料单价、综合单价、全费用单价。

1. 工料单价——定额计价模式

工料单价,也称直接工程费单价。直接费单价只包括人工费、材料费和机械台班使用费,它是分部分项工程的不完全价格。

工料单价计算公式为

$$\text{工料单价} = \text{人工费} + \text{材料费} + \text{施工机械使用费}$$

$$\text{人工费} = \sum(\text{人工定额消耗量} \times \text{人工工日单价})$$

$$\text{材料费} = \sum(\text{材料定额消耗量} \times \text{材料单价}) + \text{检验试验费}$$

$$\text{施工机械使用费} = \sum(\text{机械台班使用定额消耗量} \times \text{机械台班使用单价})$$

2. 综合单价——我国工程量清单计价模式

在我国,综合单价是指包括除了规费、税金以外的全部费用,即完成一个规定计量单位的分部分项工程量清单项目或措施清单项目所需的人工费、材料费、施工机械使用费、企业管理费与利润，以及一定范围内的风险费用。

清单综合单价 = 工料单价 + 管理费 + 利润 + 风险费用

清单综合单价的产生是使用工程量清单计价模式的关键。投标报价中使用的清单综合单价应由企业编制的企业定额产生。

3. 全费用单价——国外工程量清单计价模式

全费用单价综合了直接费、其他直接费、间接费、利润和税金及其他如工程担保费、保险费等所有费用。

全费用单价=综合单价+税金+其他费用

上述三类模式在形成分部工程量清单计价表后是一致的，但在形成计价表之前，由于计价规则的区别，价格形成不尽相同。图 2.8 为三类计价模式的相同部分，即单位工程费汇总表至投标总价的形成过程。

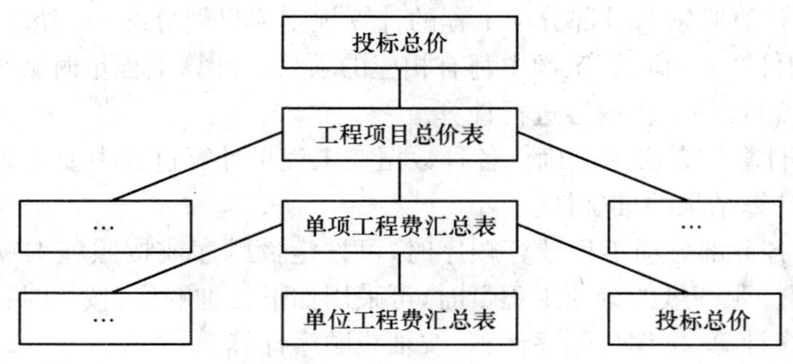

图 2.8 投标总价的形成过程

三类计价模式分部工程量清单计价的构成见图 2.9、图 2.10、图 2.11。其构成模式相互关系为：单价包含的内容依次为定额单价（又称工料单价）、综合单价、全费用单价；竞争度排序由弱到强依次为定额单价（又称工料单价）、综合单价、全费用单价；根据招标文件深度的不同，定额单价常被综合单价借鉴，定额和 2008《计价规范》常被全费用单价招标文件借鉴。

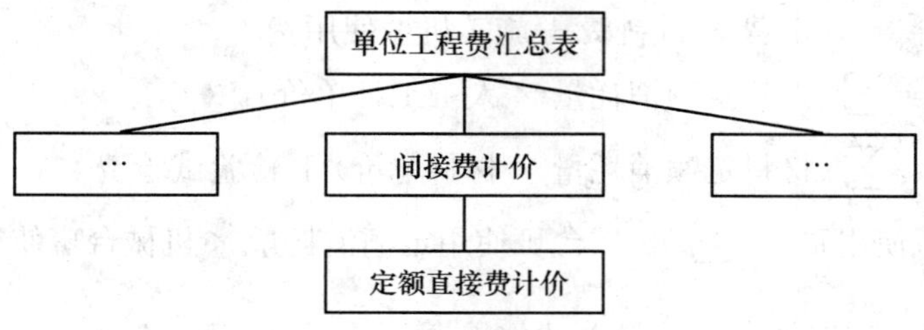

图 2.9 定额计价模式价格形成图

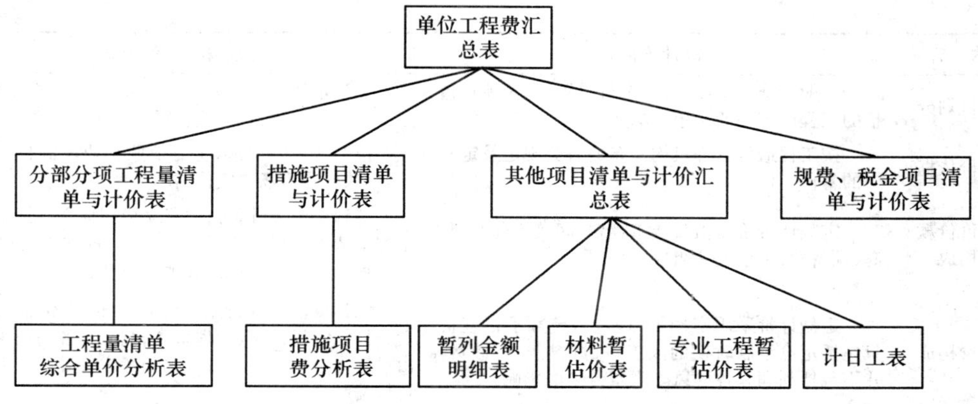

图 2.10　综合单价模式价格形成图

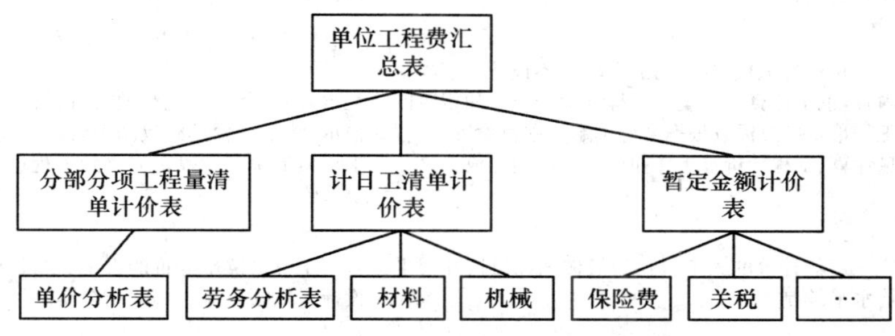

图 2.11　全费用单价模式价格形成图

(四）工程定额计价模式与工程量清单计价模式的区别

长期以来，我国的工程造价管理执行传统的定额计价模式，实行的是与高度集中的计划经济相适应的概预算定额管理制度，在相当一段时期内，建设工程概预算定额管理制度曾经对工程造价的确定与控制起过积极有效的作用。但是随着改革开放的深入已经难以满足建设市场的需求，严重制约着建筑企业整体素质的提高和可持续发展。工程量清单计价模式是目前国际社会普遍使用而且切合市场经济实际的一种计价模式，它使政府定价改为由企业自主报价，价格的高低全部由市场确定，定价权全部归还市场，实现建设工程价格的市场化。工程量清单计价模式与传统的定额计价模式有着本质的区别，如表 2.29 所示。

表 2.29　定额计价模式与工程量清单计价模式的区别

内　容	定额计价模式	工程量清单计价模式
反应的定价阶段	介于国家定价和国家指导价之间。工程价格或直接由国家决定，或是由国家给出一定的指导性标准，承包商可以在该标准的允许幅度内实现有限竞争	反映了市场定价阶段。其价格的形成可以不受国家工程造价管理部门的直接干预，而此时的工程造价是根据市场的具体情况，有竞争形成、自发波动和自发调节的特点
适用阶段	工程定额主要用于在项目建设前期各阶段对于建设投资的预测和估计，在工程建设交易阶段，工程定额通常只能作为建设产品价格形成的辅助依据	主要适用于合同价格形成以及后续的合同价格管理阶段

续表

内　容	定额计价模式	工程量清单计价模式
项目划分	一般按施工工序、工艺进行设置，定额项目包括的工程内容一般是单一的	工程量清单项目的设置是以一个“综合实体”考虑的，“综合项目”一般包括多个子目工程内容
计价依据	按工程造价管理机构发布的有关规定及定额中的基价定价	按照清单的要求，企业依照企业定额自主报价，反映的是市场决定价格
计价价款构成	定额计价价款由直接工程费、间接工程费、利润、预备费、税金五项组成	工程量清单计价价款指完成招标文件规定的工程量清单项目所需的全部费用，即包括分部分项工程费、措施项目费、其他项目费、规费和税金
单价构成	定额计价采用定额子目基价，定额子目基价只包括定额编制时期的人工费、材料费、机械费，并不包括利润和各种风险因素带来的影响	工程量清单计价采用综合单价，它包括人工费、材料费、机械费、管理费和利润，且各项费用均由投标人根据企业自身情况和考虑各种风险因素自行编制
价差调整	按工程承发包双方约定的价格与定额价对比，调整价差	按工程承发包双方约定的价格直接计算，除招标文件规定外，不存在价差调整问题
计价过程	招标方只负责编写招标文件，不设置工程项目内容，也不计算工程量。工程计价的子目和相应的工程量是由投标方根据文件确定。项目设置、工程量计算、工程计价等工作在一个阶段内完成	招标方必须设置清单项目并计算清单工程量，同时在清单中对清单项目的特征和包括的工程内容必须清晰、完整地告诉投标人，以便投标人报价，清单计价模式有两个阶段：①由招标方编制工程量清单。②投标方拿到工程量清单后根据清单报价
人工、材料、机械消耗量	定额计价的人工、材料、机械消耗量按社会平均水平编制	工程量清单计价的人工、材料、机械消耗量由投标人根据企业定额并结合实际情况制定
工程量计算规则	按定额工程量计算规则	按清单工程量计算规则
计价方法	根据施工工序计价，将相同施工工序的工程量相加汇总，选套定额，计算出一个子项的定额分部分项工程费，每个项目独立计价	按一个综合实体计价，即子项目随主体项目计价，由于主体项目与组合项目是不同的施工工序，所以往往要计算多个子项才能完成一个清单项目的分部分项工程综合单价，每一个项目组合计价
价格表现形式	定额计价采用工料机单价，为总价合同，分部分项工程费不具有单独存在的意义	主要为分部分项工程综合单价，是投标、评标、结算的依据，单价一般不调整
使用范围	编审标底，设计概算、施工图预算等造价文件，工程造价鉴定	全部使用国有资金投资或国有资金为主的大中型建设工程和需要招标的小型工程
工程风险	工程量由投标人计算和确定，差价一般可调整，故投标人一般只承担工程量计算风险，不承担材料价格风险	招标人编制工程量清单，计算工程量，数量不准会被投标人发现并利用，招标人要承担差量的风险，投标人报价应考虑多种因素，由于单价通常不调整，故投标人要承担组成价格的全部因素风险
措施性消耗与实体性消耗的区分	定额计价未区分施工实体性损耗和施工措施性损耗	工程量清单计价把施工措施与工程实体项目进行分离，这项改革的意义在于突出了施工措施费用的市场竞争性。一般以工程实体的净尺寸计算，也没有包含工程量合理损耗
价格水平	社会平均价格水平	企业个别价格水平
评标方法	采用综合百分法中标	一般采用合理低价中标法
工程结算方式	定额计价结算为定额价格加取费结算	清单结算为实物工程量乘以综合单价再加索赔、变更等为结算价格

第二篇　定额计价篇

第三章 决策阶段的工程计价

本章导读

决策阶段是项目建设全过程的起始阶段，决策阶段的工程计价对项目全过程的造价起着宏观控制的作用。

决策阶段的工作重点之一是投资估算的编制与审核。投资估算是进行建设项目技术经济评价投资决策的基础。不同决策阶段投资估算的精度要求不同。投资估算编制的主要工作内容为建设项目投资估算，估算建设项目流动资金。同时投资估算的编制应满足项目在项目建议书、预可行性研究、可行性研究、方案设计等不同阶段对建设项目进行经济评价的要求，选择不同的估算编制方法进行编制。投资估算审核的主要工作内容为审核投资估算编制所采用的依据、方法、内容及费用项目的科学性、准确性、合理性及全面性。

决策阶段的另一个工作重点是建设项目的经济评价。建设项目经济评价按照《建设项目经济评价方法与参数》(第三版)的有关规定执行。一般项目仅要求进行财务评价，部分特殊的工业项目有时还需进行国民经济评价。财务评价主要内容包括财务评价基础数据与参数选取、销售收入与成本费用估算、财务评价报表编制、盈利能力分析、偿债能力分析、不确定性分析以及财务评价结论。

第一节 投资估算编制

一、投资估算概述

(一) 投资估算的概念

投资估算是指在建设项目投资决策阶段，依据项目的建设规模、技术方案、设备方案、工程方案及项目实施进度等资料，采用特定的投资估算方法，对建设项目的全部投资数额进行预测和估算的过程。

投资估算的编制是在建设项目决策阶段，依据现有的资料和一定的方法，预先测算和确定建设项目投资数额(包括工程造价和流动资金)的文件。

(二) 投资估算的作用

投资估算是项目建设前期从投资决策直至初步设计阶段的重要工作内容，是项目建设前期编制项目建议书和可行性研究报告的重要组成部分，是项目决策的重要依据之一。投资估算在项目开发建设过程中的作用主要有以下几点：

(1) 项目建议书阶段的投资估算,是项目主管部门审批项目建议书的依据之一,并对项目的规划、规模起参考作用。

(2) 项目可行性研究阶段的投资估算,是项目投资决策的重要依据,也是研究、分析、计算项目投资经济效果的重要条件。当可行性研究报告被批准之后,其投资估算额作为设计任务书中下达的投资限额,即作为建设项目投资的最高限额,不得随意突破。

(3) 项目投资估算是实行工程限额设计的依据。实行工程限额设计,要求设计者必须在一定的投资范围内确定设计方案,以便控制项目建设和装饰的标准。

(4) 项目投资估算可作为项目资金筹措及制订建设贷款计划的依据,建设单位可根据批准的项目投资估算额,进行资金筹措和向银行申请贷款。

(5) 项目投资估算是核算建设项目固定资产投资需要额和编制固定资产投资计划的重要依据。

(6) 项目投资估算是进行工程设计招标、优选设计单位和设计方案的依据。

(7) 合理准确的投资估算是进行工程造价管理改革,进行全过程造价控制,实现工程造价事前管理和主动控制的前提条件。

(三) 投资估算各阶段精度要求

1. 国外项目投资估算的阶段划分与精度要求

在国外,一个建设项目从开发设想直至施工图设计期间的项目预计投资额均称估算,英国、美国等国家把建设项目的投资估算分为五个阶段。各阶段估算编制所依据的资料、估算的作用、估算的方法及精度要求,如表3.1所示。

表3.1 国外各阶段投资估算的编制

投资估算阶段名称	依据的资料	主要作用	工程估算的方法	投资估算误差幅度
投资设想阶段	(1) 项目类型 (2) 假想的工程条件,如项目规模等 (3) 涨价因素	判断项目是否需要进行下一步的工作	毛估或比照估算: (1) 通过类比计算总投资额 (2) 考虑时间和地域差异造成的估算差异	±30%以外
投资机会研究阶段	(1) 初步的工艺流程图 (2) 主要设备生产能力 (3) 项目的地理位置等 (4) 相近项目的单位生产能力建设费用	(1) 初步判断项目是否可行 (2) 审查项目引起投资兴趣的程度	粗估或因素估算: (1) 相近项目的单位生产能力建设费用乘以总规模数 (2) 单价计算基础是现行价格水平下最近类似项目的造价额 (3) 考虑项目的特殊情况所做出的造价调整	±30%以内
初步可行性研究阶段	(1) 设备规格表 (2) 主要设备的生产能力和尺寸 (3) 项目的总平面布置 (4) 各建筑物的大致尺寸 (5) 公用设施的初步位置等	(1) 决定项目是否可行 (2) 据此列入投资计划	初步估算: (1) 各分项的主要构成 (2) 按照工程的质量、数量及价格信息进行造价调整	±20%以内

续表

投资估算阶段名称	依据的资料	主要作用	工程估算的方法	投资估算误差幅度
详细可行性研究阶段	(1) 项目细节 (2) 建筑材料、设备的价格 (3) 大致的设计、施工情况	(1) 据以进行筹款，项目投资限额 (2) 对工程设计概算起控制作用	确定估算： (1) 分项估算的数量和单价逐步细化 (2) 进行相应的调整	±10%以内
工程设计阶段	(1) 整套设计图纸 (2) 工程规范 (3) 详细的技术说明 (4) 工程量清单 (5) 材料清单 (6) 工程现场勘察资料等	控制项目的实际建设	详细估算： (1) 单价乘以相应工程量，汇总计算总投资额 (2) 对回标价进行预测	±5%以内

2. 我国项目投资估算的阶段划分与精度要求

在我国，项目投资估算是指在做初步设计之前各工作阶段中的一项工作。我国建设项目的投资估算分为四个阶段。各阶段投资估算编制所依据的资料、估算的作用、估算的方法及精度要求，如表 3.2 所示。

表 3.2　我国各阶段投资估算的编制

投资估算阶段	依据的资料	主要作用	估算方法	投资估算误差幅度
项目规划阶段	(1) 国民经济、地区、行业发展规划 (2) 建设项目建设规划	(1) 否定一个项目或继续进行研究的依据之一 (2) 仅具参考作用，无约束力	(1) 生产能力指数法 (2) 单位生产能力法	±30%以外
项目建议书阶段	(1) 项目建议书中的产品方案 (2) 项目建设规模 (3) 产品主要生产工艺 (4) 企业车间组成 (5) 初选厂址等	(1) 领导部门审批项目建议书的依据之一 (2) 据此判断一个项目是否需要进行下一阶段的工作	(1) 系数法 (2) 比例法 (3) 混合法	±30%以内
初步可行性研究阶段	(1) 工厂的总平面图 (2) 设备、材料的资格 (3) 公用设施的初步配置 (4) 设备的生产能力等	(1) 初步明确项目方案，为项目进行技术经济论证提供依据 (2) 据以确定是否进行详细可行性研究	指标估算法	±20%以内
详细可行性研究阶段	(1) 项目细节 (2) 建筑材料、设备的价格 (3) 大致的设计、施工情况	(1) 进行了较详细的技术经济分析，决定了项目是否可行，并比选出最佳投资方案 (2) 批准后的投资估算额是工程设计任务书中规定的项目投资限额 (3) 批准后的投资估算额对工程设计概算起控制作用	指标估算法	±10%以内

二、投资估算编制的依据

1. 建设工程造价费用构成、估算指标、计算方法及其他计算工程造价的文件

(1) 费用构成。要依据政策条件中规定的投资估算所需的规模、税费及有关的取费标准等。

(2) 估算指标。由于项目建议书、可行性研究报告的编制深度不同,为了方便使用,应该选用不同的估算指标,具体包括单位生产能力的投资估算指标或技术经济指标、单项工程投资估算指标或技术经济指标、单位工程投资估算指标或技术经济指标、建设项目综合指标等。另外,设计参数(指标)、概算指标和概算定额等也是编制投资估算的依据之一。

(3) 计算方法,详见本节后续内容。

(4) 其他计算工程造价的文件。根据项目决策阶段即项目意向书、项目建议书、可行性研究等阶段产生的工程技术文件进行编制,主要有项目策划文件、功能描述书、项目建议书、可行性研究报告等。根据历史数据、类似工程数据资料以及类似建设项目的投资经济指标、概预算指标、预(决)算资料等。这些为投资估算提供了可比资料。

2. 工程建设其他费用计算办法、费用标准及物价指数

(1) 专门机构发布的当地取费标准以及当地材料、设备预算价格及市场价格。

(2) 政府部门发布的当地历年、历季调价系数及材料价差、价格指数等。

3. 拟建项目各单项工程的建设内容及工程量

(1) 这主要是指待建项目的类型、建设规模、建设地点、建设时间、工期、总体结构、施工方案、主要设备类型、建设标准等,具体体现在产品方案、工程项目一览表、主要设备材料表等文件里,它们是进行投资估算的最基本的内容。该内容越明确,则估算结果相对越准确。比如项目所在地区状况,该地区的地质、地貌、交通等情况,是作为对同类投资资料调整的依据;项目的建设时间包括待建项目的开工日期、竣工日期、每段时间的投资比例等对投资估算也有影响,因为不同时间有不同的价格标准、利率水平等。

(2) 现场有关情况(水、电、交通、水文地质条件等),这是进行估算费用确定和调整的依据之一。

三、投资估算的编制

(一) 投资估算编制基本原理

建设工程投资估算划分为静态投资和动态投资两个部分。其中,建筑工程费、安装工程费、设备及工器具购置费、工程建设其他费用以及基本预备费中不涉及时间变化因素的部分,作为静态投资;而涉及价格、汇率、利率、税率等变动因素的部分,如涨价预备费,作为动态投资。投资估算主要依据项目总体构思和描述报告进行编制,报告中不同的因素对各项费用有着不同的影响作用,各项费用逐步汇总形成建设投资估算。其编制原理如图 3.1 所示。

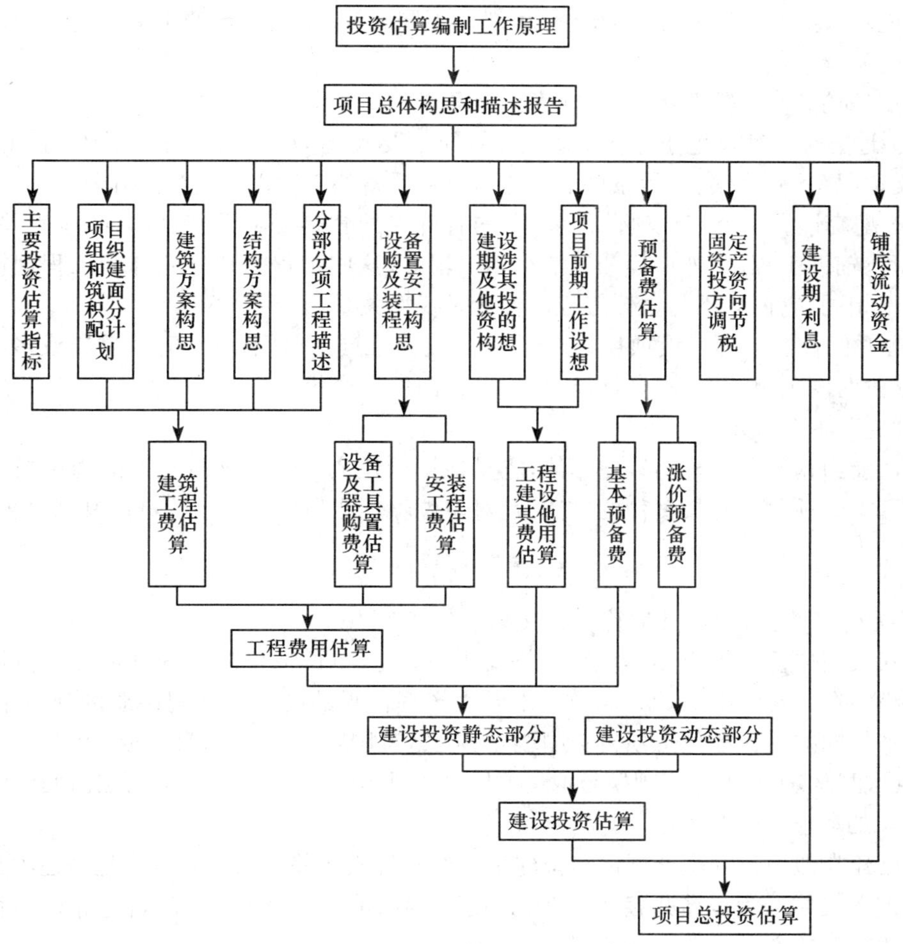

图 3.1　建设项目投资估算编制工作原理

（二）建设投资静态投资部分的估算

1. 各种投资估算方法的介绍

不同阶段的投资估算，其方法和允许误差都是不同的。项目规划和项目建议书阶段，投资估算的精度低，可采取简单的匡算法，如单位生产能力估算法、生产能力指数法、比例估算法、系数估算法、混合法等。在可行性研究阶段，投资估算精度要求高，需采用相对详细的投资估算方法，即指标估算法。下面介绍各种估算方法的计算原理。

1）单位生产能力估算法

依据调查的统计资料，利用相近规模的单位生产能力投资乘以建设规模，即得拟建项目静态投资。其计算公式为

$$C_2=\left(\frac{C_1}{Q_1}\right)Q_2 f$$

式中，C_1 为已建类似项目的静态投资额；C_2 为拟建项目静态投资额；Q_1 为已建类似项目

的生产能力；Q_2 为拟建项目的生产能力；f 为不同时期、不同地点的定额、单价、费用变更等的综合调整系数。

应用该估算法时需要小心，需注意以下几点：

(1) 地方性。建设地点不同，地方性差异主要表现为：两地经济情况不同；土壤、地质、水文情况不同；气候、自然条件的差异；材料、设备的来源、运输状况不同等。

(2) 配套性。一个工程项目或装置，均有许多配套装置和设施，也可能产生差异，如公用工程、辅助工程、厂外工程和生活福利工程等，这些工程随地方差异和工程规模的变化均各不相同，它们并不与主体工程的变化呈线性关系。

(3) 时间性。工程建设项目的兴建，不一定是在同一时间建设，时间差异或多或少存在，在这段时间内可能在技术、标准、价格等方面发生变化。

2) 生产能力指数法

生产能力指数法又称指数估算法，它是根据已建成的类似项目生产能力和投资额来粗略估算拟建项目静态投资额的方法，是对单位生产能力估算法的改进。其计算公式为

$$C_2 = C_1\left(\frac{Q_2}{Q_1}\right)^x \cdot f$$

式中，x 为生产能力指数；其他符号含义同上公式。

上式表明造价与规模（或容量）呈非线性关系，且单位造价随工程规模（或容量）的增大而减小。在正常情况下，$0 \leqslant x \leqslant 1$。不同生产率水平的国家和不同性质的项目中，$x$ 的取值是不相同的。比如化工项目美国取 $x=0.6$，英国取 $x=0.66$，日本取 $x=0.7$。

若已建类似项目的生产规模与拟建项目生产规模相差不大，Q_1 与 Q_2 的比值在 0.5～2，则指数 x 的取值近似为 1。

若已建类似项目的生产规模与拟建项目生产规模相差不大于 50 倍，且拟建项目生产规模的扩大仅靠增大设备规模来达到时，则 x 的取值约在 0.6～0.7；若是靠增加相同规格设备的数量达到时，x 的取值约在 0.8～0.9。

3) 系数估算法

系数估算法也称为因子估算法，它是以拟建项目的主体工程费或主要设备购置费为基数，以其他工程费与主体工程费的百分比为系数估算项目的静态投资的方法。

(1) 设备系数法。以拟建项目的设备购置费为基数，根据已建成的同类项目的建筑安装费和其他工程费等与设备价值的百分比，求出拟建项目建筑安装工程费和其他工程费，进而求出项目的静态投资。其计算公式如下：

$$C = E(1 + f_1 P_1 + f_2 P_2 + f_3 P_3 + \cdots\cdots) + I$$

式中，C 为拟建项目的静态投资；E 为拟建项目根据当时当地价格计算的设备购置费；P_1、P_2、P_3…为已建项目中建筑安装工程费及其他工程费等与设备购置费的比例；f_1、f_2、f_3…为由于时间因素引起的定额、价格、费用标准等变化的综合调整系数；I 为拟建项目的其他费用。

(2) 主体专业系数法。以拟建项目中投资比重较大，并与生产能力直接相关的工艺设备投资为基数，根据已建同类项目的有关统计资料，计算出拟建项目各专业工程（总图、土建、采暖、给排水、管道、电气、自控等）与工艺设备投资的百分比，据以求出拟建项目各

专业投资，然后加总即为拟建项目的静态投资。其计算公式为

$$C=E(1+f_1P_1'+f_2P_2'+f_3P_3'+\cdots\cdots)+I$$

式中，P_1'、P_2'、P_3'…为已建项目中各专业工程费用与工艺设备投资的比重；其他符号同上式。

(3) 朗格系数法。这种方法是以设备购置费为基数，乘以适当系数来推算项目的静态投资。这种方法在国内不常见，是世界银行贷款投资估算常采用的方法。该方法的基本原理是将项目建设中的总成本费用中的直接成本和间接成本分别计算，再合为项目的静态投资。其计算公式为

$$C=E\cdot(1+\sum K_i)\cdot K_c$$

式中，K_i 为管线、仪表、建筑物等项费用的估算系数；K_c 为管理费、合同费、应急费等间接费在内的总估算系数；其他符号同上。

静态投资与设备购置费之比为朗格系数 K_L。即

$$K_L=(1+\sum K_i)\cdot K_c$$

4) 比例估算法

根据统计资料，先求出已有同类企业主要设备投资占项目静态投资的比例，然后再估算出拟建项目的主要设备投资，即可按比例求出拟建项目的静态投资。其表达式为

$$I=\frac{1}{K}\sum_{i=1}^{n}Q_iP_i$$

式中，I 为拟建项目的静态投资；K 为已建项目主要设备投资占拟建项目投资的比例；n 为设备种类数；Q_i 为第 i 种设备的数量；P_i 为第 i 种设备的单价(到厂价格)。

5) 混合估算法

这种方法是根据主体专业设计的阶段和深度，投资估算编制者所掌握的国家及地区、行业或部门相关投资估算基础资料和数据(包括造价咨询机构自身统计和积累的相关造价基础资料)，对一个拟建项目采用生产能力指数法与比例估算法或系数估算法与比例估算法等混合进行估算其相关投资额的方法。

6) 指标估算法

这种方法是把建设项目以单项工程或单位工程的形式，按建设内容纵向划分为各个主要生产设施、辅助及公用设施、行政及福利设施以及各项其他基本建设费用，按费用性质横向划分为建筑工程、设备购置、安装工程等，根据各种具体的投资估算指标，进行各单位工程或单项工程投资的估算，在此基础上汇集编制成拟建项目的各个单项工程费用和拟建项目的工程费用投资估算。再按相关规定估算工程建设其他费用、基本预备费等，形成拟建项目静态投资。

用公式表达为

纵向划分：投资估算 $=\sum$ 主要生产设施 $+\sum$ 辅助及公用设施 $+\sum$ 行政及福利设施 $+\sum$ 其他基本建设费用

横向划分：

(1) 单位工程费用 = $\sum$ 建筑工程费 + $\sum$ 设备购置费 + $\sum$ 安装工程费

单项工程费用 = $\sum$ 单位工程费用

静态投资估算 = $\sum$ 单项工程费用 + 工程建设其他费用 + 基本预备费

(2) 单项工程费用 = $\sum$ 建筑工程费 + $\sum$ 安装工程费 + $\sum$ 设备购置费

工程费用 = $\sum$ 单项工程费用

静态投资估算 = 工程费用 + 工程建设其他费用 + 基本预备费

建设投资静态投资部分常用的六种估算方法的对比分析如表 3.3 所示。

表 3.3　建设投资静态投资部分五种估算方法的对比分析

估算方法	使用范围	优　点	缺　点	备　注
单位生产能力估算法	主要用于新建项目或装置的估算	十分简便迅速，可进行快速估算	(1) 估算误差较大，可达±30% (2) 要求估价人员掌握足够的典型工程的历史数据，而且这些数据均应与单位生产能力的造价有关	(1) 使用时可将拟建项目向下分解再采用此方法 (2) 必须是新建装置与所选取装置的历史资料相类似，仅存在规模大小和时间上的差异
生产能力指数法	主要应用于拟建装置或项目与用来参考的已知装置或项目的规模不同的场合	(1) 精确度可控制在±20%以内 (2) 只知道工艺流程及规模就可以	x 的取值需要讨论，较难确定	承包商大都采用这种方法估价
比例估算法	主要应用于设备投资在静态总投资中所占比例较大、且设备投资比例相对较稳定的工业项目中	简单快速，对于设备投资比例较固定的项目估算精度较高	要求具有较多的同类项目历史数据，且设备规格应具有相似性	必须是新建装置与所选取装置的历史资料相类似，仅存在规模大小和时间上的差异
系数估算法（因子估算法）	简单易行	一般用于项目建议书阶段	精度较低	我国国内常用的方法 世行项目投资估算常用的方法
混合估算法	可广泛应用于各类建设项目	几种估算方法的混合使用，使估算结果具有较高的精确度	估算过程较繁琐，且不同方法具有不同的历史数据要求，增加了相关信息获取的难度	对于单一的估算方法均难以较好估算投资时予以采用
指标估算法	可应用于各类建设项目静态投资的详细估算	基于项目细分的各种估算指标，有针对性地进行估算及调整，能够较好地反映拟建项目的真实造价，具有较高的精确性	估算指标应根据不同地区、年代、工艺流程、定额、价格及费用标准而进行调整换算，极大地依赖同类项目历史数据信息，且工作量较大	(1) 使用时可将拟建项目向下分解再采用此方法 (2) 各种具体的估算指标能够获得

其中指标估算法为详细可行性研究阶段投资估算中最重要的方法。

2. 建筑工程费估算

建筑工程费是指为建造永久性建筑物和构筑物所需要的费用。包括的内容有:①各类房屋建筑工程和列入房屋建筑工程预算的供水、供暖、卫生、通风、煤气等设备费用及其装设、油饰工程的费用,列入建筑工程预算的各种管道、电力、电信和电缆导线敷设工程的费用。②设备基础、支柱、工作台、烟囱、水塔、水池、灰塔等建筑工程以及各种炉窑的砌筑工程和金属结构工程的费用。③为施工而进行的场地平整,工程和水文地质勘察,原有建筑物和障碍物的拆除以及施工临时用水、电、气、路和完工后的场地清理,环境绿化、美化等工作的费用。④矿井开凿、井巷延伸、露天矿剥离,石油、天然气钻井,修建铁路、公路、桥梁、水库、堤坝、灌渠及防洪等工程的费用。

建筑工程费在投资估算编制中一般采用单位建筑工程投资估算法、单位实物工程量投资估算法、概算指标投资估算法等进行估算。各种计算方法的介绍如表 3.4 所示。

表 3.4　建筑工程费计算方法介绍

<table>
<tr><th colspan="2">计算方法</th><th>计算公式</th><th>投资的表现形式</th><th>备　注</th></tr>
<tr><td rowspan="4">单位建筑工程投资估算法</td><td>单位长度价格法</td><td>建筑工程费=单位建筑工程量投资×建筑工程总量</td><td>水库为水坝单位长度(米)的投资,铁路路基为单位长度(公里)的投资,矿上掘进为单位长度(米)的投资</td><td rowspan="3">编制过程中需要查询相应的“单位工程指标”进行计算</td></tr>
<tr><td>单位功能价格法</td><td>建筑工程费=每功能单位的成本价格×该单位的数量</td><td>医院为病床数量的投资</td></tr>
<tr><td>单位面积价格法</td><td>建筑工程费=(已知项目建筑工程费÷该项目的房屋总面积)×该项目总面积=单位面积价格×该项目总面积</td><td>一般工业与民用建筑为单位建筑面积(平方米)的投资</td></tr>
<tr><td>单位容积价格法</td><td>建筑工程费=(已知项目建筑工程费÷该项目的建筑容积)×该项目建筑容积=单位容积价格×该项目建筑容积</td><td>工业窑炉砌筑为单位容积(立方米)的投资</td><td>可以考虑楼层高度对成本的影响</td></tr>
<tr><td colspan="2">单位实物工程量投资估算法</td><td>建筑工程费=单位实物工程量投资×实物工程总量</td><td>土石方工程为每立方米投资,矿井巷道衬砌工程为每延米投资,路面铺设工程为每平方米投资</td><td></td></tr>
<tr><td colspan="2">概算指标投资估算法</td><td></td><td></td><td>没有上述估算指标且建筑工程费占总投资比例较大的项目,采用概算指标进行估算。采用此种方法,应占有较为详细的工程资料、建筑材料价格和工程费用指标</td></tr>
</table>

3. 安装工程费估算

安装工程费通常按行业或专门机构发布的安装工程定额、取费标准和指标估算投资。

安装工程费内容包括:①生产、动力、起重、运输、传动和医疗、实验等各种需要安装的机械设备的装配费用,与设备相连的工作台、梯子、栏杆等设施的工程费用,附属于被安装设备的管线敷设工程费用,以及被安装设备的绝缘、防腐、保温、油漆等工作的材料费和安装费。②为测定安装工程质量,对单台设备进行单机试运转、对系统设备进行系统联动无负荷试运转工作的调试费。

计算公式为

$$安装工程费 = 设备原价 \times 安装费率$$

$$安装工程费 = 设备吨重 \times 每吨安装费$$

$$安装工程费 = 安装工程实物量 \times 安装费用指标$$

4. 设备及工器具购置费估算

设备购置费根据项目主要设备表及价格、费用资料编制,工器具购置费按设备费的一定比例计取。对于价值高的设备应按单台(套)估算购置费,价值较小的设备可按类估算,国内设备和进口设备应分别估算。

1) 设备购置费的估算

设备购置费是指为建设项目购置或自制的达到固定资产标准的各种国产或进口设备的购置费用。计算公式为

$$设备购置费 = 设备出厂价格 + 设备运杂费$$

或 $$设备购置费 = 设备表数量 \times 设备价格 + 相关费用$$

(1) 国产标准设备原价估算。占投资比重较大的主体工艺设备出厂价估算,应依据设备的产能、规格、型号、材质、设备重量,向设备制造厂家和设备供应商进行询价,或类似工程选用设备订货合同价和市场调研价为基础进行估算。其他小型通用设备出厂价估算可以根据行业和地方相关部门定期发布的价格信息进行估算。

(2) 国产非标准设备原价估算。非标准工艺设备费估算,也应依据该设备的产能、材质、设备重量、加工制造复杂程度,向设备制造厂家、设备供应商或施工安装单位询价,或按类似工程选用设备订货合同价和市场调研价为基础按技术经济指标进行估算。非标准设备估价应考虑完成非标准设备的技术、制造、包装以及利润、税金等全部费用内容。

(3) 进口设备(材料)原价估算。一般向设备制造厂家和设备供应厂商询价,或按类似工程选用设备订货合同价和市场调研得出的进口设备价为基础加各种税费计算。

进口设备的原价可分为离岸价(FOB)和到岸价(CIF)两种情况分别计算:

第一,采用离岸价为基数计算时:进口设备原价=离岸价×综合费率

综合费率应包括国际运费及运输保险费、银行财务费、外贸手续费、关税和增值税等税费。

第二,采用到岸价为基数计算时:进口设备原价=到岸价×综合费率

综合费率应包括银行财务费、外贸手续费、关税和增值税等税费。

对于离岸价、到岸价的计算详见第四章第一节的介绍。

对于进口综合费率的确定,应根据进口设备(材料)的品种、运输交货方式、设备(材料)询价所包括的内容、进口批量的大小等,按照国家相关部门的规定或参照设备进口环

节涉及的中介机构习惯做法确定。

（4）设备运杂费估算（包括进口设备国内运杂费）。一般根据建设项目所在区域行业或地方相关部门的规定，以设备出厂价格或进口设备原价的百分比估算。

（5）备品备件费估算。一般根据设计所选用的设备特点，按设备费百分比估算，估算时并入设备费。

$$备品备件费 = 设备费 \times 百分比$$

2）工具、器具及生产家具购置费的估算

工具、器具及生产家具购置费纳入设备购置费。一般以设备购置费为计算基数，按照部门或行业规定的工具、器具及生产家具费率计算。计算公式为

$$工具、器具及生产家具购置费 = 设备购置费 \times 定额费率$$

5. 工程建设其他费估算

不同行业对于工程建设其他费的规定有所不同，所包括的费用项也有所区别，编制时应根据不同行业的具体规定执行，不可生搬硬套其他行业的规定。

工程建设其他费的计算应结合拟建项目的具体情况，有合同或协议明确的费用按合同或协议列入。无合同或协议明确的费用，根据国家和各行业部门、工程所在地地方政府的有关工程建设其他费用定额和计算办法估算。工程建设其他费的计算办法如表3.5所示。

表3.5　部分工程建设其他费的计算办法

	费用内容	费用确定方法
固定资产其他费用	建设管理费	计算公式：建设管理费＝工程费×建设管理费费率 （1）采用建设监理时，监理费应根据委托的监理工作范围和监理深度在监理合同中商定，或按当地或所属行业部门有关规定计算 （2）采用总承包方式，总包管理费根据总包工作范围在合同中商定，从建设管理费中指出 （3）改扩建项目的建设管理费费率应比新建项目适当降低
	建设用地费	（1）根据征用建设用地面积、临时用地面积，按建设项目所在省（市、自治区）人民政府制定颁发的土地征用补偿费、安置补助费标准和耕地占用税、城镇土地使用税标准计算 （2）建（构）筑物如需迁建，迁建补偿费应按迁建补偿协议计列或按新建同类工程造价计算，建设场地平整中的余物拆除清理费计入“场地准备及临时实施费” （3）采用“长租短付”方式租用土地使用权，建设期间支付的租地费用计入建设用地费；经营期的土地使用费计入营运成本中核算
	可行性研究费	依据前期研究委托合同计列，或参照《国家计委关于印发〈建设项目前期工作咨询收费暂行规定〉的通知》（计投资〔1999〕1283号）规定计算
	研究试验费	按照研究试验内容和要求进行编制
	勘察设计费	依据勘察设计委托合同计列，或参照国家计委、建设部《关于发布〈工程勘察设计收费管理规定〉的通知》（计价格〔2002〕10号）规定计算
	环境影响评价费	依据环境影响评价委托合同计列，或按照国家计委、国家环境保护总局《关于规范环境影响咨询收费有关问题的通知》（计价格〔2002〕125号）规定计算
	劳动安全卫生评价费	依据劳动安全卫生预评价委托合同计列，或按照建设项目所在省（市、自治区）劳动行政部门规定的标准计算
	场地准备及临时设施费	根据实际工程量估算，或按工程费用的比例计算。改扩建项目一般只计拆除清理费； 计算公式：场地准备及临时设施费＝工程费用×费率＋拆除清理费

续表

	费用内容	费用确定方法
固定资产其他费用	引进技术和引进设备其他费	包括引进项目图纸资料翻译复制费、出国人员费用、来华人员费用、银行担保及承诺费等
	工程保险费	根据工程特点选择投保险种，根据投标合同计列保险费用
	联合试运转费	当联合试运转收入小于试运转支出时： 联合试运转费＝联合试运转费用支出－联合试运转收入
	特殊设备安全监督检验费	按照建设项目所在省、市、自治区安全监察部门的规定标准计算。无具体规定的，可按受检设备现场安装费的比例估算
	市政公用设施费	按工程所在地人民政府规定标准计列
无形资产费用	专利及专有技术使用费	(1) 按专利使用许可协议和专有技术使用合同的规定计列 (2) 一次性支付的商标权、商誉及特许经营权费按协议或合同规定计列
其他资产费用	生产准备及开办费	新建项目按设计定员为基数计算，改扩建项目按新增设计定员为基数计算：生产准备费＝设计定员×生产准备费指标(元/人) 也可按费用内容的分类指标计算

6. 基本预备费估算

基本预备费是按工程费用和工程建设其他费用二者之和为计取基础，乘以基本预备费费率进行计算。

$$基本预备费 = (工程费用 + 工程建设其他费用) \times 基本预备费费率$$

基本预备费费率的取值应执行国家及部门的有关规定。

依据《建设项目投资估算编审规程》(CECA/GC1—2007)的规定，投资估算的预备费费率应控制在行业或地方工程造价管理机构发布的计价依据和合理范围内。无相应规定者执行工程咨询预备费费率参考标准，项目建议书阶段为10%～20%；可行性研究报告阶段为8%～10%。

7. 固定资产投资方向调节税

这是指国家为贯彻产业政策、引导投资方向、调整投资结构而征收的投资方向调整税金。估算时应以建设项目的工程费用、工程建设其他费用及预备费之和为基础(更新改造项目以建设项目的建筑工程费用为基础)，根据国家适时发布的具体规定和税率计算。目前，此项费用只列项不计取。

（三）建设投资动态部分的估算

建设投资动态部分主要包括价格变动可能增加的投资额，即主要是对涨价预备费的估算，如果是涉外项目，还应该计算汇率的影响。动态部分的估算应以基准年静态投资的资金使用计划为基础来计算，而不是以编制的年静态投资为基础计算。此处只介绍涨价预备费如何估算。汇率的估算依据实际汇率的变化情况进行估算。

涨价预备费一般根据国家规定的投资综合价格指数，以估算年份价格水平的投资额为基数，采用复利方法计算。计算公式为

$$PF = \sum_{t=1}^{n} I_t[(1+f)^m(1+f)^{0.5}(1+f)^{t-1}-1]$$

式中，PF 为涨价预备费；n 为建设期年份数；I_t 为建设期中第 t 年的投资计划额，包括工程费用、工程建设其他费用及基本预备费，即第 t 年的静态投资；f 为年均投资价格上涨率；m 为建设前期年限（从编制估算到开工建设，单位：年）。

【例 3-1】 某建设项目建安工程费 5 000 万元，设备购置费 3 000 万元，工程建设其他费用 2 000 万元，已知基本预备费率 5%，项目建设前期年限为一年，建设期为三年，各年投资计划额为：第一年完成投资 20%，第二年 60%，第三年 20%。年均投资价格上涨率为 6%，求建设项目建设期间涨价预备费。

解：基本预备费＝(5 000＋3 000＋2 000)×5%＝500(万元)

静态投资＝5 000＋3 000＋2 000＋500＝10 500(万元)

建设期第一年完成投资＝10 500×20%＝210(万元)

第一年涨价预备费为 $PF_1 = I_1[(1+f)(1+f)^{0.5}-1] = 19.18$(万元)

第二年完成投资＝10 500×60%＝630(万元)

第二年涨价预备费为 $PF_2 = I_2[(1+f)(1+f)^{0.5}(1+f)-1] = 98.79$(万元)

第三年完成投资＝10 500×20%＝210(万元)

第三年涨价预备费为 $PF_3 = I_3[(1+f)(1+f)^{0.5}(1+f)^2-1] = 47.51$(万元)

所以，建设期的涨价预备费为

PF＝19.18＋98.79＋47.51＝165.48(万元)

（四）建设期利息的估算

建设期利息是债务资金在建设期内发生并应计入固定资产原值的利息，包括借款（或债券）利息及手续费、承诺费、管理费等。建设期利息单独估算以便对建设项目进行融资前和融资后的财务分析。

建设期利息包括银行借款和其他债务资金的利息，以及其他融资费用。其他融资费用是指某些债务融资中发生的手续费、承诺费、管理费、信贷保险费等融资费用，一般情况下应将其单独计算并计入建设期利息；在项目前期研究的初期阶段，也可作粗略估算并计入建设投资；对于不涉及国外贷款的项目，在可行性研究阶段，也可作粗略估算并计入建设投资。

当总贷款是分年均衡发放时，建设期利息的计算可按当年借款在年中支用考虑，即当年贷款按半年计息，上年贷款按全年计息。计算公式为

$$q_j = \left(P_{j-1} + \frac{1}{2}A_j\right) \cdot i$$

式中，q_j 为建设期第 j 年应计利息；P_{j-1} 为建设期第$(j-1)$年末累计贷款本金与利息之和；A_j 为建设期第 j 年贷款金额；i 为年利率。

【例 3-2】 某新建项目，建设期为三年，分年均衡进行贷款，第一年贷款 300 万元，第二年贷款 600 万元，第三年贷款 400 万元，年利率为 12%，建设期内利息只计息不支付，计算建设期利息。

解:在建设期,各年利息计算如下:

$$q_1 = \frac{1}{2}A_1 \cdot i = \frac{1}{2} \times 300 \times 12\% = 18(\text{万元})$$

$$q_2 = \left(P_1 + \frac{1}{2}A_2\right) \cdot i = \left(300 + 18 + \frac{1}{2} \times 600\right) \times 12\% = 74.16(\text{万元})$$

$$q_3 = \left(P_2 + \frac{1}{2}A_3\right) \cdot i = \left(318 + 600 + 74.16 + \frac{1}{2} \times 400\right) \times 12\% = 143.06(\text{万元})$$

所以,建设期利息$=q_1+q_2+q_3=18+74.16+143.06=235.22$万元。

(五)流动资金的估算

流动资金是指生产经营性项目投产后,用于购买原材料、燃料、支付工资及其他经营费用等所需的周转资金。它是伴随着建设投资而发生的长期占用的流动资产投资。

流动资金=流动资产-流动负债

式中,流动资产主要考虑现金、应收账款、预付账款和存货;流动负债主要考虑应付账款和预收账款。因此,流动资金的概念实际上就是财务中的营运资金。

项目运营所需流动资产投资,是指生产经营性项目投产后,为进行正常生产运营,用于购买原材料、燃料,支付工资及其他经营费用等所需的周转资金。

流动资金估算一般采用分项详细估算法。个别情况或者小型项目可采用扩大指标法。

1. 分项详细估算法估算流动资金

分项详细估算法是根据周转额与周转速度之间的关系,对构成流动资金的各项流动资产和流动负债分别进行估算。流动资产的构成要素一般包括存货、库存现金、应收账款和预付账款;流动负债的构成要素一般包括应付账款和预收账款。流动资金等于流动资产和流动负债的差额,计算公式为

流动资金 = 流动资产 - 流动负债

流动资产 = 应收账款 + 预收账款 + 存货 + 现金

流动负债 = 应付账款 + 预收账款

流动资金本年增加额 = 本年流动资金 - 上年流动资金

估算的具体步骤:首先计算各类流动资产和流动负债的年周转次数,然后再分项估算占用资金额。

(1) 周转次数计算。其计算公式为

周转次数 = 360/流动资金最低周转天数

各类流动资产和流动负债的最低周转天数,可参照同类企业的平均周转天数并结合项目特点确定,或按部门(行业)规定,在确定最低周转天数时应考虑储存天数、在途天数,并考虑适当的保险系数。

(2) 应收账款估算。应收账款是指企业对外赊销商品、提供劳务尚未收回的资金。计算公式为

应收账款 = 年经营成本/应收账款周转次数

（3）预付账款估算。预付账款是指企业为购买各类材料、半成品或服务所预先支付的款项，计算公式为

$$预付账款 = 外购商品或服务年费用金额 / 预付账款周转次数$$

（4）存货估算。计算公式为

$$存货 = 外购原材料、燃料 + 其他材料 + 在产品 + 产成品$$

$$外购原材料、燃料 = 年外购原材料、燃料费用 / 分项周转次数$$

$$其他材料 = 年其他材料费用 / 其他材料周转次数$$

$$在产品 = \frac{年外购原材料、燃料 + 年工资及福利费 + 年修理费 + 年其他制造费用}{在产品周转次数}$$

$$产成品 =（年经营成本 - 年其他营业费用）/ 产成品周转次数$$

（5）现金需要量估算。项目流动资金中的现金是指货币资金，即企业生产运营活动中停留于货币形态的那部分资金，包括企业库存现金和银行存款。计算公式为

$$现金 =（年工资及福利费 + 年其他费用）/ 现金周转次数$$

$$年其他费用 = 制造费用 + 管理费用 + 营业费用 -（以上三项费用中所含的工资及福利费、折旧费、摊销费、修理费）$$

（6）流动负债估算。在可行性研究中，流动负债的估算可以只考虑应付账款和预收账款两项。计算公式为

$$应付账款 = 外购原材料、燃料动力费及其他材料年费用 / 应付账款周转次数$$

$$预收账款 = 预收的营业收入年金额 / 预收账款周转次数$$

2. 扩大指标估算法估算流动资金

扩大指标估算法是根据现有同类企业的实际资料，求得各种流动资金率指标，亦可依据行业或部门给定的参考值或经验确定比率。将各类流动资金率乘以相对应的费用基数来估算流动资金。一般常用的基数有营业收入、经营成本、总成本费用和建设投资等，究竟采用何种基数依行业习惯而定。扩大指标估算法简便易行，但准确度不高，适用于项目建议书阶段的估算。扩大指标估算法计算流动资金的公式为

$$年流动资金额 = 年费用基数 \times 各类流动资金率$$

3. 流动资金估算时应注意的问题

（1）在采用分项详细估算法时，应根据项目实际情况分别确定现金、应收账款、预付账款、存货、应付账款和预收账款的最低周转天数，并考虑一定的保险系数。因为最低周转天数减少，将增加周转次数，从而减少流动资金需用量，因此，必须切合实际地选用最低周转天数。对于存货中的外购原材料和燃料，要分品种和来源，考虑运输方式和运输距离，以及占用流动资金的比重大小等因素确定。

（2）流动资金属于长期性（永久性）流动资产，流动资金的筹措可通过长期负债和资本金（一般要求占 30%）的方式解决。流动资金一般要求在投产前一年开始筹措，为简化计算，可规定在投产的第一年开始按生产负荷安排流动资金需用量。其借款部分按全年计算利息，流动资金利息应计入生产期间财务费用，项目计算期末收回全部流动资金（不

含利息)。

(3) 用详细估算法计算流动资金,需以经营成本及其中的某些科目为基数,因此实际上流动资金估算应能够在经营成本估算之后进行。

4. 流动资金估算表的编制

根据流动资金各项估算的结果,编制流动资金估算表,如表3.6所示。

表3.6　流动资金估算表(单位:万元)

序号	项目	最低周转天数	周转次数	计算期					
				1	2	3	4	…	n
1	流动资金								
1.1	应收账款								
1.2	存货								
1.2.1	原材料								
1.2.1.1	×××								
	……								
1.2.2	燃料								
1.2.2.1	×××								
	……								
1.2.3	在产品								
1.2.4	产成品								
1.3	现金								
1.4	预付账款								
2	流动负债								
2.1	应付账款								
2.2	预收账款								
3	流动资金(1−2)								
4	流动资金当期增加额								

四、提高投资估算精度的方法

(一) 投资估算的特点

工程投资估算发生的时间是在建设投资决策阶段,这个阶段主要是由投资者对拟建设项目提出轮廓性建议和设想,对拟建项目的必要性,技术、经济和生产力布局上的可行性进行全面论证和优化并推荐最佳建设方案。在此阶段只能对项目作笼统、概括性的描述,只能确定待建项目的工程类型、规模、建设地点、时间、地质条件等工程特征,而具体的主体工程、辅助工程、材料用量、施工组织等需等到设计阶段才能确定。在这个阶段里有关工程的信息数量少,不确定性高。这是工程投资估算的基本特点。

此外,建筑产品与一般产品相比,具有单件性、固定性、生产周期长、易受气候条件影响等特点,这就使建筑产品的成本构成不同于一般工业产品,具有特殊性,最后的投资具有明显的概率分布特点。以上两点原因造成了工程建设中存在着诸多不确定因素,给投

否合适。第四，审查“三废”处理所需投资是否进行了估算，其估算数额是否符合实际。

综上所述，提高建设项目投资估算精度的方法体系可体现在图 3.2 所示的框架中。

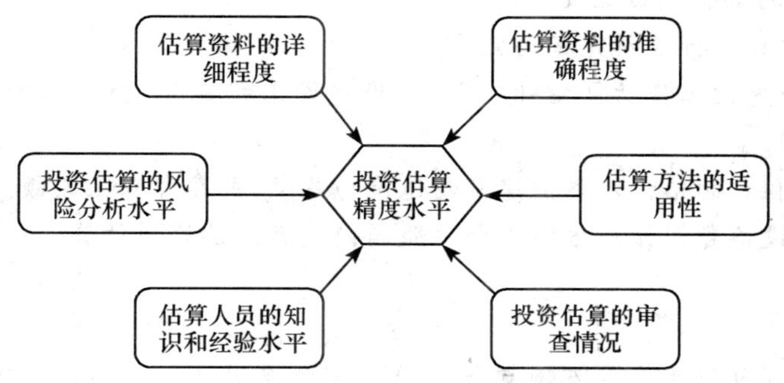

图 3.2 投资估算精度水平的影响因素

五、建设项目投资估算编制要求

投资估算的编制应按照国家有关规范进行，保证估算的成果质量。具体要求有：

(1) 根据主体专业设计的阶段和深度，结合各自行业的特点，所采用生产工艺流程的成熟性，以及编制单位所掌握的国家及地区、行业或部门相关投资估算基础资料和数据的合理、可靠、完整程度，采用合适的方法进行建设项目投资估算。

(2) 应做到工程内容和费用构成齐全，计算合理，不重复计算，不提高或者降低估算标准，不漏项、不少算。

(3) 应充分考虑拟建项目设计的技术参数和投资估算所采用的估算系数、估算指标，在质和量方面所综合的内容，应遵循口径一致的原则。

(4) 应将所采用的估算系数和估算指标价格、费用水平调整到项目建设所在地及投资估算编制年的实际水平，对于建设项目的边界条件，如建设用地费和外部交通、水、电、通信条件，或市政基础设施配套条件等差异所产生的与主要生产内容投资无必然关联的费用，应结合建设项目的实际情况修正。

(5) 对影响造价变动的因素进行敏感性分析，注意分析市场的变动因素，充分估计物价上涨因素和市场供求情况对造价的影响。

(6) 投资估算精度应能满足控制初步设计概算要求，并尽量减少投资估算的误差。

案 例

(一) 案例背景

1. 工程概况

根据××市总体发展规划和经济发展布局，拟在该市经济开发区东南部××区××路建大众轿车生产厂房。本项目建设规模为年产八万辆，所生产的轿车均是具有世界先进技术水平的新车型；生产线设计充分考虑柔性，适应多品种生产的需要。

2. 编制依据

该项目估算的编制依据主要有：

(1)《投资项目可行性研究指南》。

(2)《××市建设工程估算指标》、《××市建设工程概算指标》、《××市建设工程概算定额》。

(3) 建筑工程费的估价以类似建筑物造价为基准，并参考以上定额。

(4) 项目的设备费用按厂方报价和参照国内最新报价资料估算。

3. 有关说明

(1) 编制范围包括年产八万辆大众A型系列轿车的冲压、焊接、油漆、总装配生产线及与之配套的厂区内辅助设施、公用工程等费用，还包括工程建设其他费用、预备费和建设期贷款利息。给排水、通信等设施由开发区配套建设、10千伏供电工程费用计入本项目投资。

(2) 编制方法：本估算根据《××市建设工程估算指标》，采用指标估算法进行。具体计算体现在各项目估算编制过程及估算表中。

(3) 编制方法及成果文件形式，主要参照《建设项目投资估算编审规程》(CECA/GC1—2007)进行编制。

(二) 投资估算编制过程

本项目投资估算费用组成包括建设投资和流动资金两大部分，其中建设投资包括静态投资部分和动态部分。

1. 估算建设投资静态投资部分

建设投资静态投资部分的估算包括建设工程费、设备及工器具购置费、安装工程费、工程建设其他费和基本预备费五个部分的估算。

1) 建筑工程费

计算公式为

各单项工程建筑工程费＝各单项工程建筑面积×各单项工程单价

具体见表3.7。

例如，冲压车间建筑工程费＝10 783×1 500＝1 617.45(万元)。

表3.7　建筑工程费用估算表

工程名称：××市大众汽车生产厂房

序　号	建(构)筑物名称	单　位	建筑面积	单价/元	费用合计/万元
1	冲压车间	平方米	10 783	1 500	1 617
2	焊装车间	平方米	26 611	1 500	3 992
3	涂装车间	平方米	46 720	1 500	7 008
4	总装车间	平方米	30 912	1 500	4 637

续表

序　号	建(构)筑物名称	单　位	建筑面积	单价/元	费用合计/万元
5	冲压件库	平方米	5 288	1 500	793
6	油漆库	平方米	927	800	74
7	油化库	平方米	1 112	800	89
8	综合库	平方米	1 298	800	104
9	燃油库	平方米	371	800	30
10	质量中心	平方米	3 337	1 500	501
11	联合动力站	平方米	2 621	1 500	393
12	水泵房	平方米	148	1 200	18
13	成品车发送站	平方米	297	500	15
14	输送天桥	平方米	1 248	800	100
15	冲焊厂房生活间	平方米	3 560	1 000	356
16	涂装厂房生活间	平方米	1 483	1 000	148
17	总装厂房生活间	平方米	3 114	1 000	311
18	行政办公楼	平方米	10 800	1 600	1 728
19	食堂	平方米	2 670	1 200	320
20	自行车棚	平方米	1 300	200	26
21	门卫	平方米	245	1 200	29
22	总图工程	平方米			2 758
合计			154 845		25 048

2) 设备及工器具购置费

设备及工器具购置费包括进口设备购置费、国内设备购置费和国内工器具购置费三个部分。

(1) 进口设备购置费。计算公式为

$$\text{各单项工程进口设备购置费} = \text{各单项工程进口设备到岸价} \times 6.8 + \text{进口从属费及运杂费}$$

式中，进口设备到岸价＝进口设备离岸价＋国外运费＋国外运输保险费，具体见表 3.8。

例如，冲压车间进口设备购置费＝3 100＋155＋13.07＝3 268(万美元)；3 268×6.8＝22 222(万元)；22 222＋7 055＝29 278(万元)。

表 3.8　进口设备购置费估算表

工程名称：××市大众汽车生产厂房

序　号	设备名称	离岸价/万美元	国外运费/万美元	国外运保费/万美元	到岸价/万美元	折人民币/万元	进口从属费及运杂费/万元	设备购置费总价/万元
1	冲压车间	3 100	155	13.07	3 268	22 222	7 055	29 278
2	焊装车间	650	33	2.74	685	4 658	1 824	6 482
3	涂装车间	6 000	300	25.3	6 325	43 010	14 815	57 825
4	总装车间	2 000	100	8.43	2 108	14 334	4 940	19 275
5	仓库运输							

续表

序　号	设备名称	离岸价/万美元	国外运费/万美元	国外运保费/万美元	到岸价/万美元	折人民币/万元	进口从属费及运杂费/万元	设备购置费总价/万元
6	质量中心	980	49	4.13	1 033	7 024	2 420	9 444
7	水泵房							
8	电气设备							
9	动力设备							
10	暖通设备							
11	跑道及停车场设备							
12	计算机网络、通信	210	11	0.89	221	1 502	574	2 077
合计		12 940	647	55	13 642	92 765	31 629	124 381

(2) 国内设备购置费。计算公式为

各单项工程国内设备购置费＝各单项工程国内设备数量×国内设备出厂价＋国内设备运杂费，具体见表 3.9。

例如，冲压车间国内设备购置费＝1×9 200＋460＝9 660(万元)。

表 3.9　国内设备购置费估算表

工程名称：××市大众汽车生产厂房

序　号	设备名称	型号规格	单　位	数　量	设置购置费/万元		
					出厂价	运杂费	总　价
1	冲压车间		套	1	9 200	460	9 660
2	焊装车间		套	1	6 800	340	7 140
3	涂装车间		套	1	12 000	600	12 600
4	总装车间		套	1	3 500	175	3 675
5	仓库运输		套	1	2 500	125	2 625
6	质量中心		套	1	1 200	60	1 260
7	水泵房		套	1	2 520	126	2 646
8	电气设备		套	1	9 024	451	9 475
9	动力设备		套	1	1 630	81	1 711
10	暖通设备		套	1	2 800	140	2 940
11	跑道及停车场设备		套	1	1 520	76	1 596
12	计算机网络、通信		套	1	350	17	367
合计					53 044	2 652	55 696

(3) 国内工器具购置费。计算公式为

各单项工程国内工器具购置费＝各单项工程国内工器具数量×国内工器具出厂价＋

国内工器具运杂费，具体见表 3.10。

例如，冲压车间国内工器具购置费＝1×550＋27.5＝577.5(万元)。

表 3.10　国内工器具购置费估算表

工程名称：××市大众汽车生产厂房

序　号	设备名称	单　位	数　量	工器具购置费/万元		
				出厂价	运杂费	总　价
1	冲压车间	套	1	550	27.5	577.5
2	焊装车间	套	1	2 000	100	2 100
3	涂装车间	套	1	1 000	50	1 050
4	总装车间	套	1	1 400	70	1 470
5	仓库运输	套	1	3 000	150	3 150
合计				7 950	397.5	8 347.5

3) 安装工程费

计算公式为

各单项工程安装工程费＝各单项工程国产设备安装费×各单项工程国产设备安装费率(%)＋各单项工程进口设备安装费×各单项工程进口设备安装费率(%)，具体见表 3.11。

例如，冲压车间国产设备安装费率为 3%，进口设备安装费率为 0.9%，冲压车间安装工程费＝29 278×0.9%＋9 660×3%＝553(万元)。

表 3.11　安装工程费用估算表

工程名称：××市大众汽车生产厂房

序　号	安装工程名称	单　位	数　量	国产设备安装费率/%	进口设备安装费率/%	安装费用/万元
1	冲压车间			3	0.9	553
2	焊装车间			1.8	0.54	164
3	涂装车间			8	2.4	2 396
4	总装车间			4	1.2	378
5	仓库运输			2	0.6	52
6	质量中心			1	0.3	41
7	水泵房			15	4.5	397
8	电气设备			30	9	2 842
9	动力设备			35	10.5	599
10	暖通设备			20	6	588
11	跑道及停车场设备					
12	计算机网络、通信			8	2.4	79
13	其他					547
合　计						8 637

4) 工程建设其他费

工程建设其他费用的计取，依据编制说明中“有关参数、率值选定的说明”的相关规定，具体见表 3.12。

例如，本项目建设单位管理费＝工程费用×费率

＝(建筑工程费＋设备及工器具购置费＋安装工程费)×0.011

＝222 110×0.011＝2 443(万元)。

生产准备及开办费按项取为900万元。

表3.12　工程建设其他费用估算表

工程名称：××市大众汽车生产厂房

序　号	费用名称	计算依据	费率或标准	总价/万元	含外汇/万美元
1	建设单位管理费	工程费	0.011	2 443	
2	研究试验费			250	
3	勘察设计费			2 705	
4	前期工作咨询费			4 320	500
5	工程保险费	工程费	0.002 6	576	
6	联合试运转费	设备费	0.01	1 884	
7	建设工程临时设施费	工程费	0.01	3 250	
8	生产准备及开办费			900	
9	工程建设监理费			2 680	
10	质监、安监费	工程费	0.002	2 530	
11	环境影响评价费			1 420	
12	水土保持咨询费			1 050	
13	招标代理服务费			850	
14	招投标交易费	工程费	0.014	650	
15	引进技术和进口设备其他费			500	
	合计			24 322	500

5) 基本预备费

计算公式为

基本预备费＝(工程费用＋工程建设其他费用)×基本预备费费率

本项目基本预备费＝(222 110＋24 322)×8％＝19 715(万元)

6) 汇总形成静态投资

计算公式为

静态投资＝建筑工程费＋设备及工器具购置费＋安装工程费＋工程建设其他费＋基本预备费

本项目静态投资＝25 048＋188 425＋8 637＋24 322＋19 715＝266 147(万元)

2. 估算建设投资动态部分

建设投资动态投资部分的估算包括涨价预备费和建设期利息两个部分。

1) 涨价预备费

根据有关规定，本项目不计取涨价预备费。

2) 建设期利息

计算公式为

$$q_j=\left(P_{j-1}+\frac{1}{2}A_j\right)\cdot i$$

式中，q_j 为建设期第 j 年应计利息($j=1,2,3$)；P_{j-1} 为建设期第($j-1$)年末累计贷款本金与利息之和；A_j 为建设期第 j 年贷款金额；i 为年利率6%。具体见表3.13。

在建设期，各年利息计算如下：

$$q_1 = \frac{1}{2}A_1 \cdot i = \frac{1}{2} \times 53\,233 \times 6\% = 1\,597(\text{万元})$$

$$q_2 = \left(P_1 + \frac{1}{2}A_2\right) \cdot i = \left(53\,233 + 1\,579 + \frac{1}{2} \times 133\,109\right) \times 6\% = 7\,282(\text{万元})$$

$$q_3 = \left(P_2 + \frac{1}{2}A_3\right) \cdot i = \left(53\,233 + 1\,579 + 133\,109 + 7\,282 + \frac{1}{2} \times 79\,794\right) \times 6\%$$

$$= 14\,106(\text{万元})$$

所以，本项目建设期利息 $= q_1 + q_2 + q_3 = 1\,597 + 7\,282 + 14\,106 = 22\,985$(万元)。

表3.13　项目资金筹措表(单位:万元)

工程名称:××市大众汽车生产厂房

序　号	项　目	建设期			生产期				合　计
		1	2	3	4	5	6	7	
1	项目投入总资金	54 826	140 355	93 950	109 278	129 734	56 116	34 493	618 753
1.1	建设投资(不含建设期利息)	53 229	133 074	79 844					266 147
1.2	建设期利息	1 597	7 282	14 106					22 985
1.3	流动资金	0	0	0	109 278	129 734	56 116	34 493	329 621
1.4	用于偿还长期借款								0
2	资金筹措	79 413	221 913	112 656	109 277	129 734	56 116	34 493	743 602
2.1	公司自筹	23 824	66 574	33 797	32 783	38 920	16 835	10 348	223 081
2.1.1	用于建设期投资	23 824	66 574	33 797					124 195
2.1.2	用于流动资金	0	0	0	32 783	38 920	16 835	10 348	98 886
2.2	借款	53 233	133 109	79 794	76 494	90 814	39 281	24 145	520 521
2.2.1	基建长期借款	53 233	133 109	79 794					289 787
2.2.2	流动资金借款				76 494	90 814	39 281	24 145	230 734

3）汇总形成动态投资

计算公式为

$$\text{动态投资} = \text{涨价预备费} + \text{建设期利息}$$

$$\text{本项目动态投资} = 0 + 22\,985 = 22\,985(\text{万元})$$

4）汇总形成建设投资

计算公式为

$$\text{建设投资} = \text{静态投资部分} + \text{动态投资部分}$$

$$\text{本项目建设投资} = 266\,147 + 22\,985 = 289\,132(\text{万元})$$

3. 估算流动资金

采用分项详细估算法估算流动资金，具体见表3.14。

表 3.14 流动资金估算表(单位:万元)

工程名称:××市大众汽车生产厂房

序号	项目	最低周转天数	周转次数	建设期			生产期						
				1	2	3	4	5	6	7	8	9	10
1	流动资产						150 742	325 572	395 837	441 602	441 602	441 602	441 602
1.1	应收账款	30	12				53 333	115 000	146 667	162 083	162 083	162 083	162 083
1.2	存货												
1.2.1	原材料及燃料动力	30	12				41 464	86 560	100 710	111 981	111 981	111 981	111 981
1.2.2	在产品	30	12				42 426	90 078	106 225	118 885	118 885	118 885	118 885
1.2.3	产成品	7	51				10 877	23 881	28 458	31 954	31 954	31 954	31 954
1.2.4	备品备件	180	2				250	250	250	250	250	250	250
1.3	现金	30	12				2 392	9 803	13 528	16 448	16 448	16 448	16 448
2	流动负债						41 464	86 560	100 710	111 981	111 981	111 981	111 981
2.1	应付账款	30	12				41 464	86 560	100 710	111 981	111 981	111 981	111 981
3	流动资金(1—2)						109 278	239 012	295 128	329 621	329 621	329 621	329 621
4	本年增加额						109 278	129 734	56 116	34 493			
5	流动资金借款						76 494	167 308	206 589	230 735	230 735	230 735	230 735
6	流动资金借款利息						4 475	9 788	12 085	13 498	13 498	13 498	13 498
7	自筹流动资金						32 783	71 704	88 538	98 886	98 886	98 886	98 886

4. 估算项目投入总资金

计算公式为

项目投入总资金 = 建设投资 + 流动资金

本项目投入总资金 = 289 132 + 329 621 = 618 753(万元)

5. 编制投资估算文件

依据前四个步骤的各种估算结果,填写投资估算文件的各种表格,并编制封面、签署页及其编制说明等文件。本项目投资估算成果文件具体包括下列四部分内容:①工程投资估算书封面。②工程投资估算签署页。③工程投资估算编制说明。④工程投资估算相关表格。

(三) 成果形式

本案例的最终成果形式表 3.7～表 3.20 所示。

(1) 本项目投资估算封面,如表 3.15 所示。

表 3.15 ××市大众轿车生产厂房项目投资估算封面

××市大众轿车生产厂房项目 投 资 估 算 书 档 案 号:××× 天津××工程造价咨询有限公司 (工程造价咨询单位执业章) 年 月 日

(2) 本项目投资估算签署页,如表 3.16 所示。

表 3.16 ××市大众轿车生产厂房项目投资估算签署页

××市大众轿车生产厂房项目 投 资 估 算 书 档 案 号:××× 编制人:____×××____[执业(从业)印章] 审核人:____×××____[执业(从业)印章] 审定人:____×××____[执业(从业)印章] 法定负责人:____×××____

表 3.17　××市大众汽车生产厂房项目主要技术经济指标

序　号	名　称	单　位	数　据	备注:外汇
Ⅰ	建设规模			
1	生产厂房开发项目总建筑面积	平方米	154 845	
1.1	主要生产系统			
1.1.1	冲压车间	平方米	10 783	
1.1.2	焊装车间	平方米	26 611	
1.1.3	涂装车间	平方米	46 720	
1.1.4	总装车间	平方米	30 912	
1.1.5	冲压件库	平方米	5 288	
1.2	辅助生产系统			
1.2.1	油漆库	平方米	927	
1.2.2	油化库	平方米	1 112	
1.2.3	综合库	平方米	1 298	
1.2.4	燃油库	平方米	371	
1.2.5	联合动力站	平方米	2 621	
1.2.6	水泵房	平方米	148	
1.2.7	成品车发送站	平方米	297	
1.2.8	输送天桥	平方米	1 248	
1.3	公用及福利设施			
1.3.1	冲焊厂房生活间	平方米	3 560	
1.3.2	涂装厂房生活间	平方米	1 483	
1.3.3	总装厂房生活间	平方米	3 114	
1.3.4	行政办公楼	平方米	10 800	
1.3.5	食堂	平方米	2 670	
1.3.6	自行车棚	平方米	1 300	
1.3.7	门卫	平方米	245	
1.4	外部工程			
1.4.1	质量中心	平方米	3 337	
1.4.2	总图工程	平方米		
Ⅱ	经济数据			
1	建设投资	万元	289 132	14 679
1.1	建设投资静态部分	万元	266 147	14 679
1.1.1	建筑工程费	万元	25 048	
1.1.2	设备及工器具购置费	万元	188 425	13 092
1.1.3	安装工程费	万元	8 637	
1.1.4	工程建设其他费用	万元	24 322	500
1.1.5	基本预备费	万元	19 715	1 087
1.2	建设投资动态部分	万元	22 985	
1.2.1	涨价预备费	万元	0	
1.2.2	建设期利息	万元	22 985	
2	流动资金	万元	329 621	
3	项目投入总资金(1+2)	万元	618 753	14 679

表 3.18　项目投入总资金估算汇总表

工程名称：××市大众汽车生产厂房

序　号	工程和费用名称	投资额		占项目投入总资金的百分比/%
		投资额/万元	其中：外汇/万美元	
1	建设投资	289 132	14 679	46.73
1.1	建设投资静态部分	266 147	14 679	43.01
1.1.1	建筑工程费	25 048		4.05
1.1.2	设备及工器具购置费	188 425	13 092	30.45
1.1.3	安装工程费	8 637		1.40
1.1.4	工程建设其他费用	24 322	500	3.93
1.1.5	基本预备费	19 715	1 087	3.19
1.2	建设投资动态部分	22 985		3.71
1.2.1	涨价预备费	0		0
1.2.2	建设期利息	22 985		3.71
2	流动资金	329 621		53.27
3	项目投入总资金(1+2)	618 753	14 679	100

表 3.19　投资估算汇总表

工程名称：××市大众汽车生产厂房

序　号	工程和费用名称	估算价值/万元					技术经济指标			
		建筑工程费	设备及工器具购置费	安装工程费	其他费用	合　计	单　位	数　量	单位价值	占工程费用的比重/%
1	工程费用									
1.1	主要生产系统									80.49
1.1.1	冲压车间	1 617	27 305	553		29 475	平方米	10 783	27 335	13.27
1.1.2	焊装车间	3 992	39 850	164		44 006	平方米	26 611	16 537	19.81
1.1.3	涂装车间	7 008	43 536	2 396		52 940	平方米	46 720	11 331	23.84
1.1.4	总装车间	4 637	29 952	378		34 967	平方米	30 912	11 312	15.74
1.1.5	冲压件库	793	16 597			17 390	平方米	5 288	32 886	7.83
1.2	辅助生产系统									0.37
1.2.1	油漆库	74				74	平方米	927	798	0.03
1.2.2	油化库	89				89	平方米	1 112	800	0.04
1.2.3	综合库	104				104	平方米	1 298	801	0.04
1.2.4	燃油库	30				30	平方米	371	809	0.01
1.2.5	联合动力站	393				393	平方米	2 621	1 499	0.18
1.2.6	水泵房	18				18	平方米	148	1 216	0.01
1.2.7	成品车发送站	15				15	平方米	297	505	0.01
1.2.8	输送天桥	100				100	平方米	1 248	801	0.05
1.3	公用及福利设施									4.72
1.3.1	冲焊厂房生活间	356	773			1 129	平方米	3 560	3170	0.51
1.3.2	涂装厂房生活间	148	520			668	平方米	1 483	4 504	0.3
1.3.3	总装厂房生活间	311	786			1 097	平方米	3 114	3 523	0.5
1.3.4	行政办公楼	1 728	3 693			5 421	平方米	10 800	5 020	2.44

续表

序号	工程和费用名称	估算价值/万元					技术经济指标			
		建筑工程费	设备及工器具购置费	安装工程费	其他费用	合计	单位	数量	单位价值	占工程费用的比重/%
1.3.5	食堂	320	659			979	平方米	2 670	3 669	0.44
1.3.6	自行车棚	26	531			557	平方米	1 300	4 285	0.25
1.3.7	门卫	29	603			632	平方米	245	25 794	0.28
1.4	外部工程									14.42
1.4.1	质量中心	501	1 093	41		1 635	平方米	3 337	4 899	0.74
1.4.2	总图工程	2 758	22 527	5 105		30 390	平方米			13.68
	小计	25 047	188 424	8 637		222 110				100
2	工程建设其他费用									
	小计	26 759								
3	预备费									
3.1	基本预备费	19 715								
3.2	涨价预备费	0								
	小计	19 715								
4	建设期贷款利息	22 985								
5	流动资金	329 621								
	投资估算合计	618 753								

表 3.20 单项工程投资估算汇总表

工程名称：××市大众汽车生产厂房

序号	工程和费用名称	估算价值/万元					技术经济指标			
		建筑工程费	设备及工器具购置费	安装工程费	其他费用	合计	单位	数量	单位价值	占工程费用的比重/%
1	工程费用									
1.1	主要生产系统									
1.1.1	冲压车间						平方米	10 783		
1.1.1.1	一般土建	1 617				1 617	平方米		1 500	3.6
1.1.1.2	给排水		122			122	平方米		113	0.3
1.1.1.3	采暖		254			254	平方米		236	0.61
1.1.1.4	通风空调		156			156	平方米		145	0.37
1.1.1.5	照明		46			46	平方米		0.43	0.11
1.1.1.6	工艺设备及安装		26 727	553		27 280	平方米		25 299	94.73
	小计	1 617	27 305	553		29 475			38 659	100
	……									
1.1.2	焊装车间									
	……									
	合计									

(3) 本项目编制说明。下文的七大部分就是本厂房项目投资估算编制说明的内容。

××市大众轿车生产厂房项目投资估算编制说明

一、工程概况

1. 项目拟建地点

根据该市的总体发展规划和经济发展布局，项目厂址定点在该市经济开发区。通过广泛的调查研究，有关技术人员对在开发区可能用于厂址的两个地块进行现场踏勘，了解其地形地貌、地址、公用设施、交通、洪水水位、现有建(构)筑物情况，地下水位和农田水利情况，搜集了地块的规划图和地形图，对重点部位进行了钻探，向有关部门进行了咨询，对拟选地块进行了综合分析比较，经多次讨论写出选厂报告，并报上级有关部门批准，最后选定××市经济开发区西南部××加工区××路北侧地块为本项目建设厂址。

2. 项目建设规模与目标

建设规模为年产轿车八万辆；产品是具有当代世界先进水平的新型车型；生产线设计要充分考虑柔性，适应多品种生产的需要；产品系列化、多品种；广泛采用当代先进技术、装备和生产方式；注重环保与安全卫生，按国家有关规范及××市对环境保护的要求与规定，对污染物进行有效治理，并采取有效的安全卫生措施；产品成本与售价应具有竞争力，经济效益在行业平均水平之上。

3. 主要建设条件

××加工区××路北侧地块面积50平方千米，能满足建厂要求且地势平坦。××加工区能提供建厂所需的公用设施，包括在距拟选厂址东北部2.5千米处有地区降压站，可向厂区提供10千伏电源。在厂区西北部有直径为∮500的城市自来水管，可供工厂所需生产及生活用水。在厂区西北部有开发区集中供热站，可向工厂供应生产所需的热源。在厂区南、北两侧均有完善的开发区管网。工厂东侧为××路，向北延伸与××高速公路出口相连，北侧××路与西侧××路及东侧××路相接，公路交通十分便利。在××路北侧有大片空地可做未来零部件生产与供应基地使用。××路为市政主要通道，向东延伸可直通××市市区。在××路南侧五千米处为规划的××铁路编组站。厂区有较小的土堆和池塘，需要进行场地平整。

二、编制范围

编制范围包括轿车的冲压、焊接、油漆、总装配生产线及与之配套的厂区内辅助设施、公用工程等费用，还包括工程建设其他费用、预备费和建设期贷款利息。

1. 建筑工程费

根据本项目建(构)筑物工程量和当地单位造价指标估算建筑工程费，单位造价指标的确定参照当地建设工程定额和类似建筑物造价水平，并结合项目实际情况，调整相应内容的价格。建筑工程费为25 048万元。详见建筑工程费用估算表(表3.7)。

2. 设备及工器具购置费

设备部分为国产，部分为进口。进口部分按外商报价，根据《外商投资产业指导目录》中的规定，分别计算引进设备的关税和增值税，并计算进口设备从属费、运杂费。

国内采购设备按现行市场资料估算。

外汇与人民币汇率按1美元折合6.8元人民币计。

本项目设备及工器具购置费为188 425万元，含外汇13 092万美元(其中进口设备购置费124 381万元，国内设备购置费55 696万元，国内工器具购置费8 348万元，外汇占14%)。见设备及工器具购置费估算表(表3.8、表3.9、表3.10)。

3. 安装工程费

应依据单项工程的设备费按综合指标估算安装工程费。

根据现行有关政策计算进口材料关税、增值税及进口部分的从属费。安装工程费为8 637万元。见安装工程费用估算表(表3.11)。

4. 工程建设其他费用

工程建设其他费用中主要包括工程保险费、勘察设计费、技术入门费、土地使用费、建设单位管理费、生产准备费、联合试运转费、进出国人员费用、办公及生活家具购置费等。工程建设其他费用估算值为24 322万元，含外汇500万美元。见工程建设其他费用估算表(表3.12)。

5. 基本预备费

基本预备费按8%计算，其估算值为19 715万元，含外汇1 087万美元。见项目投入总资金估算汇总表(表3.18)。

6. 涨价预备费

根据有关规定，本项目不计取涨价预备费。

7. 建设期利息

按照拟定的融资方案，贷款利率为6%，计算出建设期利息为22 985万元，见项目资金筹措表(表3.13)。

8. 流动资金估算

流动资金采用分项详细估算法计算，按各项分别确定的最低周转天数，计算各年的流动资金额，达产年流动资金为329 621万元。见流动资金估算表(表3.14)。

9. 建设总投资估算

以上各项合计为建设总投资估算额，其估算值为618 753万元，其中含14 679万美元。见项目投入总资金估算汇总表(表3.18)。

10. 项目总资金及分年投资计划

根据项目具体情况及实施计划，确定建设期为三年，建设投资(不含建设期利息)分年投资计划比例为20%、50%、30%。各年建设期利息按照需要计算。根据各年产量安排流动资金的用款计划，见项目资金筹措表(表3.13)。

给排水、通信等设施由开发区配套建设、10千伏供电工程费用计入本项目投资。

三、编制方法

本估算根据《××市建设工程估算指标》，采用指标估算法进行。具体计算体现在各项目估算编制过程及估算表中。

四、编制依据

(1)《投资项目可行性研究指南》、《全国统一建筑工程基础定额××市基价表》。

(2)《××市建设工程估算指标》、《××市建设工程概算指标》、《××市建设工程概算定额》、《××市建筑工程费用定额》、《××市安装工程消耗量标准》、《××市施工机械台班费用、砼及砂浆配合比表、材料价格基价表》、《机械工业建设项目概算编制办法及各项概算指标》。

（3）建筑工程费的估价以类似建筑物造价为基准，并参考以上定额。

（4）工程所涉及的有关税费，依据××市有关建设税费收取标准计算。

（5）项目的设备费用按厂方报价和参照国内最新报价资料估算。

（6）本项目有关会议纪要。

五、主要技术经济指标

本项目主要技术经济指标见表3.17。

六、有关参数、率值选定的说明

（1）建设单位管理费：按工程费的0.011计取。

（2）研究试验费：按《工程勘察设计收费标准》2002年修订本计取。

（3）勘察设计费：按《工程勘察设计收费标准》2002年修订本计取。

（4）前期工作咨询费：按国家计委文件（计价格〔1999〕1283号）“国家计委关于印发建设项目前期工作咨询收费暂行规定的通知”有关规定计取。

（5）工程保险费：按工程费用的0.002 6计取。

（6）联合试运转费：按工程设备费的0.01计取。

（7）建设工程临时设施费：按工程费用的0.01计取。

（8）生产准备及开办费：按项计取。

（9）工程建设监理费：按国家发改委、建设单位关于印发《建设工程监理与相关服务收费管理规定》的通知（发改价格〔2007〕670号）有关规定计取。

（10）质监、安监费：按××市××号公文的规定，建设工程质量监督费按工程费用的0.002计取。

（11）环境影响评价费：按国家计委、国家环境保护总局公布的计价格〔2002〕125号文的有关规定计取。

（12）水土保持咨询费：按保监〔2005〕22号文《关于开发建设项目水土保持咨询服务费用计列的指导意见》有关规定计取。

（13）招标代理服务费：按国家计委计价格〔2002〕1980号文计取。

（14）招标交易费：按工程费用的0.014计取。

（15）引进技术和进口设备其他费：按项计取。

七、特殊问题的说明

（1）该建设区域内的拆除工程、伐移树木补偿及项目室外工程等，均采取统一规划实施、费用分摊的方式进行。

（2）水泥稳定碎石、商品混凝土、沥青混凝土运距均暂按15千米计取。

（3）弃土、借土按运距20千米考虑。

（4）本项目投资估算相关表格，包括项目投入总资金估算汇总表、投资估算汇总表、单项工程投资估算汇总表、建筑工程费用估算表、进口设备购置费估算表、国内设备购置费估算表、国内工器具购置费估算表、安装工程费用估算表、工程建设其他费用估算表、项目资金筹措表以及流动资金估算表。

第二节 财务评价

一、财务评价概述

（一）财务评价的概念

财务评价是项目可行性研究中经济评价的重要组成部分，它是根据国家现行财税制度和价格体系，分析、计算项目直接发生的财务效益和费用，编制财务报表，计算评价指标，考察项目的盈利能力、偿债能力以及外汇平衡等财务状况，据以判别项目的财务可行性。其评价结果是决定项目取舍的重要决策依据。

财务分析是建设项目经济评价中的微观层次，它主要从微观投资主体的角度分析项目可以给投资主体带来的效益以及投资风险。作为市场经济微观主体的企业进行投资时，一般都进行项目财务分析。财务评价是工程经济分析的一部分，也是可行性研究报告编制的重要组成部分。

财务分析与评价工作包括项目盈利能力分析、偿债能力分析和不确定性分析。

（二）财务评价的作用

（1）考察项目的财务盈利能力。

（2）用于制定适宜的资金规划。

（3）为协调企业利益与国家利益提供依据。

（4）为中外合资项目提供双方合作的基础。

（三）财务评价的目的

（1）衡量竞争性建设项目的盈利能力和偿债能力。

（2）权衡非营利性项目或微利项目的经济优惠措施。

（3）合营项目谈判签约的重要依据。

（4）项目资金规划的重要依据。

（四）财务评价遵循的原则

（1）动态分析与静态分析相结合的原则，以动态分析为主。

（2）定量分析与定性分析相结合的原则，以定量分析为主。

（3）效益与费用计算口径对应一致的原则。

（4）收益与风险权衡的原则。

（5）全过程经济效益分析与阶段性经济效益分析相结合的原则，以全过程经济效益分析为主。

（6）宏观效益分析与微观效益分析相结合的原则，以宏观效益分析为主。

（7）价值量分析与实物量分析相结合的原则，以价值量分析为主。

（8）预测分析与统计分析相结合的原则，以预测分析为主。

（五）财务评价需注意的问题

1．工程项目的寿命周期

项目寿命周期是指工程项目正常生产经营能够持续的年限，是工程项目投资决策分析的基本参数，寿命周期长短对投资方案的经济效益影响很大。

项目寿命周期不同于项目的计算周期，项目的计算周期一般包括两部分：建设期和生产经营期（项目寿命周期）。其中，建设期是项目资金正式投入开始到项目建成投产为止所需要的时间。在此期间，没有收入，因此要求其越短越好；生产经营期包括投产期和达到设计生产能力期，此期间是投资的回收期和回报期，因此希望其越长越好。

对于特定性较强的工程项目，由于其厂房和设备的专用性，应按产品的寿命周期确定，如轻工和家电产品项目；对于通用性较强的制造企业或者生产产品的技术比较成熟的企业按主要工艺设备的经济寿命确定；对于大型复杂的综合项目采用综合分析法确定，如钢铁联合企业。

2．负债比例与财务杠杆

负债比例是指项目所使用的借贷资金与资本金的数量比率。财务杠杆是指负债比例对资本金收益率的放大或缩小作用，通常用财务杠杆系数表示，所谓财务杠杆系数是普通股每股盈余的变动率相当于息前、税前盈余变动率的倍数。不同来源的资金所需付出的代价是不同的，因此，项目资本金收益率不仅与项目收益率有关，也与负债比例密切相关。一般来说，在有借贷资金的情况下，全部资金的效果与资本金的效果是不同的。选择不同的负债比例对投资者的收益会产生很大的影响。

3．税前分析与税后分析

项目财务评价中，通常有两种基本的分析形式，一种是税前分析，即企业所得税前分析；另一种是税后分析，即企业所得税后分析。两者的区别就是是否考虑所得税的影响。决定是进行税前分析还是税后分析，主要取决于基准折现率是所得税前确定的还是所得税后确定的。

两者的适用范围不同：①对于各个方案都可以满足项目的目标，而且所得税对各个方案的影响无差异时，通过税前比较可以获得适宜的优选方案，如一些非营利项目；②对于各个方案的折旧方法具有显著差别以及其减免税优惠条件不同的项目比较，更需进行税后分析，如竞争性项目。

二、财务评价前期工作准备

这主要包括熟悉拟建项目的基本情况，对工程项目财务进行预测，测算选取必要的基础数据等工作步骤。财务评价人员需掌握有关财务评价基础资料，对财务基础数据进行准确预测，并能熟练计算相关财务数据。

项目财务基础数据测算，尤其是关于财务效益、财务费用、营业收入、税金、总成本和费用的测算对正确进行财务评价很重要。

财务基础数据的正确、可靠与否，是关系到财务评价质量的关键因素。

（一）拟建项目基本情况的熟悉

财务评价涉及的基础数据按其作用可以分为两类：一类是计算用数据和参数，另一类是判别用参数，或称基准参数。计算用数据可分为初级数据和派生数据。初级数据包括产出物数量，销售价格，原材料、燃料动力消耗量及价格，人员数量、工资折旧和摊销年限等；派生数据如成本费用、销售收入、销售税金及附加、增值税等，是通过初级数据计算派生出来的，供财务评价用。由此可见，财务评价基础数据的收集对于正确进行财务评价有很重要的意义。

进行财务评价，首先要在明确项目评价范围的基础上，根据项目性质和融资方式选取适宜的方法，然后通过研究和预测选取必要的基础数据进行成本费用估算、销售（营业）收入和相关税费估算，同时编制相关辅助性报表。财务评价应依据的文件包括《建设项目经济评价方法和参数》（第三版，2006 年）、项目建设必要性审查结果、生产建设条件评估和技术可行性评估结果、市场需求调查、销售规划、技术方案、规模经济分析论证结果、现行财务制度规定、项目有关的成本和收益等财务基础数据。

遵循建设项目财务评价程序和经济分析的有关规定和要求，在编制项目建议书及工程可行性研究阶段财务评价时，首先应当熟悉了解所需的基础资料，尤其是对财务基础数据测算的熟悉。其次是应根据建设项目的主管部门或建设单位对拟建项目的总体实施规划进行必要的分析研究，尽可能做到合理可靠，然后按照相关程序和方法进行财务评价工作。

（二）基础数据的选取及测算

1. 财务基础数据估算的意义及要求

财务基础数据的测算是项目财务评价、国民经济评价和投资风险评价的基础和重要依据。它不仅为财务效益分析提供必要的财务数据，而且对财务效益分析的结果以及最后的决策意见产生决定性影响。在项目评价中起到承上启下的关键性作用。

财务基础数据估算的要求有以下三点：

（1）财务效益和财务费用估算应遵循“有无对比”的原则，正确识别和估算“有项目”和“无项目”状态的财务效益与财务费用。

（2）财务效益与财务费用估算应反映行业特点，符合依据明确、价格合理、方法适宜和表格清晰的要求。

（3）运营期财务效益与财务费用估算采用的价格，应符合要求：①效益与费用估算采用的价格体系应一致；②采用预测价格，有要求时可考虑价格变动因素；③对适用增值税的项目，运营期内投入和产出的估算表格可采用不含增值税价格；若采用含增值税价格，应予以说明，并调整相关表格。

2. 财务基础数据测算的顺序

为与财务分析一般先进行融资前分析的做法相协调，在财务效益与财务费用估算中，通常的估算顺序如图 3.3 所示。

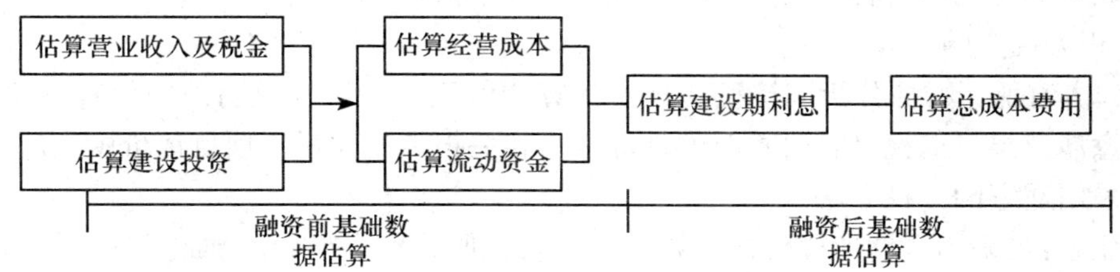

图 3.3　财务基础数据测算的顺序

其中，建设投资、流动资金的估算在编制投资估算的过程中已进行，财务评价主要对营业收入及税金、经营成本、建设期利息、总成本费用进行估算。

3. 营业收入及税金的估算

项目财务评价中的营业收入包括销售产品或提供服务所获得的收入。

估算依据有：①产品或服务的市场预测分析数据，特别是目标市场有效需求的分析数据；②项目建设规模、产品或服务方案；③产品或服务的价格，采用的价格基点、价格体系、价格预测方法；④采用价格的合理性说明。

在估算营业收入的同时，往往还要完成相关流转税金，主要指营业税、增值税、消费税以及营业税金附加等的估算。

1）营业收入的估算

(1) 确定各年运营负荷。常见的做法是：设定一段低负荷的投产期，以后各年均按达到设计生产能力计算。

一般有两种方式：一是经验设定法，即根据以往项目的经验，结合该项目的实际情况，粗估各年的运营负荷，以设计能力的百分数表示；二是营销计划法，通过制订详细的分年营销计划，确定各种产出物各年的生产量和商品量。应提倡采用第二种方式。

(2) 确定产品或服务的数量。明确产品销售或服务市场，根据项目的市场调查和预测分析结果，分别测算出外销和内销的产品数量或服务数量。对于生产出口产品的项目，应根据有利于提高外汇效果的原则合理确定内销与外销的比例。

(3) 确定产品或服务的价格。产品或服务的价格取决于其去向和市场需求，并考虑国内外相应价格变化趋势，确定产品或服务价格水平。确定时应遵循稳妥原则，采用适宜的方法，合理确定产品或服务的价格。产品销售价格一般采用出厂价。

(4) 确定营业收入。营业收入是销售产品或提供服务取得的收入，为数量和相应价格的乘积。

营业收入＝产品或服务数量×单位价格

对于生产多种产品和提供多项服务的项目，应分别估算各种产品及服务的营业收入。对那些不便于按详细的品种分类计算营业收入的项目，也可采取折算为标准产品的方法计算营业收入。

(5) 编制营业收入估算表。营业收入估算表格可随行业和项目而异，项目的营业收入估算表可同时列出各种应交营业税金及附加和增值税。

2) 相关税金的估算

(1) 增值税。财务分析应按税法规定计算增值税。应明确说明采用何种计价方式，同时注意涉及出口退税(增值税)时的计算及与相关报表的联系。项目评价中须注意按相关法规采用适宜的计税方法。

需注意：当采用含增值税价格计算销售收入和原材料、燃料动力成本时，利润和利润分配表以及现金流量表中应单列增值税科目；采用不含增值税价格计算时，利润表和利润分配表以及现金流量表中不包括增值税科目。

(2) 营业税金及附加。营业税金及附加是指包含在营业收入之内的营业税、消费税、资源税、城市维护建设税、教育费附加等内容。

第一，营业税。交通运输、建筑、邮电通信、服务等行业应按税法规定计算营业税。营业税是价内税，包含在营业收入之内。

营业税税额＝计税营业额×适用税率

营业税税目税率如表 3.21 所示。

表 3.21 营业税税目税率表

税 目	税率/%	税 目	税率/%
交通运输业	3	娱乐业	5～20
建筑业	3	服务业	5
金融保险业	5	转让无形资产	5
邮电通信业	3	销售不动产	5
文化体育业	3		

第二，消费税。我国对部分货物征收消费税。项目评价中对适用消费税的产品应按税法规定计算消费税。

第三，城市维护建设税，是一种地方附加税，目前以流转税额(包括增值税、营业税和消费税)为计税依据，税率根据项目所在地分市区，县、镇，县、镇以外三个不同等级。

纳税人所在地在市区的，税率为 7%；纳税人所在地在县城或镇的，税率为 5%；纳税人所在地不在市区、县城或镇的，税率为 1%。

第四，教育费附加是地方收取的专项费用，计税依据也是流转税额，税率由地方确定，项目评价中应注意当地的规定。教育费附加税率为 3%。

第五，资源税是国家对开采特定矿产品或者生产盐的单位和个人征收的税种。通常按矿产的产量计征。

对以上营业收入、增值税和营业税金及附加进行估算，根据估算结果编制“营业收入、营业税金及附加和增值税估算表”，具体格式见表 3.22。

表 3.22　营业收入、营业税金及附加和增值税估算表(单位:万元)

序　号	项　目	合　计	计算期					
			3		4		5～10	
			销售量/吨	金额	销售量/吨	金额	销售量/吨	金额
1	营业收入	144 552	8 400	13 314	10 800	17 118	12 000	19 020
2	营业税金及附加	1 077.52		99.24		127.6		141.78
2.1	城市维护建设税(增值税×7%)	754.29		69.47		89.32		99.25
2.2	教育费附加(增值税×3%)	323.23		29.77		38.28		42.53
3	增值税	10 775.28		992.46		1 276.02		1 417.8
3.1	销项税			2 263.38		2 910.06		3 233.4
3.2	进项税额			1 270.92		1 634.04		1 815.6

注:① 增值税仅为计算城市维护建设税和教育费附加的依据。
② 本报表税金的计算方法采用不含增值税的方法。

(3) 补贴收入。对于先征后返的增值税、按销量或工作量等依据国家规定的补助定额计算并按期给予的定额补贴,以及属于财政扶持而给予的其他形式的补贴等,应按相关规定合理估算,记作补贴收入。以上几类补贴收入,应根据财政、税务部门的规定,分别计入或不计入应税收入。

按照《企业会计准则》,这些补助在取得时应确认为递延收益,在确认相关费用的期间计入当期损益(营业外收入)。

由于在项目财务分析中通常可忽略营业外收入科目,特别是非经营性项目财务分析,往往要推算为了维持正常运营或实现微利所需要的政府补助,操作上需要单列一个财务效益科目,称为“补贴收入”,同营业收入一样,应列入利润与利润分配表、财务计划现金流量表、项目投资现金流量表与项目资本金现金流量表。

4. 成本与费用的估算

按照《企业会计准则——基本准则》(2006),费用是指企业在日常活动中发生的会导致所有者权益减少的、与向所有者分配利润无关的经济利益的总流出。企业为生产产品、提供劳务等发生的费用可归属于产品成本、劳务成本;其他符合费用确认要求的支出,应当直接作为当期损益列入利润表(主要有管理费用、财务费用和营业费用)。

在项目财务分析中,为了对运营期间的总费用一目了然,将管理费用、财务费用和营业费用这三项费用与生产成本合并为总成本费用。

关于成本与费用的种类,在项目决策分析与评价中,成本与费用按其计算范围可分为单位产品成本和总成本费用;按财务分析的特定要求还有经营成本。

1) 总成本费用估算

总成本费用是指在一定时期(如一年)内因生产和销售产品发生的全部费用。总成本费用的构成和估算通常采用以下两种方法。

(1) 生产成本加期间费用估算法。计算公式为

$$总成本费用 = 生产成本 + 期间费用$$

式中，生产成本＝直接材料费＋直接燃料和动力费＋直接工资＋其他直接支出＋制造费用

期间费用＝管理费用＋财务费用＋营业费用

总成本费用构成如图 3.4 所示，此方法按费用的经济用途将其分为直接材料、直接工资、其他直接支出、制造费用和期间费用，其中前四项计入产品生产成本，最后一项不计入产品成本。

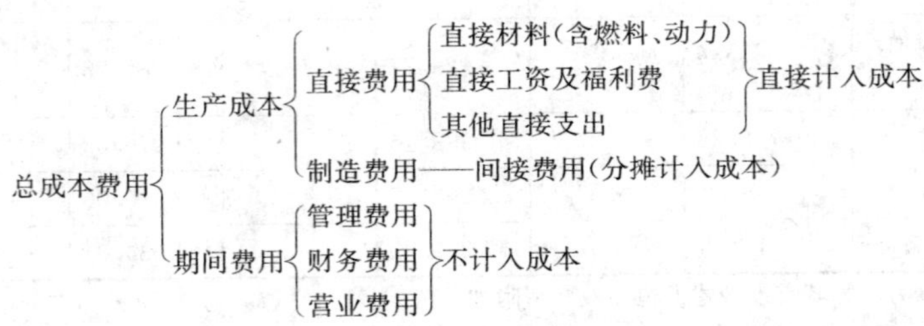

图 3.4　生产成本加期间费用法思路下的总成本费用构成

采用这种方法一般需要先分别估算各种产品的生产成本，然后与估算的管理费用、利息支出和营业费用相加。

有关制造费用和期间费用的概念如表 3.23 所示。

表 3.23　制造费用和期间费用的概念

费用名称	概　念	所包含的费用	项目评价的处理
制造费用	指企业为生产产品和提供劳务而发生的各项间接费用	包括生产单位管理人员工资和福利费、折旧费、修理费（生产单位和管理用房屋、建筑物、设备）、办公费、水电费、机物料消耗、劳动保护费，季节性和修理期间的停工损失等。不包括企业行政管理部门为组织和管理生产经营活动而发生的管理费用	项目评价中的制造费用系指项目包含的各分厂或车间的总制造费用，为了简化计算常将制造费用归类为管理人员工资及福利费、折旧费、修理费和其他制造费用几部分
管理费用	指企业为管理和组织生产经营活动所发生的各项费用	包括公司经费、工会经费、职工教育经费、劳动保险费、待业保险费、董事会费、咨询费、聘请中介机构费、诉讼费、业务招待费、排污费、房产税、车船使用税、土地使用税、印花税、矿产资源补偿费、技术转让费、研究与开发费、无形资产与其他资产摊销、职工教育经费、计提的坏账准备和存货跌价准备等	项目评价中可将管理费用归类为管理人员工资及福利费、折旧费、无形资产和其他资产摊销、修理费和其他管理费用几部分。
营业费用	指企业在销售商品过程中发生的各项费用以及专设销售机构的各项经费	包括应由企业负担的运输费、装卸费、包装费、保险费、广告费、展览费以及专设销售机构人员工资及福利费、类似工程性质的费用、业务费等经营费用	项目评价中将营业费用归为销售人员工资及福利费、折旧费、修理费和其他营业费用几部分

按照生产成本加期间费用法，可编制如表 3.24 所示的总成本费用估算表。

表 3.24　总成本费用估算表(生产成本加期间费用法)(单位:万元)

序　号	项　目	合　计	计算期					
			1	2	3	4	…	n
1	生产成本							
1.1	直接材料费							
1.2	直接燃料及动力费							
1.3	直接工资及福利费							
1.4	制造费用							
1.4.1	折旧费							
1.4.2	修理费							
1.4.3	其他制造费							
2	管理费用							
2.1	无形资产摊销							
2.2	其他资产摊销							
2.3	其他管理费用							
3	财务费用							
3.1	利息支出							
3.1.1	长期借款利息							
3.1.2	流动资金借款利息							
3.1.3	短期借款利息							
4	营业费用							
5	总成本费用合计(1+2+3+4)							
5.1	其中:可变成本							
5.2	固定成本							
6	经营成本 (5−1.4.1−2.1−2.2−3.1)							

注:① 本表适用于新设法人项目与既有法人项目的“有项目”、“无项目”和增量总成本费用的估算。

② 生产成本中的折旧费、修理费指生产性设施的固定资产折旧费和修理费。

③ 生产成本中的工资和福利费指生产性人员工资和福利费。车间或分厂管理人员工资和福利费可在制造费用中单独列项或含在其他制造费中。

④ 本表其他管理费用中含管理设施的折旧费、修理费以及管理人员的工资和福利费。

(2) 生产要素估算法。计算公式为

$$\begin{aligned}\text{总成本费用} =& \text{外购原材料、燃料及动力费} + \text{人工工资及福利费} + \text{折旧费} \\ &+ \text{摊销费} + \text{修理费} + \text{利息支出} + \text{其他费用}\end{aligned}$$

式中,其他费用包括其他制造费用、其他管理费用和其他营业费用三部分。

第一,其他制造费用是指由制造费用中扣除生产单位管理人员工资及福利费、折旧费、修理费后的其余部分。项目评价中其他制造费用常见的估算方法有:按固定资产原值(扣除所含的建设期利息)的百分数估算;按人员定额估算。

第二,其他管理费用是指管理费用中扣除工资及福利费、折旧费、摊销费、修理费后的其余部分。其他管理费用常见的估算方法是按人员定额或工资及福利费总额的倍数估算。

第三,其他营业费用是指营业费用扣除工资及福利费、折旧费、修理费后的其余部分。其他营业费用常见的估算方法是按营业收入的百分数估算。

生产要素估算法从各种生产要素的费用入手,汇总得到总成本费用,见图 3.5。

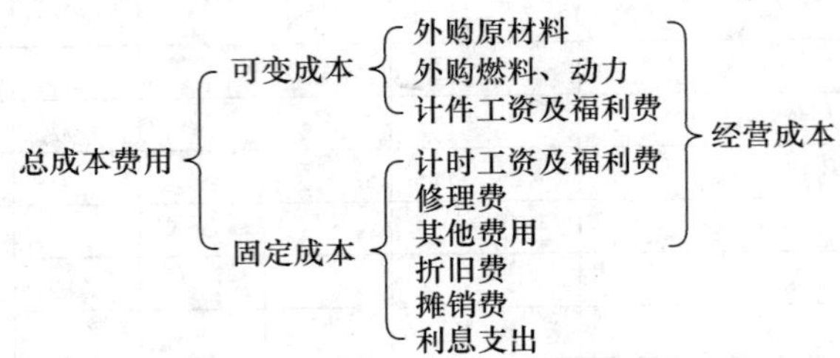

图 3.5 按生产要素估算法计算的总成本费用的构成

按生产要素法估算的总成本费用,其结果列入"总成本费用估算表"。表格形式可参见表 3.25。

2) 经营成本

经营成本是财务分析的现金流量分析中所使用的特定概念,作为项目现金流量表中运营期现金流出的主体部分,应得到充分的重视。经营成本与融资方案无关。因此在完成建设投资和营业收入估算以后,就可以估算经营成本,为项目融资前分析提供数据。

经营成本的构成可用下式表示:

经营成本 =外购原材料费 + 外购燃料及动力费 + 工资及福利费 + 修理费 + 其他费用

经营成本与总成本费用的关系如下:

经营成本 = 总成本费用 − 折旧费 − 摊销费 − 利息支出

经营成本估算的行业性很强,不同行业在成本构成科目和名称上都可能有较大的不同。估算应按行业规定,没有规定的也应注意反映行业特点。

3) 固定成本与可变成本估算

为了进行盈亏平衡分析和不确定性分析,需将总成本费用分解为固定成本和可变成本。固定成本指成本总额不随产品产量变化的各项成本费用,主要包括工资或薪酬(计件工资除外)、折旧费、摊销费、修理费和其他费用等。可变成本指成本总额随产品产量变化而发生同方向变化的各项费用,主要包括原材料、燃料、动力消耗、包装费和计件工资等。此外,长期借款利息应视为固定成本,流动资金借款和短期借款如果用于购置流动资产,可能部分与产品产量有关,其利息视为半可变半固定成本,需进行分解,但为简化计算,也可视为固定成本。

4) 投资借款还本付息估算

利息支出是企业为筹集所需资金而发生的借款费用(财务费用)中的主要部分。利息支出的估算包括长期借款利息、流动资金借款利息和短期借款利息三部分。

(1) 建设投资借款还本付息估算。建设投资借款还本付息估算主要是测算还款期的利息和偿还贷款的时间,从而观察项目的偿还能力和收益,为财务效益评价和项目决策提供依据。

表 3.25 总成本费用估算表(单位:万元)

序 号	项 目	合 计	计算期							
			3	4	5	6	7	8	9	10
1	外购原材料	71 811	6 614.4	8 503.8	9 448.8	9 448.8	9 448.8	9 448.8	9 448.8	9 448.8
2	外购燃料、动力	9 357	861.6	1 108.2	1 231.2	1 231.2	1 231.2	1 231.2	1 231.2	1 231.2
3	工资及福利费	3 200	400	400	400	400	400	400	400	400
4	修理费	9 274.04	1 159.25	1 159.25	1 159.25	1 159.25	1 159.25	1 159.25	1 159.25	1 159.25
5	其他费用	4 161.6	520.2	520.2	520.2	520.2	520.2	520.2	520.2	520.2
6	经营成本(1+2+3+4+5)	97 803.64	9 555.45	11 691.45	12 759.45	12 759.45	12 759.45	12 759.45	12 759.45	12 759.45
7	折旧费	18 548.08	2 318.51	2 318.51	2 318.51	2 318.51	2 318.51	2 318.51	2 318.51	2 318.51
8	摊销费	768.9	126.11	126.11	126.11	126.11	126.11	126.11	126.11	126.11
9	利息支出	3 820.3	1 205.42	1 017.02	702.06	348.68	136.78	136.78	136.78	136.78
10	总成本费用(6+7+8+9)	120 940.92	13 205.5	15 153.09	15 906.14	15 552.76	15 340.86	15 260.86	15 260.86	15 260.86
	其中:固定成本	39 772.92	5 729.5	5 541.09	5 526.14	4 872.76	4 660.86	4 580.86	4 580.86	4 580.86
	可变成本	81 168	7 476	9 612	10 680	10 680	10 680	10 680	10 681	10 682

第一，还本付息的资金来源。根据国家现行财税制度的规定，贷款还本的资金来源主要包括可用于归还借款的利润、固定资产折旧、无形资产和其他资产摊销费和其他还款资金来源。

第二，还本付息额的计算。建设投资借款的年度还本付息额计算，可分别采用等额还本付息，或等额还本、利息照付两种还款方法来计算。两种还款方法的对比如表 3.26 所示。

表 3.26　两种还款方法对比

还款方法	计算步骤	使用范围
等额还本付息	(1) 计算建设期末的累计借款本金与资本化利息之和 I_c (2) 根据等值计算原理，采用资金回收系数计算每年等值的还本付息额度 A： $A=I_c\dfrac{i(1+i)^n}{(1+i)^n-1}$ (3) 计算每年应支付的利息： 本年应支付的利息＝年初借款余额×年利率 式中，年初借款余额＝I_c－本年之前各年偿还的本金累计 (4) 计算每年偿还的本金： 本年偿还本金＝A－每年应支付的利息	适用投产初期效益较差，而后期效益较好的项目
等额还本、利息照付	(1) 计算建设期末的累计借款本金和未付的资本化利息之和 Ic (2) 计算在指定偿还期内，每年应偿还的本金 A： $A=I_c/n$ 式中，n 为贷款的偿还期(不包括建设期) (3) 计算每年应付的利息额： 年应付利息＝年初借款余额×年利率 (4) 计算每年的还本付息额总额： 年还本付息额总额＝A＋年应付利息	适用于投产初期效益好，有充足现金流的项目

(2) 编制借款还本付息计划表。根据所选定的建设投资借款还本付息的还款方式编制“借款还本付息计划表”。表格形式可参见表 3.27。

(3) 流动资金借款还本付息估算。流动资金借款在生产经营期内只计算每年所支付的利息，本金通常是在项目寿命期最后一年一次性偿还，也可在建设投资借款偿还后安排。利息计算公式为

年流动资金借款利息＝年初流动资金借款余额×流动资金借款年利率

(4) 短期借款还本付息估算。短期借款的利息应计入总成本费用表的利息支出中。短期借款利息的计算与流动资金借款利息相同，短期借款本金的偿还按照随借随还的原则处理，即当年借款尽可能于下年偿还。

5. 财务基础数据测算表及其相互联系

1) 财务基础数据测算表的种类

根据财务基础数据估算的几方面内容，可以编制出财务基础数据测算表。为满足项目财务效益评价的要求，必须具备下列测算报表：

(1) 建设投资估算表。

(2) 建设期利息估算表。

表 3.27　借款还本付息计划表(单位:万元)

序　号	项　目	合　计	计算期									
			1	2	3	4	5	6	7	8	9	10
1	长期人民币借款											
1.1	期初借款余额			2 924.41	5 055.33	5 055.33	5 055.33	3 417.72				
1.2	当期还本付息	6 207.52			313.43	313.43	1 951.04	3 629.62				
	其中:还本	5 055.33					1 637.61	3 417.72				
	付息	1 152.19			313.43	313.43	313.43	211.9				
1.3	期末借款余额											
2	长期外币借款											
2.1	期初借款余额			5 080.5	8 924.75	6 473.93	2 798.31					
2.2	当期还本付息	10 562.48			3 254.05	4 258.24	3 050.16					
	其中:还本	8 924.75			2 450.82	3 675.62	2 798.31					
	付息	1 637.73			803.23	582.65	251.85					
2.3	期末借款余额											
3	流动资金借款											
3.1	期初借款余额				1 494.38	2 035.9	2 302.7					
3.2	当期还本付息	3 333.07			1 583.14	2 156.83	2 439.48	136.78	136.78	136.78	136.78	136.78
	其中:还本	2 302.7			1 494.38	2 035.9	2 302.7					
	付息	1 030.37			88.76	120.93	136.78	136.78	136.78	136.78	136.78	136.78
3.3	期末借款余额											
4	借款合计											
4.1	期初借款余额			8 004.91	15 474.46	13 656.16	10 156.16	3 417.72	1 254.96	1 118.18	981.4	844.62
4.2	当期还本付息	19 055.34			3 656.24	4 692.64	5 137.98	5 021.36	136.78	136.78	136.78	136.78
	其中:还本	15 235.04			2 450.82	3 675.62	4 435.92	4 672.68				
	付息	3 820.3			1 205.42	1 017.02	702.06	348.68	136.78	136.78	136.78	136.78
4.3	期末余额	1 254.96						1 254.96	1 118.18	981.4	844.62	707.84
计算指标	利息备付率/%	6.9			1.01	1.81	4.98	9.54	26.86	27.45	27.45	27.45
	偿债备付率/%	2.15			1	1	1	1	36.2	36.01	36.01	36.01

(3) 流动资金估算表。

(4) 项目总投资使用计划与资金筹措表(第一,本表按新增投资范畴编制;第二,本表建设期利息一般可包括其他融资费用;第三,对既有法人项目,项目资本金中可包括新增资金、既有法人货币资金与资产变现或资产经营权变现的资金,可分别列出或加以文字说明)。

(5) 营业收入、营业税金及附加和增值税估算表。

(6) 总成本费用估算表(生产要素法或生产成本加期间费用法),对于采用生产要素法编制的总成本费用估算表,应编制下列基础报表:

第一,外购原材料费估算表(反映外购原材料年耗量和费用估算情况,见表 3.28)。

表 3.28 外购原材料费估算表(单位:万元)

序 号	项 目	合 计	计算期					
			1	2	3	4	…	n
1	外购材料费							
1.1	原材料 A							
1.1.1	单价							
1.1.2	数量							
1.1.3	进项税额							
1.2	原材料 B							
1.2.1	单价							
1.2.2	数量							
1.2.3	进项税额							
	…							
2	辅助材料费用							
2.1	进项税额							
3	其他							
3.1	进项税额							
4	外购原材料费合计							
5	外购原材料费进项税额合计							

注:本表适用于新设法人项目与既有法人项目的“有项目”、“无项目”和增量外购原材料费的估算。

第二,外购燃料和动力费估算表(反映外购燃料、动力年耗量和费用估算情况,见表 3.29)。

表 3.29 外购燃料和动力费估算表(单位:万元)

序 号	项 目	合 计	计算期					
			1	2	3	4	…	n
1	燃料费							
1.1	燃料 A							
1.1.1	单价							
1.1.2	数量							
1.1.3	进项税额							
	…							

续表

序　号	项　目	合　计	计算期					
			1	2	3	4	…	n
2	动力费							
2.1	动力 A							
2.1.1	单价							
2.1.2	数量							
2.1.3	进项税额							
	…							
3	外购燃料及动力费合计							
4	外购燃料及动力进项税额合计							

注：本表适用于新设法人项目与既有法人项目的“有项目”、“无项目”和增量外购燃料动力费的估算。

第三，固定资产折旧①费估算表（反映项目建设后形成的各类固定资产的原值，计提折旧的范围和在不同的折旧年限下各年的折旧费和净值②。

第四，无形资产③和其他资产④摊销估算表（反映项目建设后形成的无形资产和其他资产摊销的范围以及原值和按摊销年限计算的摊销费）⑤。

第五，工资及福利费估算表（表 3.30）。

表 3.30　工资及福利费估算表（单位：万元）

序　号	项　目	合　计	计算期					
			1	2	3	4	…	n
1	工人							
1.1	人数							
1.2	人均年工资							
1.3	工资额							
2	技术人员							
2.1	人数							
2.2	人均年工资							
2.3	工资额							
3	管理人员							

① 固定资产折旧是指随着固定资产的磨损而逐渐转移的价值。计提折旧的基本公式为应计提折旧额＝折旧率×折旧基数。折旧的计提方法有平均年限法、工作量（业务量）法、加速折旧法（常用双倍余额递减法和年数总和法）。更加详细的计算可参考国家有关规定。

② 本表适用于新设法人项目固定资产折旧费的估算，以及既有法人项目的“有项目”、“无项目”和增量固定资产折旧费的估算。当估算既有法人项目的“有项目”固定资产折旧费时，应将新增和利用原有部分固定资产分别列出，并分别计算折旧费。

③ 根据我国 2001 年颁布的《资产评估准则——无形资产》规定，我国作为评估对象的无形资产通常包括专利权、非专利技术、生产许可证、特许经营权、租赁权、土地使用权、矿产资源勘探权和采矿权、商标权、版权、计算机软件及商誉等。

④ 其他资产费用系指建设投资中除形成固定资产和无形资产以外的部分，主要包括生产准备及开办费等。

⑤ 本表适用于新设法人项目固定资产折旧费的估算，以及既有法人项目的“有项目”、“无项目”和增量摊销费的估算。当估算既有法人项目的“有项目”摊销费时，应将新增和利用原有部分的资产分别列出，并分别计算摊销费。

续表

序 号	项 目	合 计	计算期					
			1	2	3	4	…	n
3.1	人数							
3.2	人均年工资							
3.3	工资额							
4	工资总额(1+2+3)							
5	福利费							
合计(4+5)								

注:① 本表适用于新设法人项目工资及福利费的估算,以及既有法人项目的“有项目”、“无项目”和增量工资及福利费的估算。

② 外商投资项目取消福利费科目。

(7) 建设投资借款还本付息计划表。

(8) 在建设投资借款还本付息计划表编制过程中,还要涉及一张财务分析报表的编制,即利润与利润分配表。

2) 财务基础数据测算表的相互联系

上述估算表可归纳为三大类:

第一类,预测项目建设期间的资金流动状况的报表,如投资使用计划与资金筹措表、建设投资估算表。

第二类,预测项目投产后的资金流动状况的报表,如流动资金估算表,总成本费用估算表,营业收入、营业税金及附加和增值税估算表等。

第三类,预测项目投产后用规定的资金来源归还建设投资借款本息的情况,即为借款还本付息计划表,它反映项目建设期和生产期内资金流动情况和项目投资偿还能力与速度。

编制上述三类估算表应按一定程序使其相互衔接起来。各类财务基础数据估算表之间的关系见图 3.6。

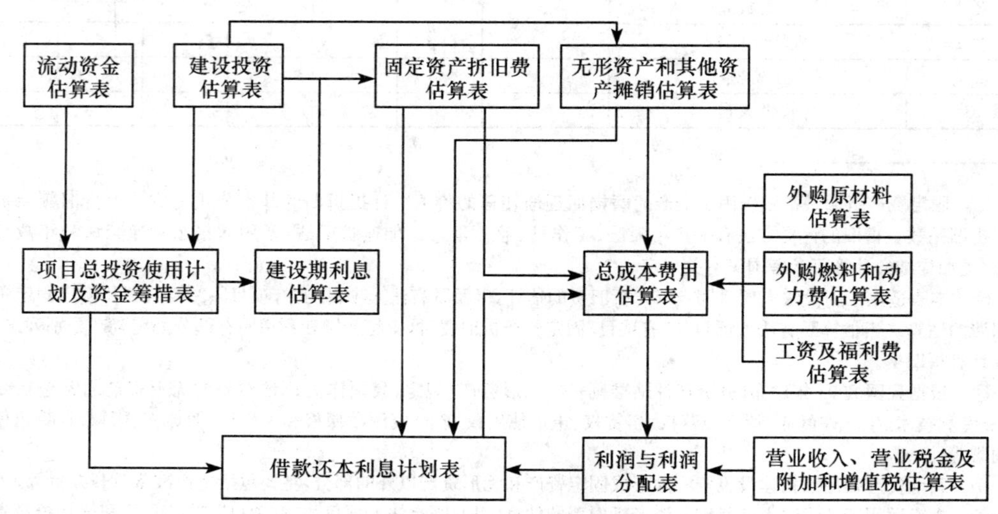

图 3.6 财务基础数据测算表关系图

三、融资前财务分析

项目决策可分为投资决策和融资决策两个层次。根据不同决策的需要，财务分析可分为融资前分析和融资后分析。融资前分析在项目决策的层面上可以理解为投资决策，重在考察项目净现金流的价值是否大于其投资成本。财务分析一般宜先进行融资前分析。在融资前分析结论满足要求的情况下，初步设定融资方案，再进行融资后分析。

融资前分析是指在考虑融资方案前就可以开始进行的财务分析，即不考虑债务融资条件下进行的财务分析。融资前分析只进行盈利能力分析，并以投资现金流量分析为主要手段。

建设项目财务评价内容、评价报表、评价指标之间的关系如表 3.31 所示。

表 3.31　融资前财务评价指标体系

评价内容	基本报表	评价指标	
		静态指标	动态指标
盈利能力分析	项目投资现金流量表	项目投资回收期	项目投资财务内部收益率 项目投资财务净现值

（一）各期现金流量的估算

融资前项目投资现金流量分析，是从项目投资总获利能力角度，考察项目方案设计的合理性，以动态分析（折现现金流量分析）为主，静态分析（非折现现金流量分析）为辅。根据需要，可从所得税前和（或）所得税后两个角度进行考察，选择计算所得税前和（或）所得税后指标。

1. 正确识别选用现金流量

进行现金流量分析应正确识别和选用现金流量，包括现金流入和现金流出。融资前项目投资现金流量分析的现金流量主要包括建设投资、营业收入、经营成本、流动资金、营业税金及附加和所得税。各项现金流量的估算中都需要剔除利息的影响。例如，采用不含利息的经营成本作为现金流出，而不是总成本费用；在流动资金估算、经营成本中的修理费和其他费用估算过程中应注意避免利息的影响等。

所得税前和所得税后分析的现金流入完全相同，但现金流出略有不同，所得税前分析不将所得税作为现金流出，所得税后分析视所得税为现金流出。

2. 项目投资现金流量表的编制

融资前动态分析主要考察整个计算期内现金流入和现金流出，编制项目投资现金流量表（表格形式可参见表 3.32）。

表 3.32　项目投资现金流量表(单位:万元)

序号	项目	合计	计算期									
			1	2	3	4	5	6	7	8	9	10
1	现金流入	148 639.23	0	0	13 314	17 118	19 020	19 020	19 020	19 020	19 020	23 107.23
1.1	产品营业收入	144 552			13 314	17 118	19 020	19 020	19 020	19 020	19 020	19 020
1.2	补贴收入											
1.3	回收固定资产余值	976.21										976.21
1.4	回收流动资金	3 111.02										3 111.02
2	现金流出	121 135.64	11 486.07	7 657.38	11 957.4	12 360.58	13 168.03	12 901.23	12 901.23	12 901.23	12 901.23	12 901.23
2.1	建设投资(不含建设期借款利息)	19 143.45	11 486.07	7 657.38								
2.2	流动资金	3 111.02			2 302.7	541.52	266.8					
2.3	经营成本	97 803.64			9 555.45	11 691.45	12 759.45	12 759.45	12 759.45	12 759.45	12 759.45	12 759.45
2.4	营业税金及附加	1 077.53			99.25	127.6	141.78	141.78	141.78	141.78	141.78	141.78
2.5	维持运营投资											
3	所得税前净现金流量	27 503.6	−11 486.07	−7 657.38	1 356.6	4 757.42	5 851.97	6 118.77	6 118.77	6 118.77	6 118.77	10 206
4	所得税前累计净现金流量		−11 486.07	−19 143.45	−17 786.85	−13 029.43	−7 177.46	−1 058.7	5 060.07	11 178.83	17 297.6	27 503.6
5	调整所得税	7 436.07			3.05	606.31	980.79	1 097.4	1 167.33	1 193.73	1 193.73	1 193.73
6	所得税后净现金流量	20 067.53	−11 486.07	−7 657.38	1 353.55	4 151.11	4 871.18	5 021.37	4 951.44	4 925.04	4 925.04	9 012.27
7	所得税后累计净现金流量		−11 486.07	−19 143.45	−17 789.9	−13 638.79	−8 767.61	−3 746.24	1 205.2	6 130.24	11 055.28	20 067.55

计算指标:

项目投资财务内部收益率(%)(所得税前)(FIRR)=17.62%

项目投资财务内部收益率(%)(所得税后)(FIRR)=13.92%

项目投资财务净现值(所得税前)(i=12%)=4 781.34 万元

项目投资财务净现值(所得税后)(i=12%)=1 456.37 万元

项目投资静态回收期(年)(所得税前)(从建设期算起)=6.17 年

项目投资静态回收期(年)(所得税后)(从建设期算起)=6.76 年

(1) 现金流入主要是营业收入,还可能包括补贴收入,在计算期最后一年,还包括回收固定资产余值及回收流动资金。

营业收入的各年数据取自营业收入和营业税金及附加估算表。固定资产余值回收额为固定资产折旧费估算表中最后一年的固定资产期末净值,流动资金回收额为项目正常生产年份流动资金的占用额。

(2) 现金流出主要包括建设投资、流动资金、经营成本、营业税金及附加。固定资产投资和流动资金的数额取自项目总投资使用计划与资金筹措表;流动资金投资为各年流动资金增加额;经营成本取自总成本费用估算表;营业税金及附加包括营业税、消费税、资源税、城市维护建设税和教育费附加,它们取自营业收入、营业税金及附加和增值税估算表;尤其需要注意的是,项目投资现金流量表中的"所得税"应根据息税前利润(EBIT)乘以所得税率计算,称为"调整所得税"。为简化起见,当建设期利息占总投资比例不是很大时,也可按利润表中的息税前利润计算调整所得税。

(3) 项目计算期各年的净现金流量为各年现金流入量减对应年份的现金流出量,各年累计净现金流量为本年及以前各年净现金流量之和。

(4) 按所得税前的净现金流量计算的相关指标,即所得税前指标,是投资盈利能力的完整体现,用以考察有项目方案设计本身所决定的财务盈利能力,它不受融资方案和所得税政策变化的影响,仅仅体现项目方案本身的合理性。

所得税前指标可以作为初步投资决策的主要指标,用于考察项目是否基本可行,并值得去为之融资。

(二) 财务评价指标的计算与分析

1. 投资回收期

投资回收期按照是否考虑资金时间价值可以分为静态投资回收期和动态投资回收期。

1)静态投资回收期

静态投资回收期是考察项目财务上投资回收能力的重要指标。这里所说的全部投资既包括建设投资,又包括流动资金投资。项目每年的净收益是指税后利润加折旧。静态投资回收期的表达式如下:

$$\sum_{t=0}^{P_t}(CI - CO)_t = 0$$

式中,P_t 为静态投资回收期。

如果项目建成投产后各年的净收益不相同,则静态投资回收期可根据累计净现金流量用插值法求得。其计算公式为

$$P_t = \text{累计净现金流量开始出现正值的年份} - 1 + \frac{\text{上一年累计现金流量的绝对值}}{\text{当年净现金流量}}$$

当静态投资回收期不大于基准投资回收期时，项目可行。

2）动态投资回收期

动态投资回收期主要是为了克服静态投资回收期指标没有考虑资金时间价值的缺点而提出的。动态投资回收期的表达式如下：

$$\sum_{t=0}^{P_t'}(\mathrm{CI}-\mathrm{CO})_t(1+i_c)^{-t}=0$$

式中，P_t'为动态投资回收期；与 P_t 类似，P_t'也可以用插值法求出，公式为

$$P_t' = \text{累计净现金流量现值开始出现正值的年份} - 1 + \frac{\text{上一年累计现金流量现值的绝对值}}{\text{当年净现金流量现值}}$$

只要动态投资回收期不大于项目寿命期，项目就可行。

2. 财务内部收益率

财务内部收益率(FIRR)就是使项目的财务净现值等于零时的折现率，其表达式为

$$\sum_{t=0}^{n}(\mathrm{CI}-\mathrm{CO})_t\times(1+\mathrm{FIRR})^{-t}=0$$

财务内部收益率是反映项目实际收益率的一个动态指标，该指标越大越好。一般情况下，财务内部收益率不小于基准收益率时，项目可行。手工采用试算插值法计算，将求得的财务内部收益率与设定的判别基准 i_c 进行比较，当 $\mathrm{FIRR}\geqslant i_c$ 时，即认为项目的营利性能够满足要求。公式为

$$\mathrm{FIRR}=i_1+\frac{\mathrm{FNPV}_1}{\mathrm{FNPV}_1-\mathrm{FNPV}_2}(i_2-i_1)$$

根据投资各方财务现金流量表也可以计算内部收益率指标，即投资各方内部收益率。对于投资各方的内部收益率来说，其最低可接受收益率只能由各投资者自己确定。

3. 财务净现值

财务净现值是考察项目在其计算期内盈利能力的主要动态评价指标。其表达式为

$$\mathrm{FNPV}=\sum_{t=0}^{n}(\mathrm{CI}-\mathrm{CO})_t(1+i_c)^{-t}$$

式中，FNPV 为净现值；CI 为现金流入；CO 为现金流出；n 为项目计算期；i_c 为设定的折现率(同基准收益率)。

如果项目财务净现值不小于零，表明项目的盈利能力达到或超过了所要求的盈利水平，项目财务上可行。

(三) 建设项目多个备选投资方案的比选

对于一个投资方案，通过计算其融资前盈利能力分析指标，便可判断该投资方案在财

务上是否可行。但对于多个备选投资方案，需要通过投资方案之间的比选，结合财务分析才能确定投资方案之间的优劣性，进而选出最优方案，将有限的资源发挥出最大的价值。确定了最优投资方案后，便可编制融资投资方案，进行融资后财务评价。

常用的多个备选投资方案之间的比选方法如表 3.33 所示。

表 3.33　多个备选投资方案之间的比选方法

<table>
<tr><th>方案之间关系</th><th>关系描述</th><th colspan="2">评价方法</th><th>评价准则</th></tr>
<tr><td rowspan="16">互斥方案</td><td rowspan="16">各个方案彼此可以相互替代，选择其中任何一个方案，则其他方案必然被排斥</td><td colspan="3">静态评价方法</td></tr>
<tr><td colspan="2">增额投资收益率法</td><td>将计算出来的增额投资收益与基准投资收益进行比较，若增额投资收益率大于基准投资收益率，则投资大的方案为优选方案；反之，投资小的方案为优选方案</td></tr>
<tr><td colspan="2">增额投资回收期法</td><td>将计算出来的增额投资回收期与基准投资回收期进行比较，若增额投资回收期大于基准投资回收期，则投资大的方案为优选方案；反之，投资小的方案为优选方案</td></tr>
<tr><td colspan="2">年折旧费法</td><td>在多方案比选时，年折算费用最小的方案为最优方案</td></tr>
<tr><td colspan="3">动态评价方法</td></tr>
<tr><td colspan="2">财务净现值法</td><td>当 FNPV≥0 时，项目可以考虑接受，反之，当 FNPV<0 时，项目不能接受</td></tr>
<tr><td colspan="2">费用现值法</td><td>将计算出来的各方案的费用现值进行比较，以费用现值较小的方案为优</td></tr>
<tr><td colspan="2">财务净年值法</td><td>(1) 绝对效果检验。当 FNAV≥0 时，项目可以考虑接受，反之，当 FNAV<0 时，项目不能接受。
(2) 相对效果检验。将计算出来的各方案的财务净年值进行比较，以财务净年值较大的方案为优。</td></tr>
<tr><td colspan="2">费用年值法</td><td>将计算出来的各方案的费用年值进行比较，以费用年值较小的方案为优</td></tr>
<tr><td colspan="2">财务净现值率法</td><td>在多方案比选时，FNPVR 最大的方案为最优方案</td></tr>
<tr><td colspan="2">差额投资财务内部收益率法(计算期相等)</td><td>差额财务内部收益率≥基准值时，选财务内部收益率较大者为优，反之，财务内部收益率较小者为优</td></tr>
<tr><td colspan="2">增额投资财务内部收益率法(计算期不等)</td><td>在 ΔFIRR 存在的情况下，若 $\Delta FIRR \geq i_c$，则初始投资大的方案为优选方案；若 $0 < \Delta FIRR < i_c$，则初始投资小的方案为优选方案</td></tr>
<tr><td rowspan="4">计算期无限</td><td>财务净现值法</td><td>财务净现值≥0 且财务净现值最大的方案为最优方案</td></tr>
<tr><td>财务净年值法</td><td>财务净年值≥0 且财务净年值最大的方案为最优方案</td></tr>
<tr><td>费用现值法</td><td>费用现值最小的方案为最优方案</td></tr>
<tr><td>费用年值法</td><td>费用年值最小的方案为最优方案</td></tr>
<tr><td rowspan="2">相关方案</td><td rowspan="2">各个方案在技术经济、现金流量、资金使用等方面相互影响</td><td colspan="2">现金流量相关型</td><td>先用互斥方案组合法将各方案组合成互斥方案，再按互斥方案评价法进行评价选择</td></tr>
<tr><td colspan="2">资金有限相关型</td><td>其主要评价方法有净现值排序法和互斥方案组合法。保留投资额不超过投资限额且净现值或净现值指数不小于零的组合方案，其中净现值最大的为最优可行方案</td></tr>
</table>

续表

方案之间关系	关系描述	评价方法	评价准则
相关方案	各个方案在技术经济、现金流量、资金使用等方面相互影响	从属相关型	先根据各方案的从属关系，将各方案组合成互斥方案，计算各互斥方案的现金流量，再按互斥方案的评价方法进行评价
混合方案	方案间的相互关系可能包括多种类型的若干方案	无资金约束	从各方案里选择互斥型方案中净现(年)值最大的方案进行组合
		有资金约束	使用增额效率指标排序法进行选择

（四）融资前财务评价结论

融资前财务分析结论应根据财务评价的过程，如实地反映项目的实际情况，将项目财务评价指标的结果和得出的结论体现在财务评价结论中，包括各种财务初级数据的收集、各种财务基础测算数据、各种财务指标的计算以及与基准值比较的结果等。

如果是多方案之间的财务评价，还应包括方案之间的比选，采用的方法、参数、得出的结论和最终的结果也应包括在评价结论中。

通过对方案的融资前分析，得出方案在财务上是否可行，并通过多方案的比选，选择出最优方案进而进行融资方案设计。

四、融资后财务分析

建设项目财务评价内容、评价报表、评价指标之间的关系如表 3.34 所示。

表 3.34　融资后财务评价指标体系

评价内容	基本报表	评价指标	
		静态指标	动态指标
盈利能力分析	项目资本金现金流量表		项目资本金财务内部收益率
	投资各方现金流量表		投资各方财务内部收益率
	利润与利润分配表	总投资收益率 项目资本金净利润率	
偿债能力分析	借款还本付息计划表	偿债备付率 利息备付率	
	资产负债表	资产负债率 流动比率 速动比率	
财务生存能力分析	财务计划现金流量表	累计盈余资金	

（一）建设项目盈利能力分析

融资后的盈利能力分析，包括动态分析(折现现金流量分析)和静态分析(非折现盈利能力分析)，以现金流量表和利润表为基础进行分析。

1. 动态分析

动态分析是通过编制财务现金流量表，根据资金时间价值原理，计算财务内部收益率、财务净现值等指标，分析项目的获利能力。融资后的动态分析可分为下列两个层次。

1）项目资本金现金流量分析

项目资本金盈利能力指标是投资者最终决定投资的最重要的指标，也是比较和取舍融资方案的重要依据。

项目资本金现金流量分析应在拟定的融资方案下，从项目资本金出资者整体的角度确定其现金流入和现金流出，编制项目资本金现金流量表，表格形式可参见表 3.35。

(1) 现金流入各项的数据来源与全部投资现金流量表相同。

(2) 现金流出项目包括项目资本金、借款本金偿还、借款利息支付、经营成本和营业税金及附加。

项目资本金取自项目总投资计划与资金筹措表中资金筹措项下的自有资金分项。借款本金偿还由两部分组成：一部分为借款还本付息计划表中本年还本额；一部分为流动资金借款本金偿还，一般发生在计算期最后一年。借款利息支付数额来自总成本费用估算表中的利息支出项。现金流出中其他各项与全部投资现金流量表中相同。

(3) 项目计算期各年的净现金流量为各年现金流入量减对应年份的现金流出量。

2）投资各方现金流量分析

对于某些项目，为了考察投资各方的具体收益，还应从投资各方实际收入和支出的角度，确定其现金流入和现金流出，分别编制投资各方现金流量表，表格形式可参见表 3.36，计算投资各方的内部收益率指标。

投资各方现金流量表中现金流入是指出资方因该项目的实施将实际获得的各种收入；现金流出是指出资方因该项目的实施将实际投入的各种支出。

2. 静态分析

静态分析编制的报表是利润和利润分配表。利润与利润分配表中损益栏目反映项目计算期内各年的营业收入、总成本费用支出、利润总额情况；利润分配栏目反映所得税及税后利润的分配情况，表格形式可参见表 3.37。

可供投资者分配的利润根据投资方或股东的意见在任意盈余公积金、应付利润和未分配利润之间进行分配。应付利润指向投资者分配的利润或向股东支付的股利，未分配利润主要指用于偿还固定资产投资借款及弥补以前年度亏损的可供分配利润。

3. 评价指标

财务盈利能力评价主要考察投资项目投资的盈利水平，是在编制项目投资现金流量表、项目资本金现金流量表、利润和利润分配等财务报表的基础上，计算财务净现值、财务内部收益率、项目投资回收期、总投资收益率和项目资本金净利润率等指标。

各评价指标的介绍如表 3.38 所示。

表 3.35　项目资本金(自有资金)现金流量表(单位:万元)

序　号	项　目	合　计	计算期									
			1	2	3	4	5	6	7	8	9	10
1	现金流入	148 639.23	0	0	13 314	17 118	19 020	19 020	19 020	19 020	19 020	23 107.23
1.1	产品营业收入	144 552			13 314	17 118	19 020	19 020	19 020	19 020	19 020	19 020
1.2	补贴收入											
1.3	回收固定资产余值	976.21										976.21
1.4	回收流动资金	3 111.02										3 111.02
2	现金流出	133 541.75	3 787.87	2 525.24	14 122.32	17 118	19 020	17 765.04	14 206.34	14 231.74	14 231.74	14 231.74
2.1	项目资本金	7 121.43	3 787.87	2 525.24	808.32							
2.2	借款本金偿还	16 282.78			2 450.82	3 675.62	4 435.92	3 417.72				2 302.7
2.3	借款利息支付	3 820.3			1 205.42	1 017.02	702.06	348.68	136.78	136.78	136.78	136.78
2.4	经营成本	97 803.64			9 555.45	11 691.45	12 759.45	12 759.45	12 759.45	12 759.45	12 759.45	12 759.45
2.5	营业税金及附加	1 077.53			99.25	127.6	141.78	141.78	141.78	141.78	141.78	141.78
2.6	所得税	7 436.07			3.05	606.31	980.79	1 097.4	1 167.33	1 193.73	1 193.73	1 193.73
2.7	维持运营投资											
3	净现金流量	15 097.48	−3 787.87	−2 525.24	−808.32	0	0	1 254.96	4 814.66	4 788.26	4 788.26	6 572.79

计算指标:
项目资本金财务内部收益率=18.22%

表 3.36　甲方投资财务现金流量表(单位:万元)

序　号	项　目	合　计	计算期									
			1	2	3	4	5	6	7	8	9	10
1	现金流入	5 400							600	600	600	3 600
1.1	实分利润	2 400							600	600	600	3 600
1.2	资产处置收益分配											
1.3	租赁费收入											
1.4	技术转让收入											
1.5	其他现金流入	3 000	1 500	1 500								
2	现金流出	3 000	1 500	1 500								
2.1	实缴资本	3 000										
2.2	租赁资产支出											
2.3	其他现金流出											
3	净现金流量	2 400	−1 500	−1 500					600	600	600	3 600

表 3.39 资产负债表(单位:万元)

序 号	项 目	计算期									
		1	2	3	4	5	6	7	8	9	10
1	资产	11 792.78	8 500.41	20 774.04	19 049.1	16 960.54	15 770.88	16 716.62	17 715.95	18 715.29	16 521.74
1.1	流动资产总额			2 925.5	3 645.15	4 001.22	4 001.22	4 001.22	4 001.22	4 001.22	
1.1.1	货币资金			38.34	38.34	38.34	38.34	38.34	38.34	38.34	
1.1.2	应收账款			769.17	951.03	1 040.03	1 040.03	1 040.03	1 040.03	1 040.03	
1.1.3	预付账款										
1.1.4	存货			2 117.99	2 655.78	2 922.85	2 922.85	2 922.85	2 922.85	2 922.85	
1.1.5	其他			0	0	0	1 254.96	4 645.32	8 009.28	11 373.24	16 521.74
1.2	在建工程	11 792.78	8 500.41								
1.3	固定资产净值			17 205.78	14 887.27	12 568.76	10 250.25	7 931.74	5 613.23	3 294.72	
1.4	无形资产及其他资产净值			642.79	516.68	390.56	264.45	138.34	92.22	46.11	
2	负债及所有者权益	11 792.78	8 500.41	20 774.07	19 049.1	16 960.54	15 770.89	16 716.63	17 715.97	18 715.31	
2.1	流动负债总额			622.8	800.93	890.2	890.2	890.2	890.2	890.2	
2.1.1	短期借款										
2.1.2	应付账款			622.8	800.93	890.2	890.2	890.2	890.2	890.2	
2.1.3	预收账款										
2.1.4	其他										
2.2	建设投资借款	8 004.91	5 975.17	11 529.26	7 853.64	3 417.72	0				
2.3	流动资金借款			1 494.38	2 035.9	2 302.7	2 302.7	2 302.7	2 302.7	2 302.7	0
2.4	负债小计(2.1+2.2+2.3)	8 004.91	5 975.17	13 646.44	10 690.47	6 610.62	3 192.9	3 192.9	3 192.9	3 192.9	
2.5	所有者权益										
2.5.1	资本金	3 787.87	2 525.24	7 121.43	7 121.43	7 121.43	7 121.43	7 121.43	7 121.43	7 121.43	7 121.43
2.5.2	资本公积										
2.5.3	累计盈余公积			0.62	123.72	322.85	545.66	782.66	1 025.02	1 267.38	1 509.74
2.5.4	累计未分配利润			5.58	1 113.48	2 905.65	4 910.9	5 619.64	6 376.62	7 133.6	7 890.58
指标计算:资产负债率		0.68	0.7	0.66	0.56	0.39	0.2	0.19	0.18	0.17	0

所有者权益包括资本金、资本公积金、累计盈余公积金及累计未分配利润。其中，累计未分配利润可直接来自利润表；累计盈余公积金也可由利润表中盈余公积金项计算各年份的累计值，但应根据是否用盈余公积金弥补亏损或转增资本金的情况进行相应调整；资本金为项目投资中累计自有资金(扣除资本溢价)，当存在由资本公积金或盈余公积金转增资本金的情况时应进行相应调整。资本公积金为累计资本溢价及赠款，转增资本金时进行相应调整。

资产负债表满足等式：资产＝负债＋所有者权益

3. 评价指标

偿债分析是财务分析中的一项重要内容。计算利息备付率、偿债备付率、资产负债率、流动比率、速动比率等指标。各评价指标的介绍如表 3.40 所示。

表 3.40　建设项目偿债能力评价指标介绍

评价指标	定义及计算公式	评价标准	备　注
利息备付率(ICR)	从付息资金来源的充裕性角度反映项目偿付债务利息的保障程度 计算公式：ICR＝EBIT÷PI	对于正常经营的企业，利息备付率应当大于 1，并结合债权人的要求确定	利息备付率应分年计算。利息备付率高，表明利息偿付的保障程度高，偿债风险小
偿债备付率(DSCR)	表示可用于还本付息的资金偿还借款本息的保障程度，表示可用于还本付息的资金偿还借款本息的保证倍率，计算公式 DSCR＝(EBITDA－TAX)÷PD 式中，EBITDA 为息税前利润加折旧和摊销；TAX 为企业所得税	偿债备付率正常情况应当大于 1，并结合债权人的要求确定	偿债备付率可以按年计算，也可以按整个借款期计算
资产负债率	反映项目各年所面临的财务风险程度及偿债能力的指标，是评价企业负债水平的综合指标，计算公式： 资产负债率＝负债合计÷资产合计×100%	国际上公认的较好的资产负债率指标是 60%。实践表明，行业间资产负债率差异也较大，实际分析时应结合国家总体经济运行状况、行业发展趋势、企业所处竞争环境等具体条件进行判定	
流动比率	反映项目各年偿付流动负债能力的指标，计算公式： 流动比率＝流动资产总额÷流动负债总额×100%	国际公认的标准是 200%。但行业间流动比率会有很大差异，一般说，若行业生产周期较长，流动比率就应该相应提高；反之，就可以相对降低	该指标越高，说明偿还流动负债的能力越强。但该指标过高，说明企业资金使用效率低，对企业的运营也不利
速动比率	反映项目各年快速偿付流动负债能力的指标，计算企业实际的短期债务偿还能力，计算公式： 速动比率＝(流动资产总额－存货)÷流动负债总额×100%	国际公认的标准比率为 100%。同样，行业间该指标也有较大差异，实践中应结合行业特点分析判断	该指标越高，说明偿还流动负债的能力越强

(三) 财务生存能力分析

财务生存能力旨在分析考察项目(企业)在整个计算期内的资金充裕程度，分析财务可持续性，以借款还本付息计划表和财务计划现金流量表为基础进行分析。

财务计划现金流量表用于反映计算期内各年的投资活动、融资活动和经营活动所产生的现金流入、现金流出和净现金流量，分析项目是否有足够的净现金流量维持正常运营，是表示财务状况的重要财务报表。财务计划现金流量表的格式见表 3.41，其中绝大部分数据可来自其他表格。

财务生存能力分析应结合偿债能力分析进行，通过以下相辅相成的两个方面进行。

1. 分析是否有足够的净现金流量维持正常运营

(1) 财务生存能力分析中应根据财务计划现金流量表，考察项目计算期内各年的投资活动、融资活动和经营活动所产生的各项现金流入和流出，计算净现金流量和累积盈余资金，分析项目是否有足够的净现金流量维持正常运营。

(2) 通常运营期前期的还本付息负担较重，故应特别注重运营期前期的财务生存能力分析。所以财务生存能力分析应结合偿债能力分析进行。

2. 各年累计盈余资金不出现负值是财务可持续的必要条件

在整个运营期间，允许个别年份的净现金流量出现负值，但不能容许任一年份的累积盈余资金出现负值。一旦出现负值时应适时进行短期融资，该短期融资应体现在财务计划现金流量表中，同时短期融资的利息也应纳入成本费用和其后的计算中。

(四) 融资后财务评价结论

在项目评价过程中，可行性研究人员应该综合考察以上的盈利能力和偿债能力分析指标，分析项目的财务运营能力能否满足预期的要求和规定的标准要求，从而评价项目的财务可行性。

五、财务评价要求

建设项目经济评价应按国家发改委、建设部发布的《建设项目经济评价方法和参数》(第三版，2006 年)规定的方法和表格编制。建设项目经济评价工作的主要内容为财务评价。一般项目仅要求进行财务评价，部分特殊的工业项目有时还要求进行国民经济评价。财务评价主要内容包括财务评价基础数据与参数选取、销售收入与成本费用估算、财务评价报表编制、盈利能力分析、偿债能力分析、不确定性分析和财务评价结论。

建设项目盈利能力分析应通过编制全部现金流量表、自有资金现金流量表和损益表等基本财务报表，计算财务内部收益率、财务净现值、投资回收期、投资收益率等指标来进行定量判断。

建设项目清偿能力分析应通过编制资金来源与运用表、资产负债表等基本财务报表，计算借款偿还期、资产负债率、流动比率、速动比率等指标来进行定量判断。

建设项目的不确定性分析应通过盈亏平衡分析、敏感性分析等方法来进行定量判断。

表 3.41　财务计划现金流量表(单位:万元)

项　目	合　计	计算期									
		1	2	3	4	5	6	7	8	9	10
经营活动净现金流量				3 656.25							
现金流入				15 577.38	20 028.06	22 253.4	22 253.4	22 253.4	22 253.4	22 253.4	22 253.4
营业收入	15 850			13 314	17 118	1 902	1 902	1 902	1 902	1 902	1 902
增值税销项税额											
补贴收入	0										
其他流入	4 087.22										4 087.22
现金流出				11 921.13	15 335.42	17 115.42	17 232.03	17 301.96	17 328.36	17 328.36	17 328.36
经营成本	97 803.64			9 555.45	11 691.45	12 759.45	12 759.45	12 759.45	12 759.45	12 759.45	12 759.45
增值税进项税额				1 270.92	1 634.04	1 815.6	1 815.6	1 815.6	1 815.6	1 815.6	1 815.6
营业税金及附加				99.25	127.6	141.78	141.78	141.78	141.78	141.78	141.78
增值税				992.46	1 276.02	1 417.8	1 417.8	1 417.8	1 417.8	1 417.8	1 417.8
所得税	7 436.07			3.05	606.31	980.79	1 097.4	1 167.33	1 193.73	1 193.73	1 193.73
其他流出	0										
筹资活动净现金流量											
现金流入	23 404.21			2 302.7							
项目资本金投入	7 121.43	3 787.37	2 525.24	808.32							
建设投资借款	13 980.08	8 004.91	5 975.17	0							
流动资金借款	2 302.7			1 494.38	541.52	266.8					
债券	0										
短期借款	0										
其他流入	0										
现金流出	24 953.3										
各种利息支出	3 820.3			1 205.42	1 017.02	702.06	348.68	136.78	136.78	136.78	136.78
偿还债务本金	15 133			2 450.82	3 675.62	4 435.92	3 417.72				
应付利润(股利分配)	5 697.16							1 424.29	1 424.29	1 424.29	1 424.29
其他流出	20 293.19	11 792.78	8 500.41								
净现金流量(1－2)	16 521.76	0	0				1 254.96	3 390.36	3 363.96	3 363.96	5 148.5
累计盈余资金	16 521.76	0	0	0	0	0	1 254.96	4 645.32	8 009.28	11 373.24	16 521.74

财务评价应根据国家现行财税制度和价格体系，分析、计算项目直接发生的财务效益和费用，编制财务报表，计算评价指标，考察项目的盈利能力、清偿能力以及外汇平衡等财务状况，据以判别项目的财务可行性。其评价结果是决定项目取舍的重要决策依据。

案　　例①

（一）项目背景

某新建项目，其可行性研究已完成市场需求预测、生产规模、工艺技术方案、建厂条件和厂址方案、环境保护、工厂组织和劳动定员以及项目实施规划诸方面的研究论证和多方案比较。项目财务评价在此基础上进行。项目基准收益率为12%，基准投资回收期为8.3年。

（二）基础数据

1. 生产规模和产品方案

生产规模为年产1.2万吨某工业原料。产品方案为A型及B型两种，以A型为主。

2. 实施进度

项目拟两年建成，第三年投产，当年生产负荷达到设计能力的70%，第四年达到90%，第五年达到100%。生产期按八年考虑，计算期为十年。

3. 建设投资估算

建设投资估算见表3.42。其中外汇按1美元兑换6.8元人民币计算。

表3.42　建设投资估算表

序　号	工程或费用名称	建筑工程费/万元	设备购置费/万元	安装工程费/万元	其他费用/万元	合计/万元	其中:外币/万美元	比例/%
1	工程费用	1 559.25	10 048.95	3 892.95	0	15 501.15		81
1.1	主体工程	463.5	7 849.35	3 294		11 606.85		
	其中:外汇		639	179.25		818.25	818.25	
1.2	辅助工程	172.35	473.4	22.95		668.7		
1.3	公用工程	202.05	1 119.6	457.65		1 779.3		
1.4	环境保护工程	83.25	495	101.25		679.5		
1.5	总图运输	23.4	111.6			135		
1.6	厂区服务性工程	117.9				117.9		
1.7	生活福利工程	496.8				496.8		
1.8	厂外工程			17.1		17.1		

① 本案例引用宋伟、王恩茂主编的《工程经济学》（人民交通出版社，2006年）中财务评价的案例，在此表示感谢！

续表

序　号	工程或费用名称	建筑工程费/万元	设备购置费/万元	安装工程费/万元	其他费用/万元	合计/万元	其中:外币/万美元	比例/%
2	工程建设其他费用				1 368.9	1 368.9	158	7
其中:土地费用					600	600		
3	预备费				2 273.4	2 273.4		12
4	建设投资合计	1 559.25	10 048.95	3 892.95	3 642.3	19 143.45	976.25	
	比例/%	8.15	52.49	20.33	19.02			100

4. 流动资金估算

采用分项详细估算法进行估算,估算总额为 3 111.02 万元,流动资金借款为 2 302.7 万元。流动资金估算见表 3.43。

表 3.43　流动资金估算表(单位:万元)

序　号	项　目	最低周转天数	周转次数	计算期			
				3	4	5	6
1	流动资产			2 925.5	3 645.15	4 001.22	3 901.22
1.1	应收账款	30	12	769.17	951.03	1 040.03	940.03
1.2	存货			2 117.99	2 655.78	2 922.85	2 822.85
1.3	现金	15	24	38.34	38.34	38.34	38.34
2	流动负债			622.8	800.93	890.2	790.2
2.1	应付账款	30	12	622.8	800.93	890.2	790.2
3	流动资金 1—2			2 302.7	2 844.22	3 111.02	3 111.02
4	流动资金当期应加额			2 302.7	541.52	266.8	0

5. 资金来源

项目资本金为 7 121.43 万元,其中用于流动资金 808.32 万元,其余为借款。资本金由甲、乙两个投资方出资,其中甲方出资 3 000 万元,从还完建设投资长期借款年开始,每年分红按出资额的 20%进行,经营期末收回投资。外汇全部通过中国银行向国外借款,年利率为 9%;人民币建设投资部分由中国建设银行提供贷款,年利率为 6.2%;流动资金由中国工商银行提供贷款,年利率为 5.94%。投资分年使用计划按第一年 60%,第二年 40%的比例分配。项目总投资使用计划与资金筹措见表 3.44。

6. 工资及福利费估算

全厂定员 500 人,工资及福利费按每人每年 8 000 元估算,全年工资及福利费估算为 400 万元(其中福利费按工资总额的 14%计算)。

表 3.44　项目总投资使用计划与资金筹措表(人民币单位:万元,外币单位:万美元)

序　号	项　目	合计/万元	1				2				3		4		5	
			外币/万美元	折人民币/万元	人民币/万元	小计/万元	外币/万美元	折人民币/万元	人民币/万元	小计/万元	人民币/万元	小计/万元	人民币/万元	小计/万元	人民币/万元	小计/万元
1	总投资	23 404.21	612.11	5 080.5	6 712.28	11 792.78	463.16	3 844.25	4 656.16	8 500.41	2 302.7	2 302.7	541.52	541.52	266.8	266.8
1.1	建设投资	19 143.45	585.75	4 861.72	6 624.35	11 486.07	390.5	3 241.15	4 416.23	7 657.38						
1.2	建设期利息	1 149.74	26.36	218.78	87.93	306.71	72.66	603.1	239.93	843.03						
1.3	流动资金	3 111.02									2 302.7	2 302.7	541.52	541.52	266.8	266.8
2	资金筹措	23 404.21														
2.1	自有资金	7 121.43			3 787.87	3 787.87			2 525.24	2 525.24	808.32	808.32				
其中:用于流动资金		808.32									808.32	808.32				
2.1.1	资本金	7 121.43			3 787.87	3 787.87			2 525.24	2 525.24	808.32	808.32				
2.1.2	资本溢价	0								0		0				
2.2	借款	16 282.78	612.11	5 080.5	2 924.41	8 004.91	463.16	3 844.25	2 130.92	5 975.17	1 494.38	1 494.38	541.52	541.52	266.8	266.8
2.2.1	长期借款	12 830.34	585.75	4 861.72	2 836.48	7 698.2	390.5	3 241.15	1 890.99	5 132.14						
2.2.2	流动资金借款	2 302.7									1 494.38	1 494.38	541.52	541.52	266.8	266.8
2.2.3	建设期利息	1 149.74	26.36	218.78	87.93	306.71	72.66	603.1	239.93	843.03	0	0				
2.3	其他															

注:各年流动资金在年初投入。

7. 年经营收入和年经营税金及附加

产品售价以市场价格为基础，预测到生产期初的市场价格，每吨出厂价按15 850元计算（不含增值税）。产品增值税税率为17%，教育费附加按增值税的3%计算。建设期利息估算见表3.45，经营收入、经营税金及附加和增值税估算见表3.22。

表3.45　建设期利息估算表

序　号	项　目	利率/%	合计/万元	建设期/万元	
				1	2
1	外汇借款				
1.1	建设期利息	9	821.88	218.78	603.1
1.1.1	期初借款余额				5 080.5
1.1.2	当期借款			4 861.73	3 241.15
1.1.3	当期应计利息			218.78	603.1
1.1.4	期末借款余额			5 080.5	8 924.75
1.2	其他融资费用				
小计(1.1+1.2)			821.88	218.78	603.1
2	人民币借款				
2.1	建设期利息	6.2	327.86	87.93	239.93
2.1.1	期初借款余额				2 924.41
2.1.2	当期借款			2 836.48	1 890.99
2.1.3	当期应计利息			87.93	239.93
2.1.4	期末借款余额			2 924.41	5 055.33
2.2	其他融资费用				
小计(2.1+2.2)			327.86	87.93	239.93
3					
3.1	建设期利息合计(1.1+2.1)		1 149.74	306.71	843.03
3.2	其他融资费用合计(1.2+2.2)				

8. 产品成本估算

总成本费用估算见表3.25，成本估算包括以下几方面内容。

1）固定资产折旧费估算

固定资产原值＝工程费用＋建设期利息＋预备费用＋土地费用＝19 524.29（万元）

固定资产原值为19 524.29万元，按平均年限法计算折旧，折旧年限为八年，残值率为5%。折旧率为11.88%，固定资产年折旧额为2 318.51万元，固定资产折旧费估算见表3.46。

2）无形资产及其他资产估算

无形资产为368.90万元，按八年摊销，年摊销额为46.11万元。其他资产为400万元，按五年摊销，年摊销额为80万元。

无形资产及其他资产摊销费计算见表3.47。

表 3.46　固定资产折旧费估算表(单位:万元)

序号	项目	合计	计算期							
			3	4	5	6	7	8	9	10
1	固定资产合计									
1.1	原值	19 524.29								
1.2	当期折旧费	18 548.08	2 318.51	2 318.51	2 318.51	2 318.51	2 318.51	2 318.51	2 318.51	2 318.51
	净值		17 205.78	14 887.27	12 568.76	10 250.25	7 931.74	5 613.23	3 294.72	976.21

表 3.47　无形资产和其他资产摊销费估算表(单位:万元)

序号	项目	摊销年限	合计	计算期							
				3	4	5	6	7	8	9	10
1	无形资产	8									
	原值		368.9								
	摊销			46.11	46.11	46.11	46.11	46.11	46.11	46.11	46.11
	净值			322.79	276.68	230.56	184.45	138.34	92.23	46.11	0
2	其他资产	5									
	原值		400								
	摊销			80	80	80	80	80			
	净值			320	240	160	80	0			
3	合计										
	原值		768.9								
	摊销			126.11	126.11	126.11	126.11	126.11	46.11	46.11	46.11
	净值			642.79	516.68	390.56	264.45	138.34	92.23	46.11	0

3) 修理费计算

修理费按年折旧额的50%提取,每年1 159.25万元。

4) 借款利息计算

流动资产年应计利息为136.78万元,建设期利息估算见表3.45。生产经营期间利息应计入财务费用。

5) 固定成本和可变成本

可变成本包含外购原材料及外购燃料、动力费。固定成本包含总成本费用中除可变成本外的费用。

9. 利润和利润分配

利润和利润分配估算表见表3.37。利润总额正常年为3 617.36万元,所得税按利润总额的33%计取,盈余公积金按税后利润的10%计取。

(三) 财务评价

1. 财务盈利能力分析

1) 项目投资现金流量表(表3.32)

根据该表计算的评价指标为:

项目投资财务内部收益率(FIRR)税前为17.62%,税后为13.92%,内部收益率均大于基准折现率,说明盈利能力满足行业最低要求。项目投资财务净现值($i_c=12\%$时)税前为4 781.34万元,税后为1 456.37万元,税前及税后全部资金净现值均大于零,说明该项目在财务上是可行的。项目投资静态投资回收期(含建设期)税前为6.17年,税后为6.49年,税前及税后静态投资回收期均小于基准投资回收期,表明项目投资能按时回收。

2) 项目资本金现金流量表(表3.35)

据表,项目资本金财务内部收益率为18.22%。

3) 甲方投资财务现金流量表(表3.36)

据表,甲方投资财务内部收益率为9.73%。

4) 项目投资利润率

根据利润与利润分配估算表(表3.37)、建设投资估算表(表3.42)计算以下指标:

$$\text{投资利润率}=\frac{\text{年利润总额}}{\text{项目总投资}}\times 100\%=\frac{3\,754.14}{20\,293.19}\times 100\%=18.5\%$$

2. 偿债能力分析

偿债能力分析是根据利润与利润分配估算表(表3.37)、财务计划现金流量表(表3.41)、资产负债表(表3.39)、借款还本付息计划表(表3.27)、固定资产折旧估算表(表3.46)、无形资产及其他资产估算表(表3.47)的计算,考察项目计算期内各年的财务状况及偿债能力,并计算资产负债率、利息备付率、偿债备付率等指标:

$$\text{资产负债率}=\frac{\text{期末负债总额}}{\text{期末资产总额}}$$

$$\text{利息备付率(按整个借款期考虑)}=\frac{\text{息税前年利润}}{\text{当前应付利息费用}}$$

$$=\frac{\text{借款利息支付}+\text{利润总额}}{\text{借款利息支付}}$$

$$=\frac{3\,820.30+22\,533.56}{3\,820.30}=6.90>2.0$$

$$\text{偿债备付率(按整个借款期考虑)}=\frac{\text{当前用于还本付息资金}}{\text{当前应还本付息金额}}$$

$$=\frac{\text{息税前利润}+\text{折旧}+\text{摊销}-\text{企业所得税}}{\text{借款本金偿还}+\text{借款利息支付}}$$

$$=\frac{45\,670.83-7\,436.07}{13\,980.08+3\,820.30}=2.15>1.0$$

式中,利息支付的计算,见表 3.48。利息备付率和偿债备付率的计算分别见表 3.49、表 3.50。

表 3.48　利息支付计算表(单位:万元)

项　目	合　计	3	4	5	6	7	8	9	10
外汇长期借款利息支付(利率 9%)	1 637.73	803.23	582.65	251.85					
人民币长期借款利息支付(利率 5.2%)	1 152.19	313.43	313.43	313.43	211.9				
流动资金中的借款数额		1 494.38	2 035.9	2 302.7					
流动资金借款利息支付(利率 5.94%)	1 030.37	88.76	120.93	136.78	136.78	136.78	136.78	136.78	136.78
各种借款利息支付总和	3 820.3	1 205.42	1 017.02	702.06	348.68	136.78	136.78	136.78	136.78

表 3.49　利息备付率计算表(单位:万元)

序号	项　目	3	4	5	6	7	8	9	10
1	利息支出	1 205.42	1 017.02	702.06	348.68	136.78	136.78	136.78	136.78
2	利润总额	9.25	1 837.21	2 792.06	3 325.46	3 537.36	3 617.36	3 617.36	3 617.36
3	息税前利润(1+2)	1 214.67	2 854.23	3 494.12	3 674.14	3 674.14	3 754.14	3 754.14	3 754.14
4	利息备付率(3÷1)	1.01	1.81	4.98	9.54	26.86	27.45	27.45	27.45

表 3.50　偿债备付率计算表(单位:万元)

序号	项　目	3	4	5	6	7	8	9	10
1	息税前利息	1 214.67	2 854.33	3 674.12	3 674.14	3 674.14	3 754.14	3 754.14	3 754.14
2	折旧	2 318.51	2 318.51	2 318.51	2 318.51	2 318.51	2 318.51	2 318.51	2 318.51
3	摊销	126.11	126.11	126.11	126.11	126.11	46.11	46.11	46.11

续表

序号	项　目	3	4	5	6	7	8	9	10
4	所得税	3.05	606.31	980.79	1 097.4	1 167.33	1 193.73	1 193.73	1 193.73
5	当期可用于还本付息的资金(1+2+3−4)	3 656.24	4 692.24	5 137.95	5 031.36	4 951.43	4 925.03	4 925.03	4 925.03
6	借款本金偿还	2 450.82	3 675.62	4 435.92	4 672.68				
7	本年付息	1 205.42	1 017.02	702.06	348.68	136.78	136.78	136.78	136.78
8	当期还本利息额(6+7)	3 656.24	4 692.24	5 137.95	5 031.36	136.78	136.78	136.78	136.78
9	偿债备付率(8÷5)	1	1	1	1	36.2	36.01	36.01	36.01

借款本金偿还 =建设投资 − 建设投资中的资本金

=20 293.19 − 7 121.43 + 808.32 = 13 980.03(万元)

该项目利息备付率大于2.0,偿债备付率大于1.0,说明该项目偿债能力较强。

(四) 财务评价说明

本项目采用量入偿付法归还长期借款本金。

总成本费用估算表(表3.25)、利润与利润分配估算表(表3.37)及借款还本付息计划表(表3.27)通过利息支出、当年还本和税后利润互相联系,经三表联算得出借款偿还计划;在全部借款偿还后,再计提盈余公积金和确定利润分配方案。三表联算的关系如图3.7所示。

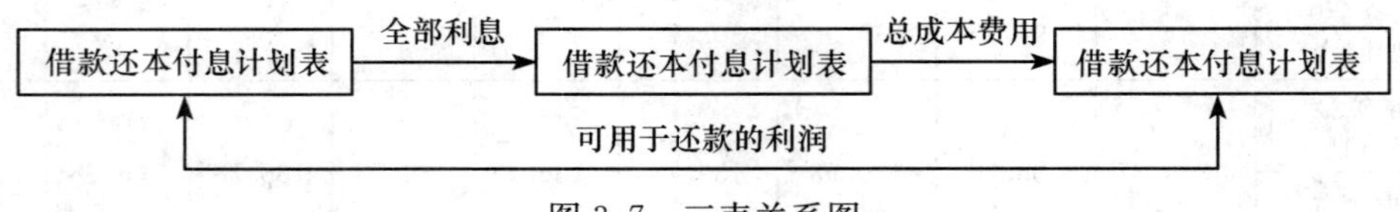

图3.7　三表关系图

(五) 财务评价结论

财务评价结论详见财务评价结论汇总表3.51。

表3.51　财务评价结论汇总表

财务评价指标	计算结果	评价标准	是否可行
项目投资财务内部收益率(税前)	17.26%	>12%	是
项目投资财务内部收益率(税后)	13.92%	>12%	是
项目投资静态投资回收期(税前)	6.17年	<8.3年	是
项目投资静态投资回收期(税后)	6.76年	<8.3年	是
项目投资财务净现值(税前)	4 781.34万元	>0	是
项目投资财务净现值(税后)	1 456.37万元	>0	是

从上述财务评价看,项目财务效益良好,具有较强的偿债能力,以及较强的市场适应能力和抗风险能力。因此,项目在财务上是可行的。

第四章　设计阶段的工程计价

本章导读

设计阶段是建设项目由计划变为现实的具有决定意义的工作阶段，是确定工程价值的主要阶段。在项目建设过程中，不同阶段影响工程项目投资的规律表明，影响工程造价最大的阶段是项目建设开始至初步设计结束的阶段(约占建设期的 1/4)，其影响程度为 75%。

建设项目一般按初步设计、施工图设计两个阶段进行；技术上复杂的建设项目，根据主管部门的要求，可按初步设计、技术设计和施工图设计三个阶段进行，且技术设计阶段，必须编制修正总概算。在初步设计阶段，必须编制总概算。本章介绍了工程项目设计阶段的工程计价，包括设计概算的编制、设计概算的审查、施工图预算的编制等，为读者提供实务性操作指引。

第一节　设计概算编制

一、设计概算概述

（一）设计概算的内容

建设项目设计概算是初步设计文件的重要组成部分，它是在投资估算的控制下由设计单位根据初步设计或扩大初步设计的图纸及说明，利用国家或地区颁发的概算指标、概算定额或综合指标预算定额、设备材料预算价格等资料，按照设计要求，概略地计算建筑物或构筑物造价的文件。设计概算的主要工作内容为建设项目设计概算的编制、审查和调整概算的编制。

设计概算编制是在设计阶段对建设项目投资额度的概略计算和确定，设计概算投资额应该包括建设项目从立项、可行性研究、设计、施工、试运行到竣工验收等的全部建设资金。

设计概算审查是对设计概算编制依据的合法性、时效性、适用性和概算报告编制的完整性、准确性、全面性进行检查、核对，确保设计概算编制正确合理。一般应控制在立项批准的投资控制额以内。总概算投资额超过批准投资估算 10%以上的，应查明原因，重新上报审批。设计概算批准后一般不得调整。

调整概算的编制是指由于某些原因，在建设过程中原设计概算额不能满足建设项目实际需要时，由建设单位调查分析变更原因报主管部门，审批同意后，由原设计单位核实编制调整概算，并须经原概算审批部门的重新审批。一个工程只允许调整一次概算。

（二）设计概算编制体系

设计概算的编制应采用单位工程概算、综合概算、总概算三级概算编制形式。当建设项目为一个单项工程时，可采用单位工程概算、总概算两级概算编制形式。其中建筑单位工程概算可采用概算定额法、概算指标法、类似工程预算法等方法编制；设备及安装单位工程概算可采用预算单价法、扩大单价法、设备价值百分法、综合吨位指标法等方法编制。三级概算之间的相互关系和费用构成，见图 4.1。

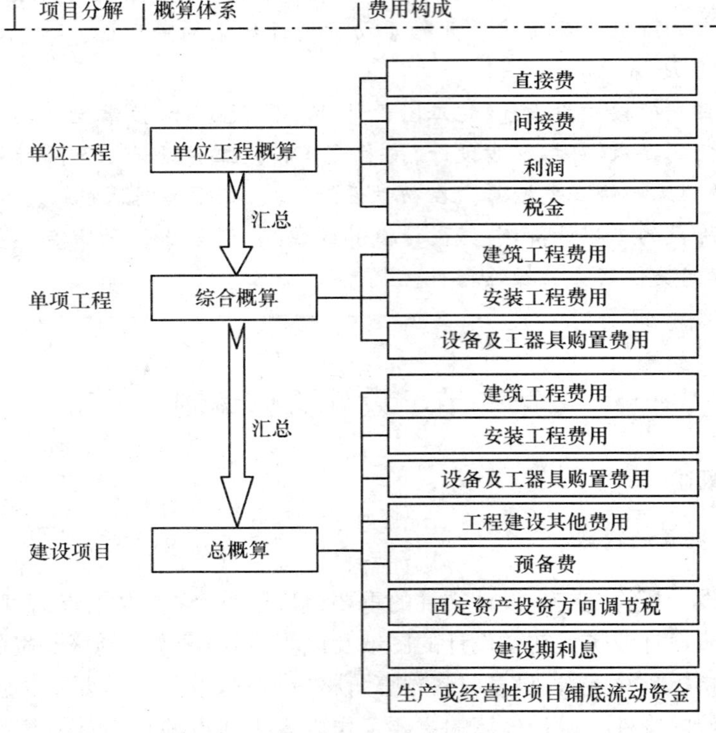

图 4.1　三级概算之间的相互关系和费用构成

1. 单位工程概算

单位工程是指具有独立的设计文件、可以单独组织施工的工程项目，是单项工程的组成部分。单位工程概算是确定一个单位工程费用的文件，是单项工程综合概算的组成部分，只包括单位工程的工程费用。

单位工程概算按其工程性质分为建筑工程概算和设备及安装工程概算两大类。建筑工程概算包括土建工程概算，给排水、采暖工程概算，通风、空调工程概算，电气、照明工程概算，弱电工程概算，特殊构筑物工程概算等；设备及安装工程概算包括机械设备及安装工程概算，电气设备及安装工程概算，热力设备及安装工程概算，工具、器具及生产家具购置费概算等。单位工程概算的费用构成包括直接费、间接费、利润和税金，其中直接费是由分部、分项工程直接费的汇总加上措施费构成的。

2. 单项工程综合概算

单项工程是指在一个建设项目中，具有独立的设计文件、建成后可以独立发挥生产能力或具有使用效益的项目。它是建设项目的组成部分，如生产车间、办公楼、食堂、图书馆、学生宿舍、住宅楼、一个配水厂等。单项工程综合概算是确定一个单项工程所需建设费用的文件，它是由单项工程中的各单位工程概算汇总编制而成的，是建设项目总概算的组成部分。单项工程综合概算的组成内容如图 4.2 所示。

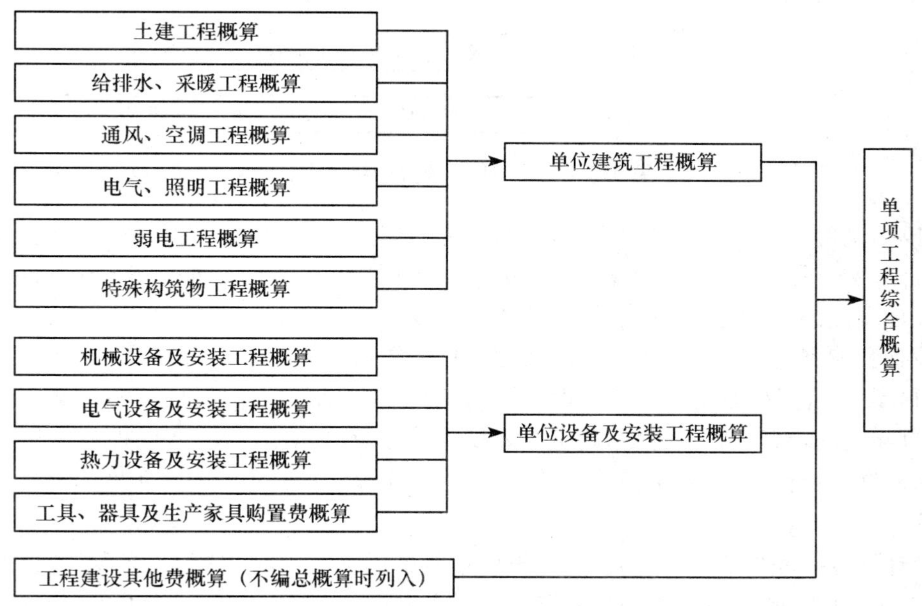

图 4.2 单项工程综合概算的组成内容

3. 建设项目总概算

建设项目是一个按总体规划或设计进行建设的各个单项工程所构成的总和，也可以称为基本建设项目。建设项目总概算是确定整个建设项目从筹建到竣工验收所需全部费用的文件，它是由工程费用概算、工程建设其他费概算、预备费概算、建设期利息概算、固定资产投资方向调节税和生产或经营性项目铺底流动资金概算汇总编制而成的，如图 4.3 所示。概算总投资由工程费用、工程建设其他费用、预备费及专项费用组成。其中，工程费用是指用于项目的建筑物、构筑物建设，设备及工器具的购置，以及设备安装而发生的全部建造和购置费用，即建筑工程费、设备及工器具购置费和安装工程费；专项费用包括建设期利息、固定资产投资方向调节税和铺底流动资金。

(三) 设计概算的作用

根据《基本建设设计工作管理暂行办法》(〔1983〕1477 号)的规定，初步设计和总概算

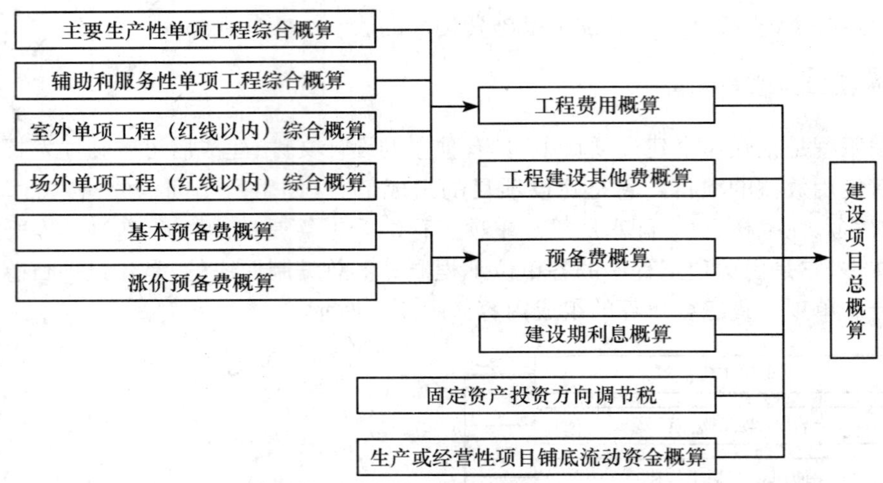

图 4.3　建设项目总概算的组成内容

经批准后，是确定建设项目的投资额，编制固定资产投资计划，签订建设工程总包合同、贷款总合同，实行投资包干，控制建设工程拨款，组织主要设备订货，进行施工准备以及编制技术设计文件(或施工图设计文件)等的依据。技术设计和修正总概算经批准后，是建设工程拨款和编制施工图设计文件等的依据。具体作用包括：

(1) 设计概算是编制建设项目投资计划、确定和控制建设项目投资的依据。国家规定，编制年度固定资产投资计划，确定计划投资总额及其构成数额，要以批准的初步设计概算为依据，没有批准的初步设计文件及其概算，建设工程就不能列入年度固定资产投资计划。

设计概算一经批准，将作为控制建设项目投资的最高限额。竣工结算不能突破施工图预算，施工图预算不能突破设计概算。如果由于设计变更等原因建设费用超过概算，必须重新审查批准。

(2) 设计概算是签订建设工程合同和贷款合同的依据。在国家颁布的合同法中明确规定，建设工程合同价款是以设计概、预算价为依据，且总承包合同不得超过设计总概算的投资额。银行贷款或各单项工程的拨款累计总额不能超过设计概算，如果项目投资计划所列支投资额与贷款突破设计概算时，必须查明原因，之后由建设单位报请上级主管部门调整或追加设计概算总投资，凡未批准之前，银行对其超支部分拒不拨付。

(3) 设计概算是控制施工图设计和施工图预算的依据。设计单位必须按照批准的初步设计和总概算进行施工图设计，施工图预算不得突破设计概算，如确需突破总概算时，应按规定程序报批。

(4) 设计概算是衡量设计方案技术经济合理性和选择最佳设计方案的依据。设计部门在初步设计阶段要选择最佳设计方案，设计概算是从经济角度衡量设计方案经济合理性的重要依据。因此，设计概算是衡量设计方案技术经济合理性和选择最佳设计方案的依据。

(5) 设计概算是考核建设项目投资效果的依据。通过设计概算与竣工决算对比，可以分析和考核投资效果的好坏,同时还可以验证设计概算的准确性,有利于加强设计概算管理和建设项目的造价管理工作。

二、设计概算编制前期工作准备

(一) 收集各项基础资料

1. 相关文件和费用资料

(1) 初步设计或扩大初步设计图纸、设计说明书、设备清单和材料表等。其中,土建工程包括建筑总平面图、平面图与立面图、剖面图和初步设计文字说明(注明门窗尺寸、装修标准等)、结构平面布置图、构件尺寸及特殊构件的钢筋配置;安装工程包括给排水、采暖、通风、电气、动力等专业工程的平面布置图、系统图、文字说明和设备清单等;室外工程包括平面图、土石方工程量,道路、挡土墙等构筑物的断面尺寸及有关说明。

(2) 批准的建设项目的设计任务书(或批准的可行性研究报告)和主管部门的有关规定。

(3) 国家或省、市、自治区现行的各种价格信息和计费标准,包括:

第一,国家或省、市、自治区现行的建筑设计概算定额(综合预算定额或概算指标),现行的安装设计概算定额(或概算指标),类似工程概预算及技术经济指标;

第二,建设工程所在地区的人工工资标准、材料预算价格、施工机械台班预算价格,标准设备和非标准设备价格资料,现行的设备原价及运杂费率;

第三,国家或省、市、自治区现行的建筑安装工程间接费定额和有关费用标准,工程所在地区的土地征购、房屋拆迁、青苗补偿等费用和价格资料。

(4) 资金筹措方式或资金来源。

(5) 正常的施工组织设计。

(6) 项目涉及的有关文件、合同、协议等。

2. 施工现场资料

概算编制人员应熟悉设计文件,掌握施工现场情况,充分了解设计意图,掌握工程全貌,明确工程的结构形式和特点。掌握施工组织与技术应用情况,深入施工现场了解建设地点的地形、地貌及作业环境,并加以核实、分析和修正。主要包括的现场资料如下:

(1) 建设场地的工程地质、地形地貌等自然条件资料和建设工程所在地区的有关技术经济条件资料。

(2) 项目所在地区有关的气候、水文、地质地貌等自然条件。

(3) 项目所在地区的经济、人文等社会条件。

(4) 项目的技术复杂程度,以及新工艺、新材料、新技术、新结构、专利使用情况等。

(5) 建设项目拟定的建设规模、生产能力、工艺流程、设备及技术要求等情况。

(6) 项目建设的准备情况,包括“三通一平”,施工方式的确定,施工用水、用电的供应等诸多因素。

(二) 分列工程项目

概算所列的工程项目,主要是依据概算定额手册所划分的项目及编排的顺序,结合初步设计图纸的内容进行划分和列项。通常,概算列项比预算列项数量少且简略。主要有两个原因:一是初步设计图纸达不到施工图设计时的图纸深度;二是概算定额具有较强的综合性,它是在预算定额分项的基础上,将结构性质相近的若干分项工程或结构构件扩大合并成一项分部工程(或扩大分项工程)或扩大结构构件项目所形成的。

以概算定额中的"砖内墙"一项为例,在预算定额中,分列了五个分项工程:砖砌内墙、门窗过梁、墙体加筋、内墙抹灰、内墙喷大白浆;而在概算定额中,则是以砖砌内墙为主要工作内容,将上述五个施工顺序相衔接,并与其结构相关联的分项工作量合并成为一个扩大的称之为"砖砌内墙"的综合性分项工程。因此,在概算编制过程中,应充分考虑到概算与预算在项目划分与综合扩大程度上存在的这种差异,划分概算细目必须与概算定额分项一致。因此,应首先阅读建筑设计概算定额的总说明与各章说明以及相关计算规则,明确各工程项目的范围及其所包含的工作内容,然后正确地分列工程项目,准确选套概算定额。

(三) 计算工程量

概算工程量的计算是以建筑工程概算定额规定的分项工程或扩大分项工程的划分要求和设计图纸为依据,按照概算工程量计算规则进行计算,且概算工程量的计算规则,与施工图预算的工程量计算规则在本质上是相同的。由于概算定额的工程量计算单位往往选用 100 平方米或 100 立方米等扩大的计量单位,因此在计算和填表时要注意工程量的数值转换。

工程量计算准确与否,会直接影响工程造价的准确性,因此,计算工程量时必须认真仔细,按照一定的方法,并遵循一定的原则。概算工程量的计算顺序与计算方法,与施工图预算大体相同,因为概算项目划分简略,工作内容综合扩大,编制概算时必须与概算定额规定的工作内容、计量单位口径一致,严格按照规定的计算规则进行。

工程量计算可利用国内相关计量软件,如广联达、神机妙算等。

1. 工程量计算的方法

计算工程量的方法实际上是计算顺序问题。工程量计算顺序一般有以下四种:

(1) 按施工先后顺序计算,即从平整场地、基础挖土算起,直到装饰工程等全部施工内容结束为止。用这种方法计算工程量,要求具有一定的施工经验,能掌握全部施工的过程,并且要求对定额和图纸的内容十分熟悉,否则容易漏项。

(2) 按"基础定额"或单位估价表的分部分项顺序计算,即按概算定额的章节、分部分项顺序,由前到后,逐项对照,核对定额项目内容与图纸设计内容一致的内容,即可计算工程量。这种方法要求熟悉设计图纸,有较好的工程设计基础知识,同时还应注意设计图纸是否是按使用要求设计的,其建筑造型、内外装修、结构形式以及室内设施千变万化,有些设计还采用了新工艺、新设计和新材料，或有些零星项目可能套不上定额项目，在计算工程量时，应单列出来，为编制补充定额或补充单位估价表做准备。

(3) 按轴线编号顺序计算工程量。这种方法适用于计算外墙挖地槽、基础、墙砌体、装饰等工程。

(4) 统筹法计算工程量。根据各分项工程量计算之间的固有规律和相互之间的依赖关系，运用统筹原理和统筹图来合理安排工程量的计算程序，并按其顺序计算工程量。计算工程量的基本要点是：统筹程序、合理安排；利用基数、连续计算；一次计算、多次使用；结合实际、灵活机动。

2. 工程量计算的原则

工程量计算应遵循的一般原则主要有以下几点：①计算项目应与《全国统一建筑工程基础定额》项目的口径一致；②计算单位应与相应计算规则的计量单位相一致；③必须按工程量计算规则计算；④必须与图纸设计的规定一致；⑤必须考虑建设环境因素的影响；⑥计算必须准确，不重算、不漏算。

三、设计概算编制实施

若干个单位工程概算汇总后成为单项工程综合概算，若干个单项工程综合概算和工程建设其他费用、预备费、建设期利息等概算文件汇总成为建设项目总概算。单项工程综合概算和建设项目总概算仅是一种归纳、汇总性文件，因此，最基本的计算文件是单位工程概算书。建设项目若为一个独立单项工程，则建设项目总概算书与单项工程综合概算书可合并编制。

在设计概算编制前期准备的条件下，通过对所收集到的各项基础资料的充分研究和熟悉，确定分项工程和计算工程量，合理选用编制依据，明确取费标准，计算各项费用，得出单位工程概算、单项工程综合概算和建设项目总概算。设计概算的编制程序如图 4.4 所示。

(一) 单位工程设计概算编制

单位工程概算书是计算一个独立建筑物或构筑物(即单项工程)中每个专业工程所需工程费用的文件，分为以下两类：建筑工程概算书和设备及安装工程概算书。单位工程概算文件应包括建筑(安装)工程直接工程费计算表、建筑(安装)工程人工、材料、机械台班价差表、建筑(安装)工程费用构成表。

1. 单位建筑工程概算

单位建筑工程费由直接费、间接费、利润和税金组成，具体见图 2.2。根据工程项目大小，初步设计或扩大初步设计深度等有关资料的齐备程度不同，通常可以采用概算定额法、概算指标法、类似工程预算法等三种方法来编制单位建筑工程概算。

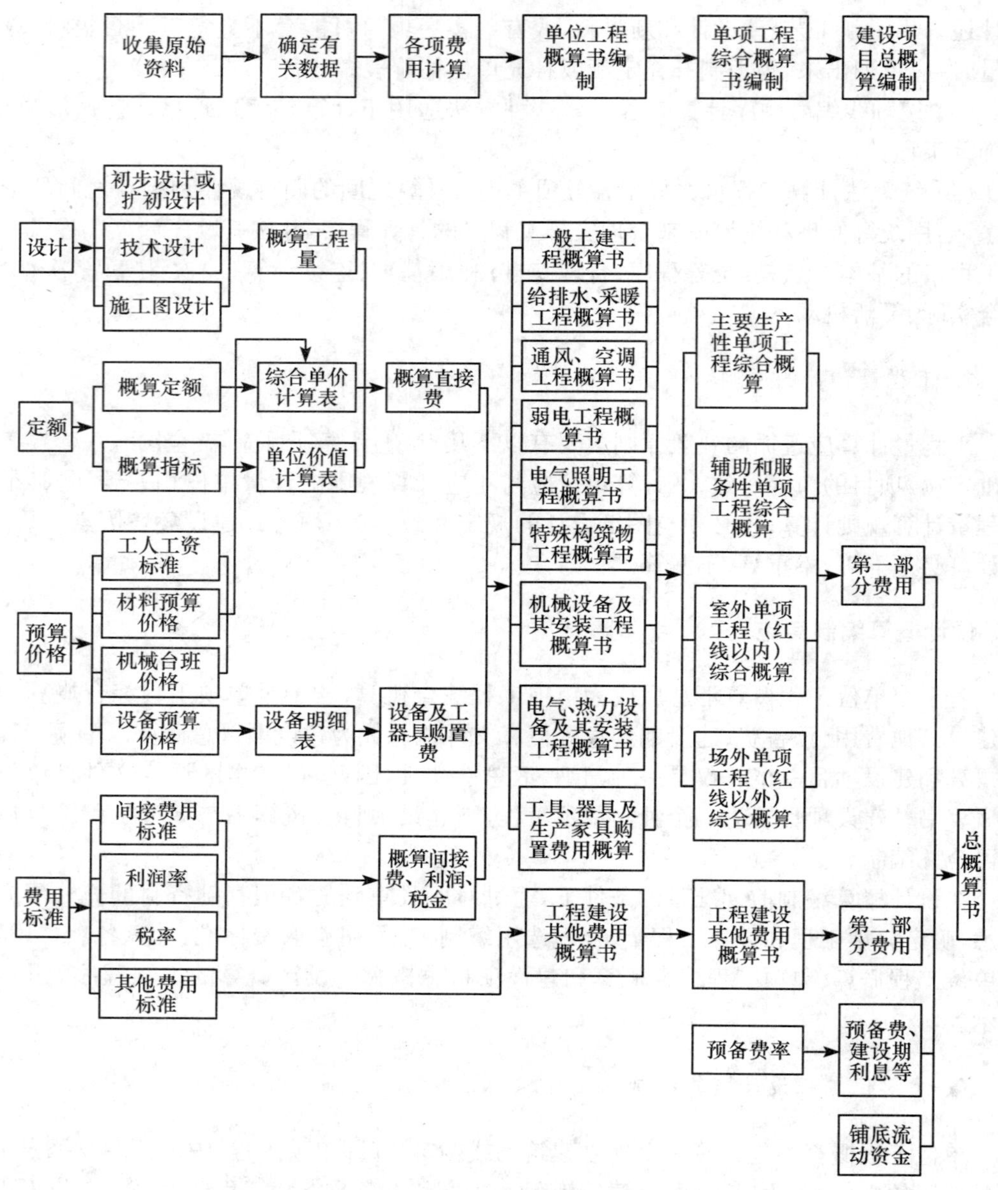

图 4.4 设计概算编制程序示意图

1）利用概算定额法编制设计概算

利用概算定额编制设计概算的具体步骤和方法与利用预算定额编制施工图预算的步骤和方法基本相同，所不同的是设计概算项目划分较施工图预算粗略，是把施工图预算中的若干项目合并为一项，且采用的是概算定额和概算工程量计算规则。对于一些无法直接计算的零星工程项目的费用，如洒水、台阶、厕所墩台等，一般可按所占主要分项工程的定额直接费百分比进行估算。

（1）采用概算定额编制概算的条件。概算定额法要求初步设计达到一定深度，建筑结构比较明确，能按照初步设计的平面、立面、剖面图纸计算出楼地面、墙身、门窗和屋面等分部工程（或扩大结构件）项目的工程量时，才可采用。

（2）编制方法和步骤。概算定额法又叫扩大单价法或扩大结构定额法，它是采用概算定额编制建筑工程概算的方法，是根据初步设计图纸资料和概算定额的项目划分计算出工程量，然后套用概算定额单价（基价），计算汇总后，再计取有关费用，便可得出单位工程概算造价。

利用概算定额法编制设计概算的具体步骤如下：

第一，熟悉设计图纸，了解设计意图、施工条件和施工方法。由于初步设计图纸比较粗略，一些结构构造尚未能详尽地表示出来，如果不熟悉方案和设计意图，就难以正确地计算出工程量，因而也就不能准确地计算出土建工程的造价。同样，如果不了解地质情况、土壤类别、挖土方法、余土外运等施工条件和施工方法，也就会影响编制设计概算的准确性。

第二，列出单位工程中分项工程或扩大分项工程的项目名称，并计算其工程量。在熟悉设计图纸和了解施工条件的基础上，按照概算定额分部分项工程的划分，列出各分项工程项目。工程量计算应按概算定额中规定的工程量计算规则进行，并将各分项工程量按概算定额编号顺序，填入工程概算表内。由于设计概算项目内容比施工图预算项目内容有所扩大，在计算工程量时，必须熟悉概算定额中每个项目所包括的内容，避免重算和漏算。由于初步设计阶段对一些细节问题尚未全面考虑，致使有些分项工程的工程量难以计算。

第三，确定各分部分项工程项目的概算定额单价（基价）。概算定额是由国家或地方主管部门制定的。它是在预算定额的基础上，以建筑结构的形象部位为主，将其他有关部分综合起来而形成的一种扩大综合定额。基价是根据编制概算定额地区的工资标准和材料预算价格制定的。计算公式如下：

$$\begin{aligned}\text{概算定额单价} &= \text{概算定额人工费} + \text{概算定额材料费} + \text{概算定额机械台班使用费} \\ &= \sum(\text{概算定额中人工消耗量} \times \text{人工单价}) \\ &\quad + \sum(\text{概算定额中材料消耗量} \times \text{材料预算单价}) + \text{材料检验试验费} \\ &\quad + \sum(\text{概算定额中机械台班消耗量} \times \text{机械台班单价})\end{aligned}$$

其他地区使用时需进行换算。换算方法：如已规定了调整系数，则根据规定的调整系数乘以直接费用即可；如未给定调整系数，则要根据编制概算定额地区的工资标准和材料预算价格求出调整系数，再用调整系数乘以直接费用。

第四，计算分部分项工程的直接工程费，合计得到单位工程直接工程费总和。将算出的各分部分项工程的工程量与查出的相应定额基准价相乘，即可得出各分项工程的直接工程费；汇总各分项工程的直接工程费，即可得到该单位工程的直接工程费。如果规定有地区的人工、材料价差调整指标，还应按规定的调整系数进行调整计算。其计算式如下：

$$\text{分项工程的直接工程费} = \sum(\text{各分部分项工程项目的工程量} \times \text{概算定额单价})$$

第五，计取各项费用，确定工程概算造价。当工程概算直接工程费确定后，就可以按费用计算程序进行各项费用的计算。计算时，可按下列步骤计算概算造价的单方造价，如

表 4.1 所示。

表 4.1 概算定额法计算建筑工程设计概算步骤

序号	费用项目	计算方法
1	直接工程费	$\sum$ 工程量×定额基价
2	措施费	按规定标准计算
3	直接费	1+2
4	间接费	3×相应的费率
5	利润	(3+4)×利润率
6	合计(不含税工程造价)	3+4+5
7	税金	6×税率
8	建筑工程概算造价(含税)	直接费+间接费+利润+税金=6+7
9	单方造价	8/建筑面积

第六,编制单位建筑工程概算文件。为了加强行业的自律管理,提高工程造价咨询成果的质量,规范建设项目设计概算的编制办法和深度要求以及编制成果,中国建设工程造价管理协会组织有关单位编制了《建设项目设计概算编审规程》(CECA/GC2—2007)(以下简称《概算编审规程》)。《概算编审规程》对一般性建设项目设计概算文件中普遍涉及的相关术语和费用计算规则做了较为准确的界定,明确规定了设计概算文件的编制依据、编制方法、编审程序及质量控制措施等内容,对设计概算文件的构成及应用表格的标准格式进行了规范。

第七,计算单位建筑工程技术经济指标。在确定工程概算造价之后,可以根据工程建设项目的特征和需要,编制各类相关的技术经济指标,如元/100 平方米、工日/100 平方米、吨/100 平方米等。

【例 4-1】 某市拟建一座 7 560 平方米教学楼,请按给出的扩大单价和工程量表 4.2 编制出该教学楼土建工程设计概算造价和平方米造价。按有关规定标准计算得到措施费为 438 000 元,各项费率分别为:间接费费率为 5%,利润率为 7%,综合税率为 3.413%(以直接费为计算基础)。

表 4.2 某教学楼土建工程量和扩大单价

分部工程名称	单位	工程量	扩大单价/元
基础工程	10 立方米	160	2 500
混凝土及钢筋混凝土	10 立方米	150	6 800
砌筑工程	10 立方米	280	3 300
地面工程	100 平方米	40	1 100
楼面工程	100 平方米	90	1 800
卷材屋面	100 平方米	40	4 500
门窗工程	100 平方米	35	5 600
脚手架	100 平方米	180	600

解:根据已知条件和表 4.2 数据及扩大单价,求得该教学楼土建工程概算造价如表 4.3 所示。

表 4.3　某教学楼土建工程概算造价计算表

序　号	分部工程或费用名称	单　位	工程量	单价/元	合价/元
1	基础工程	10 立方米	160	2 500	400 000
2	混凝土及钢筋混凝土	10 立方米	150	6 800	1 020 000
3	砌筑工程	10 立方米	280	3 300	924 000
4	地面工程	100 平方米	40	1 100	44 000
5	楼面工程	100 平方米	90	1 800	162 000
6	卷材屋面	100 平方米	40	4 500	180 000
7	门窗工程	100 平方米	35	5 600	196 000
8	脚手架	100 平方米	180	600	108 000
A	直接费工程小计	以上八项之和			3 034 000
B	措施费				438 000
C	直接费小计	A+B			3 472 000
D	间接费	C×5%			173 600
E	利润	(C+D)×7%			255 192
F	税金	(C+D+E)×3.413%			133 134
概算造价		C+D+E+F			4 033 926
平方米造价		4 033 926/7 560			533.6

2）利用概算指标法编制设计概算

（1）采用概算指标编制概算的条件。当初步设计深度不够，不能准确地计算出工程量，但工程设计技术比较成熟而又有类似工程概算指标可以利用时，可采用概算指标法。概算指标的应用比概算定额具有更大的灵活性，原因在于它是一种综合性很强的指标。因此，采用概算指标计价法编制概算的核心在于对概算指标的判定，选定时应使设计对象与所选用的指标在各方面尽量一致或接近。显然，在采用概算指标计价时，有可能出现两种不同情况：一种情况是，直接套用所选定的概算指标有较高的可靠度，即所确定的概算指标与拟建工程的结构特征能较全面地吻合；另一种情况是，概算指标与拟建工程在建筑特征、结构特征、市场价格、自然条件和施工条件上不完全一致，此时必须对所拟用的概算指标进行调整后才能套用。

（2）编制方法和步骤。概算指标法是采用直接工程费指标，是用拟建的厂房、住宅的建筑面积（或体积）乘以技术条件相同或基本相同工程的概算指标，得出直接工程费，然后按规定计算出措施费、间接费、利润和税金等，编制出单位工程概算的方法。下面详细介绍这两种情况的计算方法。

第一，直接套用概算指标的编制方法。当拟建工程结构特征与概算指标所反映的特征一致时，可采取直接套用的编制方法。但根据所选用的概算指标的内容，可选用两种套算方法：

其一，以指标中所规定的工程每平方米（或每立方米）的直接工程费，乘以拟建单位工程建筑面积或体积，得出单位工程的直接工程费，再计算其他费用，即可求出单位工程的概算造价。直接工程费计算公式为

直接工程费＝概算指标每平方米（或立方米）直接工程费单价×拟建工程建筑面积（或体积）

根据直接工程费，结合其他各项取费方法，分别计算措施费、间接费、利润和税金，得

到每平方米建筑面积的概算单价，乘以拟建单位工程的建筑面积，即可得到单位工程概算造价。

这种简化方法的计算结果参照的是概算指标编制时期的价值标准，未考虑拟建工程建设时期与概算指标编制时期的价差，所以在计算直接工程费后还应用物价指数另行调整。

其二，以概算指标中规定的每100平方米建筑物面积（或1 000立方米建筑物体积）所耗人工工日数、主要材料数量为依据，首先计算拟建工程人工、主要材料消耗量，再套用相应的人工、材料消耗指标来计算直接工程费，最后计取各项规定的费用。其计算公式为

100平方米建筑物面积的人工费＝指标规定的工日数×本地区人工工日单价

100平方米建筑物面积的主要材料费＝$\sum$（指标规定的主要材料数量×地区材料预算单价）

100平方米建筑物面积的其他材料费＝主要材料费×其他材料费占主要材料费的百分比（%）

100平方米建筑物面积的机械使用费＝（人工费＋主要材料费＋其他材料费）×机械使用费所占百分比（%）

每平方米建筑面积的直接工程费＝（人工费＋主要材料费＋其他材料费＋机械使用费）/100

同样，根据直接工程费，结合其他各项取费方法，分别计算措施费、间接费、利润和税金，得到每平方米建筑面积的概算单价，乘以拟建单位工程的建筑面积，即可得到单位工程概算造价。

第二，概算指标存在局部差异调整时的编制方法。由于拟建工程（设计对象）往往与类似工程的概算指标的技术条件不尽相同，而且概算指标编制年份的设备、材料、人工等价格与拟建工程当时当地的价格也不会一样。因此，必须对其进行调整。其调整方法是：

其一，调整概算指标中每平方米（或立方米）造价。当设计对象的结构特征与概算指标有局部差异时需要进行这种调整，这种调整方法是将原概算指标中的单位造价进行调整（仍使用直接工程费指标），扣除每平方米（或立方米）原概算指标中与拟建工程结构不同特征的造价部分，增加每平方米（或立方米）拟建工程与概算指标因结构不同而进行调整的造价部分，从而求得与拟建工程结构相适应的单位工程直接工程费造价。计算公式为

结构变化修正概算指标（元/平方米）$= J + Q_1P_1 - Q_2P_2$（元/平方米或元/立方米）

式中，J为原概算指标；Q_1为换入新结构的数量；Q_2为换出旧结构的数量；P_1为换入新结构的单价；P_2为换出旧结构的单价。

则拟建单位工程的直接工程费为

直接工程费＝修正后的概算指标×拟建工程建筑面积（或体积）

其二，调整概算指标中的工、料、机数量。这种方法是将原概算指标中每100平方米（或1 000立方米）建筑面积（或体积）中的工、料、机数量进行调整，扣除原概算指标中与拟建工程结构不同部分的工、料、机消耗量，增加拟建工程与概算指标因结构不同而进行调整的工、料、机消耗量，使其成为与拟建工程结构相同的每100平方米（或1 000立方

米)建筑面积(或体积)工、料、机数量。计算公式为

$$\begin{array}{c}\text{结构变化修正概算指}\\\text{标的工、料、机数量}\end{array}=\begin{array}{c}\text{原概算指标的}\\\text{工、料、机数量}\end{array}+\begin{array}{c}\text{换入结构}\\\text{件工程量}\end{array}\times\begin{array}{c}\text{相应定额工、}\\\text{料、机消耗量}\end{array}-\begin{array}{c}\text{换出结构}\\\text{件工程量}\end{array}\times\begin{array}{c}\text{相应定额工、}\\\text{料、机消耗量}\end{array}$$

以上两种方法,前者是直接修正结构件指标单价,后者是修正结构件指标工、料、机数量。修正之后,方可按上述第一种情况分别套用。

其三,调整设备、人工、材料、机械台班费用。

$$\begin{array}{c}\text{设备、人工、材料、}\\\text{机械修正概算费用}\end{array}=\text{原概算指标的设备、人工、材料、机械费用}+\sum\left(\begin{array}{c}\text{换入设备、人工、}\\\text{材料、机械数量}\end{array}\times\begin{array}{c}\text{拟建地区}\\\text{相应单价}\end{array}\right)-\sum\left(\begin{array}{c}\text{换出设备、人工、}\\\text{材料、机械数量}\end{array}\times\begin{array}{c}\text{原概算指标设备、}\\\text{人工、材料、机械单价}\end{array}\right)$$

【例 4-2】 假设新建单身宿舍一座,其建筑面积为 3 500 平方米,按概算指标和地区材料预算价格等算出单位造价为 738 元/平方米,其中:一般土建工程 640 元/平方米,采暖工程 32 元/平方米,给排水工程 36 元/平方米,照明工程 30 元/平方米。但新建单身宿舍设计资料与概算指标相比较,其结构构件有部分变更。设计资料表明,外墙为 1.5 砖外墙,而概算指标中外墙为 1 砖墙。根据当地土建工程预算定额,外墙带形毛石基础的预算单价为 147.87 元/立方米,1 砖外墙的预算单价为 177.10 元/立方米,1.5 砖外墙的预算单价为 178.08 元/立方米;概算指标中每 100 平方米中含外墙带形毛石基础为 18 立方米,1 砖外墙为 46.5 立方米。新建工程设计资料表明,每 100 平方米中含外墙带形毛石基础为 19.6 立方米,1.5 砖外墙为 61.2 立方米。请计算调整后的概算单价和新建宿舍的概算造价。

解:土建工程中对结构构件的变更和单价调整,如表 4.4 所示。

表 4.4　结构变化引起的单价调整

序　号	结构名称	单　位	数量(每 100 平方米含量)	单价/元	合价/元
	土建工程单位面积造价				640
	换出部分				
1	外墙带形毛石基础	立方米	18	147.87	2 661.66
2	1 砖外墙	立方米	46.5	177.10	8 235.15
合计		元	10 896.81		
	换入部分				
3	外墙带形毛石基础	立方米	19.6	147.87	
4	1.5 砖外墙	立方米	61.2	178.08	10 898.5
合计		元	13 796.75		
单位造价修正系数:640－10 896.81/100＋13 796.75/100＝669 元					

注:其余的单价指标都不变,因此经调整后的概算造价为 669＋32＋36＋30＝767 元/平方米;新建宿舍的概算造价＝767×3 500＝2 684 500 元。

3）利用类似工程预算法编制设计概算

(1) 采用类似工程预算编制设计概算的条件。当拟建工程缺少完整的初步设计方案、而又急等上报设计概算、申请列入年度基本建设计划时，通常采用类似工程预算编制设计概算的方法，快速编制概算。类似工程预算是指与拟建工程在结构特征上相近的、已建成工程的预算，或在建工程的预算。采用类似工程预算编制概算，不受不同单位和地区的限制，只要拟建工程项目在建筑面积、体积、结构特征和经济性方面完全或基本类似，即可采用已建或在建工程的相关数额。

(2) 编制方法和步骤，具体如下：①收集有关类似工程设计资料和预算文件等原始资料。②了解和掌握拟建工程初步设计方案。③计算建筑面积。④选定与拟建工程相类似的已(在)建工程预算。⑤根据类似工程预算资料和拟建工程的建筑面积，计算工程概算造价和主要资料消耗量。⑥调整拟建工程与类似工程预算资料的差异部分，使其成为符合拟建工程要求的概算造价。

(3) 调整类似工程预算的方法。采用类似工程预算编制概算，往往因拟建工程与类似工程之间在基本结构特征上存在着差异而影响概算的准确性。因此，必须对类似工程与拟建工程的差异部分进行调整，包括建筑结构差异的调整和价差调整。

第一，建筑结构差异的调整。调整方法与概算指标法的调整方法相同。即先确定有差别的项目，然后分别按每一项目算出结构构件的工程量和单位价格(按编制概算工程所在地区的单价)，然后以类似工程预算中相应(或有差别)的结构构件的工程数量和单价为基础，算出总差价。将类似工程预算中的直接工程费总额减去(或加上)这部分差价，就得到结构差异换算后的直接工程费，再取费得到结构差异换算后的造价。

第二，价差调整。类似工程造价的价差调整常用的有两种方法，分别是：

其一，类似工程造价资料有具体的人工、材料、机械台班的用量时，可按类似工程预算造价资料中的主要材料用量、工日数量、机械台班用量乘以拟建工程所在地的主要材料预算价格、人工单价、机械台班单价，计算出直接工程费，再乘以当地的综合费率，即可得出所需的造价指标。

其二，类似工程造价资料只有人工、材料、机械台班费用和措施费、间接费时，可按下面公式调整

$$D = A \cdot K$$
$$K = a\%K_1 + b\%K_2 + c\%K_3 + d\%K_4 + e\%K_5$$

式中，D 为拟建工程单方概算造价；A 为类似工程单方预算造价；K 为综合调整系数；$a\%$、$b\%$、$c\%$、$d\%$、$e\%$为类似工程预算的人工费、材料费、机械台班费、措施费、间接费占预算造价的比重，如 $a\%$=类似工程人工费(或工资标准)/类似工程预算造价×100%，$b\%$、$c\%$、$d\%$、$e\%$类同；K_1、K_2、K_3、K_4、K_5 为拟建工程地区与类似工程预算造价在人工费、材料费、机械台班费、措施费和间接费之间的差异系数，如 K_1=拟建工程概算的人工费(或工资标准)/类似工程预算人工费(或地区工资标准)，K_2、K_3、K_4、K_5 类同。

【例 4-3】 新建一幢教学大楼，建筑面积为 3 200 平方米，根据下列类似工程施工图预算的有关数据，试用类似工程预算编制概算。已知数据如下：

(1) 类似工程的建筑面积为 2 800 平方米，预算成本 926 800 元。

(2) 类似工程各种费用占预算成本的权重是：人工费 8%、材料费 61%、机械费 10%、措施费 6%、间接费 9%、其他费 6%。

(3) 拟建工程地区与类似工程地区造价之间的差异系数为 $k_1=1.03$，$k_2=1.04$，$k_3=0.98$，$k_4=1.0$，$k_5=0.96$，$k_6=0.90$。

(4) 利税率 10%。

(5) 求拟建工程的概算造价。

解：(1) 综合调整系数为

$$K=8\%\times1.03+61\%\times1.04+10\%\times0.98+6\%\times1.0+9\%\times0.96+6\%\times0.9=1.0152$$

(2) 类似工程预算单方成本为 926 800/2 800=331(元/平方米)

(3) 拟建教学楼工程单方概算成本为 331×1.015 2=336.03(元/平方米)

(4) 拟建教学楼工程单方概算造价为 336.03×(1+10%)=369.63(元/平方米)

(5) 拟建教学楼工程的概算造价为 369.63×3 200=1 182 816(元)

2. 单位设备及安装工程概算

设备及安装工程概算的编制方法有预算单价法、扩大单价法、设备价值百分比法和综合吨位指标法等。单位设备及安装工程概算投资由设备购置费，工具、器具及生产家具购置费和设备安装费组成。

1) 设备购置费概算

(1) 设备购置费概算编制步骤。设备购置费概算，是确定购置设备所需的原价和运杂费而编制的文件。

设备分为标准设备和非标准设备。标准设备的原价按各部、省、市、自治区规定的现行产品出厂价格计算；非标准设备是指制造厂过去没有生产过或不经常生产，而必须由选用单位先行设计委托承制的设备，其原价由设计机构依据设计图纸按设备类型、材质、重量、加工精度、复杂程度等进行估价，逐项计算，主要由加工费、材料费、设计费组成。

设备购置费概算编制的步骤如下：①收集并熟悉有关设备清单、工艺流程图、设备价格及运费标准等基础资料；②确定设备原价；③计算设备运杂费；④计算设备购置费概算。

(2) 设备购置费概算计算方法。设备购置费是指为建设项目购置或自制的达到固定资产标准的各种国产或进口设备、工具、器具的购置费用。它由设备原价和设备运杂费构成。

$$设备购置费=设备原价+设备运杂费$$

式中，设备原价指国产设备或进口设备的原价；设备运杂费指除设备原价之外的关于设备采购、运输、途中包装及仓库保管等方面支出费用的总和。

国产设备原价的构成请参考第二章第一节的内容，计算方法可见表 4.5。

表 4.5　非标准设备构成费用的计算方法

序　号	项目费用	计算公式
1	材料费	材料费=材料净重×(1+加工损耗系数)×每吨材料综合价
2	加工费	加工费=设备总重量(吨)×设备每吨加工费
3	辅助材料费	辅助材料费=设备总重量×辅助材料费指标

续表

序　号	项目费用	计算公式
4	专用工具费	(1+2+3)×专用工具费费率
5	废品损失费	(1+2+3+4)×废品损失费费率
6	外购配套件费	按设备设计图纸所列的外购配套件的名称、型号、规格、数量、重量，根据相应的价格加运杂费计算
7	包装费	(1+2+3+4+5+6)×包装费费率
8	利润	(1+2+3+4+5+7)×利润率
9	税金(主要指增值税)	增值税=(1+2+3+4+5+6+7+8)×适用增值税率
10	非标准设备设计费	按国家规定的设计费收费标准计算

下面仅具体介绍进口设备原价的构成及计算。

进口设备的原价是指进口设备的抵岸价，通常是由进口设备到岸价和进口从属费构成。进口设备的到岸价，即抵达买方边境港口或边境车站的价格。在国际贸易中，交易双方所使用的交货类别不同，则交易价格的构成内容也有所差异。进口从属费用包括银行财务费、外贸手续费、进口关税、消费税、进口环节增值税等，进口车辆的还需缴纳车辆购置税。

第一，进口设备的交易价格。在国际贸易中，较为广泛使用的交易价格术语有 FOB、CFR 和 CIF。

其一，FOB 即 free on board，意为装运港船上交货，亦称为离岸价格。FOB 术语是指当货物在指定的装运港越过船舷，卖方即完成交货义务。风险转移以在指定的装运港货物越过船舷时为分界点。费用划分与风险转移的分界点相一致。

在 FOB 交货方式下，卖方的基本义务有：①办理出口清关手续，自负风险和费用，领取出口许可证及其他官方文件；②在约定的日期或期限内，在合同规定的装运港，按港口惯常的方式，把货物装上买方指定的船只，并及时通知买方；③承担货物在装运港越过船舷之前的一切费用和风险；④向买方提供商业发票和证明货物已交至船上的装运单据或具有同等效力的电子单证。买方的基本义务有：①负责租船订舱，按时派船到合同约定的装运港接运货物，支付运费，并将船期、船名及装船地点及时通知卖方；②负担货物在装运港越过船舷时的各种费用以及货物灭失或损坏的一切风险；③负责获取进口许可证或其他官方文件，以及办理货物入境手续；④受领卖方提供的各种单证，按合同规定支付货款。

其二，CFR 即 cost and freight，意为成本加运费，或称之为运费在内价。CFR 是指在装运港货物越过船舷卖方即完成交货，卖方必须支付将货物运至指定的目的港所需的运费和费用，但交货后货物灭失或损坏的风险，以及由于各种事件造成的任何额外费用，即由卖方转移到买房。与 FOB 价格相比，CFR 的费用划分与风险转移的分界点是不一致的。

在 CFR 交货方式下，卖方的基本义务有：提供合同规定的货物，负责订立运输合同，并租船订舱，在合同规定的装运港和规定的期限内，将货物装上船并及时通知买方，支付运至目的港的运费；负责办理出口清关手续，提供出口许可证或其他官方批准的证件；承担货物在装运港越过船舷之前的一切费用和风险；按合同规定提供正式有效的运输单据、发票或具有同等效力的电子单证。买方的基本义务有：承担货物在装运港越过船舷以后的一切风险及运输途中因遭遇风险所引起的额外费用；在合同规定的目的港受领货物，办理进口清关手续，交纳进口税；受领卖方 CFR 提供的各种约定的单证，并按合同规定支付货款。

其三，CIF 即 cost insurance and freight，意为成本加保险费、运费，习惯称到岸价格。在 CIF 术语中，卖方除负有与 CFR 相同的义务外，还应办理货物在运输途中最低险别的海运保险，并应支付保险费。如买方需要更高的保险险别，则需要与卖方明确地达成协议，或者自行做出额外的保险安排。除保险这项义务之外，买方的义务也与 CFR 相同。

第二，进口设备到岸价的构成及计算。计算公式为

$$\text{进口设备到岸价(CIF)} = \text{离岸价格(FOB)} + \text{国际运费} + \text{运输保险费} = \text{运费在内价(CFR)} + \text{运输保险费}$$

其一，货价。一般指装运港船上交货价(FOB)。设备货价分为原币货价和人民币货价，原币货价一律折算为美元表示，人民币货价按原币货价乘以外汇市场美元兑换人民币汇率中间价确定。进口设备货价按有关生产厂商询价、报价、订货合同价计算。

其二，国际运费。即从装运港(站)到达我国目的港(站)的运费。我国进口设备大部分采用海洋运输，小部分采用铁路运输，个别采用航空运输。进口设备国际运费计算公式为

$$\text{国际运费(海、陆、空)} = \text{原币货价(FOB)} \times \text{运费率(\%)}$$

$$\text{国际运费(海、陆、空)} = \text{单位运价} \times \text{运量}$$

式中，运费率或单位运价参照有关部门或进出口公司的规定执行。

其三，运输保险费。对外贸易货物运输保险是由保险人(保险公司)与被保险人(出口人或进口人)订立保险契约，在被保险人交付议定的保险费后，保险人根据保险契约的规定对货物在运输过程中发生的承保责任范围内的损失给予经济上的补偿。这是一种财产保险，计算公式为

$$\text{运输保险费} = \frac{\text{原币货价(FOB)} + \text{国外运费}}{1 - \text{保险费率(\%)}} \times \text{保险费率(\%)}$$

式中，保险费率按保险公司规定的进口货物保险费率计算。

第三，进口从属费的构成及计算。计算公式为

$$\text{进口从属费} = \text{银行财务费} + \text{外贸手续费} + \text{关税} + \text{消费税} + \text{进口环节增值税} + \text{海关监管手续费} + \text{车辆购置税}$$

其一，银行财务费。一般是指在国际贸易结算中，中国银行为进出口商提供金融结算服务所收取的费用，可按下式简化计算

$$\text{银行财务费} = \text{进口设备货价(FOB)} \times \text{人民币外汇汇率} \times \text{银行财务费率(\%)}$$

其二，外贸手续费。指按对外经济贸易部规定的外贸手续费率计取的费用，外贸手续费率一般取 1.5%。计算公式为

$$\text{外贸手续费} = \text{进口设备到岸价(CIF)} \times \text{人民币外汇汇率} \times \text{外贸手续费率}$$

其三，关税。由海关对进出国境或关境的货物和物品征收的一种税。计算公式为

$$\text{关税} = \text{到岸价格(CIF)} \times \text{人民币外汇汇率} \times \text{进口关税税率(\%)}$$

到岸价格作为关税的计征基数时，通常又可称为关税完税价格。进口关税税率分为

优惠和普通两种。优惠税率适用于与我国签订关税互惠条款的贸易条约或协定的国家的进口设备;普通税率适用于与我国未签订关税互惠条款的贸易条约或协定的国家的进口设备。进口关税税率按我国海关总署发布的进口关税税率计算。

其四,消费税。仅对部分进口设备(如轿车、摩托车等)征收,一般计算公式为

$$应纳消费税税额=\frac{到岸价格(CIF)\times 人民币外汇汇率+关税}{1-消费税税率(\%)}\times 消费税税率(\%)$$

式中,消费税税率根据规定的税率计算。

其五,进口环节增值税。这是对从事进口贸易的单位和个人,在进口商品报关进口后征收的税种。我国增值税条例规定,进口应税产品均按组成计税价格和增值税税率直接计算应纳税额。即

$$进口环节增值税额=组成计税价格\times 增值税税率(\%)$$

$$组成计税价格=到岸价(CIF)\times 人民币外汇汇率+关税+消费税$$

式中,增值税税率根据规定的税率计算。

其六,海关监管手续费。这是指海关对减免进口税或实行保税的进口设备,实施监督、管理、提供服务的手续费。对于全额征收进口关税的货物,不收取海关监管手续费。其计算公式为

$$海关监管手续费=到岸价\times 人民币外汇汇率\times 海关监管手续费率(一般为0.3\%)$$

其七,车辆购置税。进口车辆需缴进口车辆购置税。其公式为

$$进口车辆购置税=(关税完税价格+关税+消费税)\times 车辆购置税率(\%)$$

【例 4-4】 从某国进口设备,重量 1 000 吨,装运港船上交货价为 400 万美元,工程建设项目位于国内某省会城市。如果国际运费标准为 300 美元/吨,海上运输保险费率为 3‰,中国银行费率为 5‰,外贸手续费率为 1.5%,关税税率为 22%,增值税的税率为 17%,消费税税率 10%,银行外汇牌价为 1 美元=6.8 元人民币,对该设备的原价进行估算。

解: 进口设备 FOB=400×6.8=2 720(万元)

国际运费=300×1 000×6.8=204(万元)

$$海运保险费=\frac{2\,720+204}{1-0.3\%}\times 0.3\%=8.80(万元)$$

CIF=2 720+204+8.80=2 932.8(万元)

银行财务费=2 720×5‰=13.6(万元)

外贸手续费=2 932.8×1.5%=43.99(万元)

关税=2 932.8×22%=645.22(万元)

$$消费税=\frac{2\,932.8+645.22}{1-10\%}\times 10\%=397.56(万元)$$

增值税=(2 932.8+645.22+397.56)×17%=675.85(万元)

进口从属费=13.6+43.99+645.22+397.56+675.85=1 776.22(万元)

进口设备原价=2 932.8+1 776.22=4 709.02(万元)

(3) 设备运杂费的构成及计算。设备运杂费的构成请参考第二章第一节的内容。

设备运杂费按设备原价乘以设备运杂费率计算,其公式为

$$设备运杂费 = 设备原价 \times 设备运杂费率(\%)$$

式中，设备运杂费率按各部门及省、市有关规定计取。

2) 工具、器具及生产家具购置费的概算

工具、器具及生产家具购置费一般以设备购置费为计算基数，按照部门或行业规定的工具、器具及生产家具费率计算。计算公式为

$$工具、器具及生产家具购置费 = 设备购置费 \times 定额费率(\%)$$

3) 设备安装工程费概算

设备安装工程概算的编制方法应根据初步设计深度和要求所明确的程度而采用。其主要编制方法有：

(1) 预算单价法。当初步设计较深，有详细的设备清单时，可直接按安装工程预算定额单价编制安装工程概算，概算编制程序基本同于安装工程施工图预算。该法具有计算比较具体，精确性较高的优点。这种方法与安装施工图预算类似。

设备安装工程概算采用预算单价法的计算方法和步骤如下：①划分工程项目，并按照安装工程预算定额规定的工程量计算规则计算工程量；②套单价(计算定额基价)；③工料分析；④计算主材费(未计价材料费)；⑤按费用定额取费，即按有关规定计取措施费，以及按当地费用定额的取费规定计算间接费、利润和税金等；⑥计算并汇总单位设备安装工程费。

(2) 扩大单价法。当初步设计深度不够，设备清单不完备，只有主体设备或仅有成套设备重量时，可采用主体设备、成套设备的综合扩大安装单价来编制概算。此种方法与单位建筑工程概算中的概算定额法类似。

设备安装工程概算采用扩大单价法的计算方法和步骤如下：①列出单位安装工程中分项工程或扩大分项工程的项目名称，并计算其工程量；②确定安装工程各分部分项工程项目的概算定额单价；③计算分部分项工程的直接工程费，合计得到单位工程直接工程费之和；④按照有关规定标准计算措施费，合计得到单位工程直接费；⑤按照一定的取费标准和计算基础计算间接费、利润和税金；⑥计算单位设备安装工程概算造价。

(3) 设备价值百分比法又叫安装设备百分比法。当初步设计深度不够，只有设备出厂价而无详细规格、重量时，安装费可按占设备费的百分比计算。其百分比值(即安装费率)由相关管理部门制定或由设计单位根据已完工类似工程确定。该法常用于价格波动不大的定型产品和通用设备产品。数学表达式为

$$设备安装费=设备原价 \times 安装费率(\%)$$

(4) 综合吨位指标法。当初步设计提供的设备清单有规格和设备重量时，可采用综合吨位指标编制概算，其综合吨位指标由相关主管部门或由设计院根据已完工类似工程资料确定。该法常用于设备价格波动较大的非标准设备和引进设备的安装工程概算。数学表达式为

$$设备安装费=设备吨重 \times 每吨设备安装费指标(元/吨)$$

(二) 单项工程综合概算的编制

1. 单项工程综合概算的含义

单项工程综合概算，是以其对应的建筑工程概算表和设备及安装工程概算表为基础汇

总编制的。它是确定某一单项工程(如一个生产车间或独立的建筑物)所需建设费用的综合文件,它是由该单项工程各专业单位工程概算汇总而成的,是建设项目总概算的组成部分。

2. 单项工程综合概算文件组成

单项工程综合概算文件一般包括编制说明(不编制总概算时列入)、综合概算表(含其所附的单位工程概算表和建筑材料表)两大部分。当建设项目只有一个单项工程时,此时综合概算文件(实为总概算)除包括上述两大部分外,还应包括工程建设其他费用、建设期利息、预备费和固定资产投资方向调节税的概算。

1) 编制说明

编制说明应列在综合概算表的前面,其内容为:

(1) 工程概况。简述建设项目的建设地点、设计规模、建设性质(新建、扩建或改建)、工程类别、建设期(年限)、主要工程内容、主要工程量、主要工艺设备及数量等。

(2) 主要技术经济指标。项目概算总投资(有引进的给出所需外汇额度)及主要分项投资、主要技术经济指标(主要单位投资指标)等。

(3) 编制依据。包括国家和有关部门的规定、设计文件,现行概算定额或概算指标、设备材料的预算价格和费用指标等。

(4) 工程费用计算表。主要包括建筑工程工程费用计算表、工艺安装工程工程费用计算表、配套工程工程费用计算表、其他涉及工程的工程费用计算表。

(5) 引进设备材料有关费率取定及依据。主要是关于国外运输费、国外运输保险费、海关税费、增值税、国内运杂费、其他有关税费等。

(6) 其他有关说明的问题。

(7) 引进设备材料从属费用计算表。

2) 综合概算表

综合概算表是根据单项工程所辖范围内的各单位工程概算等基础资料,按照国家或部委所规定统一表格进行编制。

(1) 综合概算表的项目组成。工业建设项目综合概算表由建筑工程和设备及安装工程两大部分组成;民用工程项目综合概算表仅建筑工程一项。

(2) 综合概算表的费用组成。一般由建筑工程费、设备购置费、安装工程费所组成。当不编制总概算时,还应包括工程建设其他费用、建设期利息、预备费和固定资产投资方向调节税、生产或经营性项目铺底流动资金等费用项目。

(三) 建设项目总概算的编制

建设项目总概算是设计文件的重要组成部分,是确定整个建设项目从筹建到竣工交付使用所预计花费的全部费用的文件。它是由各单项工程综合概算、工程建设其他费用、建设期利息、预备费、固定资产投资方向调节税、生产或经营性项目铺底流动资金概算所组成。

1. 工程建设其他费用概算

工程建设其他费用是指应在建设项目的建设投资中开支的固定资产其他费用、无形资产费用和其他资产费用，其目的是为了保证工程建设顺利完成和交付使用后能够正常发挥效用。具体费用计算见表3.5。

2. 建设期利息概算

具体内容请参考第三章第一节内容。

3. 预备费概算

具体内容请参考第三章第一节内容。

4. 固定资产投资方向调节税

根据《概算编审规程》的规定，固定资产投资方向调节税暂停征收，规定征收时计算，并计入概算。

5. 铺底流动资金概算

铺底流动资金是保证项目投产后，能正常生产经营所需要的最基本的周转资金数额。铺底流动资金是项目总投资中流动资金的一部分，在项目决策阶段，这部分资金就要求落实，如短期日常营运现金，人工、购货、水、电、电话、膳食等开支。根据《概算编审规程》的规定，铺底流动资金一般按流动资金的30%计算，也可按其他方法计算。

流动资金的具体内容请参考第三章第一节相关内容。

6. 建设项目总概算文件组成

设计概算文件组成可分为三级编制和二级编制两种形式。三级编制（总概算、综合概算、单位工程概算）形式设计概算文件的组成，包括：①封面、签署页及目录；②编制说明；③总概算表；④其他费用表；⑤综合概算表；⑥单位工程概算表；⑦附件：补充单位估价表。

二级编制（总概算、单位工程概算）形式设计概算文件的组成，包括：①封面、签署页及目录；②编制说明；③总概算表；④其他费用表；⑤单位工程概算表；⑥附件：补充单位估价表。

案　　例①

（一）案例背景

1. 工程概况

该工程是湖北省武汉市×××公司××供电公司调度通信综合楼工程，由××设计研究院设计，建筑面积为4 999平方米，层数为10层。该工程是以单体建筑工程为主体构成的建设项目，项目建设包括了室内工程与室外工程两部分。

2. 编制依据

本工程的编制依据主要是××设计研究院提供的图纸和湖北省建筑工程概算定额和

① 本案例根据沈祥华编著的《建筑工程概算与工程量清单》一书中相关案例改编而成，在此表示感谢。

费用定额、价格信息，以及设计概算编审规程等，如下所示：

(1) ×××设计研究院提供的《×××公司××供电公司调度通信综合楼》扩初设计图纸，见本书附图1～附图8。

(2) 主体结构工程：2006年《湖北省建筑工程概算定额及统一基价表》。

(3) 装饰装修工程：2003年《湖北省建筑工程概算定额及统一基价表》。

(4) 安装工程：2003年《湖北省安装工程消耗量定额及单位估价表》。

(5) 市政工程：2003年《湖北省市政工程消耗量定额及单位估价表》。

(6) 费用定额：2003年《湖北省建筑安装工程费用定额》(鄂建〔2003〕44号文)。

(7) 2009年第二期《武汉建设工程价格信息》。

(8) 2006年《湖北省建设项目总投资组成及其他费用定额》(鄂建〔2006〕26号文)。

(9) 2007年中国建设工程造价管理协会标准《建设项目设计概算编审规程》。

(10) 2003年中华人民共和国建设部《建筑工程设计文件编制深度规定》。

3. 有关说明

(1) 根据2009年第二期《武汉建设工程价格信息》计算主要材料价差。

(2) 本工程概算中钢筋用量参考类似工程用量调整计算。

(3) 本工程概算中不包括建设用地费。

(4) 本工程概算不包括空调、办公家具等费用。

(5) 本概算建筑安装工程费，由建筑工程(包括单位主体结构工程、装饰装修工程)、安装工程(给水排水工程、消火栓工程、自动喷淋系统、电气照明、防雷工程及空调工程等)、室外工程等单位工程设计概算费用构成。所谓主体结构工程系指单位建筑工程，而空调工程即为设备及安装工程，其单位工程费用概算编制可代表一般情况，读者可以举一反三。

(二) 设计概算编制过程

1. 单位工程设计概算的编制

1) 单位主体结构工程设计概算的编制

(1) 列出单位工程中分项工程或扩大分项工程的项目名称，并计算工程量。具体步骤如下：

第一，列出分部分项工程。分部工程是按照单位工程的不同部位、不同施工方式或不同材料和设备种类，从单位工程中划分出来的中间产品。一般工业与民用建筑工程的分部工程包括地基与基础工程、主体结构工程、装饰装修工程、屋面工程、给排水及采暖工程、电气工程、智能建筑工程、通风与空调工程、电梯工程等。当分部工程较大或较复杂时，考虑到这些组成部分是由不同工人用不同工具和材料完成的，可按材料种类、施工特点、施工程序、专业系统及类别等将其划分为若干子分部工程。例如，主体结构分部工程可细分为混凝土结构、劲钢(管)混凝土结构、砌体结构、钢结构、木结构、网架和索膜结构等分部工程；建筑装饰装修分部工程可细分为地面、抹灰、门窗、吊顶、轻质隔墙、饰面板(专)、幕墙、涂饰、裱糊与软包、细部等子分部工程；智能建筑分部工程可细分为通信网络系统，办公自动化系统、建筑设备监控系统、火灾报警及消防联动系统、安全防范系统、综合布线系统、智能化集成系统、电源与接地、环境、住宅(小区)智能化系统等分部工程。

分项工程是能通过较简单的施工过程生产出来的、可以用适当的计量单位计算并便于测定或计算其消耗的工程基本构成要素，是工程项目施工生产活动的基础，是计量工程用工用料和机械台班消耗的基本单元，同时又是工程质量形成的直接过程。一般按照不同的施工方法、材料、构造及规格等进行划分。土建工程的分项工程按建筑工程的主要工种工程划分，如土方工程、钢筋工程等；安装工程的分项工程按用途或输送不同介质、物料以及设备组别划分，如给水工程中铸铁管、钢管、阀门等。

本单位主体结构工程分部工程主要是按照不同部位进行划分，分项工程是按照主要工种、材料构造进行划分，具体划分如表 4.6 所示，WBS 分解如图 4.5 所示。

表 4.6　单位主体结构工程直接费表

定额编号	子目名称	工程量		价值/元		其中/元		
		单位	数量	单价	合价	人工合价	材料合价	机械合价
0101	土(石)方工程				84 392.35	79 213.94		5 178.61
1-7	人工挖满堂基础土方三类土(深度 2 米以内)	立方米	212.97	23.97	5 104.89	5 104.89		
1-14	回填土	立方米	2 868.15	27.55	79 017.53	74 084.31		4 933.22
1-15	平整场地	立方米	817.96	0.33	269.93	24.54		245.39
0102	基础工程				679 675.4	221 883.17	324 508.63	133 283.6
2-20	人工挖孔桩混凝土护臂含桩芯	立方米	578.122	653.09	377 565.7	153 474.05	190 647.29	33 444.36
2-30	人工挖孔桩入岩增加费	立方米	28.41	2 968.16	84 325.43	30 341.88		53 983.55
2-43	钢筋笼制安，人工挖孔桩	吨	11.69	3 435.14	40 156.79	5 109	31 738.7	3 309.09
…								
0103	墙、柱围护结构工程				1 056 493.9			
3-25	蒸压灰砂砖内外墙 1 砖，混合砂浆 M5	平方米	5.94	49.14	291.89	68.79	219.78	3.33
3-40	加气混凝土砌块墙 100 毫米厚混合砂浆 M5	平方米	6 252.849	22.77	142 377.37	18 758.55	122 868.48	750.34
3-41	加气混凝土砌块墙每增减 25 毫米厚混合砂浆 M5	平方米	30 626.138	5.69	174 262.73	22 969.6	150 374.34	918.78
…								
0104	楼盖工程				922 058.88			
4-5	现浇钢筋混凝土单梁、连续梁、悬臂梁，商品混凝土 C25	立方米	45.94	1 089.05	50 030.96	10 094.86	38 196.81	1 739.29

续表

定额编号	子目名称	工程量		价值/元		其中/元		
		单位	数量	单价	合价	人工合价	材料合价	机械合价
4-11	现浇钢筋混凝土弧形梁、拱形梁，商品混凝土 C25	立方米	1.53	1 428.32	2 185.33	464.16	1 667.23	53.95
4-21	现浇钢筋混凝有梁板，商品混凝土 C30	立方米	537.914	915.94	492 696.95	95 113.95	384 673.06	12 909.94
…								
0105	屋盖工程				107 142.55	20 646.7	85 991.3	504.55
5-27	改性沥青防水卷材屋面，满铺（加强型）平面	米	598.77	26.28	15 735.68	3 472.87	12 262.81	
5-39	屋面分格缝	米	84.35	24.06	2 029.46	250.52	1 778.94	
5-40	聚氨酯涂膜防水屋面	平方米	525.58	6.67	3 505.62	1 229.86	2 165.39	110.37
…								
0107	耐酸、隔热、保温工程				100 227.72	17 399.46	82 828.25	
7-42	保温、隔热泡沫塑料袋	立方米	105.12	953.46	100 227.72	17 399.46	82 828.25	
0108	金属结构工程				9 729.32	2 790.9	5 977.04	961.38
8-33	零星钢构件制作安装	吨	1.2	6 227.4	7 472.88	2 325.74	4 244.64	902.5
8-43	金属结构过氯乙烯底漆、泥子、磁漆一道，过氯乙烯磁漆三遍，清漆二道	吨	1.2	1 880.37	2 256.44	456.16	1 732.4	58.88
0109	脚手架工程				68 577.07	44 363.93	20 956.93	3 256.21
9-1	综合脚手架，建筑面积	平方米	4 999	4.89	24 445.11	14 547.09	8 948.21	949.81
9-8	满堂脚手架，基本层 3.6 米高	平方米	2 480	6.57	16 293.6	9 721.6	4 265.6	2 306.4
9-18	外脚手架安全围护网 9～12 层，檐高（40 米以内）	平方米	4 609	6.04	27 838.36	20 095.24	7 743.12	
0110	垂直运输过程				45 790.84			45 790.84
10-2	建筑物垂直运输 20 米（6 层）以内塔吊施工	平方米	4 999	9.16	45 790.84			45 790.84
0111	常用大型机械安拆和场外运输费用表				45 563.82	9 703	1 441.9	34 418.92

续表

定额编号	子目名称	工程量		价值/元		其中/元		
		单位	数量	单价	合价	人工合价	材料合价	机械合价
11-2	常用大型机械每安装和拆卸一次费用表,履带式单斗挖掘机1立方米以内	台次	2	1 669.66	3 339.32	806	196.9	2 336.42
11-12	常用大型机械每安装和拆卸一次费用表,自升式塔式起重机,起重力矩(1 000千牛米以内)	台次	1	12 632.39	12 632.39	4 185	396.35	8 051.04
11-19	常用大型机械每安装和拆卸一次费用表,室外施工电梯(75米以内)	台次	1	6 536.52	6 536.52	2 976	218.22	3 342.3
…								
0112	钢筋、软件工程				409 775.17	53 041.01	340 139.13	16 595.04
12-1	现浇构件钢筋调整	吨	115.47	3 255.6	375 924.13	39 065.81	327 833.19	9 025.14
12-10	电渣压力焊接头	个	3 882	8.72	33 851.04	13 975.2	12 305.94	7 569.9
合计					3 529 427	827 076.1	2 419 831.3	282 519.68

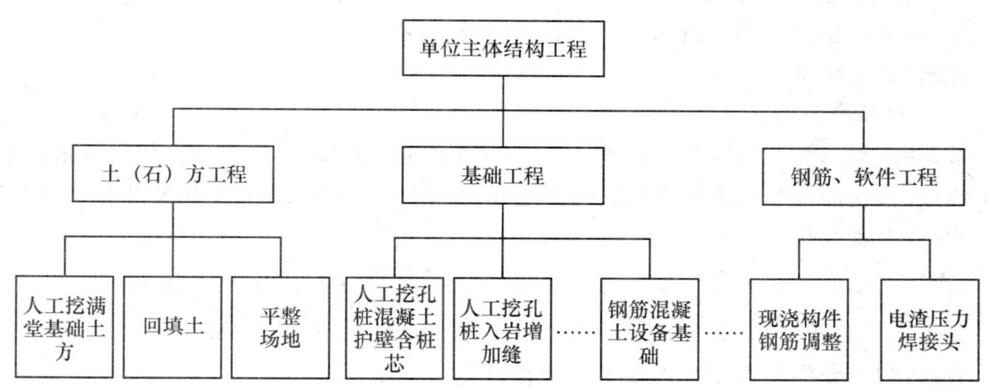

图 4.5 单位主体结构工程 WBS 示意图

第二,根据工程量计算规则计算工程量,具体如表 4.6 所示。工程量计算必须与定额中规定的工程量计算规则(或计算方法)相一致,才符合定额的要求。下面对分部工程土(石)方工程的计算规则介绍如下:

其一,土方工程基础定额工程量计算规则。一般规定中:①土方体积,均以挖掘前的天然密实体积为准计算;②挖土一律以设计室外地坪标高为准计算。平整场地工程量计算中:①人工平整场地是指建筑场地挖、填土方厚度在±30 厘米以内及找平。挖、填土方厚度超过±30 厘米以外时,按场地土方平衡竖向布置图另行计算;②平整场地工程量按建筑物外墙外边线每边各加 2 米,以平方米计算。

其二,石方工程基础定额工程量计算规则。岩石开凿及爆破工程量,区别石质按下列规定计算：①人工凿岩石，按图示尺寸以立方米计算；②爆破岩石，按图示尺寸以立方米计算，其沟槽、基坑深度、宽允许超挖量：次竖石为200毫米，特竖石为150毫米，超挖部分岩石并入岩石挖方量之内计算。

其三，土(石)方回填基础定额工程量计算规则。回填土分夯填、松填，按图示回填体积并依下列规定，以立方米计算：①沟槽、基坑回填土，沟槽、基坑回填体积以挖方体积减去设计室外地坪以下埋设砌筑物(包括：基础垫层、基础等)体积计算；②管道沟槽回填，以挖方体积减去管径所占体积计算；③房心回填土，按主墙之间的面积乘以回填土厚度计算；④余土或取土工程量，可按下式计算：

余土外运体积＝挖土总体积－回填土总体积

式中，计算结果为正值时，为余土外运体积，负值时为取土体积。

(2) 套用各分部分项工程项目的概算定额单价，并计算人、材、机价格，如表4.6所示。人工合价、材料合价、机械合价的计算可分为三个步骤：分项工程人、材、机合价的计算；分部工程人、材、机合价的计算；单位工程人、材、机合价的计算。

第一，分项工程人、材、机的计算。以土(石)方工程中的分项工程回填土为例：

根据2006年《湖北省建筑工程概算定额及统一基价表》，确定各子项的人工费、材料费和机械费，分别计算各子项的人工合价、材料合价和机械合价。

其一，人工合价。计算公式为

$$人工合价＝该子项人工费\times 工程量＝25.83\times 2\,868.15＝74\,084.31(元)$$

其二，材料合价。本分项工程中不含材料费。

其三，机械合价。计算公式为

$$机械合价＝该子项机械费\times 工程量＝1.72\times 2\,868.15＝4\,933.22(元)$$

第二，分部工程人、材、机的计算。以土(石)方分部工程为例，人、材、机合价是三个分项工程(人工挖满堂基础土方、回填土、平整场地)各子项费用之和，具体的计算过程如下：

其一，人工合价。计算公式为

$$\begin{aligned}人工合价 &= \sum 各分项工程人工合价 = \sum(人工费\times 工程量)\\ &= 5\,104.89 + 74\,084.31 + 24.54 = 79\,213.74(元)\end{aligned}$$

其二，材料合价。本分部工程中不含材料费。

其三，机械合价。计算公式为

$$\begin{aligned}机械合价 &= \sum 各分项工程机械合价 = \sum(机械费\times 工程量)\\ &= 4\,933.22 + 245.39 = 5\,178.61(元)\end{aligned}$$

第三，单位工程人、材、机的计算。单位工程人、材、机费用是各分部工程费用之和，具体计算过程如下：

其一，人工合价。计算公式为

$$\begin{aligned}人工合价 &= \sum 各分部工程人工合价 = \sum(人工费\times 工程量)\\ &= 79\,213.74 + 221\,883.17 + 189\,836.15 + 188\,198.04 + 20\,646.7\\ &\quad + 17\,399.46 + 2\,790.9 + 44\,363.93 + 9\,703 + 53\,041.01\\ &= 827\,076.1(元)\end{aligned}$$

其二，材料合价。计算公式为

$$\begin{aligned}材料合价 &= \sum(材料费 \times 工程量) \\ &= 324\,508.63 + 848\,578 + 709\,410.12 + 85\,991.3 + 82\,828.25 \\ &\quad + 5\,977.04 + 20\,956.93 + 1\,441.9 + 340\,139.13 \\ &= 2\,419\,831.3(元)\end{aligned}$$

其三，机械合价。计算公式为

$$\begin{aligned}机械合价 &= \sum 各分部工程机械合价 = \sum(机械费 \times 工程量) \\ &= 5\,718.61 + 133\,283.6 + 18\,079.79 + 24\,450.74 + 504.55 \\ &\quad + 961.38 + 3\,256.21 + 45\,790.84 + 34\,418.92 + 16\,595.04 \\ &= 282\,519.68(元)\end{aligned}$$

(3) 计算直接工程费，综合费，价差及其利润，安全防护、文明施工与环境保护费，税金等，合计得到单位主体结构工程概算造价。

第一，直接工程费的计算。根据鄂建〔2006〕26 号文和鄂建〔2003〕44 号文的规定，直接工程费包括人工费、材料费(含未计价材)、机械费和构件增值税。构件增值税是指施工企业在非施工现场制作构件而收取的增值税，且应按构件制作直接费的 7.05%计算。而本单位主体结构工程均在施工现场制作构件，因而不计构件增值税。

根据鄂建文〔2007〕302 号的规定，材料检验试验费的费率取为 0.2%，则

$$材料检验试验费 = 材料费 \times 0.2\% = 2\,419\,831.3 \times 0.2\% = 4\,839.66(元)$$

$$\begin{aligned}直接工程费 &= 单位工程的人、材、机费 + 材料检验试验费 \\ &= 827\,076.1 + 2\,419\,831.3 + 282\,519.68 + 4\,839.66 \\ &= 3\,534\,266.74(元)\end{aligned}$$

第二，综合费的计算。计算公式为

$$综合费 = 直接工程费 \times 21\% = 742\,196.01(元)$$

第三，价差及其利润的计算。根据鄂建〔2003〕44 号文的规定，价差指人工、材料、机械费根据有关规定和材料信息价格(或预算价格)与全省统一基价表中的取定价格的正、负差价。

单位主体结构工程人材机价差为 907 320.74 元，具体各项人、材、机的价差如表 4.7 所示。以标准砖为例，价差的计算过程如下：

$$\begin{aligned}价差 &= 用量 \times (市场价格 - 定额取定价格) \\ &= 38.6\,142 \times (230 - 180) = 1\,930.71(元)\end{aligned}$$

$$价差的利润 = 价差 \times 5\% = 907\,320.74 \times 5\% = 45\,366.04(元)$$

表 4.7　单位主体结构工程人材机价差表

序号	材料名称	材料规格	单位	材料量	预算价/元	市场价/元	价差/元	价差合计/元
1	C15	商品混凝土碎石 20 毫米	立方米	29.002 1	282	286	4	116.01
2	C20	商品混凝土碎石 20 毫米	立方米	64.260 4	290	300	10	642.6

续表

序号	材料名称	材料规格	单位	材料量	预算价/元	市场价/元	价差/元	价差合计/元
3	C25	商品混凝土碎石 20 毫米商品混凝土碎石 20 毫米	立方米	691.431 7	312	313	1	691.43
4	C30	商品混凝土碎石 20 毫米	立方米	1 309.122	318	327	9	11 782.1
…								
合计								907 320.74

第四，安全防护、文明施工与环境保护费的计算。根据鄂建文〔2007〕302 号的规定，安全防护费、文明施工与环境保护费应独立列项，按 3%的费率计取。计费基础为“直接工程费＋综合费＋价差＋价差的利润”，并进入不含税工程造价，计取相应的税金。则

安全防护、文明施工与环境保护费 ＝(3 534 266.74＋742 196.01＋907 320.74＋45 366.04)×3%
＝156 874.49(元)

第五，不含税工程造价的计算。计算公式为

不含税工程造价 ＝直接工程费＋综合费＋价差＋价差的利润＋安全防护、文明施工与环境保护费
＝3 534 266.74＋742 196.01＋907 320.74＋45 366.04＋156 874.49
＝5 386 024.02(元)

第六，税金的计算。计算公式为

税金＝不含税工程造价×3.14%＝5 386 024.02×3.14%＝169 121.15(元)

第七，单位主体结构工程概算造价的计算。计算公式为

单位主体结构工程概算造价＝不含税工程造价＋税金
＝5 386 024.02＋169 121.15
＝5 555 145.17(元)

2) 单位空调工程设计概算的编制

(1) 列出单位工程中分项工程或扩大分项工程的项目名称，并计算工程量。分部分项工程的划分原理同单位主体结构工程，具体划分如表 4.8 所示，WBS 分解如图 4.6 所示。

表 4.8　单位空调工程直接费表

定额编号	子目名称	工程量		价值/元		其中/元			
		单位	数量	单价	合价	人工合价	材料合价	机械合价	主材合价
0801	给排水、采暖、燃气管道				31 035.85	24 082.76	6 863.48	89.62	39 689.41
C8-219	室内塑料给水管	10 米	61.1	80.64	4 927.1	3 504.09	1 423.02		3 115.49
主材	塑料管 25	米	629.33	4.95					3 115.49
…									

续表

定额编号	子目名称	工程量		价值/元		其中/元			
		单位	数量	单价	合价	人工合价	材料合价	机械合价	主材合价
0901	通风及空调设备、部件制作安装				11 643.28	11 355.3	287.98		
C9-23	通风及空调设备安装空调器安装吊顶式重量(0.15吨以内)	台	52	58.22	3 027.44	2 901.6	125.84		
主材	空调器	台	52						
…									
0902	通风管道制作安装				43 656.2	23 036.38	18 544.52	2 075.3	29 230.53
C9-55	碳钢通风管道制作安装镀锌薄钢板圆形风管(£=1.2毫米以内咬口)直径500毫米以下	10平方米	5.495	422.23	2 320.15	1 531.4	666.43	122.32	1 914.79
主材	镀锌钢板	平方米	62.53	30.62					1 914.763 5
…									
1402	刷油工程				40 910.97	12 520.61	13 904.73	14 485.6	
C14-117	金属结构刷油一遍,一般钢结构红丹防锈漆一遍	100千克	453.81	24.99	11 340.71	3 235.67	4 483.64	3 621.4	
C14-118	金属结构刷油一遍,一般钢结构红丹防锈漆两遍	100千克	453.81	22.95	10 414.94	3 094.98	3 698.55	3 621.4	
…									
	补充分部								
Z7	分歧接头28.6	个	50						275
Z8	分歧接头22.2	个	20						86
…									
安装费用	安装费用				9 946.78	3 409.12	6 537.66		
BM38	高层建筑增加费：12层以下40米	元	1	722.48	722.48	722.48			
BM65	高层建筑增加费：12层以下40米	元	1	748.25	748.25	748.25			
…									
合计					311 561.98	82 760.75	63 987.16	16 683.12	148 130.93

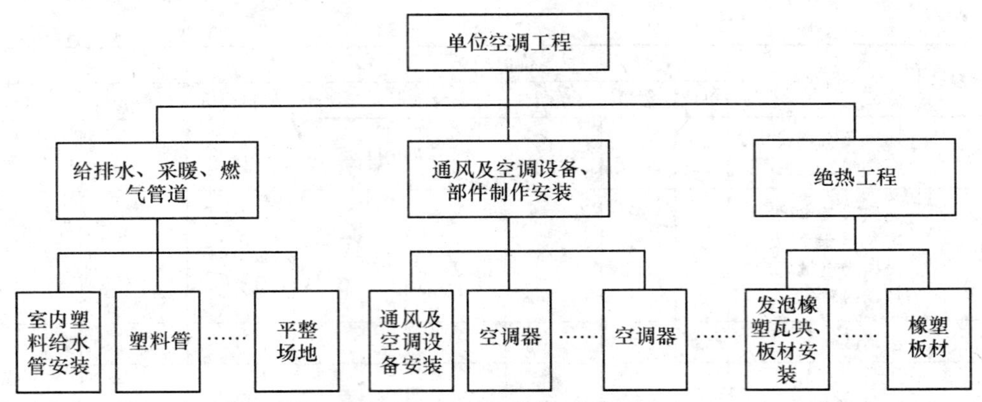

图 4.6　单位空调工程 WBS 示意图

工程量计算结果，如表 4.8 所示。

(2) 套用各分部分项工程项目的概算定额单价，并计算人、材、机价格，如表 4.8 所示。

人工费、材料费、机械费的计算可分为三个步骤：分项工程人、材、机的计算；分部工程人、材、机的计算；单位工程人、材、机的计算。计算方法与单位主体结构工程相同。

(3) 计算直接工程费，并计取措施费、间接费、价格调整、利润、安全防护费、文明施工与环境保护费、安全技术服务费、意外伤害费、税金、设备费，合计得到单位空调工程概算造价。

第一，直接工程费。计算公式为

直接工程费 ＝单位工程的人、材、机费＋主材费＋材料检验试验费
＝82 760.75＋63 987.16＋16 683.12＋148 130.93
＋(63 987.16＋148 130.93)×0.2%＝311 986.2(元)

第二，措施费的计算。根据鄂建〔2006〕26 号文和鄂建〔2003〕44 号文的规定，措施费包括施工组织措施费和施工技术措施费，且施工组织措施费包括临时设施费和其他施工组织措施费。

根据鄂建〔2003〕44 号文的规定，二类工程的临时设施费以人工费为取费基数时费率为 8%，其他施工组织措施费以人工费为取费基数时费率为 5.5%，施工组织措施费中的人工费以施工组织措施费为取费基数时费率为 15%，则

临时设施费 ＝(直接工程费中的人工费＋施工技术措施费中的人工费)×8%
＝(82 760.75＋1 098.81)×8%＝6 708.76(元)

其他施工组织措施费 ＝(直接工程费中的人工费＋施工技术措施费中的人工费)×5.5%
＝(82 760.75＋1 098.81)×5.5%＝4 612.28(元)

施工组织措施费 ＝临时设施费＋其他施工组织措施费
＝6 708.76＋4 612.28＝11 321.04(元)

施工组织措施费的人工费 ＝施工组织措施费×15%＝11 321.04×15%＝1 698.16(元)

第三，间接费的计算。根据鄂建〔2003〕44 号文的规定，间接费由施工管理费和规费组成。安装工程为二类工程时，施工管理费以人工费为取费基数时费率为 25%，规费以人工费为取费基数时费率为 25%，则

施工管理费 =(直接工程费中的人工费 + 施工技术措施费中的人工费 + 施工组织措施费中的人工费)×25%
=(82 760.75 + 1 098.81 + 1 698.16)×25% = 21 389.43(元)

规费 =(直接工程费中的人工费 + 施工技术措施费中的人工费 + 施工组织措施费中的人工费)×25% = 21 389.43(元)

第四，价格调整的计算。价格调整包括人、材、机费用调整之和，具体的人材机价差如表 4.9 所示，且本单位空调工程不包括机械价差。

价格调整 =人工费调整 + 材料费调整 + 机械费调整 = 35 836.22 + 9 479.12
=45 315.34(元)

表 4.9　单位空调工程人材机价差表

序　号	材料名称	材料规格	单位	材料量	预算价/元	市场价/元	价差/元	价差合计/元
1	综合工日		工日	2 559.730 1	31	45	14	35 836.22
2	汽油	60#～70#	千克	703.405 5	3.75	6	2.25	1 582.66
3	扁钢	−59	千克	709.778 5	2.5	3.91	1.41	1 002.92
4	槽钢	5#～16#	千克	7.118 1	2.6	4.12	1.52	10.82
5	角钢	L60	千克	1 107	2.6	4.12	1.52	1 685.96
6	角钢	L60	千克	3 268.727 2	2.6	4.12	1.52	4 978.27
7	角钢	L63	千克	1.579 5	2.6	4.12	1.52	2.41
8	圆钢	φ5.5～φ9	千克	158.879 2	2.6	3.96	1.36	216.08
合计								45 315.34

第五，利润的计算。根据鄂建〔2003〕44 号文的规定，二类工程的利润以人工费为取费基数时费率为 20%，则

利润 =(直接工程费中的人工费 + 施工技术措施费中的人工费 + 施工组织措施费中的人工费)×20%
=(82 760.75 + 1 098.81 + 1 698.16)×20% = 17 111.54(元)

第六，安全防护费、文明施工与环境保护费、安全技术服务费、意外伤害费的计算。根据鄂建文〔2007〕302 号的规定，工程为 12 层以下的建筑，安全防护费费率为 2%，文明施工与环境保护费费率为 1%。根据湖北省建设厅、湖北省物价局鄂价房服〔2006〕166 号文的规定，安全技术服务费的费率取为 0.15%。则

安全防护费 =(直接工程费 + 施工技术措施费 + 施工组织措施费 + 施工管理费 + 规费 + 价格调整 + 利润)×2%
=(311 986.2 + 4 395.27 + 11 321.04 + 21 389.43 + 21 389.43 + 45 315.34 + 17 111.54)×2%
=432 908.25×2% = 8 658.17(元)

文明施工与环境保护费 =432 908.25×1% = 4 329.08(元)

安全技术服务费 =432 908.25×0.15% = 649.36(元)

意外伤害费 ＝432 908.25×0.05％＝216.45(元)

第七,税金的计算。计算公式为

税金＝不含税工程造价×3.14％＝(直接工程费＋施工技术措施费
＋施工组织措施费＋施工管理费＋规费＋价格调整＋利润＋安全防护费
＋文明施工与环境保护费＋安全技术服务费＋意外伤害费)×3.14％
＝(311 986.2＋4 395.27＋11 321.04＋21 389.43＋21 389.43＋45 315.34
＋17 111.54＋8 658.17＋4 329.08＋649.36＋216.45)×3.14％
＝445 895.42×3.14％＝14 001.12(元)

第八,单位空调工程概算造价的计算。计算公式为

单位空调工程概算造价＝不含税工程造价＋税金＋设备费
＝445 895.42＋14 001.12＋1 294 249.5
＝1 754 146.04(元)

2. 单项工程综合概算的编制

单项工程综合概算分为单项建筑工程综合概算、单项安装工程综合概算和单项室外工程综合概算三项,分别如表4.10、表4.11、表4.12所示。

表4.10　单项建筑工程综合概算表

综合概算编号:________　　工程名称(单项工程):建筑工程　　共　页　第　页

序号	工程项目或费用名称	设计规模或主要工程量	建筑工程费/万元	设备购置费/万元	安装工程费/万元	合计/万元
1	主体结构工程	4 999平方米	555.51			555.51
2	装饰装修工程	4 999平方米	480.71			480.71
	单项工程概算费用合计	4 999平方米	1 036.22			1 036.22

编制人:　　审核人:　　项目负责人:

表4.11　单项安装工程综合概算表

综合概算编号:________　　工程名称(单项工程):安装工程　　共　页　第　页

序号	工程项目或费用名称	设计规模或主要工程量	建筑工程费/万元	设备购置费/万元	安装工程费/万元	合计/万元
1	给水排水工程	4 999平方米			8.63	8.63
2	消火栓工程	4 999平方米			21.46	21.46
3	自动喷淋系统	4 999平方米			25.39	25.39
4	电气照明及防雷工程	4 999平方米		19.66	62.99	82.65
5	火灾自动报警及消防联动系统	4 999平方米		5.20	21.85	27.05
6	空调工程	4 999平方米		129.42	45.99	175.41
7	电梯	2部		40	5	45
	单项工程概算费用合计	4 999平方米		194.28	191.31	385.59

表 4.12 单项室外工程综合概算表

综合概算编号：________ 工程名称(单项工程)：室外工程 共 页 第 页

序 号	工程项目或费用名称	设计规模或主要工程量	建筑工程费/万元	设备购置费/万元	安装工程费/万元	合计/万元
1	室外供电线路				50	50
2	室外给水排水工程		10		10	20
3	道路	600 平方米	12			12
4	绿化	4 500 平方米	13.50			13.50
	单项工程概算费用合计	4 999 平方米	35.50		60	95.50

3. 总概算的编制

设计总概算包括建筑工程概算、设备及安装工程概算、工程建设其他费、预备费等，具体如表 4.13 所示，则

总概算＝1 517.31＋204.56＋(1 517.31＋204.56)×3%＝1 773.53(万元)

表 4.13 调度通信综合楼工程概算汇总表

序 号	工程或费用名称	概算金额/万元					技术经济指标/元			备 注
		建筑工程	安装工程	设备费	其他	总价	单位	数量	单位价值	
1	建筑安装总费用									
1.1	建筑工程									
1.1.1	主体结构工程	555.51				555.51	平方米	4 999	1 111.24	
1.1.2	装饰装修工程	480.71				480.71	平方米	4 999	961.61	
建筑工程小计		1 036.22				1 036.22	平方米	4 999	2 072.85	
1.2	安装工程									
1.2.1	给水排水工程		8.63			8.63	平方米	4 999	17.26	
1.2.2	消火栓工程		21.46			21.46	平方米	4 999	42.93	
1.2.3	自动喷淋系统		25.39			25.39	平方米	4 999	50.79	
1.2.4	电气照明及防雷工程		62.99	19.66		82.65	平方米	4 999	165.33	
1.2.5	火灾自动报警及消防联动系统		21.85	5.20		27.05	平方米	4 999	54.11	
1.2.6	空调工程		45.99	129.42		175.41	平方米	4 999	350.89	
1.2.7	电梯		5.00	40.00		45.00	部	2	225 000.00	
安装工程小计			191.31	194.28		385.59	平方米	4 999	771.34	
1.3	室外工程									
1.3.1	室外供电线路		50.00			50.00				
1.3.2	室外给水排水工程	10.00	10.00			20.00				
1.3.3	道路	12.00					平方米	600	200.00	

续表

序号	工程或费用名称	概算金额/万元					技术经济指标/元			备注
		建筑工程	安装工程	设备费	其他	总价	单位	数量	单位价值	
1.3.4	绿化	13.50				13.50	平方米	4 500	30.00	
室外工程小计		35.50	60.00			95.50	平方米	4 999	191.04	
建筑安装工程费用合计		1 071.72	251.31	194.28		1 517.31	平方米	4 999	3 035.23	
2	建设工程其他费用									
2.1	建设管理费									
2.1.1	建设单位管理费				19.12	19.12				财建〔2002〕394号
2.1.2	工程建设监理费				34.21	34.21				
2.1.3	工程质量监督费				2.13	2.13				价费字〔1993〕149号
小计					55.47	55.47				
2.2	可行性研究费				0.00	0.00				计价格〔1999〕1283号
2.3	勘察设计费									
2.3.1	工程勘察费				12.17	12.17				计价格〔2002〕10号
2.3.2	工程设计费				55.72	55.72				计价格〔2002〕10号
小计					67.89	67.89				
2.4	建设工程评价费									
2.4.1	环境影响评价费				2.00	2.00				计价格〔2002〕125号
2.4.2	劳动安全卫生评审费				0.76	0.76				发改投〔2003〕1346号
小计					2.76	2.76				
2.5	场地准备及临时设施费				10.64	10.64				计标〔85〕352号
2.6	工程保险费									
2.6.1	建筑、安装工程一切险				5.46	5.46				国发〔1983〕35号
2.6.2	建设工程第三者责任险				1.52	1.52				国发〔1983〕35号
小计					6.98	6.98				
2.7	城市基础设施配套费				27.49	27.49	平方米	4 999	55	鄂价房〔2002〕178号
2.8	人防易地建设费				0.00	0.00	平方米	0	0	

续表

序　号	工程或费用名称	概算金额/万元					技术经济指标/元			备　注
		建筑工程	安装工程	设备费	其他	总价	单位	数量	单位价值	
2.9	建筑消防设施检测服务费				5.17	5.17				鄂价经函字〔1999〕80号
2.10	其他与工程建设相关费用									
2.10.1	白蚁防治费				1.00	1.00	平方米	4 999	2	鄂价费字〔1992〕232号
2.10.2	垃圾处理费				9.00	9.00				鄂价费字〔1992〕232号
2.10.3	工程勘察文件审查费				0.73	0.73				鄂价房服〔2002〕216号
2.10.4	施工图设计审查费				1.46	1.46				鄂价房服〔2002〕216号
2.10.5	抗震设计审查费				0.55	0.55				鄂价房服〔2002〕216号
2.10.6	城市建设工程竣工档案整理综合服务费				0.15	0.15				鄂价房地字〔1992〕177号
2.10.7	卫生监督防疫费				1.52	1.52				鄂价费字〔1996〕256号
2.10.8	规划红线定位、验线费				0.57	0.57				国测财字〔2002〕3号文
2.10.9	招标代理服务费				8.37	8.37				计价格〔2002〕1980号
2.10.10	建设工程招投标交易服务费				1.22	1.22				鄂价房地字〔2000〕31号
2.10.11	建设工程造价咨询服务费				6.36	6.36				鄂价房地字〔1996〕68号
小计					30.92	30.92				
建设工程其他费用合计					204.56	204.56	平方米	4 999	409.21	
3	1+2	1 071.72	251.31	194.28	204.56	1 721.87	平方米	4 999	3 444.43	
4	基本预备费3%				51.66	51.66	平方米	4 999	103.34	计标〔85〕352号
总计		1 071.72	251.31	194.28	256.22	1 773.53	平方米	4 999	3 547.77	

4. 编写编制说明及设计概算成果文件

具体内容见设计概算成果文件部分。

(三) 设计概算成果文件

1. 设计概算封面

××供电公司调度通信综合楼工程设计概算书封面，如表 4.14 所示。

表 4.14　××供电公司调度通信综合楼工程设计概算书封面

××供电公司调度通信综合楼工程设计概算书

建设单位：×××公司××供电公司	总价值：1 773.53 万元
工程名称：调度通信综合楼	建筑面积：4 999 平方米
内容包括：详见编制说明及汇总表	单方造价：3 547.77 元/平方米
审定：________	院长：________
校对：________	总工程师：________
编制：________	设计负责人：________

×××设计研究院
2009 年 2 月

2. 调度通信综合楼工程设计概算签署页

调度通信综合楼工程设计概算签署页见表 4.15。

表 4.15　调度通信综合楼工程设计概算签署页

××供电公司调度通信综合楼工程
设　计　概　算

档　案　号：

共　册　第　册

编　制　人：________[执业(从业)印章]
审　核　人：________[执业(从业)印章]
审　定　人：________[执业(从业)印章]
法定代表人或其授权人：________

3. 调度通信综合楼工程设计概算目录

调度通信综合楼工程设计概算的目录见表 4.16。

表 4.16　调度通信综合楼工程设计概算目录

序　号	编　号	名　称	页　次
1		编制说明	
2		总概算表	
3		单项建筑工程概算表	
4		单项安装工程概算表	
5		单项室外工程概算表	
6		单位主体结构工程直接费表	

续表

序　号	编　号	名　称	页　次
7		单位空调工程直接费表	
8		单位主体结构工程人材机价差表	
9		单位空调工程人材机价差表	
10		单位空调工程设备表	

4. 设计概算编制说明

调度通信综合楼工程设计概算的编制说明由以下五大部分组成。

《××供电公司调度通信综合楼工程设计概算书》
编制说明

1）工程概况

该工程是湖北省武汉市×××公司××供电公司调度通信综合楼工程，由××设计研究院设计，建筑面积为4 999平方米，层数为10层。该工程是以单体建筑工程为主体构成的建设项目，项目建设包括了室内工程与室外工程两部分。室内工程包括：其单项建筑工程分单位主体结构工程与单位装饰装修工程；其单项安装工程分给水排水工程、消火栓工程、自动喷淋系统、电气照明及防雷工程、火灾自动报警及消防联动系统、空调工程、电梯等单位工程；单项室外工程包括供电线路、室外给水排水工程、道路、绿化等单位工程。其他情况略。

2）主要技术经济指标

××供电公司调度通信综合楼工程的主要技术经济指标见表4.17。

表4.17　××供电公司调度通信综合楼工程主要技术经济指标

序　号	名　称	单　位	数　量	技术经济指标
1	建筑工程			
1.1	主体结构工程	平方米	4 999	1 111.24
1.2	装饰装修工程	平方米	4 999	961.61
	建筑工程小计	平方米	4 999	2 072.85
2	安装工程			
2.1	给水排水工程	平方米	4 999	17.26
2.2	消火栓工程	平方米	4 999	42.93
2.3	自动喷淋系统	平方米	4 999	50.79
2.4	电气照明及防雷工程	平方米	4 999	165.33
2.5	火灾自动报警及消防联动系统	平方米	4 999	54.11
2.6	空调工程	平方米	4 999	350.89
2.7	电梯	部	2	225 000.00
	安装工程小计	平方米	4 999	771.34
3	室外工程			
3.1	室外供电线路			

续表

序 号	名 称	单 位	数 量	技术经济指标
3.2	室外给水排水工程			
3.3	道路	平方米	600	200.00
3.4	绿化	平方米	4 500	30.00
室外工程小计		平方米	4 999	191.04
建筑安装工程费用合计		平方米	4 999	3 035.23

3）编制依据

（1）主体结构工程：2006 年《湖北省建筑工程概算定额统一基价表》。

（2）装饰装修工程：2003 年《湖北省建筑工程概算定额及统一基价表》。

（3）安装工程：2003 年《湖北省安装工程消耗量定额及单位估价表》。

（4）市政工程：2003 年《湖北省市政工程消耗量定额及单位估价表》。

（5）费用定额：2003 年《湖北省建筑安装工程费用定额》。

（6）取费标准：二类工程。

（7）安全防护费、文明施工与环境保护费：湖北省建设厅鄂建文〔2007〕302 号《关于调整我省建筑市政工程安全防护费、文明施工与环境保护费的通知》。

（8）安全技术服务费：湖北省建设厅、湖北省物价局鄂价房服〔2006〕166 号。

（9）2009 年第二期《武汉建设工程价格信息》。

（10）2007 年《湖北省建设工程材料设备价格》。

（11）有关生产及销售厂家对设备及工器具的报价和设备及工器具的市场价格信息。

（12）2006 年《湖北省建设项目总投资组成及其他费用定额》。

（13）2007 年中国建设工程造价管理协会标准《建设项目设计概算编审规程》。

（14）2003 年中华人民共和国建设部《建筑工程设计文件编制深度规定》。

4）工程费用计算表

（1）建筑工程工程费用计算表。本项目建筑工程仅包括一个单位主体结构工程，其概算费用计算表如表 4.18 所示。

表 4.18 单位主体结构工程概算费用汇总表

工程名称：调度通信综合楼——主体结构工程

序 号	费用名称	取费基数	费率/%	费用金额/万元
1	直接工程费	人工费＋材料费＋机械费＋材料检验试验费		3 534 266.74
1.1	其中：人工费	人工费		827 076.1
1.2	材料费	材料费		2 419 831.3
1.3	机械费	机械费		282 519.68
1.4	材料检验试验费	材料费	0.2	4 839.66
1.5	构件增值税	构件制作直接费	7.05	
2	综合费	直接工程费	21	742 196.01
3	价差	人材机价差		907 320.74
4	价差的利润	价差	5	45 366.04

续表

序　号	费用名称	取费基数	费率/%	费用金额/万元
5	安全防护、文明施工	直接工程费＋综合费＋价差＋价差的利润	3	156 874.49
6	不含税的工程造价	直接工程费＋综合费＋价差＋价差的利润＋安全防护、文明施工与环境保护费		5 386 024.02
7	税金	不含税工程造价	3.41	169 121.15
8	含税工程造价	不含税工程造价＋税金		5 555 145.17

(2) 安装工程工程费用计算表。本项目安装工程以单位空调工程示例，其概算用计算如表 4.19 所示。

表 4.19　单位空调工程概算费用汇总表

工程名称：调度通信综合楼——空调工程

序　号	费用内容	取费基数/元	费率/%	费用金额/元
1	直接工程费	其中：人工费＋材料费＋机械费＋主材费＋材料检验试验费		311 986.2
1.1	其中：人工费	人工费	0.2	82 760.75
1.2	材料费	材料费		63 987.16
1.3	机械费	机械费		16 683.12
1.4	主材费	主材费		148 130.93
1.5	材料检验试验费	材料费＋主材费		424.24
2	措施费	施工技术措施费＋施工组织措施费		15 716.31
2.1	施工技术措施费	技术措施直接费		4 395.27
2.2	其中：人工费	技术措施人工费		1 098.81
2.3	施工组织措施费	临时设施费＋其他施工组织措施费		11 321.04
2.4	其中：人工费	施工组织措施费	15	1 698.16
2.5	临时设施费	直接工程费中的人工费＋施工技术措施费中的人工费	8	6 708.76
2.6	其他施工组织措施费	直接工程费中的人工费＋施工技术措施费中的人工费	5.5	4 612.28
3	间接费	施工管理费＋规费		42 778.86
3.1	施工管理费	直接工程费中的人工费＋施工技术措施费中的人工费＋施工组织措施费中的人工费	25	21 389.43
3.2	规费	直接工程费中的人工费＋施工技术措施费中的人工费＋施工组织措施费中的人工费	25	21 389.43
4	价格调整	主材调整＋辅材调整＋人工费调整＋机械费调整		45 315.34
4.1	主材调整	材料价差		9 479.12
4.2	辅材调整	材料费	0	
4.3	人工费调整	人工价差		35 836.22
4.4	机械费调整	机械价差		
5	利润	直接工程费中的人工费＋施工技术措施费中的人工费＋施工组织措施费中的人工费	20	17 111.54
6	安全防护费	直接工程费＋施工技术措施费＋施工组织措施费＋施工管理费＋规费＋价格调整＋利润	2	8 658.17
7	文明施工与环境保护费	直接工程费＋施工技术措施费＋施工组织措施费＋施工管理费＋规费＋价格调整＋利润	1	4 329.08

续表

序　号	费用内容	取费基数/元	费率/%	费用金额/元
8	安全技术服务费	直接工程费＋施工技术措施费＋施工组织措施费＋施工管理费＋规费＋价格调整＋利润	0.15	649.36
9	意外伤害费	直接工程费＋施工技术措施费＋施工组织措施费＋施工管理费＋规费＋价格调整＋利润	0.05	216.45
10	不含税工程造价	直接工程费＋施工技术措施费＋施工组织措施费＋施工管理费＋规费＋价格调整＋利润＋安全防护费＋文明施工与环境保护费＋安全技术服务费＋意外伤害费		445 895.42
11	税金	不含税工程造价	3.41	14 001.12
12	设备费	设备税		1 294 249.5
13	含税工程造价	不含税工程造价＋税金＋设备费		1 754 146.04

5）其他说明

(1) 根据2009年第二期《武汉建设工程价格信息》计算主要材料价差。

(2) 本工程概算中钢筋用量参考类似工程用量调整计算。

(3) 本工程概算中不包括建设用地费。

(4) 本工程概算不包括空调、办公家具等费用。

(5) 基本预备费按3%计算。

(6) 本概算建筑安装工程费，由建筑工程（包括单位主体结构工程、装饰装修工程）、安装工程（给水排水工程、消火栓工程、自动喷淋系统、电气照明、防雷工程及空调工程等）、室外工程等单位工程设计概算费用构成。所谓主体结构工程系指单位建筑工程，而空调工程即为设备及安装工程，其单位工程费用概算编制可代表一般情况，读者可以举一反三。

5. 设计概算附表

1）调度通信综合楼工程总概算

调度通信综合楼工程的总概算见表4.13。

2）单项建筑工程综合概算

单项建筑工程综合概算见表4.10。

3）单项安装工程综合概算

单项安装工程综合概算见表4.11。

4）单项室外工程综合概算

单项室外工程综合概算见表4.12。

5）单位主体结构工程直接费表

单位主体结构工程直接费见表4.6。

6）单位空调工程直接费表

单位空调工程直接费见表4.8。

7）单位主体结构工程人材机价差表

单位主体结构工程人材机价差见表4.7。

8）单位空调工程人材机价差表

单位空调工程人材机价差见表4.9。

9）单位空调工程设备表

单位空调工程设备见表4.20。

表4.20　单位空调工程设备表

序　号	名称及规格	单　位	数　量	预算价/元	预算价合价/元
1	多联空调室外机 KT-XT01	台	1	38 569	38 569
2	多联空调室外机 KT-XT02	台	5	43 116	215 578
3	多联空调室外机 KT-XT03	台	3	47 488	142 464
4	多联空调室外机 KT-XT04	台	1	58 233	58 233
5	多联空调室外机 KT-SN01	台	18	3 392	61 056
6	多联空调室外机 KT-SN02	台	20	4 160	83 200
7	多联空调室外机 KT-SN03	台	14	5 242	73 388
8	多联空调室外机 KT-SN04	台	15	7 322	109 830
9	多联空调室外机 KT-SN05	台	1	8 320	8 320
10	多联空调室外机 KT-SN06	台	32	8 280	264 960
11	多联空调室外机 KT-SN07	台	2	10 200	20 400
12	多联空调室外机 KT-SN08	台	7	13 893	97 251
13	全热交换器 XF-SN1	台	10	12 100	121 000
合计					1 294 250

第二节　设计概算审查

一、设计概算审查概述

（一）设计概算审查的含义

设计概算审查是初步设计阶段设计文件审查活动的重要组成部分，是确定工程建设投资的一个重要环节，通过对概算编制深度、编制依据，以及单位工程概算、单项工程综合概算和总概算等的审查，使概算投资总额尽可能地接近实际造价，做到概算投资额更加完整、合理、确切，从而促进概算编制人员严格执行国家有关概算的编制规定和费用标准，确定设计概算是否在投资估算的控制之中，防止任意扩大投资规模或故意压低概算投资，从而减少投资缺口，打足投资，避免故意压低概算投资，搞“钓鱼”项目，最后导致出现实际造价大幅度地突破估算的现象。可见，加强初步设计阶段的概算审查，是有效控制投资项目造价的一个不容忽视的重要环节。

（二）设计概算审查的意义

（1）审查设计概算，有利于合理分配投资资金、加强投资计划管理，有助于合理确定和有效控制工程造价。设计概算编制偏高或偏低，不仅影响工程造价的控制，也会影响投资计划的真实性，影响投资资金的合理分配。

(2) 审查设计概算,有利于促进概算编制单位严格执行国家有关概算的编制规定和费用标准,从而提高概算的编制质量。

(3) 审查设计概算,有利于促进设计的技术先进性与经济合理性。概算中的技术经济指标,是概算的综合反映,与同类工程对比,便可看出它的先进与合理程度。

(4) 审查设计概算,有利于核定建设项目的投资规模,可以使建设项目总投资力求做到准确、完整,防止任意扩大投资规模或出现漏项,从而减少投资缺口、缩小概算与预算之间的差距,避免故意压低概算投资,搞"钓鱼"项目,最后导致实际造价大幅度地突破概算。

(5) 经审查的概算,有利于为建设项目投资的落实提供可靠的依据。打足投资,不留缺口,有助于提高建设项目的投资效益。

(三) 设计概算审查工作程序

建设项目设计概算审查程序一般包括两个工作环节:设计概算审查前期准备、设计概算审查实施。具体工作环节及工作步骤,如图 4.7 所示。

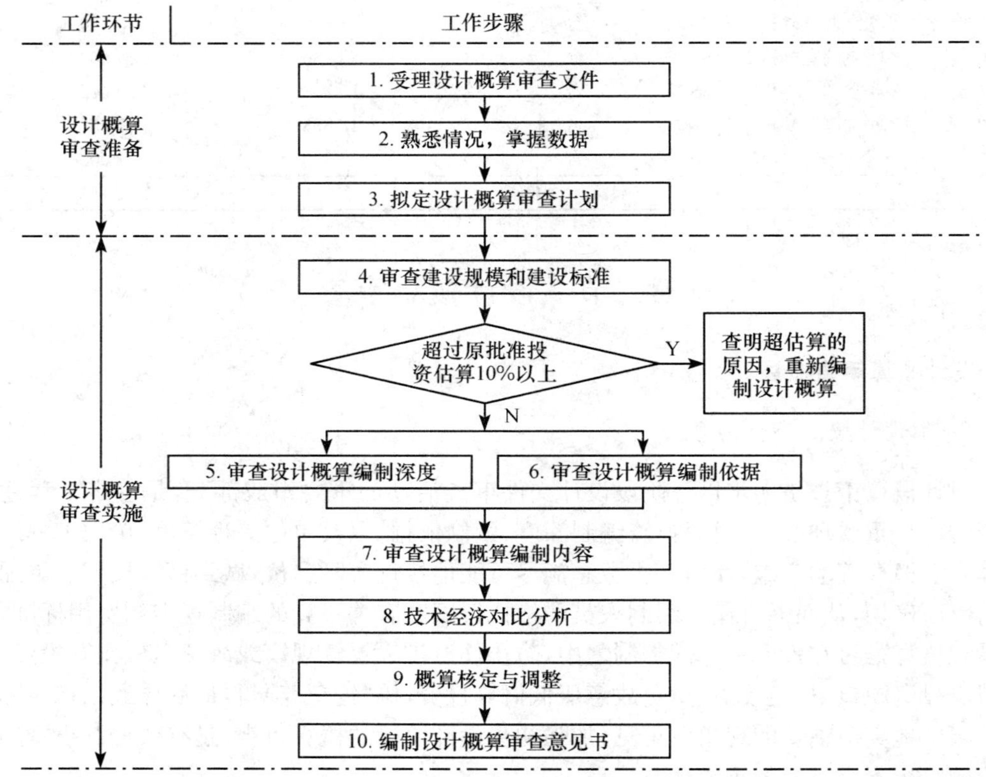

图 4.7 设计概算审查程序图

二、设计概算审查前期工作准备

(一) 受理设计概算审查文件

受理设计概算审查委托方传递的初步设计概算文件内容主要包括:①初步设计或扩

大初步设计文件;②设计概算文件;③选址意见书、用地规划许可证或修建性规划及城市规划行政主管部门的审批意见;④报送单位确认的征地拆迁费用及相关图表和说明;⑤建设用地范围内标有建筑(构筑)物的平面图电子光盘;⑥概算审查时间、内容要求;⑦审查需要的其他资料。

此外,检查受理的文件资料是否齐全,不齐全的及时通知概算审查委托方。

(二) 熟悉情况,掌握数据

掌握建设项目的建设规模、设计能力和工艺流程;熟悉设计概算的组成内容以及编制依据和方法,审阅设计图纸和说明书,掌握概算所列的工程项目费用构成、各项技术经济指标,明确概算各种表格的内涵及同设计文字说明之间的相互关系;收集概算定额、概算指标、取费标准等有关规定的文件资料等;搜集与国内外同类型工程有关的技术数据和经济指标;搜集有关材料、设备价格行情、贷款利率等资料。

(三) 拟定设计概算审查计划

在设计概算审查实施前,拟定审查实施计划,主要包括审查内容、审查方法、审查要求。

1. 审查内容

(1) 审查编制深度。主要包括审查编制说明、审查编制的完整性和概算的编制范围。

(2) 审查编制依据。主要是审查编制依据的合法性、时效性和适用范围。

(3) 审查建设规模、建设标准、配套工程、设计定员等是否符合原批准的可行性研究报告或立项批文的标准。

(4) 审查单位工程概算。

(5) 审查综合概算、总概算的编制内容、方法是否符合现行规定和设计文件的要求,总概算文件的组成内容,是否完整地包括了建设项目从筹建到竣工投产为止的全部费用组成。

2. 审查方法

设计概算审查常用的方法有对比分析法、查询核实法、联合会审法。

3. 审查要求

(1) 审查设计概算的编制依据。主要是合法性、时效性和适用范围三个方面。

(2) 审查概算编制深度。主要是编制说明和“三级概算”(即总概算表、单项工程综合概算表、单位工程概算表)或“二级概算”(总概算表、单位工程概算表),并审查是否按有关规定的范围、深度进行编制概算。

(3) 审查结果处理。根据审查中发现的问题和偏差,以及具体审查后的数据,按照“原编概算”、“审查结果”、“增减投资”、“增减幅度”四栏列表,以及原总概算表汇总顺序,将增减项目逐一列出,相应调整所属项目投资合计,再依次汇总审查后的总投资及增减投资额。

三、设计概算审查实施

设计概算审查实施是设计概算审查服务的核心环节，也是设计概算审查咨询服务过程中工作量最大的环节。设计概算的审查应审查设计概算编制依据的合法性、时效性、适用性和概算报告的完整性、准确性、全面性；审查设计概算编制的工程数量，应达到基本准确、无漏项。编制深度应符合现行编制规定，采用正确的定额取费标准，选用价格信息符合市场情况，计算无错误，经济指标分析合理、计价正确，最终形成设计概算审查意见书。

（一）审查建设规模和建设标准

审查建设规模（投资规模、生产能力等）、建设标准（用地指标、建筑标准等）、配套工程、设计定员等是否符合原批准的可行性研究报告或立项批文的标准。当设计概算超过原批准投资估算10%以上时，应将设计概算与原批准投资估算进行逐项的对比分析，找出其超估算的原因，并重新编制设计概算。当设计概算未超过原批准投资估算的10%，则根据设计概算审查计划进行审查，主要是审查设计概算的编制深度、编制依据以及三级概算等。

（二）审查设计概算编制深度

（1）审查编制说明。审查编制说明可以检查概算的编制方法、编制深度和编制依据等重大原则问题，若编制说明有差错，具体概算必有差错。

（2）审查概算编制的完整性。一般大中型项目的设计概算，应有完整的编制说明和"三级概算"（即总概算表、单项工程综合概算表、单位工程概算表），并按有关规定的深度进行编制。审查是否有符合规定的"三级概算"，各级概算的编制、核对、审核是否按规定签署，有无随意简化，有无把"三级概算"简化为"二级概算"，甚至"一级概算"。

（3）审查概算的编制范围。审查概算编制范围及具体内容是否与主管部门批准的建设项目范围及具体工程内容一致；审查分期建设项目的建筑范围及具体工程内容有无重复交叉，是否重复计算或漏算；审查其他费用应列的项目是否符合规定，静态投资、动态投资和经营性项目铺底流动资金是否分别列出等。

（4）审查设计概算资料的完整性。建设项目设计总概算文件一般应包括编制说明、总概算表、其他费用表、各单项工程综合概算表、单位建筑工程概算表、单位设备安装工程概算表、补充单位估价表。独立装订成册的总概算文件宜加封面、签署页（扉页）和目录。检查设计概算资料是否包括了上述各部分。

（三）审查设计概算的编制依据

审查设计概算编制依据的主要内容有：

（1）审查编制依据的合法性。采用的各种编制依据必须经过国家和授权机关的批准，符合国家的编制规定，未经批准的不能采用。不能以情况特殊为由，擅自提高概算定额、指标或费用标准。

(2) 审查编制依据的时效性。各种依据，如定额、指标、价格、取费标准等，都应根据国家有关部门的现行规定进行，注意有无调整和新的规定，如果有，应按新的调整办法和规定执行。

(3) 审查编制依据的适用范围。各种编制依据都有规定的适用范围，如各主管部门规定的各种专业定额及其取费标准，只适用于该部门的专业工程；各地区规定的各种定额及其取费标准，只适用于该地区范围内，因为地区的材料预算价格区域性更强。

(四) 审查设计概算编制的内容

1. 审查单位工程设计概算

1) 建筑工程概算的审查

(1) 审查工程量。工程量的计算是否是根据初步设计图纸、概算定额、工程量计算规则和施工组织设计的要求进行，有无多算、重算和漏算，尤其对工程量大、造价高的项目要重点审查。

(2) 审查编制方法、计价依据和程序是否符合现行规定。包括定额或指标的适用范围和调整方法是否正确。进行定额或指标的补充时，要求补充定额或指标的项目划分、内容组成、编制原则等要与现行的规定相一致等。

(3) 审查材料预算价格。着重对材料原价和运输费用进行审查。运输费用审查时，要审查节约材料运输费用的措施。材料预算价格的审查，要根据设计文件确定材料消耗用量，以耗用量大的主要材料作为审查的重点。

(4) 审查各项费用。应结合项目特点，审查各项费用所包含的具体内容，避免重复计算或遗漏，取费标准是否符合国家有关部门或地方规定的标准。

(5) 审查建筑工程费。生产性建设项目的建筑面积和造价指标，要根据设计要求和同类工程计算确定；对非生产性项目，要按国家及各地区的主管部门的规定，审查建筑面积和造价指标等。

2) 设备及安装工程概算的审查

设备及安装工程概算的审查的重点是设备清单与安装费用的计算。

(1) 审查设备规格、数量和配置。工业建设项目设备投资比重大，一般占总投资的30%～50%，要认真审查。审查所选用的设备规格、台数是否与生产规模一致，材质、自动化程度有无提高标准，引进设备是否配套、合理，备用设备台数是否适当，消防、环保设备是否计算等。还要重点审查价格是否合理、是否符合有关规定，如国产设备应按当时询价资料或有关部门发布的出厂价、信息价，引进设备应依据询价或合同价编制概算。

(2) 标准设备原价。审查设备原价和运杂费的计算方法是否正确，除审查价格的估算依据、估算方法外，还要分析研究影响非标准设备估价准确度的有关因素及价格变动规律。

(3) 非标准设备原价。应根据设备所被管辖的范围，审查各级规定的统一价格标准。

(4) 设备运杂费的审查。需注意：设备运杂费率应按主管部门或省、自治区、直辖市规定的标准执行；若设备价格中已包括包装费和供销部门手续费时不应重复计算，应相应降低设备运杂费率。

(5) 进口设备费用的审查。应根据设备费用各组成部分及国家设备进口、外汇管理、海关、税务等有关部门不同时期的规定进行,审查进口设备的各项费用的组成及其计算程序、方法是否符合国家主管部门的规定。

(6) 审查设备及安装工程费。审查设备数量是否符合设计要求,设备价值的计算是否符合规定,安装工程费是否与需要安装的设备相符合,要同时计算设备费和安装费。安装工程费必须按国家规定的安装工程概算定额或指标计算。

(7) 设备安装工程概算的审查。除编制方法、编制依据外,还应注意审查:采用预算单价法或扩大单价法计算设备安装费时的各种单价是否合适、工程量计算是否符合规则要求、是否准确无误;当采用概算指标计算安装费时,主要审查所采用的概算指标是否合理,计算结果是否达到精度要求;审查所需计算安装费的设备及种类是否符合设计要求,避免某些不需安装的设备安装费计入在内。

2. 审查综合概算和总概算

(1) 审查概算的编制是否符合党的方针、政策,是否根据工程所在地的自然条件,合理地反映施工条件,正确地确定工程造价,不允许随意扩大投资额和硬留投资缺口。

(2) 审查概算文件的组成:

第一,设计概算的文件是否完整、工程项目确定是否满足设计要求,设计文件内的项目是否遗漏,设计文件外的项目是否列入,有无将非生产性项目以生产性项目列入。

第二,审查总概算文件的组成内容,是否完整地包括了建设项目从筹建到竣工投产为止的全部费用组成。

第三,建设规模、建筑结构、建筑面积、建筑标准、总投资是否符合设计文件的要求;当设计概算超过原批准投资估算10%以上时,应将设计概算与原批准投资估算进行逐项的对比分析,找出其超估算的原因,并重新编制设计概算。

第四,非生产性建设项目是否符合规定的要求,结构和材料的选择是否进行了技术经济比较,是否超标等。

(3) 审查计价指标。审查建筑工程采用工程所在地区的计价定额、费用定额、价格指数和有关人工、材料、机械台班单价是否符合现行规定;审查安装工程所采用的专业部门或地区定额是否符合工程所在地区的市场价格水平,概算指标调整系数、主材价格、人工、机械台班和辅材调整系数是否按当地最新规定执行;审查引进设备安装费率或计取标准、部分行业专业设备安装费率是否按有关规定计算等。

(4) 审查工程建设其他各项费用。这部分费用内容多、弹性大,而它的投资约占项目总投资25%以上,要按国家和地区规定逐项审查,不属于总概算范围的费用项目不能列入概算,具体费率或计取标准是否按国家、行业有关部门规定计算,有无随意列项、有无多列、交叉计列和漏项等。

(5) 审查项目的"三废"治理。拟建项目必须同时安排"三废"(废水、废气、废渣)的治理方案和投资,对于未作安排或漏项或多算、重算的项目,要按国家有关规定核实投资,以满足"三废"排放达到国家标准。

(6) 审查技术经济指标。技术经济指标计算方法和程序是否正确，综合指标和单项指标与同类型工程指标相比，是偏高还是偏低，其原因是什么并予纠正。

(7) 审查投资经济效果。设计概算是初步设计经济效果的反映，要按照生产规模、工艺流程、产品品种和质量，从企业的投资效益和投产后的运营效益全面分析，是否达到了先进可靠、经济合理的要求。

3. 设计概算的审查方法

审查设计概算是一项复杂而细致的技术经济工作，它要求审查人员既要懂得有关专业的生产技术知识，又要懂得工作技术和工程概算知识，还须掌握投资经济管理、金融等多学科知识。因此，审查设计概算必须依靠各行各业的专家和工程技术人员，深入调查研究，掌握第一手资料，才能使批准的概算更切合实际。

采用适当方法审查设计概算，是确保审查质量、提高审查效率的关键。较常用方法有以下三种。

1) 对比分析法

对比分析法主要是通过建设规模、标准与立项批文对比，工程数量与设计图纸对比，综合范围、内容与编制方法、规定对比，各项取费与规定标准对比，材料、人工单价与市场信息对比，引进设备、技术投资与报价要求对比，技术经济指标与同类工程对比等，通过以上对比，容易发现设计概算存在的主要问题和偏差。

2) 查询核实法

查询核实法是对一些关键设备和设施、重要装置、引进工程图纸不全、难以核算的较大投资进行多方查询核对、逐项落实的方法。向设备供应部门或招标代理公司查询核实主要设备的市场价；向同类企业(工程)查询了解重要生产装置、设施；向进出口公司调查落实引进设备价格及有关税费；向同类工程的建设、承包、施工单位就复杂的建安工程征求意见；深度不够或不清楚的问题直接向原概算编制人员、设计者询问清楚。

3) 联合会审法

联合会审前，可先采取多种形式分头审查，包括设计单位自审，主管、建设、承包单位初审，工程造价咨询公司评审，邀请同行专家预审，审批部门复审等，经层层审查把关后，由有关单位和专家进行联合会审。在会审会上，由设计单位介绍概算编制情况及有关问题，各有关单位、专家汇报初审和预审意见。然后进行认真分析、讨论，结合对各专业技术方案的审查意见所产生的投资增减，逐一核实原概算出现的问题。经过充分协商，认真听取设计单位意见后，实事求是地处理、调整。

(五) 技术经济对比分析

利用规定的概算定额或指标以及有关技术经济指标与设计概算进行分析对比，根据设计和概算列明的工程性质、结构类型、建设条件、费用构成、投资比例、占地面积、生产规模、设备数量、造价指标、劳动定员等与国内外同类型工程规模进行对比分析，从大的方面找出和同类型工程的距离，为审查提供线索。

（六）概算核定与调整

对概算审查中出现的问题要在对比分析、找出差距的基础上深入现场进行实际调查研究。了解设计是否经济合理、概算编制依据是否符合现行规定和施工现场实际、有无扩大规模、多估投资或预留缺口等情况，并及时核实概算投资。对于当地没有同类型的项目而不能进行对比分析时，可向国内同类型企业进行调查，收集资料，作为审查的参考。经过会审决定的定案问题应及时调整概算，并经原批准单位下发文件。

（七）编制设计概算审查意见书

设计概算审查意见书主要包括封面、设计概算审查意见书签署页、设计概算审查意见书正文和有关附表等四个部分：①设计概算审查意见书封面应包括项目名称、审查单位名称、审查单位工程造价咨询单位执业章、审查时间和概算审查意见字样，如本节案例所示；②设计概算审查意见书签署页，如本节案例所示；③设计概算审查意见书正文，如本节案例所示；④附表。设计概算审查意见书的附表主要包括设计概算审定签署表、总概算审查表、单项工程综合概算审查表和单位工程概算审查表四项内容，具体形式分别如本节案例所示。

案　例

（一）案例背景

××施工单位与××咨询公司签订合同，咨询公司负责审查设计概算。审查的内容是调度通信综合楼工程，同设计概算编制案例相同。

1. 工程概况

与设计概算编制案例的工程概况相同。

2. 审查范围

设计概算审查范围为××供电公司十层的调度通信综合楼工程，具体有单项建筑工程、单项安装工程和单项室外工程。

3. 审查依据

设计概算审查的依据主要是湖北省建筑工程概算定额、费用定额、武汉建设工程价格信息等计价依据，或者相关设计概算编审规程。主要资料如下：

（1）主体结构工程：2006 年《湖北省建筑工程概算定额及统一基价表》。

（2）装饰装修工程：2003 年《湖北省建筑工程概算定额及统一基价表》。

（3）安装工程：2003 年《湖北省安装工程消耗量定额及单位估价表》。

（4）市政工程：2003 年《湖北省市政工程消耗量定额及单位估价表》。

（5）费用定额：2003 年《湖北省建筑安装工程费用定额》（鄂建〔2003〕44 号文）。

（6）2009 年第二期《武汉建设工程价格信息》。

(7) 2007 年中国建设工程造价管理协会标准《建设项目设计概算编审规程》。

(8) 2003 年中华人民共和国建设部《建筑工程设计文件编制深度规定》。

(二) 设计概算审查过程

设计概算审查主要是审查建设规模和建设标准、审查编制深度、审查编制依据、审查单位工程设计概算、审查综合概算和总概算。

1. 审查建设规模和建设标准

审查调度通信综合楼工程的建设规模(投资规模、生产能力等)、建设标准(用地指标、建筑标准等)、配套工程、设计定员,确定其符合原批准的可行性研究报告或立项批文的标准,且设计概算未超过原批准投资估算 10%。

2. 审查设计概算的编制深度

经过对调度通信综合楼工程设计概算的审查,本工程有完整的编制说明和"三级概算"(即总概算表、单项工程综合概算表、单位工程概算表)。

3. 审查设计概算的编制依据

经过对调度通信综合楼工程设计概算编制依据的审查,确定各种编制依据符合合法性、时效性和适用范围的原则。

4. 审查单位工程设计概算

1) 审查建筑工程概算

(1) 审查工程量。经过对单位主体结构工程工程量的审查,一些子项的工程量有误,具体如表 4.21 所示。

表 4.21　单位主体结构工程直接费审查汇总对比表

定额编号	子目名称	工程量		原编概算/元		审查结果/元		增减投资/元	增(减)幅度/%	备　注
		单位	数量	单价	合价	单价	合价			
0101	土(石)方工程				84 392.35		84 848.50	+456.15	0.54	
1-7	人工挖满堂基础土方三类土(深度 2 米以内)	立方米	212.97	23.97	5 104.89	23.97	5 561.04	+456.15	0.54	工程量为 232 立方米
1～14	回填土	立方米	2 868.15	27.55	79 017.53	27.55	79 017.53			
1～15	平整场地	立方米	817.96	0.33	269.93	0.33	269.93			
0102	基础工程				679 675.4		673 585.85	−6 089.55	−0.90	
2-20	人工挖孔桩混凝土护臂含桩芯	立方米	578.122	653.09	377 565.7	653.09	377 565.7			
…										
2-183	钢筋混凝土基础梁,商品混凝土 C30	立方米	37.72	1 070.22	40 368.7	1 070.22	34 279.15	−6 089.55	15.08	工程量为 32.03 立方米
…										

续表

定额编号	子目名称	工程量		原编概算/元		审查结果/元		增减投资/元	增(减)幅度/%	备　注
		单位	数量	单价	合价	单价	合价			
0104	楼盖工程				922 058.88		923 058.70	+999.82	0.11	
4-5	现浇钢筋混凝土单梁、连续梁、悬臂梁，商品混凝土 C25	立方米	45.94	1 089.05	50 030.96	1 089.05	50 030.96			
4-11	现浇钢筋混凝土弧形梁、拱形梁，商品混凝土 C25	立方米	1.53	1 428.32	2 185.33	1 428.32	3 185.15	+999.82	45.75	工程量为 2.23 立方米
…										
0109	脚手架工程				68 577.07		65 538.95	−3 038.12	−4.43	
9-1	综合脚手架，建筑面积	平方米	4 999	4.89	24 445.11	4.89	24 445.11			
9-8	满堂脚手架，基本层 3.6 米高	平方米	2 480	6.57	16 293.6	6.57	16 293.6			
9-18	外脚手架安全围护网 9～12 层，檐高(40 米以内)	平方米	4609	6.04	27 838.36	6.04	24 800.24	−3 038.12	−10.91	工程量为 4 106 平方米
合计					3 529 427		3 521 755.3	−7 671.7	−0.22	

(2) 审查单位主体结构工程直接费。以土(石)方工程中的分项工程(人工挖满堂基础土方)为例，经过对该分项工程的审查，审定其工程量为 232 立方米，则审查结果为

$$工程量\times单价=232\times23.97=5\ 561.04(元)$$

其他分项工程的计算方法相同。

(3) 审查单位主体结构工程工程费用。经过审查，建筑安装工程费所包含的具体内容无重复、无遗漏，取费标准合理。

2) 审查设备及安装工程概算

(1)审查设备规格、数量和配置。经过对单位空调工程的审查，一些主材的工程量计算有误，具体如表 4.22 所示。

(2) 审查单位空调工程直接费。以通风管道部件制作安装工程中的分项工程(风口制作安装百叶风口和主材百叶风口)为例：

第一，安装费用的计算。经过对该分项工程的审查，审定百叶风口数量为 92 个。则安装费审查结果为

$$工程量\times单价=92\times17.3=1\ 591.60(元)$$

$$人工合价=13.95\times92=1\ 283.40(元)$$

$$材料合价=3.15\times92=289.8(元)$$

式中，人工合价、材料合价主要是运用于单位空调工程费用的计算。

第二，主材的计算。百叶风口审定工程量为 92 个，则审查结果为 92×120=11 040 元。其他分项工程的计算方法相同。

(3) 审查单位空调工程工程费用。经过审查，安装工程费所包含的具体内容无重复、无遗漏，取费标准合理。

表 4.22　单位空调工程直接费审查对比表

定额编号	子目名称	工程量		原编概算/元			审查结果/元			增减投资/元		增减幅度/%		备　注
		单位	数量	单价	合价	主材合价	单价	合价	主材合价	合价	主材合价	合价	主材合价	
0801	给排水、采暖、燃气管道				31 035.85	39 689.41		31 035.85	39 594.06	0	−95.35		−0.24	
C8-219	室内塑料给水管	10 米	61.1	80.64	4 927.1		80.64	4 927.1						
主材	塑料管 25	米	629.33	4.95		3 115.18	4.95		3 073.95		−41.23		−1.32	工程量为 621.00 米
…														
C8-258	室内给水铜管 19.1	10 米	3.6	83.46	300.46			83.46	300.46					
主材	低压铜管 19.1	米	36.9	14.24		525.46	14.24		471.34		−54.12		−10.30	工程量为 33.10 米
…														
0902	通风管道制作安装				43 656.2	29 230.53		43 656.2	29 154.68		−75.85			
C9-55	碳钢通风管道制作安装镀锌薄钢板圆形风管（£=1.2 毫米以内咬口）直径 500 毫米以下	10 平方米	5.495	422.23	2 320.15		422.23	2 320.15						
主材	镀锌钢板	平方米	62.53	30.62		1 914.76	30.62		1 990.61		−75.85		−3.96	工程量为 65.01 平方米
…														
0903	通风管道部件制作安装				3 698.33	25 163		3 681.03	25 043	−17.3	−120	−0.05	−1.08	
C9-277	风口制作安装百叶风口 400×400	个	93	17.3	1 608.9		17.3	1 591.60		−17.3		−0.11		数量为 92 个
主材	百叶风口 400×400	个	93	120		11 160	120		11 040		−120		−1.08	数量为 92 个
…														
1404	绝热工程				22 539.64	52 920.49		22 539.64	53 023.30		102.81		0.19	
…														
C14-1248	发泡橡塑瓦块、板材安装（粘接）管道瓦块保温（厚度 10 毫米）ϕ57 以下	100 米	9.15	328.99	3 010.26		328.99	3 010.26						
主材	橡塑瓦块 10 毫米	米	933.3	4.47		4 171.85	4.47	4 274.66			102.81		2.46	工程量为 956.3 米
…														
合计					311 561.98	148 130.93		311 544.68	147 942.54	−17.3	−188.39	−0.005	−0.13	

5. 审查单项工程综合概算和总概算

主要审查综合概算和总概算的成果文件组成是否齐全，工程建设其他费用的计算是否正确。

1) 审查综合概算

经过对单项建筑工程综合概算、单项安装工程综合概算和单项室外工程综合概算的审查，确定其组成是合理、齐全的。

2) 审查总概算

(1) 审查总概算成果文件。调度通信综合楼工程是“三级概算”，包括总概算、单项工程综合概算(单项建筑工程综合概算、单项安装工程综合概算、单项室外工程综合概算)、单位工程概算(单位主体结构工程概算、单位空调工程概算)。

(2) 审查工程建设其他费用。经过对工程建设其他费用的审查，确定了其所采用的费率或计取标准是按照国家、湖北省、行业的规定计算，且没有随意列项、多列或漏项等。

6. 编写设计概算审查意见书

具体内容请参考设计概算审查成果文件。

(三) 设计概算审查成果文件

设计概算审查意见书包括封面、设计概算审查意见书签署页、设计概算审查意见书正文和有关附表等四个部分。

1. 设计概算审查意见书封面页

调度通信综合楼工程设计概算审查意见书封面见表 4.23。

表 4.23 调度通信综合楼工程设计概算审查意见书封面

调度通信综合楼工程 设计概算审查意见书 档案号： ××咨询公司 (盖章) 年　　月　　日

2. 设计概算审查意见书签署页

调度通信综合楼工程设计概算审查意见书的签署页见表 4.24。

表 4.24 调度通信综合楼工程设计概算审查意见书签署页

调度通信综合楼工程 设计概算审查意见书 编制人：__________【执业(从业)印章】__________. 审核人：__________【执业(从业)印章】__________. 审定人：__________【执业(从业)印章】__________. 单位负责人：____________________

3. 设计概算审查意见书正文

调度通信综合楼工程设计概算审查意见书由以下九大部分组成。

调度通信综合楼工程__________第__________(合同段)项目
设计概算审查意见书

1) 工程概况

该工程是湖北省武汉市×××公司××供电公司调度通信综合楼工程,由××设计研究院设计,建筑面积为4 999平方米,层数为10层。批准的投资估算为1 904.00万元。该工程是以单体建筑工程为主体构成的建设项目,项目建设包括了室内工程与室外工程两部分。室内工程包括:其单项建筑工程分单位主体结构工程与单位装饰装修工程;其单项安装工程分给水排水工程、消火栓工程、自动喷淋系统、电气照明及防雷工程、火灾自动报警及消防联动系统、空调工程、电梯等单位工程;单项室外工程包括供电线路、室外给水排水工程、道路、绿化等单位工程。其他情况略。

2) 审查范围

设计概算审查范围为××供电公司十层的调度通信综合楼工程,具体有:单项建筑工程包括的主体结构工程、装饰装修工程等两个单位工程;单项安装工程包括的给水排水工程、消火栓工程、自动喷淋系统、电气照明及防雷工程、火灾自动报警及消防联动系统、空调工程、电梯等七个单位工程;单项室外工程包括的供电线路、室外给水排水工程、道路、绿化等三个单位工程。在本案例中,单位工程的审查以单位主体结构工程和单位空调工程为例。

3) 审查依据

(1) ×××设计研究院提供的《×××公司××供电公司调度通信综合楼》扩初设计图纸。

(2) 主体结构工程:2006年《湖北省建筑工程概算定额及统一基价表》。

(3) 装饰装修工程:2003年《湖北省建筑工程概算定额及统一基价表》。

(4) 安装工程:2003年《湖北省安装工程消耗量定额及单位估价表》。

(5) 市政工程:2003年《湖北省市政工程消耗量定额及单位估价表》。

(6) 费用定额:2003年《湖北省建筑安装工程费用定额》(鄂建〔2003〕44号文)。

(7) 2009年第二期《武汉建设工程价格信息》。

(8) 2006年《湖北省建设项目总投资组成及其他费用定额》。

(9) 2007年中国建设工程造价管理协会标准《建设项目设计概算编审规程》。

(10) 2003年中华人民共和国建设部《建筑工程设计文件编制深度规定》。

4) 审查目的

为了合理确定和有效控制工程造价,核定建设项目的投资规模,确保建设项目总投资准确、完整,防止任意扩大投资规模或出现漏项,从而减少投资缺口、缩小概算与估算之间的差距,避免故意压低概算投资,搞“钓鱼”项目,最后导致实际造价大幅度地突破估算。

5) 审查方法

审查设计概算的方法有对比分析法、查询核实法和联合会审法。在本案例中,主要采取对比分析法，并结合查询核实法和联合会审法联合使用。

6）审查程序

（1）审查建设规模和建设标准。

（2）审查编制深度。

（3）审查编制依据。

（4）审查单位工程设计概算。

（5）审查综合概算和总概算。

7）审查基本意见

调度通信综合楼工程设计概算中一部分子项工程工程量计算有误，以后在计算工程量时应密切结合设计图纸与工程量计算规则进行计算。

8）调整意见

经过对调度通信综合楼工程设计概算的审查，调整意见主要体现在以下几个方面：

（1）工程数量计算有误，采用的工程量计算规则较合理。

（2）采用的建筑工程概算定额、安装工程概算定额等较合理。

（3）采用的费用定额和各项费率基本符合合理、适用的原则。

（4）各项费用的计算比较正确，主要有建筑安装工程费，设备及工具、器具购置费，工程建设其他费用等几项费用。

9）审查结果

本工程送审金额为人民币 1 773.53 万元，经审查，审定金额为人民币 1 790.00 万元。具体审查明细，详见表 4.21、表 4.22、表 4.25～表 4.28。

主审签名：

复核人签名：

表 4.25 总概算审查表

项目名称：调度通信综合楼工程

序　号	单项工程名称	原编概算/万元	审查结果/万元	增(减)投资/万元	增(减)幅度/%	备　注
1	建筑工程	1 036.22	1 036.73	0.51	0.05	
2	安装工程	385.59	401.59	16.00	4.15	
3	室外工程	95.50	95.50	0.00	0.00	
4	工程建设其他费用	51.66	51.66	0.00	0.00	
	合计	1 568.97	1 585.48	16.51	1.05	

编制人：　　审核人：　　审定人：

表 4.26 单项建筑工程综合概算审查表

单项工程名称：建筑工程

序　号	单位工程名称	原编概算/万元	审查结果/万元	增(减)投资/万元	增(减)幅度/%	备　注
1	主体结构工程	555.51	555.98	0.47	0.08	具体见表 4.21
2	装饰装修工程	480.71	480.71	0		
	单项工程费用合计	1 036.22	1 036.69	0.47	0.05	

编制人：　　审核人：　　审定人：

表 4.27　单项安装工程综合概算审查表

单项工程名称:安装工程

序　号	单位工程名称	原编概算/万元	审查结果/万元	增(减)投资/万元	增(减)幅度/%	备　注
1	给水排水工程	8.63	8.63	0.00		
2	消火栓工程	21.46	21.46	0.00		
3	自动喷淋系统	25.39	25.39	0.00		
4	电气照明及防雷工程	82.65	82.65	0.00		
5	火灾自动报警及消防联动系统	27.05	27.05	0.00		
6	空调工程	175.41	191.41	16.00	9.12	具体见表 4.22
7	电梯	45.00	45.00	0.00		
	单项工程概算费用合计	385.59	401.59	16.00	4.15	

编制人:　　　　审核人:　　　　审定人:

表 4.28　单项室外工程综合概算审查表

单项工程名称:

序　号	单位工程名称	原编概算/万元	审查结果/万元	增(减)投资/万元	增(减)幅度/%	备　注
1	室外供电线路	50.00	50.00	0.00	0.00	
2	室外给水排水工程	20.00	20.00	0.00	0.00	
3	道路	12.00	12.00	0.00	0.00	
4	绿化	13.50	13.50	0.00	0.00	
	单项工程费用合计	95.50	95.50	0.00	0.00	

编制人:　　　　审核人:　　　　审定人:

4. 设计概算审查意见书附表

1) 设计概算审定签署表

调度通信综合楼工程设计概算审定签署表,如表 4.29 所示。

表 4.29　调度通信综合楼工程设计概算审定签署表(单位:万元)

工程名称:××供电公司调度通信综合楼工程

工程名称	××供电公司调度通信综合楼工程		工程地址	湖北省武汉市	
委托单位			设计单位	××设计研究院	
委托合同书编号			审定日期		
报审概算造价	1 773.53		调整金额(+、-)	+16.47	
审定概算造价	大写	一千柒佰玖拾		小写	1 790.00
委托单位 (签章) 代表人(签章、字)	设计单位 (签章) 代表人(签章、字)			审查单位 (签章) 代表人(签章、字) 技术负责人(执业章)	

2）总概算审查表

总概算审查表，如表 4.25 所示。

3）单项建筑工程综合概算审查表

单项建筑工程综合概算审查表，如表 4.26 所示。

4）单项安装工程综合概算审查表

单项安装工程综合概算审查表，如表 4.27 所示。

5）单项室外工程综合概算审查汇总对比表

单项室外工程综合概算审查汇总对比表，如表 4.28 所示。

6）单位主体结构工程直接费审查汇总对比表

单位主体结构工程直接费审查汇总对比表，如表 4.21 所示。

7）单位空调工程直接费审查对比表

单位空调工程直接费审查对比表，如表 4.22 所示。

第三节　施工图预算的编制

一、施工图预算的概述

（一）施工图预算的概念

施工图预算是指在施工图设计完成后，工程开工前，根据已批准的施工图纸、现行的预算定额、费用定额和地区人工、材料、设备与机械台班等资源价格，在施工方案或施工组织设计已大致确定的前提下，按照规定的计算程序计算直接工程费、措施费，并计取间接费、利润、税金等费用，确定工程造价的技术经济文件。

施工图预算编制的核心及关键是“量”、“价”、“费”三要素，即工程量要计算准确，定额及基价确定水平要合理，取费标准要符合实际，这样才能综合反映工程产品价格确定的合理性。施工图预算反映工程建设项目所需的人力、物力、财力及全部费用的文件，是施工图设计文件的重要组成部分，是控制施工图设计不突破设计概算的重要措施。

（二）施工图预算体系

施工图预算有单位工程预算、单项工程预算和建设项目总预算。单位工程预算是根据施工图设计文件、现行预算定额、单位估价表、费用定额以及人工、材料、设备、机械台班等预算价格资料，编制单位工程的施工图预算；然后汇总所有各单位工程施工图预算，成为单项工程施工图预算；再汇总所有单项工程施工图预算，形成最终的建设项目建筑安装工程的总预算。施工图预算三级体系如图 4.8 所示。

单位工程预算包括建筑工程预算和设备安装工程预算。建筑工程预算按其工程性质分为一般土建工程预算、给排水工程预算、采暖通风工程预算、煤气工程预算、电气照明工程预算、弱电工程预算、特殊构筑物如炉窑等工程预算和工业管道工程预算等。设备安装工程预算可分为机械设备安装工程预算、电气设备安装工程预算和热力设备安装工程预算等。

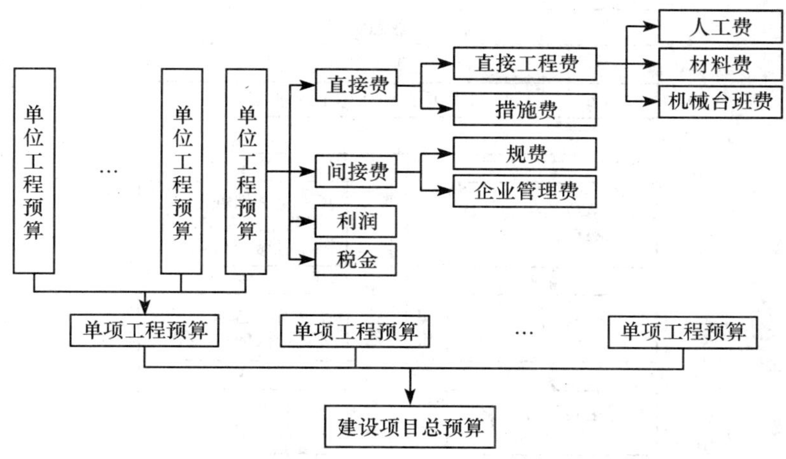

图 4.8 施工图三级预算体系及费用构成示意图

由图 4.8 可以看出，单项工程预算和建设项目总预算是一种归纳、汇总性文件，而单位工程预算是最基本的计算文件。本章所指施工图预算仅指单位工程施工图预算。根据《建筑安装工程费用项目组成》(建标〔2006〕206 号)规定，单位工程施工图预算费用由直接费、间接费、利润及税金等四部分构成。具体费用内容参见第二章第一节工程造价费用构成。

（三）单位工程预算的编制方法

编制单位工程预算的方法一般可以分为两种模式，即定额计价法和工程量清单计价法。本章只介绍定额计价模式，主要有两种方法:预算单价法和实物法。预算单价法和实物法的区别如下：

(1) 计算直接费的方法不同。预算单价法是先用分项工程的工程量和预算基价计算分项工程的直接费，再经有关计算后汇总得单位工程直接费。实物法是先计算、汇总得出单位工程所需的各种工料机消耗量，然后乘以工料机实际单价，再汇总计算该工程的直接费。

(2) 进行工料分析的目的不同。预算单价法是在直接费计算后进行工料分析，即计算单位工程所需的工料机用量，其主要目的是为了造价计算过程中进行价差调整提供数据。

实物法是在计算直接工程费之前进行工料分析，主要是为了计算单位工程的直接费，为了保证单位工程直接费的准确、完整，工料分析必须计算单位工程的全部工料机用量。

此外，在工程造价计算中，预算单价法要进行人工费、材料费、机械使用费的价格调整。而实物法不存在价差调整问题，采用实物法编制施工图预算，实行量价分离，能动态地反映建筑产品价格，更符合价值规律。

(3) 预算单价法与实物法编制施工图预算时具体工作步骤的区别，如图 4.9 所示。

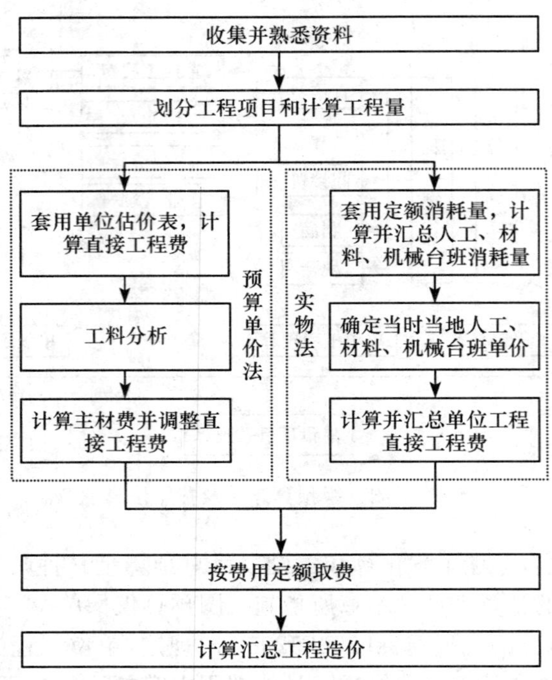

图 4.9　施工图预算建筑安装工程费计算方法示意图

二、预算单价法编制施工图预算

预算单价法是目前普遍采用的方法。它是根据建筑安装工程施工图和预算定额，按分部分项的顺序，先算出分项工程量，然后再乘以对应的定额单价，求出分项工程直接工程费。将分项工程直接工程费汇总为单位工程直接工程费，直接工程费汇总后另加措施费、间接费、利润、税金生成施工图预算造价。直接工程费的计算方法如表 4.30 所示。

表 4.30　直接工程费计算方法

费用名称	计算方法
人工费	$\sum$（分部分项工程量×人工工日消耗量×人工工日单价）
材料费	$\sum\{$分部分项工程量$\times[\sum$（材料消耗量×材料基价）＋检验试验费$]\}$
机械台班费	$\sum$（分部分项工程量×机械台班消耗量×机械台班单价）

（一）收集并熟悉资料

1. 编制前的准备工作

编制施工图预算的过程是具体确定建筑安装工程预算造价的过程。编制施工图预算，不仅要严格遵守国家计价法规、政策，严格按图纸计量，而且还要考虑施工现场条件因素，是一项复杂而细致的工作，也是一项政策性和技术性都很强的工作，因此，必须事前做好充分准备。准备工作主要包括两大方面：一是组织准备；二是资料的收集和现场情况的调查。

其中资料收集清单如表 4.31 所示。

表 4.31　资料收集清单一览表

序　号	资料分类	资料清单	备　注
1	国家规范	国家或省级、行业建设主管部门颁发的计价依据和办法	
2		预算定额	最新
3	地方规范	××地区建筑工程消耗量标准	最新
4		××地区建筑装饰工程消耗量标准	最新
5		××地区安装工程消耗量标准	最新
11	建设项目有关资料	建设工程设计文件及相关资料，包括施工图纸等	
12		施工现场情况、工程特点及常规施工方案	
13		经批准的初步设计概算或修正概算	
14		工程所在地的劳资、材料、税务、交通等方面资料	
15	其他有关资料		

2. 熟悉图纸和预算定额以及单位估价表

图纸是编制施工图预算的基本依据。熟悉图纸不但要弄清图纸的内容，而且要对图纸进行审核：图纸间相关尺寸是否有误，设备与材料表上的规格、数量是否与图示相符；详图、说明、尺寸和其他符号是否正确等。若发现错误应及时纠正。另外，还要熟悉标准图以及设计更改通知（或类似文件），这些都是图纸的组成部分，不可遗漏。通过对图纸的熟悉，要了解工程的性质、系统的组成，设备和材料的规格型号和品种，以及有无新材料、新工艺的采用。预算定额和单位估价表是编制施工图预算的计价标准，对其适用范围、工程量计算规则及定额系数等都要充分了解，做到心中有数，这样才能使预算编制准确、迅速。

3. 了解施工组织设计和施工现场情况

编制施工图预算前，应了解施工组织设计中影响工程造价的有关内容。例如，各分部分项工程的施工方法，土方工程中余土外运使用的工具、运距，施工平面图对建筑材料、构件等堆放点到施工操作地点的距离等，以便能正确计算工程量和正确套用或确定某些分项工程的基价。这对于正确计算工程造价，提高施工图预算质量，具有重要意义。

（二）划分工程项目和计算工程量

1. 划分工程项目

如根据江苏省建筑工程预算定额，××学院车库工程项目可划分为分部分项工程，如表 4.32 所示。

表 4.32　××学院车库工程项目划分表

定额编号	分部工程名称	分项工程名称	定额编号	分部工程名称	分项工程名称
1-98	土方工程	平整场地	13-11	墙面装饰	砖外墙面抹水泥砂浆
1-56		人工挖地坑三类干土深 3 米内	13-31		砖内墙面抹混合砂浆
…		…	…		…
5-7	混凝土工程	C25 现浇独立柱基(自拌混凝土)	15-232	门窗工程	胶合板门(无腰单扇)门框制作
5-2		C25 现浇混凝土条形基础无梁式(自拌混凝土)	15-233		胶合板门(无腰单扇)门扇制作
…		…	…		…
12-12	地面工程	C10 混凝土分格垫层	…	钢筋工程	…
12-15		水泥砂浆找平层(20 毫米)	…	脚手架工程	…
…		…	…	垂直运输	…
…	…	…	…	…	…

2. 计算并整理工程量

施工图预算工程量是根据施工图纸、分部分项工程划分表、当地建设行政主管部门发布的《××地区建筑工程预算定额》(××年编),或《全国统一建筑工程预算工程量计算规则(土建工程)》,依据定额中相应工程量计算规则进行计算。当按照工程项目将工程量全部计算完以后,要对工程项目和工程量进行整理,即合并同类项和按序排列,为套用定额、计算直接工程费和进行工料分析打下基础。

此工作步骤(即工程量计算的具体过程)可采用国内相关计量及计价软件进行,如广联达软件、神机妙算软件、鲁班预算软件等。

3. 工程项目划分及工程量计算的要求

根据预算定额、施工图设计图纸以及有关的国家标准、行业标准约定的工程量计算规则编制。约定计量规则中没有的子项,其工程量按照施工图设计图纸所标示尺寸的理论净量计算。计量采用中华人民共和国法定计量单位。其具体要求如下:

(1) 划分的工程项目必须和定额规定的项目一致,这样才能正确地套用定额。不能重复列项计算,也不能漏项少算。

(2) 工程量计算所用原始数据必须和设计图纸相一致。工程量按每一分项工程,根据设计图纸进行计算,计算时采用的原始数据必须以施工图纸所表示的尺寸或施工图纸能读出的尺寸为准进行计算,不得任意加大或缩小各部位尺寸。

(3) 工程量计算口径必须与预算定额相一致。计算工程量时,根据施工图纸列出的工程子目的口径,必须与土建基础定额中相应的工程子目的口径相一致。不能将定额子目中已包含了的工作内容拿出来另列子目计算。

(4) 计算单位必须与预算定额相一致。计算工程量时,所计算工程子目的工程量单位必须与土建基础定额中相应子目的单位相一致。

(5) 工程量计算的准确度。工程量的数字计算要准确,一般应精确到小数点后三位,汇总时,其准确度取值要达到:①立方米、平方米及米以下取两位小数;②吨以下取三位小数;③千克、件等取整数。

(三)套用单位估价表,计算直接工程费

单位估价表又称工程预算单价表、工程定额单位估价表、单价表,是以货币形式确定定额计量单位各分部分项工程或结构构件直接工程费即预算价值的文件。它是一个地区或一个城市范围内,根据全国(或地区)统一的预算定额或综合定额、地区建筑安装工人日工资标准,材料预算价格和施工机械台班预算价格,即用货币形式金额数(元)表达一个子目的单价,是预算定额在该地区的具体表现形式,是用货币形式将预算定额的单位产品价格表现出来,即预算单价。因此,单位估价表的内容由两部分组成:①相应预算定额规定的工、料、机消耗量;②地区预算价格,即与上述三种"量"相适应的人工工资单价、材料预算单价和机械台班单价,如表 4.33 所示。

表 4.33 单位估价表

空斗墙

序号	项目		单位	单价/元①	数量②	合价/元③
1	人工费		工日	×××	12.45	×××
2	材料费	水泥混合砂浆 M5	立方米	×××	1.39	×××
3		材料费	千块	×××	4.34	×××
4		水	立方米	×××	0.87	×××
5	机械费	灰浆搅拌机 200 升	台班	×××	0.23	×××
合计/元④			×××			

注:本单位估价表所计量的建筑面积为 10 平方米。①"三价"。②"三量"。③单价×数量。④工程单价= $\sum$ 合价。

本步骤将适合拟建项目实际的全国或地区单位估价表中的单价填于预算表单价栏内,并将单价乘以工程量得出直接工程费,将结果填入合价栏,即可得到直接工程费。

(四)工料分析

工料分析即按分项工程项目,依据定额或单位估价表,计算人工和各种材料的实物耗量,并将主要材料汇总成表。工料分析的方法是:首先从定额项目表中将各分项工程消耗的每项材料和人工的定额消耗量查出;再分别乘以该工程项目的工程量,得到分项工程工料消耗量,最后将各分项工程工料消耗量加以汇总,得出单位工程人工、材料的消耗数量。即

$$人工消耗量 = 某工种定额用工量 \times 某分项工程量$$

$$材料消耗量 = 某种材料定额用量 \times 某分项工程量$$

(五)计算主材费并调整直接工程费

因为许多定额项目基价为不完全价格,即未包括主材费用在内。计算所在地定额基价费(基价合计)之后,还应计算出主材费,以便计算工程造价。主材费的计算应根据当时当地市场价格计算,计算完成后将主材费的价差加入直接工程费。

(六)按费用定额取费

本步骤要按有关规定计取措施费,以及按当地费用定额的取费规定计取间接费、利

润、税金等。

1. 措施费的计算

一般工程所在地颁布相关的费用定额，规定措施费的费率，计算时只需按照计算基础乘以费率的形式进行计算。计算基数可以是直接工程费，或人、机之和，或人工费。具体内容计算可参考《关于印发〈建筑安装工程费用项目组成〉的通知》（建标〔2003〕206号）中的相关规定。

2. 间接费的计算

建筑安装工程间接费是指虽不直接由施工的工艺过程所引起，但却与工程的总体条件有关，建筑安装企业为组织施工和进行经营管理，以及间接为建筑安装生产服务的各项费用。

按现行规定，建筑安装工程间接费由规费和企业管理费组成。

间接费的计算方法按取费基数的不同分为以下三种：

（1）以直接费为计算基础时，计算公式为

$$间接费=直接费合计\times间接费费率(\%)$$

（2）以人工费和机械费合计为计算基础时，计算公式为

$$间接费=人工费和机械费合计\times间接费费率(\%)$$

$$间接费费率(\%)=规费费率(\%)+企业管理费费率(\%)$$

（3）以人工费合计为计算基础时，计算公式为

$$间接费=人工费合计\times间接费费率(\%)$$

3. 利润的计算

利润是指施工企业完成所承包工程获得的盈利。利润的计算同样因计算基础的不同而不同。

（1）以直接费为计算基础时，利润的计算方法为

$$利润=(直接费+间接费)\times相应利润率(\%)$$

（2）以人工费和机械费为计算基础时，利润的计算方法为

$$利润=直接费中的人工费和机械费合计\times相应利润率(\%)$$

（3）以人工费为计算基础时，利润的计算方法为

$$利润=直接费中的人工费合计\times相应利润率(\%)$$

在建设产品的市场定价过程中，应根据市场的竞争状况适当确定利润水平。取定的利润水平过高可能会导致丧失一定的市场机会，取定的利润水平过低又会面临很大的市场风险，相对于相对固定的成本水平来说，利润率的选定体现了企业的定价政策，利润率的确定是否合理也反映出企业的市场成熟度。

4. 税金的计算

建筑安装工程税金是指国家税法规定的应计入建筑安装工程费用的营业税，城市维护建设税及教育费附加。

营业税是按营业额乘以营业税税率确定。其中建筑安装企业营业税税率为3%。计算公式为

$$应纳营业税=营业额\times 3\%$$

营业额是指从事建筑、安装、修缮、装饰及其他工程作业收取的全部收入，还包括建筑、修缮、装饰工程所用原材料及其他物资和动力的价款。

城市维护建设税是按应纳营业税额乘以适用税率确定，计算公式为

$$应纳税额=应纳营业税额\times 适用税率$$

城市维护建设税的纳税人所在地为市区的，其适用税率为营业税的7%；所在地为县镇的，其适用税率为营业税的5%；所在地为农村的，其适用税率为营业税的1%。

教育费附加是按应纳营业税额乘以3%确定，计算公式为

$$应纳税额=应纳营业税额\times 3\%$$

在税金的实际计算过程，通常是三种税金一并计算。由于在工程造价计算程序中，税金计算在最后进行，将税金计算之前的所有费用之和称为税前造价，税前造价加上税金为含税造价。因此税金的计算公式可以表达为

$$\begin{aligned}税金 &= 税前造价\times 不含税工程造价税率(\%)\\ &=(直接费+间接费+利润)\times 综合税率(\%)\end{aligned}$$

$$综合税率=含税工程造价税率\div(1-含税工程造价税率)$$

综合税率的计算因企业所在地的不同而不同，计算方法如下：

（1）纳税地点在市区的企业综合税率的计算：

$$税率(\%)=\frac{1}{1-3\%-(3\%\times 7\%)-(3\%\times 3\%)}-1$$

（2）纳税地点在县城、镇的企业综合税率的计算：

$$税率(\%)=\frac{1}{1-3\%-(3\%\times 5\%)-(3\%\times 3\%)}-1$$

（3）纳税地点不在市区、县城、镇的企业综合税率的计算：

$$税率(\%)=\frac{1}{1-3\%-(3\%\times 1\%)-(3\%\times 3\%)}-1$$

因企业所在地的不同而分别计算的税前造价和含税造价如表4.34所示。

表4.34　建筑安装工程费综合税率表

工程所在地	含税工程造价税率/%	不含税工程造价税率/%
市区	3.30	3.41
县城或镇	3.24	3.35
其他地点	3.12	3.22

（七）计算汇总工程造价

将直接费、间接费、利润和税金相加即为单位工程施工图预算。

三、实物法编制施工图预算

用实物法编制单位工程施工图预算，就是根据施工图计算的各分项工程量分别乘以

地区定额中人工、材料、施工机械台班的定额消耗量，分类汇总得出该单位工程所需的全部人工、材料、施工机械台班消耗数量，然后再乘以当时当地人工工日单价、各种材料单价、施工机械台班单价，求出相应的直接工程费。然后在此基础上计算措施费、间接费、利润及税金等费用。

实物法编制施工图预算的基本步骤包括以下几方面内容。

（一）收集并熟悉资料

1. 编制前的准备工作

具体工作内容同预算单价法相应步骤的内容。但此时要全面收集各种人工、材料、机械台班的当时当地的市场价格，应包括不同品种、规格的材料预算单价，不同工种、等级的人工工日单价，不同种类、型号的施工机械台班单价等。要求获得的各种价格应全面、真实、可靠。其中资料收集清单如表 4.35 所示。

表 4.35　资料收集清单一览表

序　号	资料分类	资料清单	备　注
1	国家规范	国家或省级、行业建设主管部门颁发的计价依据和办法	
2		预算定额	最新
3	地方规范	××地区建筑工程消耗量标准	最新
4		××地区建筑装饰工程消耗量标准	最新
5		××地区安装工程消耗量标准	最新
6	工程造价管理机构发布的工程造价信息及市场价格	建设工程价格信息及类似工程价格信息	最新
7		安装工程综合价格	最新
8		市政工程综合价格	最新
9		市政工程计价办法	最新
10		园林绿化工程综合价格	最新
11	建设项目有关资料	建设工程设计文件及相关资料，包括施工图纸等	
12		施工现场情况、工程特点及常规施工方案	
13		经批准的初步设计概算或修正概算	
14		工程所在地的劳资、材料、税务、交通等方面资料	
15	其他有关资料		

2. 熟悉图纸和预算定额以及单位估价表

本步骤的内容同预算单价法相应步骤。

3. 了解施工组织设计和施工现场情况

本步骤的内容同预算单价法相应步骤。

（二）划分工程项目和计算工程量

本步骤的内容同预算单价法相应内容。

（三）套用定额消耗量，计算并汇总人工、材料、机械台班消耗量

人工、材料、机械台班消耗量，可以根据当地《消耗量定额》查用。

人工工日消耗量是指在正常施工生产条件下，生产单位假定建筑安装产品（分部分项工程或结构构件）必须消耗的某种技术等级的人工工日数量。它由分项工程所综合的各个工序施工劳动定额包括的基本用工、其他用工两部分组成。

材料消耗量是指在合理和节约使用材料的条件下，生产单位假定建筑安装产品（分部分项工程或结构构件）必须消耗的一定品种规格的原材料、辅助材料、构配件、零件、半成品等的数量标准。它包括材料净用量和材料不可避免的损耗量。

施工机械台班消耗量是指在正常施工条件下，生产单位假定建筑安装产品（分部分项工程或结构构件）必须消耗的某类某种型号施工机械的台班数量。

（四）确定当时当地人工、材料、机械台班单价

1. 人工单价的确定

各市造价（定额）站、建设部标准定额司、标准定额研究所，为适时反映市场人工价格变化，规范各市市场人工价格信息的发布，根据建设部办公厅《关于开展建筑工程实物工程量与建筑工程人工成本信息测算和发布工作的通知》要求，各市造价管理部门按月或季度进行人工工种价格的发布。

人工单价根据当时当地有关造价部门发布的人工价格信息为准。

2. 材料单价的确定

材料单价是确定工程造价的关键。在工程项目的建安量中，材料价值约占直接费的70％左右，是确定工程造价的核心。材料单价是由材料原价（或供应价格）、材料运杂费、运输损耗费以及采购保管费合计而成的。其计算公式为

$$材料单价 =（材料原价 + 运杂费）\times（1 + 场外运输损耗率）\\ \times（1 + 采购及保管费率）- 包装品回收价值$$

1）材料原价

材料原价应按实计取。各省、自治区工程造价（定额）管理站应通过调查，编制本地区的材料价格信息。不同类型的材料原价确定方法如下：

外购材料：国家或地方的工业产品，按工业产品出厂价格或供销部门的供应价格计算，并根据情况加计供销部门手续费和包装费。如供应情况、交货条件不明确时，可采用当地规定的价格计算。

地方性材料：地方性材料按实际调查价格或当地主管部门规定的预算价格计算。

自采材料：自采材料按定额中开采单价加辅助生产间接费和矿产资源税（如有）计算。

2）运杂费

运杂费系指材料自供应地点至工地仓库（施工地点存放材料的地方）的运杂费用，包括装卸费、运费，如果发生，还应计囤存费及其他杂费。通过铁路、水路和公路运输部门运输的材料，按铁路、航运和当地交通部门规定的运价计算运费。

一种材料如有两个以上的供应点时，都应根据不同的运距、运量、运价采用加权平均的方法计算运费。由于预算定额中汽车运输台班已考虑工地便道特点，以及定额中已计

入了“工地小搬运”项目，因此平均运距中汽车运输便道里程不得乘调整系数，也不得在工地仓库或堆料场之外再加场内运距或二次倒运的运距。

3）场外运输损耗

场外运输损耗系指有些材料在正常的运输过程中发生的损耗，这部分损耗应摊入材料单价内。

4）采购及保管费

材料采购及保管费系指材料供应部门（包括工地仓库以及各级材料管理部门）在组织采购、供应和保管材料过程中，所需的各项费用及工地仓库的材料储存损耗。

材料采购及保管费，以材料的原价加运杂费及场外运输损耗的合计数为基数，乘以采购保管费率计算。材料的采购及保管费费率为2.5%。

外购的构件、成品及半成品的预算价格，其计算方法与材料相同，但构件（如外购的钢桁梁、钢筋混凝土构件及加工钢材等半成品）的采购保管费率为1%。

由以上各步骤可以得出材料预算单价，如表4.36所示。

表4.36 材料预算单价计算表

建设项目名称： 编制范围： 第 页 共 页

序号	规格名称	单位	原价/元	运杂费					原价运费合计/元	场外运输损耗		采购及保管费		预算单价/元
				供应地点	运输方式、比重及运距	毛重系数或单位毛量	运杂费构成说明或计算式	单位运费/元		费率/%	金额/元	费率/%	金额/元	

编制： 复核：

3. 施工机械台班单价的确定

施工机械台班单价＝台班折旧费＋台班大修费＋台班经常修理费＋台班安拆费及场外运费＋台班人工费＋台班燃料动力费＋车船使用税。承包商应从工程机械的合理选择、优化配置、有效管理三方面综合考虑机械台班单价。

施工机械台班单价由不变费用和可变费用组成。不变费用包括折旧费、大修理费、经常修理费、安装拆卸及辅助设施费等；可变费用包括机上人员人工费、动力燃料费、养路费及车船使用税。可变费用中的人工工日数及动力燃料消耗量，应以机械台班费用定额中的数值为准。台班人工费工日单价同生产工人人工费单价。动力燃料费用则按材料费的计算规定计算。

上述各步骤完成之后，人、材、机单价可汇总见表4.37。

表4.37 人工、材料、机械台班单价汇总表

建设项目名称： 编制范围： 第 页 共 页

序号	名称	单位	代号	预算金额/元	备注	序号	名称	单位	代号	预算金额/元	备注

编制： 复核：

（五）计算并汇总单位工程直接工程费

根据汇总计算出的单位工程所需的各种人工、材料、施工机械台班的消耗数量，分别乘以当时当地相应人工、材料、施工机械台班的实际市场单价，即可求出单位工程的人工费、材料费、机械使用费，再汇总即可计算出单位工程直接工程费。计算公式为

$$\begin{aligned}\text{单位工程直接工程费} = &\sum(\text{工程量}\times\text{定额人工消耗量}\times\text{市场工日单价})\\&+\sum(\text{工程量}\times\text{定额材料消耗量}\times\text{市场材料单价})\\&+\text{材料检验试验费}\\&+\sum(\text{工程量}\times\text{定额机械台班消耗量}\times\text{市场机械台班单价})\end{aligned}$$

（六）计算其他费用并汇总工程造价

对于措施费、间接费、利润和税金等费用的计算，可以采用与预算单价法相似的计算方法，只是有关费率是根据当时当地建设市场的供求情况予以确定。将上述直接费、间接费、利润和税金等汇总即为单位工程预算。

案　　例①

（一）案例背景

1. 工程概况

根据西安市及陕西省总体发展规划和经济发展布局，拟在该市近郊（一环外）建设某公司单层厂房。承包方式拟采用包工包料方式，甲方不提供预付款（备料款）。本项目基础用 Mu10 红砖，M7.5 水泥砂浆砌筑；±0.00 以上内外砖墙用 Mu10 红砖，M5 混合砂浆砌筑。本项目设计时间为 2000 年 1 月。

2. 编制依据

(1) 经过批准和审定后的砖混厂房设计说明及图纸，图纸见本书附图 9～附图 12。
(2)《陕西省建筑工程预算定额》(1999 年编)。
(3)《陕西省建筑安装工程综合费用定额》(1999 年编)。
(4) 预定各项配套的调价和税费文件。

（二）编制过程

1. 项目划分及工程量计算

1) 项目划分

按照《陕西省建筑工程预算定额》(1999 年编)中的规定，××厂房土建工程项目划分见表 4.38。

① 本案例由李建峰编著的《工程计价与造价管理》一书中的案例改编而成。

表 4.38　××厂房土建工程项目划分

序　号	分部工程名称	分项工程名称	序　号	分部工程名称	分项工程名称
1	土石方工程	平整场地	10	构建运输及安装工程	Ⅰ类预制混凝土构件运距 5 千米
2		钻探及回填孔	11		Ⅱ类预制混凝土构件运距 1 千米
3		……	12		……
4	砖石工程	砖基础(M7.5 水泥砂浆)	13	木作工程	单层玻璃窗制作
5		砖内墙一周	14		单层玻璃窗安装
6		……	15		……
7	混凝土及钢筋混凝土工程	普通混凝土 C20 砾石 42.5 水泥	16	楼地面工程	……
8		圆钢∮10 以内	17	屋面工程	……
9		……	18	装饰工程	……
…	……	……	…	……	……

2) 工程量计算

施工图预算工程量是根据图纸、分部分项工程划分表、《陕西省建筑工程预算定额》(1999 年),并依据工程量计算规则进行计算。

例如,平整场地工程量＝108.475＋46.44×2＋16＝217.355 平方米;

过梁钢筋(∮10)用量＝(2.48－0.02＋12.5×0.01)×1.015×18＝47.2 米,再根据∮10 钢筋长度与重量之间的换算关系可以得出过梁钢筋(∮10)重量为 0.029 吨。

详细工程量计算表见表 4.39、表 4.40、表 4.41、表 4.42。

表 4.39　基础数据计算表

序　号	名　称	单　位	计算式	数　量	标　志
1	$L_{外}$	米	(16.74＋6.48)×2	46.440	lW
2	$L_{中}$	米	46.44－4×0.24	45.480	lz
3	$L_{内}$	米	6	6.000	lj
4	$S_{底}$	米	16.74×6.48	108.475	Sd
5	$S_{净}$	米	108.475－(45.48＋6)×0.24	96.120	sj
6	$S_{坡道}$	平方米	2.7×1.5×3＋1.7×1.5	14.700	
7	$S_{窗洞}$	平方米	2×2.2×9＋2×0.8×12	58.800	

表 4.40　工程量计算表

项目名称:单层厂房土建工程

定额编号	分项工程名称	单　位	计算式	数　量	标　志
7-1	单层玻璃窗制作	平方米	58.8/1.03	57.087	
7-2	单层玻璃窗安装	平方米	57.087	57.087	
7-115	厂库房钢木大门保温治安	平方米	2×3×3＋1×3	21.000	
1-19	平整场地	平方米	108.475＋46.44×2＋16	217.355	
…	……	……	……	……	……

表 4.41　单位工程钢筋计算表

项目名称:单层厂房土建工程

构件名称	编　号	钢　号	直径/毫米	下料长度/米	单件根数	总根数	总长度/米	总重量/吨	长度表达式	根数表达式
YWL-1	1	I(一级钢)	20.0	7.2	2	8	57.6	0.142	[6−2×0.02+2×6.25×0.02+2×(0.45−2×0.02)×0.414+0.275×2]×1.015	2
	2	I(一级钢)	20.0	6.3	2	8	50.4	0.124	(6−20.02+2×6.25×0.002)×1.015	2
	3	I(一级钢)	16.0	22	2	8	17.8	0.028	(2+12.5×0.016)×1.015	2
	4	I(一级钢)	10.0	6.2	2	8	49.4	0.031	(6−2×0.02+12.5×0.01)×1.015	2
	5	I(一级钢)	6.0	1.5	31	124	182.3	0.040	(0.25+0.475)×2×1.015	6/0.2+1
GL	1	I(一级钢)	10.0	2.6	2	18	47.2	0.029	(2.48−0.02+12.5×0.01)×1.015	2
	2	I(一级钢)	12.0	2.7	3	27	71.6	0.064	(2.48−0.02+12.5×0.012)×1.015	3
	3	I(一级钢)	6.0	0.9	13	117	99.5	0.022	(0.24+0.18)×2×1.015	2.48/0.2+1
…	…	……	……	……	……	……	……	……	……	……

表 4.42 单位工程钢筋汇总表

钢 号	直径/毫米	长度/米	理论重量/吨	计划用量/吨	备 注
Ⅰ(一级钢)	6.0	753.95	0.166	0.166	
Ⅰ(一级钢)	8.0	355.98	0.141	0.141	
Ⅰ(一级钢)	10.0	215.54	0.134	0.134	
Ⅰ(一级钢)	12.0	169.91	0.151	0.151	
Ⅰ(一级钢)	16.0	41.69	0.066	0.066	
Ⅰ(一级钢)	20.0	108.08	0.266	0.266	
总计			0.924	0.924	

2. 套用定额基价并计算单位工程直接工程费

根据《陕西省建筑工程预算定额》(1999 年)规定及要求进行定额计价的套用及计算。例如,平整场地直接工程费=129.37×2.174=281.20 元,如表 4.43 所示。

表 4.43 平整场地直接工程费

序 号	定额号	分项工程名称	工程量		基价/元				总价值/元			
			单位	数量	合价	人工费	材料费	机械费	合价	人工费	材料费	机械费
1	1-19	平整场地	100 平方米	2.174	129.37	129.37			281.20	281.20		
其他略												

圆钢∮10 以内直接工程费=2 627.08×0.152=399.32 元,如表 4.44 所示。

表 4.44 圆钢∮10 以内直接工程费

构件名称	编 号	钢 号	直径/毫米	下料长度/米	单件根数	总根数	总长度/米	总重量/吨	长度表达式	根数表达式
GL	1	Ⅰ(一级钢)	10.0	2.6	2	18	47.2	0.029	(2.48−0.02+12.5×0.01)×1.015	2
其他略										

工程预算表见表 4.45。

3. 材料差价汇总

根据西安市当时价格信息可调材料价格计算过程,举例如下:
例如,∮10 内外钢筋差价=(2 650.00−2 139.00)×1.335=511.00×1.335=682.18 元;
水质涂料差价=[2.00−(−4.00)]×142.570=6.00×142.570=−570.28 元。
材料差价汇总表见表 4.46。

4. 套用费用定额并计取各项取费

根据《陕西省建筑工程、安装工程、仿古园林工程及装饰工程费用定额本》(1999 年)规定,本项目只计取人工土方取费和一般土建工程取费,工程造价取费计算表见表 4.47、表 4.48。

表 4.45　单位工程预算表

项目名称:单层厂房土建工程

序　号	定额号	分项工程名称	工程量		基价/元				总价值/元			
			单　位	数　量	合　价	人工费	材料费	机械费	合　计	人工费	材料费	机械费
		土石方工程							1 802.30	1 506.30	263.30	32.04
1	1-19	平整场地	100 平方米	2.174	129.37	129.37			281.20	281.20		
2	1-20	钻探及回填孔	100 平方米	2.838	329.53	237.63	91.90		935.20	674.39	260.81	
…	…	……	……	……	……	……	……	……	……	……	……	……
		砖石工程							6 515.48	1 689.32	4 607.79	218.37
1	3-1 换	砖基础(M7.5 水泥砂浆)	100 立方米	0.965	1 190.33	243.11	930.38	16.84	1 149.03	234.67	898.10	16.26
2	3-4	砖内墙一周	100 平方米	0.273	3 795.77	783.76	2 287.39	124.62	872.45	213.97	624.46	34.02
…	…	……	……	……	……	……	……	……	……	……	……	……
		混凝土及钢筋混凝土工程							11 189.33	2 151.03	3 085.18	1 151.12
1	4-3	普通混凝土 C20 砾石 42.5 水泥	立方米	15.820	199.57	36.96	143.20	19.41	3 157.20	584.71	2 265.42	307.07
2	4-42	圆钢∮10 以内	吨	0.152	2 627.08	352.18	2 235.45	39.45	399.32	53.53	339.79	6.00
…	…	……	……	……	……	……	……	……	……	……	……	……
		构建运输及安装工程							1697.75	284.35	81.12	1 332.28
1	6-2	I 类预制混凝土构件,运距 5 千米	10 立方米	0.755	992.64	86.11	21.22	885.31	749.14	64.99	16.01	668.14
2	6-7	II 类预制混凝土构件,运距 1 千米	10 立方米	0.289	676.92	43.87	28.36	604.69	195.43	−12.67	8.19	174.57
…	…	……	……	……	……	……	……	……	……	……	……	……
		木作工程							14 202.27	1 977.68	11 851.0	373.59
1	7-1	单层玻璃窗制作	100 平方米	0.571	10 542.61	673.89	9 671.33	197.40	6 018.78	384.72	5 521.36	112.70
2	7-2	单层玻璃窗安装	100 平方米	0.571	2 661.39	810.57	1 798.57	52.25	1 519.38	462.75	1 026.80	29.83
…	…	……	……	……	……	……	……	……	……	……	……	……
		楼地面工程							6 464.06	1 601.86	4 328.86	533.34
…	…	……	……	……	……	……	……	……	……	……	……	……
		屋面工程							3 464.29	590.93	2 768.21	105.15
…	…	……	……	……	……	……	……	……	……	……	……	……
		装饰工程							6 988.55	3 772.44	3 050.47	165.64
…	…	……	……	……	……	……	……	……	……	……	……	……
合计									52 324.03	13 574.56	34 837.94	3 911.53

表 4.46 单位工程材料汇总及差价计算表

编号	名称	类别	单位	数量	预算单价/元	市场单价/元	差价/元	金额/元
0250	∮10 内外钢筋	材	吨	1.335	2 139.00	2 650.00	511.00	682.18
0293	铁件	材	千克	4.298	2.89	3.20	0.31	1.33
0321	东北松、进口松原木	材	立方米	10.031	948.75	1 200.00	251.25	2 520.39
0364	白水泥	材	千克	730.814	0.43	0.50	0.07	51.16
0389	硅酸盐水泥 32.5	材	千克	2 168.248	0.24	0.27	0.03	69.38
0380	硅酸盐水泥 42.5	材	千克	22 696.369	0.26	0.32	0.06	1 361.78
0403	普通平板玻璃开片 3 毫米厚	材	平方米	40.267	13.50	16.00	2.50	100.67
0518	石油沥青 10#	材	千克	771.967	0.93	1.85	0.92	710.21
0519	石油沥青 30#	材	千克	51.716	0.97	1.88	0.91	47.06
0520	石油沥青 60#	材	千克	126.275	0.98	1.95	0.97	122.49
0522	石油沥青卷材	材	平方米	349.707	3.00	2.70	−0.30	−104.91
0860	水质涂料	材	千克	142.570	6.00	2.00	−4.00	−570.28
总计			元					4 991.46

表 4.47 单层厂房人工土方取费计算表

序号	费用名称	费率/%	计算公式	金额/元	经济指标(元/平方米)
1	项目直接费		LH[5]=第一章人工土方项目直接费合计	1 802.30	16.61
2	其中:人工费		LRG[5]=第一章人工土方项目人工费合计	1 506.95	13.89
3	直接费		{1}	1 802.30	16.61
4	其他直接费	7.54	{2}=1 506.95×7.54%	113.62	1.05
5	管理费	17.980	{2}=1 506.95×17.98%	270.95	2.50
6	直接工程费		{1}+{4}+{5}=1 802.30+113.62+270.95	2 186.87	20.16
7	间接费	9.910	{2}=1 506.95×9.91%	149.34	1.38
8	利润	25.000	{2}=1 506.95×25%	376.74	3.47
9	差价		{10}+{12}		
10	(1) 可以计算价差部分		LCC[5]		
11	(2) 动态调价	0	{2}		
12	(3) 只计算价的项目		LH[7]		
13	不含税工程造价		{6}+{7}+{8}+{9}=2 186.87+149.34+376.74	2 712.95	25.01
14	养老保险费	3.550	{13}=2 712.95×3.55%	96.31	0.89
15	四项保险费	0.800	{13}=2 712.95×0.8%	21.70	0.20
16	安全、文明施工定额补贴	1.600	{13}=2712.95×1.6%	43.41	0.40
17	税金	3.510	{13}+{14}+{15}+{16}=(2 712.95+96.31+21.70+43.41)×3.51%	101.65	0.94
18	含税工程造价		{13}+{14}+{15}+{16}+{17}	2 976.02	27.43

表 4.48　单层厂房一般土建工程取费计算表

项目名称:单层厂房土建工程

序　号	费用名称	费率/%	计算公式	金额/元	经济指标(元/平方米)
1	项目直接费		{2}+{3}+{4}	52 037.38	479.70
2	(1) 定额基价		除人工土方工程的人材机费用之和=52 324.03−1 802.30	50 521.73	465.72
3	(2) 脚手架摊销费	3.000	{2}=50 521.73×3%	1 515.65	13.97
4	(3) 塔吊增加费		LH[3]		
5	人工调整	−11.400	RG12 067.61×(−11.4%)	−1 375.71	−12.68
6	外购构件管理费	3.000	LH[2]		
7	直接费		{1}+{5}+{6}	50 661.67	467.03
8	其他直接费	2.93	{7}	1 484.39	13.68
9	现场经费	2.890	{7}	1 464.12	13.50
10	直接工程费		{7}+{8}+{9}	53 610.18	494.22
11	间接费	2.020	{10}	1 082.93	9.98
12	贷款利息	3.02	{10}	1 619.03	14.93
13	利润	1.000	{10}+{11}+{12}=56 312.14×1%	563.12	5.19
14	差价		{15}+{16}	4 991.46	46.01
15	(1) 可以计算价差部分		CC	4 991.46	46.01
16	(2) 动态调价	0	{1}		
17	不含税工程造价		{10}+{11}+{12}+{13}+{14}	61 866.72	570.33
18	养老保险费	3.550	{17}	2 196.27	20.25
19	四项保险费	0.800	{17}	494.93	4.56
20	安全、文明施工定额补贴	1.600	{17}	989.87	9.13
21	税金	3.510	{17}+{18}+{19}+{20}=65 547.79×3.51%	2 300.73	21.21
22	含税工程造价		{17}+{18}+{19}+{20}+{21}	67 848.52	625.48

5. 计算并汇总单位工程建筑及安装工程费

本项目施工图预算=人工土方工程含税造价+一般土建工程含税造价
=2 976.02+67 848.52=70 824.54(元)

6. 填写封面及编制说明

封面格式见表 4.49。

表 4.49　施工图预算书封面

单层厂房土建工程预算书			
建设单位	×××建筑公司	预算编号	0168
项目名称	单层厂房土建工程	预算总值	70 824.54
建设地点	西安市	经济指标	652.88 元/平方米
结构种类	砖混	工程总量	108.48 平方米
编 制 人	×××	专业证书号码	××××
审 核 人	×××	专业证书号码	××××
人 民 币	柒万零捌佰贰拾肆元伍角肆分		
编制单位	×××工程造价咨询单位	编制日期	××××年××月××日

(三) 施工图预算成果文件

1. 本项目施工图预算书封面

本项目施工图预算书封面见表 4.49。

2. 本项目施工图预算签署页

本项目施工图预算签署页见表 4.50。

表 4.50　单层厂房土建工程预算签署页

单层厂房土建工程 预算书 档 案 号:××× 编制人:______×××______[执业(从业)印章] 审核人:______×××______[执业(从业)印章] 审定人:______×××______[执业(从业)印章] 法定负责人:______×××______

3. 编制说明

单层厂房土建工程施工图预算书编制说明主要有以下三大部分。

1) 工程概况

(1) 建设地点:西安市近郊(一环外)。

(2) 承包方式:包工包料,甲方不提供预付款(备料款)。

(3) 水文地质:地面以下 8 米以内为湿陷性黄土(二类土),最高水位距地面 3 米。

(4) 基础用 Mu10 红砖,M7.5 水泥砂浆砌筑;±0.00 以上内外砖墙用 Mu10 红砖,M5 混合砂浆砌筑。

(5) 多孔板、过梁及木门窗,系由本公司混凝土预制构件场和木材加工场制作,汽车运入工地安装,运距为 5 千米。

(6) 檐口圈梁为现浇,屋面梁在现场预制。各构件混凝土均用相应粒径的砾石,水泥为 42.5 号;屋面梁混凝土为 C30,其余均为 C20 混凝土。

(7) 采用保温钢木大门,单层玻璃木窗,调和漆两遍。

(8) 预制多孔板采用 6H33 采用,钢筋重量∮10 以内 3 千克/块,∮10 以上 4.04 千克/块,混凝土体积 0.149 立方米/块。

(9) 窗上过梁,构件尺寸为 2 480×240×180;预制梁垫尺寸 370×250×180。

(10) 设计时间:2000 年 1 月。

2) 编制依据

(1) 经过批准和审定后的砖混厂房设计说明及图纸。

(2) 经过批准的设计概算。

(3)《陕西省建筑工程预算定额》(1999 年)。

(4)《陕西省建筑安装工程综合费用定额》(1999年)。

(5)《西安市消耗量定额》(1999年)。

(6)《西安市措施费计价办法》(1999年)。

(7) 与定额相配套的调价和税费文件。

(8) 西安市人工、材料、施工机械台班的预算价格及调价规定。

(9) 合理的施工组织设计或施工方案以及现场勘查等文件。

3) 有关说明

(1) 建筑用料:本项目建筑用料见表4.51。

表4.51　建筑用料表

名　称	工程内容	备　注
内墙面	石灰砂浆(厚22毫米)抹面,纸筋灰罩面106涂料两遍	
内墙裙	抹灰面上刷调和漆(两遍)	高1 200毫米
外墙面	清水墙(1∶1∶3水泥砂浆勾缝)	
混凝土构件外表面	水泥砂浆	
外墙裙	水刷石(豆石)	高1 200毫米
腰线	水泥砂浆	
散水	原土夯实上铺C15混凝土随打随抹光	
地面及坡道	原土夯实(厚140),炉渣垫层(厚80),C10素混凝土垫层(厚60),1∶2.5水泥砂浆抹面	
窗台	水泥砂浆	
踢脚板	同地面面层	
天棚	石灰砂浆两遍、纸筋灰罩面,106涂料两遍	

(2) 编制方法:本项目施工图预算编制方法采用预算单价法编制。

4. 各种附表

1) 单位工程预算表

单位工程预算表,如表4.45所示。

2) 单层厂房人工土方取费计算表

单层厂房人工土方取费计算表,如表4.47所示。

3) 单层厂房一般土建工程取费计算表

单层厂房一般土建工程取费计算表,如表4.48所示。

4) 工程量计算表

工程量计算表,如表4.40所示。

5) 单位工程材料汇总及差价计算表

单位工程材料汇总及差价计算表,如表4.46所示。

6) 建筑用料表

建筑用料表,如表4.51所示。

第三篇　工程量清单计价篇

第五章　交易阶段的工程计价

本章导读

工程量清单计价区别于定额计价，是一种主要由市场定价的计价模式，是由建设产品的买方和卖方在建设市场上根据供求状况、信息状况进行自由竞价，从而最终能够签订工程合同价格的方法。对我国建筑市场中的建筑产品价格形成机制产生了重要影响。2008《计价规范》提出了招标控制价的概念，对交易阶段工程造价的价格形式做了进一步完善。

本章全面介绍了交易阶段的工程量清单计价的重要环节，包括工程量清单的编制、招标控制价的编制与审核、投标报价的编制等内容。对如何准确、合理地确定招标控制价，承包商如何编制投标报价的全过程进行了详细分析。

第一节　工程量清单编制

一、工程量清单编制概述

工程量清单包括分部分项工程量清单，措施项目清单，其他项目清单，规费、税金项目清单。工程量清单编制的内容、依据、要求、表格格式等应该执行2008《计价规范》的有关规定。

工程量清单应由具有编制能力的招标人或受其委托、具有相应资质的工程造价咨询人依据2008《计价规范》，国家或省级、行业建设主管部门颁发的计价依据和办法、招标文件的有关要求、设计文件、与建设工程项目有关的标准、规范、技术资料和施工现场实际情况等进行编制。采用工程量清单方式招标，应由招标人或其委托的工程造价咨询人根据工程项目设计文件编制出招标工程项目的工程量的工程量清单，并将其作为招标文件的组成部分，招标人对工程量清单中各分部分项工程或适合以分部分项工程量清单设置的措施项目的工程量的准确性和完整性负责；投标人应结合企业自身实际、参考市场有关价格信息完成清单项目工程的组合报价，并对其承担风险。

依据2008《计价规范》，并参考《建设项目全过程造价咨询规程》(CECA/GC4—2009)、《建设工程造价咨询业务操作指导规程》(中价协〔2002〕第016号)等规定，编制工程量清单应当遵循如下程序：①了解编制要求与范围；②熟悉工程图纸及有关设计文件；③熟悉与建设工程项目有关的标准、规范、技术资料；④熟悉已经拟定的招标文件及其补充通知、答疑纪要等；⑤了解施工现场情况、工程特点；⑥拟定或参考常规的施工组织设计或施工方案；⑦描述分部分项工程量特征，计算分部分项工程量，编制分部分项工程量清单；⑧编制常规措施项目清单；⑨工程造价文件成果汇总、分析、审核；⑩成果文件签认、盖章;⑪提交成果文件。

以上程序大致可以分为三个工作阶段:工程量清单编制前期准备工作;工程量清单的编制;工程量清单的审核与汇总。

二、工程量清单编制前期工作准备

工程量清单由具有编制能力的招标人或受其委托、具有相应资质的工程造价咨询人编制。为做好工程量清单的编制工作,在编制开始之前要完成以下几个方面的工作。

(一) 资料收集

资料收集工作主要是对工程量清单的编制依据进行收集,结合2008《计价规范》的相关要求,本工作应收集的资料如下:①《建设工程工程量清单计价规范》(GB 50500—2008)。②国家或省级、行业建设主管部门颁发的计价依据和办法。③建设工程设计文件。④与建设工程项目有关的标准、规范、技术资料。⑤招标文件及其补充通知、答疑纪要。⑥施工现场情况、工程特点及常规施工方案。⑦其他相关资料。

(二) 初步研究

在资料收集完成后,要对各种资料认真研究,为工程量清单的编制做准备。主要从以下几个方面进行研究:

首先,熟悉2008《计价规范》、当地计价规定及相关文件;熟悉设计文件及相关图纸,掌握工程全貌,便于清单项目列项的完整、工程量的准确计算及清单项目的准确描述,对设计文件中出现的问题应及时提出。

其次,熟悉招标文件、招标图纸,确定工程量清单编审的范围及需要设定的暂估价;收集相关市场价格信息,为暂估价的确定提供依据。

最后,对2008《计价规范》缺项的新材料、新技术、新工艺,收集足够的基础资料,为补充项目的制定提供依据。

(三) 现场踏勘

进行现场踏勘,充分了解施工现场情况及工程特点,以便选用合理的施工组织设计和施工技术方案,主要对以下两方面进行调查。

1. 自然地理条件

工程所在地的地理位置、地形、地貌、用地范围等;气象、水文情况,包括气温、适度、降雨量等;地质情况,包括地质构造及特征、承载能力等;地震、洪水及其他自然灾害情况。

2. 施工条件

工程现场周围的道路、进出场条件、交通限制情况;工程现场施工临时设施、大型施工机具、材料堆放场地安排情况;工程现场临近建筑物与招标工程的间距、结构形式、基础埋深、新旧程度、高度;市政给排水管线位置、管径、压力,废水、污水处理方式,市政、消防供水管道管径、压力、位置等;现场供电方式、方位、距离、电压等;工程现场通讯线路的连接和铺设;当地政府有关部门对施工现场管理的一般要求、特殊要求及规定等。

(四)拟订常规施工组织设计

施工组织设计是指导拟建工程项目的施工准备和施工的技术经济文件。根据项目的具体情况编制施工组织设计,拟定工程的施工方案、施工顺序、施工方法等,便于工程量清单的编制及准确计算,特别是工程量清单中的措施项目。

施工组织设计编制的主要依据:招标文件中的相关要求,设计文件中的图纸及相关说明,现场踏勘资料,有关定额,现行有关技术标准、施工规范或规则等。本步骤仅需拟订常规的施工组织设计即可。

工程施工组织设计的编制程序包括以下几方面内容。

1. 计算工程量

根据概算指标或类似工程计算,不需要很高的精确度,对主要项目加以计算即可,如土石方、混凝土等。

2. 拟定施工总方案

施工方案仅对重大问题最初原则规定即可,不需考虑施工步骤,主要包括:施工方法,施工机械设备的选择,科学的施工组织,合理的施工进度,现场的平面布置及各种技术措施。

制定方案要满足以下原则:从实际出发,符合现场的实际情况,在切实可行的范围内尽量求其先进和快速;满足工期的要求;确保工程质量和施工安全;尽量降低施工成本,使方案更加经济合理。

3. 确定施工顺序

合理确定施工顺序需要考虑以下几点:各分部分项工程之间的关系;施工方法和施工机械的要求;当地的气候条件和水文要求;施工顺序对工期的影响。

4. 编制施工进度计划

施工进度计划的编制工期要满足合同对工期的要求,在不增加资源的前提下尽量提前。常用的编制施工进度计划的方法是横道法和网络计划法,都需要根据选定的施工方案、配备的人工、机械的数量排出施工进度计划图。在编制进度计划的过程中要全面了解工程情况,掌握工程中各分部、分项、单位工程之间的关系,避免出现施工顺序的颠倒;对现场踏勘得到的资料进行综合分析与研究,在施工计划中正确反映出水文地质、气候等的影响。

5. 计算人、材、机的需要量

人工数量根据工程的工程量、规定使用的定额、拟定的施工方法及要求的工期计算,并且需要考虑节假日、气候等的影响。

材料需要量主要根据工程量和选用的材料消耗定额进行计算。

机械台班数量根据施工方案确定选择机械设备方案及机械种类的匹配要求，再根据工程量和机械时间定额进行计算。

6. 施工平面的布置

施工平面布置是根据施工方案、施工进度要求，对施工现场的道路交通、材料仓库、临时设施等做出合理的规划布置，主要包括：

(1) 建设项目施工总平面图上的一切地上、地下已有和拟建的建筑物、构筑物以及其他设施的位置和尺寸。

(2) 一切为施工服务的临时设施的布置位置，如：施工用地范围，施工用道路，材料仓库，取土、弃土位置，水源、电源位置，一切安全、消防设施位置等。

(3) 永久性测量放线标桩位置。

三、工程量清单的编制

(一) 分部分项工程量清单编制

分部分项工程量清单是指表示拟建工程分项实体工程项目名称和相应数量的明细清单，应包括项目编码、项目名称、项目特征、计量单位和工程量五个部分的要件。其格式如表5.1所示，在分部分项工程量清单的编制过程中，由招标人负责前六项内容填列，金额部分在编制招标控制价或投标报价时填列。

表 5.1　分部分项工程量清单与计价表

工程名称：　　　　　　　　　　　　标段：　　　　　　　　　　第　页共　页

序号	项目编码	项目名称	项目特征描述	计量单位	工程量	金额		
						综合单价	合价	其中：暂估价

分部分项工程量清单与计价表中项目编码、项目名称、项目特征、计量单位和工程量五部分的具体要求在本书第二章第三节中已有论述，在此不再赘述，仅对分部分项工程量清单的编制过程进行描述。

1. 项目编码

分部分项工程量清单的项目编码，应采用12位阿拉伯数字表示。1～9位应按2008《计价规范》附录的规定设置，10～12位应根据拟建工程的工程量清单项目名称设置，同一招标工程的项目编码不得有重码。例如，一个标段(或合同段)的工程量清单中含有三个单位工程，每一单位工程中都有项目特征相同的实心砖墙砌体，在工程量清单中又需反映三个不同单位工程的平整场地工程量时，则第一个单位工程的平整场地的项目编码应为010101001001，第二个单位工程的平整场地的项目编码应为010101001002，第三个单位工程的平整场地的项目编码应为010101001003，并分别列出各单位工程平整场地的工程量。

2. 项目名称

分部分项工程量清单的项目名称应按2008《计价规范》附录的项目名称结合拟建工程的实际确定。

在分部分项工程量清单中所列出的项目，应是在单位工程的施工过程中以其本身构成这个单位工程实体的分项工程，这些分项工程项目名称的列出又分为以下情况：

(1) 在拟建工程的施工图纸中有体现，并且在2008《计价规范》附录中也有相对应的附录项目。对于这种情况就可以根据附录中的规定直接列项，计算工程量，确定项目编码等。例如，某拟建工程的一砖半黏土砖外墙这个分项工程，在2008《计价规范》附录A中对应的附录项目是A.3.2节中的“实心砖墙”。因此，在清单编制时就可以直接列出“370砖外墙”这一项，并依据附录A的规定计算工程量，确定其项目编码。

(2) 在拟建工程的施工图纸中有体现，在2008《计价规范》附录中没有相对应的附录项目，并且在附录项目的“项目特征”或“工程内容”中也没有提示。对于这种情况必须编制针对这些分项工程的补充项目，在清单中单独列项并在清单的编制说明中注明。

清单项目的表现形式是由主体项目和辅助项目构成，主体项目即2008《计价规范》中的项目名称，辅助项目即2008《计价规范》中的工程内容。对比图纸内容，确定什么是主体清单项目，什么是工程内容。

编制工程量清单出现附录中未包括的项目，编制人应作补充，并报省级或行业工程造价管理机构备案，省级或行业工程造价管理机构应汇总报住房和城乡建设部标准定额研究所。补充项目的编码由附录的顺序码与B和三位阿拉伯数字组成，并应从×B001起顺序编制，不得重号。工程量清单中需附有补充项目的名称、项目特征、计量单位、工程量计算规则、工作内容。

3. 项目特征描述

分部分项工程量清单项目特征应依据2008《计价规范》附录中规定的项目特征并结合拟建工程项目的实际按照以下要求予以描述：

1) 必须描述的内容

(1) 涉及正确计量的内容，如门窗洞口尺寸或框外围尺寸。

(2) 涉及结构要求的内容，如混凝土构件的混凝土的强度等级。

(3) 涉及材质要求的内容，如油漆的品种、管材的材质等。

(4) 涉及安装方式的内容，如管道工程中的钢管的连接方式。

2) 可不描述的内容

(1) 对计量计价没有实质影响的内容，如对现浇混凝土柱的高度，断面大小等特征。

(2) 应由投标人根据施工方案确定的内容，如对石方的预裂爆破的单孔深度及装药量的特征规定。

(3) 应由投标人根据当地材料和施工要求的内容，如对混凝土构件中的混凝土拌和料使用的石子种类及粒径、砂的种类的特征规定。

(4) 应由施工措施解决的内容，如对现浇混凝土板、梁的标高的特征规定。

3) 可不详细描述的内容

(1) 无法准确描述的的内容，如土壤类别，可考虑将土壤类别描述为综合，注明由投标人根据地勘资料自行确定土壤类别，决定报价。

(2) 施工图纸、标准图集标注明确的，对这些项目可描述为见××图集××页号及节点大样等。

(3) 清单编制人在项目特征描述中应注明由投标人自定的，如土方工程中的"取土运距"、"弃土运距"等。

4. 计量单位

分部分项工程量清单的计量单位的有效位数应遵守下列规定：①以"吨"为单位，应保留三位小数，第四位小数四舍五入。②以"立方米"、"平方米"、"米"、"千克"为单位，应保留两位小数，第三位小数四舍五入。③以"个"、"项"等为单位，应取整数。

2008《计价规范》附录中有两个或两个以上计量单位的，应结合拟建工程项目的实际选择其中一个确定。

5. 工程量的计算

分部分项工程量清单中所列工程量应按2008《计价规范》附录A～F中规定的工程量计算规则计算。另外，对补充项的工程量计算规则必须符合下述原则：①工程量计算规则要具有可计算性，不可出现类似于"竣工体积"、"实铺面积"等不可计算的规则；②计算结果要具有唯一性。

工程量的计算是一项繁杂而细致的工作，为了计算的快速准确并尽量避免漏算或重算，必须依据一定的计算原则及方法。

1) 工程量计算原则

(1) 计算口径一致。根据施工图列出的工程量清单项目，必须与2008《计价规范》中相应清单项目的口径相一致。所以计算工程量除必须熟悉施工图纸外，还必须熟悉每个清单项目所包括的工程内容和范围。

(2) 按工程量计算规则计算。工程量计算规则是综合确定各项消耗指标的基本依据，也是具体工程测算和分析资料的基准。

(3) 按图纸计算。工程量按每一分项工程，根据设计图纸进行计算，计算时采用的原始数据必须以施工图纸所表示的尺寸或施工图纸能读出的尺寸为准进行计算，不得任意增减。

(4) 按一定顺序计算。按照一定的顺序计算工程量，可以提高计算速度，并且尽量避免漏算或重复计算。

(5) 计算单位必须一致。工程量的计量单位，必须与计量规则中规定的计量单位相一致。

(6) 工程量计算的准确度。工程量的数字计算要准确，一般应精确到小数点后三位，汇总时，其准确度取值要达到：①立方米、平方米及米以下取两位小数；②吨以下取三位小数；③千克、件等取整数。

2) 工程量计算顺序

在安排各分项工程计算时，可以按照定额顺序或按照施工图顺序依次进行计算。对于计算同一张图纸的分项工程量时，一般可采用以下几种顺序：

(1) 按顺时针或逆时针顺序计算。从平面左上角开始，按顺时针或逆时针方向逐步计算，绕一周后回到出发点。

(2) 按横竖顺序计算。从平面图的横竖方向，从左到右或从右到左，先横后竖，先上后下逐步计算。

(3) 按编号顺序计算。按照图纸上注明的编号顺序计算。

(4) 按轴线顺序计算。可按图纸上的轴线顺序进行计算，并将其部位以轴线号表示出来。

(5) 按施工先后顺序计算。使用这种方法要求对实际的施工过程比较熟悉，否则容易出现漏项情况。

(6) 按定额分部分项顺序计算。即在计算工程量时，对应施工图纸按照定额的章节顺序和子目顺序进行分部分项工程的计算。采用这种方法要求熟悉图纸，有较全面的设计基础知识。

6. 补充项目

编制工程量清单出现附录中未包括的项目，编制人应作补充，并报省级或行业工程造价管理机构备案，省级或行业工程造价管理机构应汇总报住房和城乡建设部标准定额研究所。

补充项目的编码由附录的顺序码与B和三位阿拉伯数字组成，并应从×B001起顺序编制，同一招标工程的项目不得重码。工程量清单中需附有补充项目的名称、项目特征、计量单位、工程量计算规则、工程内容。

(二) 措施项目清单编制

2008《计价规范》中将实体项目划分为分部分项工程量清单，非实体项目划分为措施项目。措施项目清单指为完成工程项目施工，发生于该工程施工前和施工过程中技术、生活、文明、安全等方面的非工程实体项目清单。

措施项目清单的编制需考虑多种因素，除工程本身的因素外，还涉及水文、气象、环境、安全等因素。措施项目清单应根据拟建工程的实际情况列项，若出现2008《计价规范》中未列的项目，可根据工程实际情况补充。项目清单的设置要按照以下要求：

(1) 参考拟建工程的施工组织设计，以确定环境保护、安全文明施工、材料的二次搬运等项目。

(2) 参阅施工技术方案，以确定夜间施工、大型机械设备进出场及安拆、混凝土模板与支架、脚手架、施工排水、施工降水、垂直运输机械等项目。

(3) 参阅相关的施工规范与工程验收规范，以确定施工技术方案没有表述的，但是为了实现施工规范与工程验收规范要求而必须发生的技术措施。

(4) 确定招标文件中提出的某些必须通过一定的技术措施才能实现的要求。

(5) 确定设计文件中一些不足以写进技术方案的，但是要通过一定的技术措施才能实现的内容。

措施项目清单及其具体列项条件如表 5.2 所示。

表 5.2　措施清单项目及其列项条件

序　号	措施项目名称	措施项目发生条件
	通用措施项目	
1	安全文明施工(含环境保护、文明施工、安全施工、临时设施)	一般情况下需要发生
2	夜间施工	拟建工程有必须连续施工的要求，或工期紧张有夜间施工的倾向
3	二次搬运	参阅施工组织设计，一般情况下需要发生
4	冬雨季施工	一般情况下需要发生
5	大型机械设备进出场及安拆	施工方案中有大型机械设备的使用方案，拟建工程必须使用大型机械设备
6	施工排水	依据水文地质资料，拟建工程的地下施工深度低于地下水位
7	施工降水	依据水文地质资料，拟建工程的地下施工深度低于地下水位
8	地上、地下设施，建筑物的临时保护设施	一般情况下需要发生
9	已完工程及设备保护	一般情况下需要发生
	专业措施项目	
	建筑工程	
1.1	混凝土、钢筋混凝土模板及支架	拟建工程中有混凝土及钢筋混凝土工程
1.2	脚手架	一般情况下需要发生
1.3	垂直运输机械	施工方案中有垂直运输机械的内容、施工高度超过五米的工程
	装饰装修工程	
2.1	脚手架	一般情况下需要发生
2.2	垂直运输机械	施工方案中有垂直运输机械的内容、施工高度超过五米的工程
2.3	室内空气污染测试	使用挥发性有害物质的材料
	安装工程	
3.1	组装平台	拟建工程中有钢结构、非标准设备制作安装、工艺管道预制安装
3.2	设备、管道施工安全、防冻和焊接保护措施	设备、管道冬季施工，易燃易爆、有毒有害环境施工，对焊接质量要求较高的管线

续表

序　号	措施项目名称	措施项目发生条件
	安装工程	
3.3	压力容器和高压管道的检验	工程中有三类压力容器制作安装及超过10兆帕的高压管道铺设
3.4	焦炉施工大棚	施工方案中有焦炉施工方案
3.5	焦炉烘炉、热态工程	施工方案中有焦炉施工方案
3.6	管道安装后的充气保护措施	设计及施工方案要求、洁净度要求较高的管线
3.7	隧道内施工的通风、供水、供气、供电、照明及通讯设施	施工方案中有隧道施工方案
3.8	现场施工围栏	招标文件及施工组织设计要求，拟建工程有需要隔离施工的内容
3.9	长输管道临时水工保护措施	施工中包含长输管线涉水铺设
3.10	长输管道施工便道管道	一般长输管道工程均需要
3.11	长输管道跨越或穿越施工措施	长输管道跨越铁路、公路、河流
3.12	长输管道地下管道穿越地上建筑物保护措施	长输管道穿越有地上建筑物的地段
3.13	长输管道工程施工队伍调遣	长输管道工程均需要
3.14	格架式抱杆	施工方案要求或有超过40吨设备的安装
	市政工程	
4.1	围堰	参考市政工程施工方案、招标文件、设计文件等
4.2	筑岛	
4.3	便道	
4.4	便桥	
4.5	脚手架	
4.6	洞内施工通风管路、供水、供气、供电、照明及通讯设施	
4.7	驳岸块石清理	
4.8	地下管线交叉处理	
4.9	行车、行人干扰增加	
4.10	轨道交通工程路桥、市政基础设施施工监测、监控、保护	
	矿山工程	
5.1	特殊安全技术措施	参考矿山工程施工方案、招标文件、设计文件等
5.2	前期上山道路	
5.3	作业平台	
5.4	防洪工程	
5.5	凿井措施	
5.6	临时支护措施	

对于2008《计价规范》提供的拟建工程可能发生的措施项目以及实际操作中遇到的清单中未包含的措施项目，可将它们放在措施项目清单与计价表(一)和措施项目清单与计价表(二)中编制。

有一些措施项目费用的发生与使用时间、施工方法或者两个以上的工序相关，并大都与实际完成的实体工程量的大小关系不大，如大中型机械进出场及安拆、安全文明施工和安全防护、临时设施等，对于这些措施项目可以列入措施项目清单与计价表(一)中，如

表 5.3 所示。

表 5.3　措施项目清单与计价表(一)

工程名称：　　　　标段：　　　　第　页 共　页

序　号	项目名称	计算基础	费率/%	金额/元
1				
2				
3				
4				

注:本表适用于以“项”计价的措施项目;计算基础可以为“直接费”、“人工费”或“人工费＋机械费”。

另外一些可以计算工程量的措施项目,典型的是混凝土钢筋、混凝土模板及支架,与完成的工程实体具有直接关系,并且是可以精确计量的项目,用分部分项工程量清单的方式采用综合单价,更有利于措施费的确定和调整。这些措施项目可列入措施项目清单与计价表(二)中,如表 5.4 所示。

表 5.4　措施项目清单与计价表(二)

工程名称：　　　　标段：　　　　第　页 共　页

序　号	项目编码	项目名称	项目特征描述	计量单位	工程量	金额/元	
						综合单价	合　价

注:本表适用于以综合单价形式计价的措施项目。

(三) 其他项目清单编制

其他项目清单是指除分部分项工程量清单、措施项目清单所包含的内容以外,因招标人的特殊要求而发生的与拟建工程有关的其他费用项目和相应数量的清单。工程建设标准的高低、工程的复杂程度、工程的工期长短、工程的组成内容、发包人对工程管理要求等都直接影响其他项目清单的具体内容,出现未包含在表格中内容的项目,可根据工程实际情况补充。

其他项目清单的内容包括暂列金额、暂估价、计日工和总承包服务费。其标准格式如表 5.5 所示。

表 5.5　其他项目清单与计价汇总表

序　号	项目名称	计量单位	金额/元	备　注
1	暂列金额			明细详见表 5.6
2	暂估价			
2.1	材料暂估价		—	明细详见表 5.7
2.2	专业工程暂估价			明细详见表 5.8
3	计日工			明细详见表 5.9
4	总承包服务费			明细详见表 5.10
合计				—

注:材料暂估价进入清单项目综合单价,此处不汇总。

1. 暂列金额

暂列金额是指招标人暂定并包括在合同中的一笔款项，用于施工合同签订时尚未确定或者不可预见的所需材料、设备、服务的采购，施工中可能发生的工程变更、合同约定调整因素出现时的工程价款以及发生的索赔、现场签证确认等的费用。此部分费用由招标人支配，实际发生了才给予支付，在确定暂列金额时应根据施工图纸的深度、暂估价设定的水平、合同价款约定调整的因素及工程实际情况合理确定，一般可以按分部分项工程量清单的10%～15%来确定，不同专业预留的暂列金额应可以分开列项，比例也可以根据不同专业的情况具体确定。

暂列金额由招标人填写，列出项目名称、计量单位、暂定金额等，如不能详列，也可只列暂定金额总额，投标人再将暂列金额计入投标总价中。其标准格式如表5.6所示。

表5.6　暂列金额明细表

工程名称：　　　　标段：　　　　第　页　共　页

序　号	项目名称	计量单位	暂定金额/元	备　注
1				
2				
3				
合计				—

注：此表由招标人填写，如不能详列，也可只列暂定金额总额，投标人应将上述暂列金额计入投标总价中。

2. 暂估价

暂估价是指招标阶段直至签订合同协议时，招标人在招标文件中提供的用于支付必然要发生但暂时不能确定价格的材料以及专业工程的金额，包括材料暂估价、专业工程暂估价；暂估价类似于FIDIC合同条款中的prime cost items，在招标阶段预见肯定要发生，只是因为标准不明确或者需要由专业承包人完成，暂时无法确定价格。

一般而言，为方便合同管理和计价，需要纳入分部分项工程量清单项目综合单价中的暂估价最好只是材料费，以方便投标人组价。

以“项”为计量单位给出的专业工程暂估价一般应是综合暂估价，应当包括除规费、税金以外的管理费、利润等。总承包招标时，专业工程设计深度往往是不够的，一般需要交由专业设计人设计，国际上，出于提高可建造性考虑，一般由专业承包人负责设计，以发挥其专业技能和专业施工经验的优势。这类专业工程交由专业分包人完成是国际工程的良好实践，目前在我国工程建设领域也已经比较普遍。公开透明地合理确定这类暂估价的实际开支金额的最佳途径就是通过施工总承包人与工程建设项目招标人共同组织的招标。其标准格式如表5.7、表5.8所示。

表 5.7　材料暂估价表

工程名称：　　标段：　　第　页 共　页

序　号	材料名称、规格、型号	计量单位	单价/元	备　注
1				
2				
3				

注：① 此表由招标人填写，并在备注栏说明暂估价的材料拟用在哪些清单项目上，投标人应将上述材料暂估单价计入工程量清单综合单价报价中。

② 材料包括原材料、燃料、构配件以及按规定应计入建筑安装工程造价的设备。

表 5.8　专业工程暂估价表

工程名称：　　标段：　　第　页 共　页

序　号	工程名称	工程内容	金额/元	备　注
1				
2				
3				
合计				—

注：此表由招标人填写，投标人应将上述专业工程暂估价计入投标总价中。

3. 计日工

计日工是为了解决现场发生的零星工作的计价而设立的。所谓零星工作一般是指合同约定之外的或者因变更而产生的、工程量清单中没有相应项目的额外工作，尤其是那些时间不允许事先商定价格的额外工作。计日工为额外工作和变更的计价提供了一个方便快捷的途径。计日工对完成零星工作所消耗的人工工时、材料数量、施工机械台班进行计量，并按照计日工表中填报的适用项目的单价进行计价支付。

编制计日工表时，一定要给出暂定数量，并且需要根据经验，尽可能估算一个比较贴近实际的数量。当然，尽可能把项目列全，防患于未然，也是值得充分重视的工作。其标准格式如表 5.9 所示。

表 5.9　计日工表

工程名称：　　标段：　　第　页 共　页

序　号	项目名称	单　位	暂定数量	综合单价/元	合价/元
1	人工				
1.1					
1.2					
…					
人工小计					
2	材料				
2.1					
2.2					
…					

续表

序　号	项目名称	单　位	暂定数量	综合单价/元	合价/元
材料小计					
3	施工机械				
3.1					
3.2					
…					
施工机械小计					
总计					

注：此表项目名称、数量由招标人填写，编制招标控制价时，单价由招标人按有关规定确定；投标时，单价由投标人自主报价，计入投标总价中。

4. 总承包服务费

总承包服务费是为了解决招标人在法律、法规允许的条件下进行专业工程发包以及自行采购供应材料、设备时，要求总承包人对发包的专业工程提供协调和配合服务（如分包人使用总包人的脚手架、水电接剥等）；对供应的材料、设备提供收、发和保管服务以及对施工现场进行统一管理；对竣工资料进行统一汇总整理等发生并向总承包人支付的费用。招标人应当按投标人的投标报价向投标人支付该项费用。其标准格式如表 5.10 所示。

表 5.10　总承包服务费计价表

工程名称：　　　　　　　　　　　　标段：　　　　　　　　　　第　　页　共　　页

序　号	项目名称	项目价值	服务内容	费率/%	金额/元
1	发包人发包专业工程				
2	发包人供应材料				
合计					

（四）规费、税金项目清单编制

规费项目清单应按照下列内容列项：工程排污费；工程定额测定费；社会保障费：包括养老保险费、失业保险金、医疗保险费；住房公积金；危险作业意外伤害保险。出现未包含在上述规范中的项目，应根据省级政府或省级有关权力部门的规定列项。

税金项目清单应包括以下内容：营业税，城市建设维护税，教育费附加。如国家税法发生变化，税务部门依据职权增加了税种，应对税金项目清单进行补充。

计算基础和费率均应按照国家或地方相关权力部门的规定进行填写。

规费、税金项目清单的标准格式如表 5.11 所示。

表 5.11 规费、税金项目清单与计价表

工程名称： 标段： 第 页 共 页

序 号	项目名称	计算基础	费率/%	金额/元
1	规费			
1.1	工程排污费			
1.2	社会保障费			
1.2.1	养老保险费			
1.2.2	失业保险费			
1.2.3	医疗保险费			
1.3	住房公积金			
1.4	危险作业意外伤害保险			
2	税金	分部分项工程费＋措施项目费＋其他项目费＋规费		
合计				

注：根据建设部、财政部发布的《建筑安装工程费用组成》(建标〔2003〕206号)的规定，“计算基础”可为“直接费”、“人工费”或“人工费＋机械费”。

(五) 工程量清单封面及总说明的编制

1. 封面的编制

工程量清单封面按2008《计价规范》规定的内容填写、签字、盖章，造价员编制的工程量清单应由负责审查的造价工程师签字、盖章，标准格式如表5.12所示。

表 5.12 工程量清单封面

________________工程

工 程 量 清 单

招 标 人：________________ (单位盖章)	工程造价 咨 询 人：________________ (单位资质专用章)
法定代表人 或其授权人：________________ (签字或盖章)	法定代表人 或其授权人：________________ (签字或盖章)
编 制 人：________________ (造价人员签字盖专用章)	复 核 人：________________ (造价工程师签字盖专用章)
编制时间： 年 月 日	复核时间： 年 月 日

2. 总说明的编制

工程量清单编制总说明包括以下内容：

(1) 工程概况。工程概况中要对建设规模、工程特征、计划工期、施工现场实际情况、自然地理条件、环境保护要求等做出描述。

其中建设规模是指建筑面积；工程特征应说明基础及结构类型、建筑层数、高度、门窗类型及各部位装饰、装修做法；计划工期是指按工期定额计算的施工天数；施工现场实际

情况是指施工场地的地表状况；自然地理条件，是指建筑场地所处地理位置的气候及交通运输条件；环境保护要求，是针对施工噪音及材料运输可能对周围环境造成的影响和污染所提出的防护要求。

(2) 工程招标及分包范围。招标范围是指单位工程的招标范围，如建筑工程招标范围为“全部建筑工程”，装饰装修工程招标范围为“全部装饰装修工程”等。工程分包是指特殊工程项目的分包，如招标人自行采购安装“铝合金门窗”等。

(3) 工程量清单编制依据。包括建设工程工程量清单计价规范、设计文件、招标文件、施工现场情况、工程特点及常规施工方案等。

(4) 工程质量、材料、施工等的特殊要求。工程质量的要求，是指招标人要求拟建工程的质量应达到合格或优良标准；对材料的要求，是指招标人根据工程的重要性、使用功能及装饰装修标准提出，诸如对水泥的品牌、钢材的生产厂家、大理石(花岗石)的出产地、品牌等的要求；施工要求，一般是指建设项目中对单项工程的施工顺序等的要求。

(5) 其他需要说明的事项。

四、工程量清单的审核与汇总

(一) 工程量清单文件组成审核

(1) 工程量清单编制成果文件是否完整。完整的工程量清单编制成果文件包括：工程量清单封面、总说明、分部分项工程量清单与计价表、措施项目清单与计价表(一)、措施项目清单与计价表(二)、其他项目清单与计价汇总表(暂列金额明细表、材料暂估单价表、专业工程暂估价表、计日工表、总承包服务费计价表)、规费、税金项目清单与计价表。

(2) 工程量清单编制成果文件是否规范。审核以上各种表格是否按照2008《计价规范》中要求的格式进行编制。

(二) 工程量清单编制依据审查

对工程量清单编制依据进行审查是工程量清单审查实施环节的基础性工作，工程量清单编制依据选择的合法、合理直接关系到工程量清单编制的合理性与准确性。

(1) 审查工程量清单编制依据的合法性。是否是经过国家和行业主管部门批准，符合国家的编制规定，未经批准的不能采用。

(2) 审查工程量清单编制依据的时效性。各种编制依据均应该严格遵守国家及行业主管部门的现行规定，注意有无调整和新的规定，审查工程量清单编制依据是否仍具有法律效力。

(3) 审查工程量清单编制依据的适用范围。对各种编制依据的范围进行适用性审查，如不同投资规模、不同工程性质、专业工程是否具有相应的依据。

(三) 工程量清单内容审查

1. 封面、总说明的审查

(1) 审查封面格式及相关盖章是否符合2008《计价规范》的要求，是否有招标人、工程造价咨询人及法定代表人或授权人盖章和签字，以及相关资质的编制人和复核人是否签字并盖资质专用章。

(2) 审查总说明是否按下列内容填写。

第一，工程概况。工程概况中是否对建设规模、工程特征、计划工期、施工现场实际情况、自然地理条件、环境保护要求等做出描述。

第二，工程招标及分包范围。招标范围是指单位工程的招标范围，工程分包是指特殊工程项目的分包。

第三，工程量清单编制依据。它包括建设工程工程量清单计价规范、设计文件、招标文件、施工现场情况、工程特点及常规施工方案等。

第四，工程质量、材料、施工等的特殊要求。工程质量的要求，是指招标人要求拟建工程的质量应达到合格或优良标准；材料的要求，是指招标人根据工程的重要性、使用功能及装饰装修标准提出，诸如对水泥的品牌、钢材的生产厂家、大理石(花岗石)的出产地、品牌等的要求；施工要求，一般是指建设项目中对单项工程的施工顺序等的要求。

第五，其他需要说明的事项。

2. 分部分项工程量清单的审查

(1) 审查分部分项工程量清单中的项目编码、项目名称、项目特征描述、计量单位、工程量是否根据2008《计价规范》中附录A、附录B、附录C、附录D、附录E、附录F的规定及计量规则统一编制。

(2) 审查分部分项工程量清单的项目编码是否重复，一个编码是否只对应一个相应的清单项目和工程数量。

(3) 审查分部分项工程量清单中的清单项目是否完整，项目特征描述是否完整清楚，清单工程量计算是否准确，是否完全按招标文件及图纸的要求进行编制。

(4) 审查补充项目的编制是否符合规范要求，是否附上了补充项目的名称、项目特征、计量单位、工程量计算规则和工作内容。

3. 措施项目清单的审查

(1) 审查以“项”为单位的措施项目是否列入了“措施项目清单与计价表(一)”；审查按分部分项工程量清单方式进行编制的措施项目是否列入“措施项目清单与计价表(二)”，是否按照分部分项工程量清单的编制方式进行编制，项目编码是否重复、项目特征描述是否完整清楚、工程量的计算是否准确，审查方法与分部分项工程量清单基本相同。

(2) 审查所列措施项目是否完整，是否根据招标文件、图纸及现场情况进行编制，所采用的施工方法是否得当，规范中没有的措施项目是否进行了补充，是否出现漏项。

(3) 出现清单规范中未列的措施项目，编制人可作补充，以项为单位的措施项目，应在“措施项目清单与计价表(一)”中增加列项；如在“措施项目清单与计价表(一)”中补充的项目，应列在清单项目最后，在“项目编码”栏中以“×B00×”字示之，并附补充项目的名称、项目特征、计量单位、工程量计算规则和工作内容。

4. 其他项目清单的审查

(1) 根据拟建项目的具体情况，审查暂列金额设定是否合理，有无超出规范中规定的计取比例。

(2) 审查暂估价设立的项目是否合理，暂估价格是否符合市场行情，暂估价格的类型是否正确，有无出现与分部分项工程量清单重复的现象。

(3) 审查计日工设立的类型是否全面，给定的暂定数量是否合理。

(4) 审查总承包服务费中包含的工作内容是否齐全。

5. 规费、税金项目清单的审查

审查规费、税金项目清单，是否按国家相关规定进行列项。

(四) 工程量清单汇总

在分部分项工程量清单编制、措施项目清单编制、其他项目清单编制、规费和税金项目清单编制完成以后对各清单进行整理，与工程量清单封面及总说明汇总并装订，形成完整的工程量清单文件。文件组成如下：①工程量清单封面；②工程量清单总说明；③分部分项工程量清单与计价表；④措施项目清单与计价表，包括措施项目清单与计价表(一)和措施项目清单与计价表(二)；⑤其他项目清单与计价汇总表，包括暂列金额明细表、材料暂估单价表、专业工程暂估价表、计日工表、总承包服务费计价表；⑥规费、税金项目清单与计价表。

第二节　招标控制价的编制

一、招标控制价概述

2008《计价规范》规定招标控制价是招标人根据国家或省级、行业建设主管部门颁发的有关计价依据和办法，按设计施工图纸计算的，对招标工程限定的最高工程造价。其内容包括分部分项工程费、措施项目费、其他项目费、规费和税金五部分。

招标控制价是2008《计价规范》中的新增术语，其作用是招标人用于对招标工程发包的最高限价，有的省、市又称拦标价、预算控制价、最高报价值。

招标控制价应由具有编制能力的招标人，或受其委托具有相应资质的工程造价咨询人编制。招标控制价应在招标时公布，不应上调或下调，招标人应将招标控制价及有关资料报送工程所在地工程造价管理机构备查。

二、招标控制价编制前期工作准备

招标控制价应由具有编制能力的招标人，或受其委托具有相应资质的工程造价咨询人编制。

(一) 招标控制价的编制依据

(1)《建设工程工程量清单计价规范》(GB 50500—2008)及当地相关规定。

(2) 国家或省级、行业建设主管部门颁发的计价定额和计价办法。

(3) 工程造价管理机构发布的工程造价信息及市场价格。

(4) 招标文件及招标答疑(含工程量清单及暂估价表)。

(5) 经过批准和会审的全部施工图、设计文件。

(6) 经过批准的设计概算文件。

(7) 与建设项目相关的标准、规范、技术资料。

(8) 国家及省、市造价管理部门的有关规定。

(9) 其他相关的计价规定。

(二) 招标控制价编制前的准备工作

(1) 收集与招标控制价编制工作相关的资料。

(2) 熟悉 2008《计价规范》、当地消耗量定额相关计价文件规定等。

(3) 熟悉设计文件、招标文件及工程量清单,对出现的问题应及时提出、便于招标控制价的准确编审。

(4) 对比 2008《计价规范》和消耗量定额的计算规则,对需要重新计算的定额工程量进行计算。

(5) 进行现场踏勘,充分了解施工现场情况,确定拟采用的施工组织设计方案,以便对工程量清单进行报价。

(6) 对材料设备价格进行市场询价、为招标控制价编审提供准确的价格信息;对出现的新材料、新技术、新工艺,应进行市场调研,充分了解其施工方法及市场价格。

(7) 收集类似项目造价经济指标,为招标控制价的最后审定提供参考依据。

三、招标控制价的编制

(一) 分部分项工程费的编制

分部分项工程费应根据招标文件中的分部分项工程量清单及有关要求,按 2008《计价规范》有关规定确定综合单价。这里的综合单价,是指完成一个规定计量单位的分部分项工程量清单项目(或措施清单项目)所需的人工费、材料费、施工机械使用费、企业管理费、利润以及一定范围内的风险费用,不包括措施费、规费和税金。分部分项工程费就等于综合单价乘以清单给出的工程量。公式如下:

$$分部分项工程费 = \sum 分项工程量 \times 综合单价$$

综合单价可以按照如下几个步骤进行计算。

1. 人工费、材料费、机械使用费的确定

1) 消耗量定额的套用

根据每个清单项目的项目名称、项目特征描述及工作内容,套用完成一个清单项目所需要的所有定额子目及每个定额子目在此工程量清单项目下的数量,定额子目的选择按地方消耗量定额的相关规定进行,数量的计算按当地消耗量定额的计算规则进行计算。

2）人工、材料、机械台班数量的计算

人工、材料和机械台班数量按每个定额子目数量与该定额子目单个计量单位消耗量的乘积计算，每个定额子目单个计量单位的人、材、机消耗量应采用地方定额的消耗量标准。

3）人工、材料、机械台班单价的确定

人、材、机的单价参照工程造价管理机构发布的工程造价信息，工程造价信息没有发布的参照市场价格，如材料、设备价格为暂估价的应按暂估价格确定。

4）人工费、材料费和机械使用费的计算

工程量清单项目的人工费、材料费和机械使用费由其套用的所有定额子目的人工费、材料费、机械使用费用组成，每个定额子目的人工费、材料费、机械使用费用应由“量”和“价”两个因素组成，用上述计算的人工、材料和机械台班数量分别乘以所选用的人工、材料和机械台班单价，即

$$\text{人工费}=\frac{\text{完成单位清单项目}}{\text{所需工人的工日数量}}\times\text{每工日的人工日工资单价}$$

$$\text{材料费}=\sum\frac{\text{完成单位清单项目所需}}{\text{各种材料、半成品的数量}}\times\text{各种材料、半成品单价}$$

$$\text{机械使用费}=\sum\frac{\text{完成单位清单项目所需}}{\text{各种机械的台班数量}}\times\text{各种机械的台班单价}$$

便形成了人工费、材料费和机械使用费，每个清单项目下所有定额子目的人工费、材料费和机械使用费之和，便形成了该清单项目的人工费、材料费和机械使用费。

2. 企业管理费的确定

企业管理费、利润及风险费用包括在清单的报价中，费率应参考当地相关规定进行确定，不得上调或下调。

例如，黑龙江省建筑工程招标控制价中的企业管理费执行《黑龙江省建筑安装工程费用定额》规定标准的上限。

3. 利润率的确定

以直接费与管理费之和为基数，乘以相应的利润率。

例如，黑龙江省建筑工程招标控制价中的利润率执行《黑龙江省建筑安装工程费用定额》规定的标准。

4. 风险费用的确定

编制人应根据招标文件中关于风险分担的规定进行计算。也可根据招标文件、施工图纸、合同条款、材料设备价格水平及工程实际情况合理确定，风险费用可按费率计算。

例如，黑龙江省建筑工程招标控制价中的工程风险费不得低于5%。

5. 综合单价的确定

每个清单项目的人工费、材料费、机械使用费、管理费、利润和风险费之和为单个清单项目合价，单个清单项目合价除以工程量，即为单个清单项目的综合单价。所有清单项目

合价的合计形成了分部分项工程费。若其他项目清单中有材料暂估价，也要计入综合单价的材料费中。

【例】 综合单价确定范例

土壤类别为三类土，基础为砖大放脚带形基础，基础总长度为 1 590.6 米，垫层宽度为 920 毫米，挖土深度为 1.8 米，其施工方案为：

(1) 每边留工作面 300 毫米，放坡系数为 0.33；

(2) 除沟边堆土外，现场堆土运距 60 米，采用人工运输；

(3) 余土外运，用装载机运，自卸汽车运输，运距 4 千米。

经业主根据基础施工图计算土方挖方量为

0.92 米×1.8 米×1 590.6 米＝2 634 立方米

挖基础土方工程量计算结果如表 5.13 所示。

表 5.13 分部分项工程量清单与计价表

工程名称：某工程　　　　标段：　　　　第 1 页　共 1 页

序　号	项目编码	项目名称	项目特征描述	计量单位	工程量	金额/元		
						综合单价	合价	其中：暂估价
1	010101003001	挖基础土方	Ⅲ类土，砖大放脚带形基础，垫层宽度 920 毫米，挖土深度 1.8 米，弃土运距为 4 千米	立方米	2 634			

经投标人根据地质资料和施工方案计算工程量与综合单价如下：

第一，土方挖方总量为(0.92＋0.3×2＋0.33×1.8)米×1.8 米×1 590.6 米＝6 052.55 立方米

采用人工挖土方量为 6 052.55 立方米，根据施工方案除沟边堆土外，现场堆土 2 170.5 立方米，运距 60 米，采用人工运输；装载机装，自卸汽车运输，运距 4 千米，土方量 1 210 立方米。

第二，人工挖土、运土(60 米内)：

人工费：6 052.55 立方米×8.4 元/立方米＋2 170.5 立方米×7.38 元/立方米＝66 859.71 元

机械费——电动打夯机：8 元/台班×0.001 8 台班/立方米×6 052.55 立方米＝87.16 元

合计：66 859.71 元＋87.16 元＝66 946.87 元

第三，装载机装自卸汽车运土(运距 4 千米)：

人工费：25 元/工日×0.006 工日/立方米×1 210 立方米×2＝263.0 元

(装载机装运土方人工与自卸汽车运土人工费之和)

机械费——轮胎式装载机 1 立方米：280 元/台班×0.003 98 台班/立方米×1 210 立方米＝1 348.42 元

自卸汽车(3.5 吨)：340 元/台班×0.004 975 台班/立方米×1 210 立方米＝2 046.72 元

推土机(75 千瓦以内):500 元/台班×0.002 96 台班/立方米×1 210 立方米=1 790.8 元

洒水车 4 000 升:300 元/台班×0.000 6 台班/立方米×1 210 立方米=217.8 元

材料费——水:1.8 元/立方米×0.012 立方米/立方米×1 210 立方米=26.14 元

合计:363.0 元+1 348.42 元+2 046.72 元+1 790.8 元+217.8 元+26.14 元=5 792.88元

第四,综合:

直接费合计:66 946.87 元+5 792.88 元=72 739.75 元

管理费:直接费×34%=24 731.52 元

利润与风险费用:直接费×4%=2 909.59 元

风险费用:直接费×4%=2 909.59 元

总计:直接费+管理费+利润+风险费用=103 290.45 元

综合单价:103 290.45 元÷2 634 立方米=39.21 元/立方米

分部分项工程量及综合单价计算结果如表 5.14、表 5.15 所示。

表 5.14　分部分项工程量清单与计价表

工程名称:某工程　　　　标段:　　　　第 1 页　共 1 页

序　号	项目编码	项目名称	项目特征描述	计量单位	工程量	金额/元		
						综合单价	合价	其中:暂估价
1	010101003001	挖基础土方	三类土,砖大放脚带形基础,垫层宽度 920 毫米,挖土深度 1.8 米,弃土运距为 4 千米	立方米	2 634	39.21	103 290.45	

表 5.15　工程量清单综合单价分析表

工程名称:某工程　　　　标段:　　　　第 1 页　共 1 页

项目编码	010101003001	项目名称	挖基础土方	计量单位	立方米

清单综合单价组成明细											
定额编号	定额名称	定额单位	数量	合价/元				合价/元			
				人工费	材料费	机械费	管理费和利润	人工费	材料费	机械费	管理费和利润
1-8	人工挖土方(三类土 2 米以内)	立方米	2.298	8.40		0.01	3.53	19.30		0.033	8.12
1-49	人工运土方(60 米)	立方米	0.824	7.38			3.12	6.08			2.56
1-174 1-195	装载自卸汽车运土方(4 千米)	立方米	0.459	0.31	0.02	4.47	2.03	0.14	0.01	2.05	0.93
人工单价		小计						25.42	0.01	2.083	11.61
25 元/工日		未计价材料费									
清单项目综合单价								39.21			

(二) 措施项目费的编制

招标控制价中的措施项目清单计价，应根据拟建工程的施工组织设计，可以计算工程量的措施项目，宜采用分部分项工程量清单的方式编制，应采用综合单价计价；以“项”为计量单位的，按项计价，其价格组成与综合单价相同，应包括除规费、税金以外的全部费用。其中，安全文明施工费应按照国家或省级、行业建设主管部门的规定计价，不得作为竞争性费用。

措施项目费的计算主要有以下几种方法。

1. 比率法

这种方法主要适用于施工过程中必须发生但在投标时很难具体分析分项预测又无法单独列出项目内容的措施项目。如安全文明施工费、夜间施工费、二次搬运费、冬雨季施工的计价均采用这种方法。这里需要注意，措施项目清单中的安全文明施工费应按照国家或省级、行业建设主管部门的规定计价，不得作为竞争性费用。

基数及费率要按各地建设工程计价办法的要求确定，如《关于转发〈建筑工程安全防护、文明施工措施费用及使用规定〉的通知》（京建施〔2005〕802 号）及京造定〔2009〕4 号文中规定，实行工程量清单计价的工程，措施项目清单中所列安全防护、文明施工措施费用，应当按表 5.16 中相应费率乘以 1.10 系数计算。

表 5.16 文明施工措施费系数表

<table>
<tr><th colspan="3">工程类别</th><th>计费基数</th><th>费率/%</th></tr>
<tr><td rowspan="3">建筑工程</td><td rowspan="3">建筑面积</td><td>50 000 平方米以上</td><td rowspan="10">分部分项清单费用合计</td><td>2.48</td></tr>
<tr><td>50 000 平方米以下</td><td>2.81</td></tr>
<tr><td>20 000 平方米以下</td><td>3.30</td></tr>
<tr><td colspan="3">装饰装修工程</td><td>2.19</td></tr>
<tr><td colspan="3">安装工程</td><td>2.70</td></tr>
<tr><td rowspan="2">市政工程</td><td colspan="2">道路、桥梁</td><td>3.63</td></tr>
<tr><td colspan="2">管道</td><td>3.30</td></tr>
<tr><td colspan="3">绿化工程</td><td>0.69</td></tr>
<tr><td colspan="3">庭园工程</td><td>2.64</td></tr>
</table>

2. 实物量法

这种方法是最基本，也是最能反映投标人个别成本的计价方法，是按投标人现在的水平，预测将要发生的每一项费用的合计数，并考虑一定的浮动因数及其他社会环境影响因数。如大型机械设备进出场及安拆费。

3. 综合单价法

这种方法与分部分项综合单价的计算方法一样，主要是指一些与实体项目紧密联系的项目，如混凝土、钢筋混凝土模板及支架、脚手架等。

1）混凝土、钢筋混凝土模板及支架费

混凝土、钢筋混凝土模板及支架费是指混凝土施工过程中需要的各种钢模板、木模板、支架等的支、拆、运输费用及模板、支架的摊销（或租赁）费用。

模板及支架分自有和租赁两种，其费用采取不同的计算方法。

（1）自有模板及支架费的计算。

$$\text{模板及支架费}=\text{模板摊销量}\times\text{模板价格}+\text{支、拆、运输费}$$

$$\text{摊销量}=\text{一次使用量}\times(1+\text{施工损耗})\times\left[1+\frac{(\text{周转次数}-1)\times\text{补损率}}{\text{周转次数}}-\frac{(1-\text{补损率})\times 50\%}{\text{周转次数}}\right]$$

（2）租赁模板及支架费的计算。

$$\text{租赁费}=\text{模板使用量}\times\text{使用日期}\times\text{租赁价格}+\text{支、拆、运输费}$$

2）脚手架费

脚手架费是指施工需要的各种脚手架搭、拆、运输费用及脚手架的摊销（或租赁）费用。

脚手架同样分自有和租赁两种，其费用采取不同的计算方法。

（1）自有脚手架费的计算。

$$\text{脚手架搭拆费}=\text{脚手架摊销量}\times\text{脚手架价格}+\text{搭、拆、运输费}$$

$$\text{脚手架摊销量}=\frac{\text{单位一次使用量}\times(1-\text{残值率})}{\text{耐用期}/\text{一次使用期}}$$

（2）租赁脚手架费的计算。

$$\text{租赁费}=\text{脚手架每日租金}\times\text{搭设周期}+\text{搭、拆、运输费}$$

4. 分包法计价

在分包价格的基础上通过增加投标人的管理费及风险进行计价的方法，适合可以分包的独立项目，如室内空气污染测试等。

不同的措施项目其特点不同，不同的地区，费用确定的方法也不一样，但基本上可归纳为两种，其一，按分部分项工程费为基数，乘以一定费率计算；其二，按实计算。前一种方法中，措施项目费一般已包含管理费和利润等。

（三）其他项目费的编制

按照2008《计价规范》，其他项目费可以分为暂列金额、暂估价、计日工、总承包服务费。

（1）暂列金额。根据工程的复杂程度、设计深度、工程环境条件（包括地质、水文、气候条件等）进行估算，一般可以分部分项工程费的10%～15%为参考。

（2）暂估价。材料暂估价应按工程造价管理机构发布的工程造价信息中的材料单价计算，工程造价信息未发布的材料单价，其单价参考市场价格估算。这部分已经计入工程量清单综合单价中，不再汇总计入暂估价。专业工程暂估价应分不同的专业，按有关计价规定进行估算。

(3) 计日工。计日工包括人工、材料和施工机械。人工单价、材料单价和机械台班单价应按省级、行业建设主管部门或其授权的工程造价管理机构公布的单价计算;未发布单价的应按市场调查确定的单价计算,并计取一定的管理费用和利润。

(4) 总承包服务费。总承包服务费应按照省级或行业建设主管部门的规定计算,在计算时可参考以下标准:①招标人仅要求对分包的专业工程进行总承包管理和协调时,按分包的专业工程估算造价的1.5%计算;②招标人要求对分包的专业工程进行总承包管理和协调,并同时要求提供配合服务时,根据招标文件中列出的配合服务内容和提出的要求,按分包的专业工程估算造价的3%~5%计算;③招标人自行供应材料的,按招标人供应材料价值的1%计算。

(四) 规费和税金的编制

规费和税金应按国家或省级、行业建设主管部门的规定计算,不得作为竞争性费用。

1. 规费的计算

规费=工程排污费+社会保障费+住房公积金+危险作业意外伤害保险

(1) 工程排污费依照工程所在地环保部门规定按实计算。

(2) 社会保障费=养老保险费+失业保险费+医疗保险费=人工费×养老保险费费率+人工费×失业保险费费率+人工费×医疗保险费费率。

(3) 住房公积金=人工费×住房公积金费率。

(4) 危险作业意外伤害保险=人工费×危险作业意外伤害保险费率。

规费应按国家或省级、行业建设主管部门的规定计算,如北京市规费的取费基数和费率依据《关于调整2001年〈北京市建设工程费用定额〉规费计算方法的有关通知》(京造定〔2009〕6号文)中的相关规定;黑龙江省建筑工程招标控制价中的规费依据《黑龙江省施工企业规费计取管理办法》中的相关规定。

2. 税金的计算

建筑安装工程税金是指国家税法规定的应计入建筑安装工程费用的营业税、城市建设维护税及教育费附加。

税金=(分部分项工程费+措施项目费+其他项目费+规费)×相应税率

税率规定见第四章第三节。

(五) 招标控制价封面及总说明的编制

1. 封面的编写

招标控制价的封面应按表5.17的规定填写,招标人及法定代表人应盖章,造价咨询人应盖单位资质章及法人代表章,编制人应盖造价人员资质章并签字,复核人应盖注册造价师资格章并签字。

表 5.17　招标控制价封面

________________工程

招　标　控　制　价

招标控制价(小写)：________________

(大写)：________________

招　标　人：________________ (单位盖章)	工　程　造　价 咨　询　人：________________ (单位资质专用章)
法定代表人 或其授权人：________________ (签字或盖章)	法定代表人 或其授权人：________________ (签字或盖章)
编　制　人：________________ (造价人员签字盖专用章)	复　核　人：________________ (造价工程师签字盖专用章)
编制时间：　年　月　日	复核时间：　年　月　日

2. 总说明的编写

招标控制价总说明应根据委托的项目实际情况填写，并应对以下内容进行说明：

(1) 工程概况：建设规模、工程特征、计划工期、合同工期、实际工期、施工现场及变化情况、施工组织设计的特点、自然地理条件、环境保护要求等。

(2) 招标控制价的编制依据。

(3) 其他需要说明的事项。

(六) 招标控制价汇总

将上述编制完成的分部分项工程量清单与计价表、措施项目清单与计价表、其他项目清单与计价表、规费、税金项目清单与计价表汇总得到单位工程费汇总表，再层层汇总，得出单项工程费汇总表、工程项目费用汇总表和招标控制价汇总表，全部流程如图 5.1 所示。

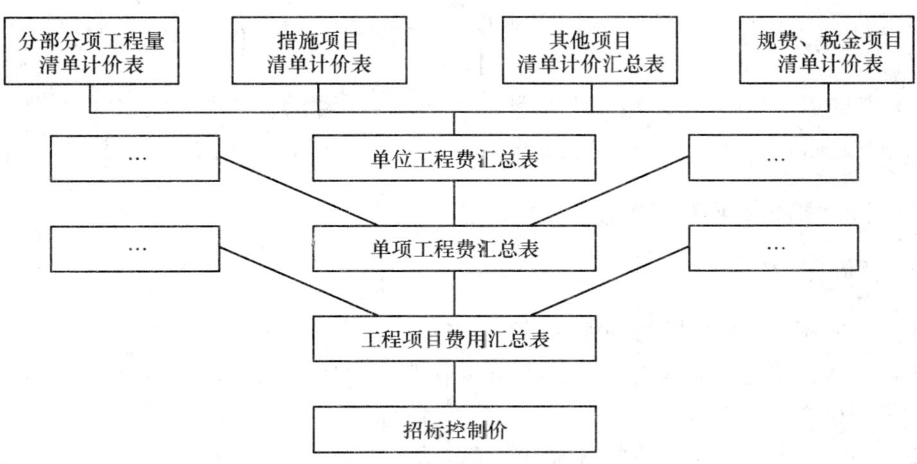

图 5.1　汇总招标控制价流程简图

把以上各种表格与招标控制价封面及总说明汇总并装订，形成完整的招标控制价文件，文件组成如下：①招标控制价封面；②招标控制价总说明；③工程项目招标控制价汇总表；④单项工程招标控制价汇总表；⑤单位工程招标控制价汇总表；⑥分部分项工程量清单与计价表；⑦措施项目清单与计价表，包括措施项目清单与计价表(一)和措施项目清单与计价表(二)；⑧其他项目清单与计价汇总表，包括暂列金额明细表、材料暂估单价表、专业工程暂估价表、计日工表、总承包服务费计价表；⑨规费、税金项目清单与计价表；⑩工程量清单综合单价分析表。

四、招标控制价的审查

(一) 招标控制价文件组成审查

(1) 招标控制价编制成果文件是否完整。完整的招标控制价编制成果文件包括招标控制价封面、总说明、工程项目招标控制价汇总表、单项工程招标控制价汇总表、单位工程招标控制价汇总表、分部分项工程量清单与计价表、措施项目清单与计价表(一)、措施项目清单与计价表(二)、暂列金额明细表、材料暂估单价表、专业工程暂估价表、计日工表、总承包服务费计价表、规费、税金项目清单与计价表、工程量清单综合单价分析表。

(2) 招标控制价编制成果文件是否规范。主要审查各种表格是否按照2008《计价规范》中要求的格式进行编制。

(二) 招标控制价编制依据审查

对招标控制价编制依据进行审查是招标控制价审查实施环节的基础性工作，招标控制价编制依据选择的合法、合理直接关系到招标控制价编制的合理性与准确性。

(1) 审查招标控制价编制依据的合法性。是否是经过国家和行业主管部门批准，符合国家的编制规定，未经批准的不能采用。

(2) 审查招标控制价编制依据的时效性。各种编制依据均应该严格遵守国家及行业主管部门的现行规定，注意有无调整和新的规定，审查招标控制价编制依据是否仍具有法律效力。

(3) 审查招标控制价编制依据的适用范围。对各种编制依据的范围进行适用性审查，如不同投资规模、不同工程性质、专业工程是否具有相应的依据。

(三) 招标控制价内容审查

1. 封面、总说明的审查

(1) 审查封面格式及相关盖章是否符合2008《计价规范》的要求，是否有招标人、工程造价咨询人及法定代表人或授权人盖章和签字，以及相关资质的编制人和复核人是否签字并盖资质专用章。

(2) 招标控制价封面是否有招标控制价的大写与小写，是否有招标人、工程造价咨询人及法定代表人或授权人盖章和签字，以及相关资质的编制人和复核人应签字盖资质专用章。

(3) 审查总说明是否按下列内容填写：

第一，工程概况。工程概况中是否对建设规模、工程特征、计划工期、合同工期、实际工期、施工现场及变化情况、自然地理条件、环境保护要求等做出描述。

第二，招标控制价编制依据。编制依据是否准确、完整。

2. 分部分项工程费的审查

(1) 审查综合单价是否参照现行消耗定额进行组价，计费是否完整，取费费率是否按国家或省级、行业建设主管部门对工程造价计价中费用或费用标准执行。综合单价中是否考虑了投标人承担的风险费用。

(2) 审查定额工程量计算是否准确，人工、材料、机械消耗量与定额不一致时，是否按定额规定进行了调整。

(3) 审查人工、材料、设备单价是否按工程造价管理机构发布的工程造价信息及市场信息价格进入综合单价，对于造价信息价格严重偏离市场价格的材料、设备，是否进行了价格处理；招标文件中提供暂估单价的材料，是否按暂估的单价进入综合单价，暂估价是否在工程量清单与计价表中单列，并计算了总额。

(4) 综合单价分析按照清单计价规范中规定的表格形式，应清楚并充分满足以后调价的需要。

3. 措施项目费的审查

通用措施项目清单费用应根据相关计价规定、工程具体情况及企业实力进行计算，如通用措施项目清单未列的但实际会发生的措施项目应进行补充；通用措施项目清单中相关的措施项目应齐全，计算基础、费率应清晰。

专业措施项目清单费用应根据专业措施项目清单数量进行计价，具体综合单价的组价原则按分部分项工程量清单费用的组价原则进行计算，并提供工程量清单综合单价分析表，综合单价分析表格式、内容与分部分项工程量清单一致。

4. 其他项目费的审查

(1) 审查暂列金额是否按工程量清单给定的金额进行计价，根据招标文件及工程量清单的要求，应注意此部分费用是否应计算规费和税金。

(2) 专业暂估价格是否按招标工程量清单给定的价格进行计价，是否计取了规费和税金。

(3) 计日工是否按工程量清单给予的数量进行计价，计日工单价是否为综合单价。

(4) 总承包服务费是否按招标文件及工程量清单的要求，结合自身实力对发包人发包专业工程和发包人供应材料计取总包服务费，计取的基数是否准确，费率有无突破相关规定。

5. 规费、税金的审查

规费、税金是否严格按政府规定费率计算，计算基数是否准确。

案　　例

（一）案例背景

1. 工程概况

本工程为北京×××大学体育馆工程，由××设计研究院设计。建筑面积：25 800 平方米；层数：主体建筑地上三层，看台二层，局部设备用房四层，地下一层；层高平均为五米；计划施工工期 684 日历天。结构工程采用满堂基础，主体为框架剪力墙，钢屋架，陶粒混凝土砌块及加气混凝土砌块填充墙，外墙装修采用烧毛花岗岩板、仿石涂料、玻璃幕墙及铝塑板，内装修为乳胶漆涂料、吸音铝板及釉面砖，铝合金门窗、木质防火门。

施工现场七通一平已经完成，施工场地条件已经具备；本工程处于学校校园内，施工中应注意采取相应的降噪、避免扰民及材料运输可能对周围环境造成的影响和污染等措施，并应北京市关于安全文明施工的要求。

2. 工程招标和分包范围

本次招标范围为施工图纸范围内的所有建筑工程、装饰装修工程和安装工程，专业分包范围包括玻璃雨篷、金属屋面板、中央球壳、火警报警及消防联动控制系统、安保系统、楼宇设备自控系统等的制作、安装。

3. 工程质量要求

本工程的质量应达到图纸、招标文件要求，并满足合格标准。除有特殊说明外，本工程所有材料、设备的质量必须合格，且应为市场中高档标准，施工中须经过监理和发包人认可后方能进场。

4. 工程量清单编制依据

(1) 2008《计价规范》及北京市相关规定。
(2) 本工程的招标文件。
(3) 本工程招标图纸（详见招标文件第五章“图纸清单”）。
(4) 有关的施工规范与工程验收规范。
(5) 通常采用的施工组织设计和施工技术方案。
(6) 其他相关资料。

5. 招标控制价编制依据

(1) 2008《计价规范》及北京市相关规定。
(2) 本工程的招标文件及答疑纪要。
(3) 本工程招标图纸。
(4) 经审查后的工程量清单。

(5) 2001 年《北京市建设工程预算定额》。

(6) 2001 年《北京市建设工程费用定额》及现行文件。

(7) 人工、材料、机械价格按北京市 2009 年《北京市工程造价信息》第七期发布的价格信息，信息价中没有的参照市场价格。

(8) 经过批准的设计概算文件。

(9) 与建设项目相关的标准、规范、技术资料。

(10) 其他相关资料。

(二) 工程量清单编制过程

1. 收集与工程量清单编制工作相关的资料

主要资料包括：2008《计价规范》及北京市相关规定；本工程的招标文件及答疑纪要；本工程的设计文件、图纸；与建设项目相关的标准、规范、技术资料，施工现场情况、工程特点及常规施工方案等。

2. 熟悉资料

熟悉 2008《计价规范》，熟悉招标文件、设计文件及图纸，熟悉与建设项目相关的标准、规范、技术资料等，以便于招标控制价的准确编制。

确定工程量清单编审的范围及需要设定的暂估价；收集相关市场价格信息，为暂估价的确定提供依据。

对 2008《计价规范》缺项的新材料、新技术、新工艺，收集足够的基础资料，为补充项目的制定提供依据。

3. 现场踏勘

对现场的自然地理条件和施工条件进行踏勘，充分了解施工现场情况及工程特点，以便选用合理的施工组织设计和施工技术方案。

4. 拟订施工组织设计

依据招标文件中的相关要求，设计文件中的图纸及相关说明，现场踏勘资料，有关定额，现行有关技术标准、施工规范或规则等编制施工组织设计。

5. 分部分项工程量清单编制

1) 项目编码及项目名称

按 2008《计价规范》附录的项目名称结合拟建工程的实际确定分部分项工程量清单的项目名称，然后根据 2008《计价规范》中的规定设置项目编码。

2) 项目特征描述

分部分项工程量清单项目特征应依据 2008《计价规范》附录中规定的项目特征并结合本工程项目的实际予以描述，具体内容详见成果形式中表 5.18～表 5.24 分部分项工程量清单与计价表。

表 5.18　分部分项工程量清单与计价表(一)

工程名称:北京×××大学体育馆建筑工程　　　　标段:　　　　第 1 页　共 9 页

序　号	项目编码	项目名称	项目特征描述	计量单位	工程量	金额/元		
						综合单价	合价	其中:暂估价
A.1 土(石)方工程								
1	010101001001	场地平整(比赛馆)	(1) 土壤类别:自行考虑 (2) 弃土运距:自行考虑 (3) 取土运距:自行考虑	平方米	4 733.44	1.76	8 330.85	
2	010101003001	挖基础土方(比赛馆)	(1) 土壤类别:自行考虑 (2) 基础类型:伐板基础 (3) 挖土深度:13 米外 (4) 弃土运距:自行考虑	立方米	48 123.2	42.41	2 040 904.91	
3	010101001002	场地平整(游泳馆)	(1) 土壤类别:自行考虑 (2) 弃土运距:自行考虑 (3) 取土运距:自行考虑	平方米	1 682.6	1.76	2 961.38	
4	010103001001	土方回填(比赛馆)	(1)土质要求:2∶8 灰土回填 (2) 弃土运距:自行考虑 (3) 取土运距:自行考虑	立方米	290.8	299.74	87 164.39	
			(其他略)					
			分部小计				3 559 830.32	
A.2 桩与地基基础工程								
12	010201003001	混凝土灌注桩	(1) 土壤级别:自行考虑 (2) 单桩长度、根树:15.3 米,共 85 根 (3) 桩截面:直径 600 (4) 成孔方法:钻孔灌注桩 (5) 砼强度等级:C30	米	1 309.00	184.91	242 047.19	

续表

序　号	项目编码	项目名称	项目特征描述	计量单位	工程量	金额/元		
						综合单价	合价	其中:暂估价
13	010201003002	混凝土灌注桩	(1)土壤级别:自行考虑 (2)单桩长度、根树:17米,共162根 (3)桩截面:直径600 (4)成孔方法:钻孔灌注桩 (5)砼强度等级:C30	根	162.00	3 141.6	508 939.2	
			(其他略)					
			分部小计				1 359 829.64	
A.3 砌筑工程								
14	010304001001	空心砖墙、砌块墙	(1)墙体类型:地下室内隔墙 (2)墙体厚度:300厚 (3)砌块品种及强度等级:MU7.5陶粒空心砌块 (4)砂浆和料要求:预拌	立方米	518.00	277.01	143 491.18	
15	010304001002	空心砖墙、砌块墙	(1)墙体类型:地下室内隔墙 (2)墙体厚度:200厚 (3)砌块品种及强度等级:MU7.5陶粒空心砌块 (4)砂浆和料要求:预拌	立方米	4 807.4	277.01	1 331 697.87	
			(其他略)					
			分部小计				1 504 656.65	

表 5.19　分部分项工程量清单与计价表(二)

工程名称:北京×××大学体育馆建筑工程　　　　标段:　　　　第 9 页　共 9 页

序　号	项目编码	项目名称	项目特征描述	计量单位	工程量	金额/元		
						综合单价	合价	其中:暂估价
A. 4 混凝土及钢筋混凝土工程								
17	010401003001	满堂基础	(1) 垫层材料种类、厚度:C15,100 厚 (2) 混凝土强度等级:C30S6 (3) 混凝土拌和料要求:预拌	立方米	3 262.63	514.48	1 678 557.88	
26	010402001001	矩形柱(比赛馆)	(1) 柱截面:1 000×800 (2) 混凝土强度等级:C40 (3) 混凝土拌和料要求:预拌	立方米	1 386.6	466.58	646 959.83	
41	010405001001	比赛馆地下一层有梁板	(1) 板厚度:200 厚 (2) 混凝土强度等级:C30 (3) 混凝土拌和料要求:预拌	立方米	211.29	435.76	92 071.73	
93	010416001001	比赛馆现浇混凝土钢筋	钢筋的种类规格:Φ20(三级钢)	吨	253.856	4 956.97	1 258 356.58	
94	010416001002	比赛馆现浇混凝土钢筋	钢筋的种类规格:Φ22(二级钢)	吨	171.192	4 956.97	848 593.61	
			(其他略)					
			分部小计				33 329 023.81	
A. 6 金属结构工程								
145	010605001001	比赛场二层压型钢板	(1) 压型钢板 YX70-200-600 (2) 厚度:0.8 毫米	平方米	447.40	82.68	36 991.03	
			(其他略)					
			分部小计				11 421 340.35	

续表

序　号	项目编码	项目名称	项目特征描述	计量单位	工程量	金额/元		
						综合单价	合价	其中:暂估价
A.7 屋面及防水工程								
			(其他略)					
			分部小计				5 738 424.26	1 950 000
A.8 防腐、隔热、保温工程								
164	010803003001	保温隔热墙	(1) 抹 3～5 厚聚合物砂浆中间压入一层耐碱玻纤网格布 (2) 聚合物砂浆粘贴 90 厚双面带小凹槽聚苯板 (3)1：3 水泥砂浆找平 (4) 基层墙面刷界面剂 (5) 砂浆和料要求:预拌	平方米	5 261.00	11.23	59 081.03	
166	京 010803006001	工程水电费	工程水电费(北京市补充清单项目)	平方米	25 800	14.51	374 358	
			(其他略)					
			分部小计				702 851	
合计							57 615 956.03	1 950 000

表 5.20　分部分项工程量清单与计价表(三)

工程名称:北京×××大学体育馆装饰装修工程　　　　标段:　　　　第 1 页　共 14 页

序号	项目编码	项目名称	项目特征描述	计量单位	工程量	金额/元		
						综合单价	合价	其中:暂估价
B.1 楼地面工程								
3	020101001001	水泥砂浆楼地面(F7)	(1) 1～2 厚自流平环养面漆涂层 (2) 环养漆底涂一道 (3) 20 厚 1∶2.5 水泥砂浆压实赶光 (4) 砂浆和料要求:预拌	平方米	5 096.00	234.95	1 197 308.26	675 729.6
5	020102001001	石材楼地面	详见招标图纸建筑 1-02 中＜F3＞花岗岩楼地面做法 砂浆和料要求:预拌	平方米	3 201.00	799.12	2 557 979.28	1 959 012
		(其他略)						
		分部小计					15 156 339.5	4 096 650
B.2 墙、柱面工程								
34	020201001001	内墙面抹灰	详见图集 88J1-1-H9－7C 砂浆和料要求:预拌	平方米	24 893.00	14.58	362 815.38	
43	020209001001	隔断	50 厚轻钢龙骨单面石膏板墙	平方米	112	70.59	7 906.08	
44	020210001001	带骨架玻璃幕墙	双层中空 LOW-E 玻璃(需进行二次深化设计)	平方米	1 876.00	1 575.72	2 956 054.1	2 436 361.2
		(其他略)						
		分部小计					9 082 940.29	3 724 311

续表

序　号	项目编码	项目名称	项目特征描述	计量单位	工程量	金额/元		
						综合单价	合价	其中：暂估价
B.3 天棚工程								
46	020301001001	天棚抹灰	(1) 3厚1∶0.2∶2.5水泥石灰膏砂浆找平 (2) 5厚1∶0.2∶3水泥石灰膏砂浆打底扫毛 (3) 素水泥浆一道甩毛 (4) 砂浆和料要求：预拌	平方米	9 479.00	13.13	124 411.88	
		(其他略)						
		分部小计					1 151 224.36	
B.4 门窗工程								
59	020406001001	氟碳喷涂彩色铝合金推拉窗	(1) 型号：LC1618 (2) 洞口尺寸：1 600×1 800 (3) 型材：氟碳喷涂断桥隔热铝型材 (4) 玻璃：双层中空钢化 LOW-E (5) 玻璃(厚度 6+12A+6)	樘	74	2 596.49	192 140.26	170 496
59	020406001002	氟碳喷涂彩色铝合金推拉窗	(1) 型号：LC1132 (2) 洞口尺寸：1 100×3 200 (3) 型材：氟碳喷涂断桥隔热铝型材 (4) 玻璃：双层中空钢化 LOW-E (5) 玻璃(厚度 6+12A+6)	平方米	98.56	901.51	88 852.83	78 848
		(其他略)						
		分部小计					2 551 198.57	1 341 708

表 5.21 分部分项工程量清单与计价表(四)

工程名称:北京×××大学体育馆装饰装修工程 标段: 第 14 页 共 14 页

序号	项目编码	项目名称	项目特征描述	计量单位	工程量	金额/元		
						综合单价	合价	其中:暂估价
B.5 油漆、涂料、裱糊工程								
9	020507001001	刷喷涂料	(1) 内墙面刷防火型功能性合成树脂乳液涂料二道饰面 (2) 封底漆一道	平方米	22 706.00	11.47	260 437.82	
		(其他略)						
		分部小计					2 574 671.79	
B.6 其他工程								
181	020603001001	洗漱台	大理石台面见 88J8-P12-7	平方米	66.40	206.92	13 739.49	
185	AB001	成品厕所隔断	(1) 材质:12 厚埃特板 (2) 尺寸:900×1 700(带门) (3) 油漆:	间	165	2 039.93	336 588.45	
		(其他略)						
		分部小计					2 520 333.93	
合计							33 036 708.44	9 162 669

表 5.22　分部分项工程量清单与计价表(五)

工程名称:北京×××大学体育馆安装工程　　标段:　　第 1 页　共 34 页

序号	项目编码	项目名称	项目特征描述	计量单位	工程量	金额/元		
						综合单价	合价	其中:暂估价
C.1 机械设备安装工程——电梯								
1	030107001001	交流电梯	(1) 用途:客梯 (2) 层数:4 层 (3) 站数:4 站 (4) 提升:25.1 米	台	5	371 919.34	1 859 596.7	1 500 000
		(其他略)						
		分部小计					1 859 596.7	1 500 000
C.2.1 电气设备安装工程——变配电								
2	030201002001	干式变压器	干式铜芯变压器 TM1SCR9-2 000KVA/H 级 10 千伏 ± 2 × 2.5%/0.4 − 0.23 千伏 Dy11ud=6%	台	1	442 661.28	442 661.28	
		(其他略)						
		分部小计					7 139 924.89	2 580 000
C.2.2 电气设备安装工程——强电								
130	030203006001	低压封闭式插接母线槽	(1) 型号:低压封闭式插接母线槽 (2) 容量:NHLD-250A/5P	米	38	1 025.71	38 976.98	
		(其他略)						
		分部小计					23 121 144.8	12 262 435

续表

序　号	项目编码	项目名称	项目特征描述	计量单位	工程量	金额/元		
						综合单价	合价	其中:暂估价
C. 7.1 消防工程——喷淋								
156	030701001001	水喷淋镀锌钢管	(1) 安装部位:室内 (2) 材质:镀锌钢管 (3) 型号、规格:DN150 (4) 连接方式:沟槽连接 (5) 除锈、刷油、防腐设计要求:10 厚橡塑保温,玻璃丝布两道,防火漆两遍,黄色色环 (6) 填料套管安装 (7) 冲洗、管道试压	米	538.55	192.97	103 924	
		(其他略)						
		分部小计					723 102.75	
C. 7.2 消防工程——消火栓及气体灭火								
178	030701003001	消火栓镀锌钢管	(1) 安装部位:室内 (2) 材质:镀锌钢管 (3) 型号、规格:DN150 (4) 连接方式:沟槽连接 (5) 除锈、刷油、防腐设计要求:调和漆两道 (6) 填料套管安装、沟槽件安装 (7) 冲洗、管道试压	米	330.55	163.17	53 935.84	
		(其他略)						
		分部小计					923 443.38	

表 5.23　分部分项工程量清单与计价表(六)

工程名称:北京×××大学体育馆安装工程　　标段:　　第 22 页　共 34 页

序　号	项目编码	项目名称	项目特征描述	计量单位	工程量	金额/元		
						综合单价	合价	其中:暂估价
C. 7.3 消防工程——消防炮								
187	030701003002	消火栓镀锌钢管	(1) 安装部位:室内 (2) 材质:镀锌钢管 (3) 型号、规格:DN150 (4) 连接方式:沟槽连接 (5) 除锈、刷油、防腐设计要求:10 厚橡塑保温,玻璃丝布两道,防火漆两遍,红色色环 (6) 填料套管安装、沟槽件安装 (7) 冲洗、管道试压	米	228.00	199.12	45 399.82	
		(其他略)						
		分部小计					653 454	
C. 8.1 给排水工程								
192	030801009001	薄壁不锈钢给水管	(1) 安装部位:室内 (2) 输送材质:给水 (3) 材质:薄壁不锈钢管 (4) 型号、规格:DN100 (5) 连接方式:卡压式连接 (6) 套管形式、材质、规格:一般填料套管 (7) 除锈、刷油、防腐、绝热及保护层设计要求:10 厚橡塑保温,外缠玻璃丝布,防火漆两遍,蓝色色环 (8) 消毒、冲洗、管道试压	米	228.90	902.5	206 582.62	

续表

序　号	项目编码	项目名称	项目特征描述	计量单位	工程量	金额/元		
						综合单价	合价	其中:暂估价
213	030801004001	离心铸造排水铸铁管	(1) 安装部位:室内 (2) 输送材质:排水 (3) 材质:铸铁管 (4) 型号、规格:DN150 (5) 连接方式:柔性接口 (6) 套管形式、材质、规格:柔性防水套管 (7) 除锈、刷油、防腐、绝热及保护层设计要求:防锈漆一道,沥青两道 (8) 冲洗、闭水试验	米	32.45	401.68	13 034.83	
223	030804014001	水箱制作安装	(1) 材质:不锈钢 (2) 类型:组合式冷水箱 (3) 型号:1 000×2 000×1 000 (4) 保温:50 厚橡塑保温	套	1	5 076	5 076	5 000
		(其他略)						
		分部小计					2 945 920.64	623 800

表 5.24　分部分项工程量清单与计价表(七)

工程名称:北京×××大学体育馆安装工程　　标段:　　第 32 页　共 34 页

序　号	项目编码	项目名称	项目特征描述	计量单位	工程量	金额/元		
						综合单价	合价	其中:暂估价
C. 8. 2 采暖工程								
234	030801002001	无缝钢管	(1) 安装部位:室内 (2) 输送材质:热媒体 (3) 材质:无缝钢管 (4) 型号、规格:外径(毫米)108 (5) 连接方式:焊接 (6) 套管形式、材质、规格:防水套管 (7) 除锈、刷油、防腐、绝热及保护层设计要求:35 毫米厚难燃 B1 级橡塑海绵保温 (8) 水压及泄漏试验	米	290.00	198.24	57 490.99	
		(其他略)						
		分部小计					1 483 507.19	
C. 9 通风空调工程								
245	030901004001	新风空调机组	(1) 形式:新风空调机组 (2) 质量:风量 2 000 立方米时 (3) 安装位置:机房落地安装	台	1	3 228.17	3 228.17	40 000
	030903001001	通风管道	(1) 材质:镀锌钢板风管 (2) 形状:矩形 (3) 周长或直径:大边长 630 毫米以内 (4) 板材厚度:0.6 毫米 (5) 接口形式:咬口 (6) 风管附件、支架设计要求:风管及管件、弯头导流叶片、支吊架制作安装 (7) 除锈、刷油、30 毫米铝箔离心玻璃棉保温 (8) 风管场外运输	平方米	22	203.58	4 478.86	

续表

序号	项目编码	项目名称	项目特征描述	计量单位	工程量	金额/元		
						综合单价	合价	其中:暂估价
		(其他略)						
		分部小计					17 503 100.75	950 000
C.11 通信设备及线路工程——弱电工程								
387	031103004001	金属线槽	(1) 规格:防火金属线槽 (2) 程式:150×100	米	178.10	151.878	27 049.47	
		(其他略)						
		分部小计					1 856 789	
合计							58 209 984.1	17 916 235

以表5.18分部分项工程量清单与计价表中A.1土(石)方工程下第一个项目场地平整为例。根据2008《计价规范》中的规定，依据附录A中表A.1.1土方工程(编码：010101)(表5.25)的规定进行清单项目设置及工程量计算，表A.1.1土方工程中第一项平整场地的项目特征规定需要对"1. 土壤类别；2. 弃土运距；3. 取土运距"进行描述，结合本工程实际情况，本工程场地平整的项目特征描述为"1. 土壤类别：一、二类土；2. 弃土运距：20千米；3. 取土运距：1千米"。

表5.25　附录A中表A.1.1　土方工程(编码：010101)

项目编码	项目名称	项目特征	计量单位	工程量计算规则	工程内容
010101001	平整场地	1. 土壤类别 2. 弃土运距 3. 取土运距	平方米	按设计图示尺寸以建筑物首层面积计算	1. 土方挖填 2. 场地找平 3. 运输

3）工程量的计算

分部分项工程量清单中所列工程量按2008《计价规范》附录中规定的工程量计算规则计算得到。

以表5.18分部分项工程量清单与计价表中A.1土(石)方工程下第一个项目场地平整为例。根据2008《计价规范》中的规定，依据附录A中表A.1.1土方工程(编码：010101)(表5.25)的规定进行清单项目设置及工程量计算，表A.1.1土方工程中第一项平整场地的工程量计算规则为"按设计图示尺寸以建筑物首层面积计算"，按本体育馆的设计图示尺寸以本体育馆首层面积计算工程量得到4 733.44平方米。

6. 措施项目清单编制

参考拟建工程的施工组织设计、施工方案、相关的施工规范等，确定措施项目清单与计价表(一)中需要包含安全文明施工、二次搬运、夜间施工、冬雨季施工、大型机械设备进出场及安拆、施工排水、施工降水等措施项目，详见表5.26。

表5.26　措施项目清单与计价表(一)

工程名称：北京×××大学体育馆工程　　标段：　　第1页　共1页

序　号	项目名称	计算基础	费率/%	金额/元
1	安全文明施工	分部分项工程费		4 262 240.65
2	夜间施工			
3	二次搬运			
4	冬雨季施工			
5	大型机械设备进出场及安拆			90 000
6	施工排水			
7	施工降水			1 167 889.81
8	地上、地下设施，建筑物的临时保护设施			215 531.71
9	已完工程及设备保护			
10	竣工图编制费			149 999.61
11	护坡工程			3 702 585.68

续表

序　号	项目名称	计算基础	费率/%	金额/元
12	场地狭小所需措施费用			
13	室内空气污染检测费			
14	建筑工程措施项目			1 298 288.69
14.1	脚手架			873 122.87
14.2	垂直运输机械			425 165.82
15	装饰装修工程措施项目			
15.1	垂直运输机械			
15.2	脚手架			
16	其他专业措施费用			
合计				10 886 536.15

确定措施项目清单与计价表(二)中需要包含现浇钢筋混凝土平板模板及支架、现浇钢筋混凝土有梁板及支架、现浇钢筋混凝土圆形柱模板、现浇钢筋混凝土直行墙模板四项措施项目,详见表5.27。

表5.27　措施项目清单与计价表(二)

工程名称:北京×××大学体育馆工程　　　　标段:　　　　第1页　共1页

序　号	项目编码	项目名称	项目特征描述	计量单位	工程量	金额/元	
						综合单价	合价
1	AB002	现浇钢筋混凝土平板模板及支架	(1) 构件形状:矩形 (2) 支模高度:支模高度3米 (3) 模板类型:自行考虑 (4) 支撑类型:自行考虑	平方米	1 178.5	38.73	45 643.31
2	AB003	现浇钢筋混凝土有梁板及支架	(1) 构件形状:矩形 (2) 支模高度:板底支模高度3.78米 (3) 模板类型:自行考虑 (4) 支撑类型:自行考虑	平方米	15 865.86	38.12	604 806.58
3	AB004	现浇钢筋混凝土圆形柱模板	(1) 构件形状:圆形 (2) 支模高度:支模高度3.5米 (3) 模板类型:自行考虑 (4) 支撑类型:自行考虑	平方米	248.6	50.25	12 492.15
4	AB005	现浇钢筋混凝土直行墙模板	(1) 构件形状:矩形 (2) 支模高度:支模高度3.9米 (3) 模板类型:自行考虑 (4) 支撑类型:自行考虑	平方米	9 989.2	22.55	225 256.46
			(其他略)				
合计						3 119 784.27	

7. 其他项目清单的编制

(1) 暂列金额。根据工程的复杂程度、设计深度、工程环境条件进行估算,如表5.28所示。

表 5.28　暂列金额明细表

工程名称:北京×××大学体育馆工程　　标段:　　第1页　共1页

序　号	项目名称	计量单位	暂定金额/元	备　注
1	工程量清单中工程量偏差和设计变更	项	3 000 000	
2	政策性调整和材料价格风险	项	1 000 000	
3	其他	项	500 000	
合计			4 500 000	—

(2) 暂估价。材料暂估价参考2009年《北京市工程造价信息》第七期发布的价格信息中的材料单价做适当调整计算,如表5.29所示。专业工程暂估价分不同的专业,按有关计价规定进行估算,如表5.30所示。

表 5.29　材料暂估单价表

工程名称:北京×××大学体育馆工程　　标段:　　第1页　共1页

序　号	材料名称、规格、型号	计量单位	单价/元	备　注
1	土建工程			
1.1	铝合金窗	平方米	800	工料费
1.2	玻璃幕墙	平方米	1 300	工料费(含骨架)
1.3	磨光花岗岩	平方米	600	主材
1.4	环氧自流平	平方米	130	工料费
1.5				
	……			
2	安装工程			
2.1	电梯	台	280 000	设备费
2.2	不锈钢组合式冷水箱	立方米	2 500	设备费(含保温)
2.3	空调机组、空气处理机组、新风机组	台	40 000	设备费
	……			

表 5.30　专业工程暂估价表

工程名称:北京×××大学体育馆工程　　标段:　　第1页　共1页

序　号	工程名称	工程内容	金额/元	备　注
1	玻璃雨篷	制作、安装	500 000	
2	金属屋面板	制作、安装	7 200 000	
3	中央球壳	制作、安装	2 000 000	
4	火警报警及消防联动控制系统	安装、调试	3 000 000	
5	安保系统	安装、调试	1 000 000	
6	楼宇设备自控系统	安装、调试	2 800 000	
	……			
合计			39 170 000	—

(3) 计日工。根据本工程的实际情况及类似工程的经验确定计日工的数量,如表5.31所示。

表 5.31　计日工表

工程名称:北京×××大学体育馆工程　　标段:　　第1页　共1页

编　号	项目名称	单　位	暂定数量	综合单价/元	合价/元
1	人工				
1.1	普工	工日	200	48	9 600
1.2	技工(综合)	工日	50	60	3 000
人工小计					12 600

续表

编　号	项目名称	单　位	暂定数量	综合单价/元	合价/元
2	材料				
2.1	拆除隔墙	平方米	100	20	2 000
2.2	拆除吊顶	平方米	100	20	2 000
2.3	破除障碍物	立方米	100	30	3 000
2.4	渣土外运	立方米	500	40	20 000
材料小计					27 000
3	施工机械				
3.1	自升式塔式起重机（起重力矩 1 250 千牛米）	台班	5	578.82	2 894.1
3.2	灰浆搅拌机(400 升)	台班	2	20.22	40.44
施工机械小计					2 934.54
总计					42 534.54

(4) 总承包服务费。根据本工程的实际情况及类似工程的经验进行列项，如表 5.32 所示。

表 5.32　总承包服务费计价表

工程名称:北京×××大学体育馆工程　　　　标段:　　　　第 1 页　共 1 页

序　号	项目名称	项目价值/元	服务内容	费率/%	金额/元
1	发包人发包专业工程	39 170 000	总承包人向分包人免费提供管理、协调、配合和服务工作，包括但不限于: (1) 为专业分包人采购提供所需的一切服务 (2) 为分包人提供临时工程或垂直运输机械和设备及脚手架 (3) 承包人应对各专业分包人的工作所或材料设备存放等负责协调 (4) 向提供施工所需的水、电接口，工程水电费由总承包人承担，但分包人应保证节约用水、用电 (5) 向分包人提供施工工作面，对施工现场进行统一管理，对竣工资料进行统一汇总 (6) 技术规范所注明由总承包人提供的其他工作	4%	1 566 800
2	发包人供应材料		对发包人提供的材料、设备进行验收、保管和使用发放等		
合计					1 566 800

分别编制完成暂列金额明细表、材料暂估单价表、专业工程暂估价表、计日工表、总承包服务费计价表后，汇总得到其他项目清单与计价汇总表，如表 5.33 所示。

表 5.33　其他项目清单与计价汇总表

工程名称:北京×××大学体育馆工程　　　　标段:　　　　第 1 页　共 1 页

序　号	项目名称	计量单位	金额/元	备　注
1	暂列金额	项	4 500 000	明细详见暂列金额明细表
2	暂估价		39 170 000	
2.1	材料暂估价		—	明细详见材料暂估单价表
2.2	专业工程暂估价	项	39 170 000	明细详见专业工程暂估价表

续表

序　号	项目名称	计量单位	金额/元	备　注
3	计日工		42 534.54	明细详见计日工表
4	总承包服务费		1 566 800	明细详见表总承包服务费计价表
合计			45 279 334.54	—

8. 规费、税金项目清单的编制

规费、税金项目清单依据2008《计价规范》编制，如表5.34所示。

表5.34　规费、税金项目清单与计价表

工程名称：北京×××大学体育馆工程　　　　标段：　　　　第1页　共1页

序　号	项目名称	计算基础	费率/%	金额/元
1	规费	人工费	24.09	5 491 885.21
1.1	工程排污费			
1.2	社会保障费			
1.2.1	养老保险费			
1.2.2	失业保险费			
1.2.3	医疗保险费			
1.3	住房公积金			
1.4	危险作业意外伤害保险			
1.5	工程定额测定费			
2	税金	分部分项工程费＋措施项目费＋其他项目费＋规费	3.4	7 263 732.42
合计				12 755 617.63

9. 补充工程量清单的编制

根据本项目的实际情况，按2008《计价规范》中的要求编制补充工程量清单项目及计算规则表。

10. 工程量清单封面及总说明的编制

按照2008《计价规范》中的要求进行封面及总说明的编写。

11. 工程量清单汇总

将上述编制完成的分部分项工程量清单与计价表、措施项目清单与计价表、其他项目清单与计价表、规费、税金项目清单与计价表与工程量清单封面及总说明汇总并装订，形成完整的工程量清单文件，文件组成如下：①工程量清单封面；②工程量清单总说明；③分部分项工程量清单与计价表；④措施项目清单与计价表(一)与措施项目清单与计价表(二)；⑤其他项目清单与计价汇总表，包括暂列金额明细表、材料暂估单价表、专业工程暂估价表、计日工表、总承包服务费计价表；⑥规费、税金项目清单与计价表；⑦补充工程量清单项目及计算规则表。

(三) 招标控制价的编制过程

1. 收集与招标控制价编制工作相关的资料

主要资料包括：2008《计价规范》及北京市相关规定；本工程的招标文件及答疑纪要；

经审查后的工程量清单；北京市现行的预算定额；最新发布的工程造价信息及相关市场价格；经过批准的设计概算文件；与建设项目相关的标准、规范、技术资料等。

2. 熟悉资料

熟悉2008《计价规范》及北京市相关规定，熟悉设计文件、招标文件及工程量清单，熟悉2001年《北京市建设工程预算定额》、2001年《北京市建设工程费用定额》及现行文件，熟悉与建设项目相关的标准、规范、技术资料等，以便于招标控制价的准确编制。

3. 价格确定

人、材、机价格依据2009年《北京市工程造价信息》第七期发布的价格信息，对未发布价格的进行市场询价，为招标控制价编审提供准确的价格信息。

4. 现场踏勘

对现场的自然地理条件及施工条件进行踏勘，充分了解施工现场情况，确定拟采用的施工组织设计方案。

5. 拟订施工组织设计

依据招标文件中的相关要求，设计文件中的图纸及相关说明，现场踏勘资料，有关定额，现行有关技术标准、施工规范或规则等编制施工组织设计。

6. 计算综合单价

1) 人工费、材料费、机械使用费的确定

(1) 计算人工、材料、机械台班数量。按每个定额子目数量与该定额子目单个计量单位消耗量的乘积计算，每个定额子目单个计量单位的人、材、机消耗量应采用北京市建筑工程预算定额的消耗量标准。

(2) 确定人工、材料、机械台班单价。人、材、机的单价按2009年《北京市工程造价信息》第七期发布的价格信息，工程造价信息没有发布的参照市场价格，如材料、设备价格为暂估价的应按暂估价格确定。

(3) 计算人工费、材料费和机械使用费。用上述计算的人工、材料和机械台班数量分别乘以所选用的人工、材料和机械台班单价，便形成了人工费、材料费和机械使用费，每个清单项目下所有定额子目的人工费、材料费和机械使用费之和，便形成了该清单项目的人工费、材料费和机械使用费。

以表5.35工程量清单综合单价分析表(三)中空心砖墙、砌砖墙项目为例，数量为518立方米，人工费为51.194元，材料费为178.64元，机械费为2.93元，则

$$人工费 = 518 \times 51.194 = 26\,518.49(元)$$

$$材料费 = 518 \times 178.64 = 92\,535.42(元)$$

$$机械费 = 518 \times 2.93 = 1\,517.74(元)$$

表 5.35 工程量清单综合单价分析表(三)

工程名称:北京×××大学体育馆工程　　　　标段:　　　　第 100 页　共 564 页

项目编码		010304001001		项目名称		空心砖墙、砌块墙		计量单位		立方米	
清单综合单价组成明细											
定额编号	定额名称	定额单位	数量	单价/元				合价/元			
				人工费	材料费	机械费	管理费和利润	人工费	材料费	机械费	管理费和利润
4-38	砌块 陶粒空心砌块 内、外墙	立方米	518	51.194	178.64	2.93	44.25	26 518.49	92 535.42	1 517.74	22 921.5
人工单价		小　计						26 518.49	92 535.42	1 517.74	22 921.5
46 元/工日		未计价材料费									
清单项目综合单价								277.01			
材料费明细	主材料名称、规格、型号					单位	数量	单价/元	合价/元	暂估单价/元	暂估合价/元
	陶粒空心砌块					立方米	479.8	150	74 670		
	M5 混合砂浆(预拌)					立方米	50.25	335	16 833.75		
	其他材料费							—	1 031.81	—	
	材料费小计							—	92 535.46	—	

2）企业管理费的确定

根据《关于调整 2001 年〈北京市建设工程预算定额〉规费计算方法的有关规定》（京造定〔2009〕6 号）文件的相关规定，建筑工程企业管理费按 4.08%计取；装饰工程企业管理费按 35.1%计取；安装工程企业管理费按 37.47%计取。具体取费方法如表 5.36 所示。

表 5.36 企业管理费计费基数和费率

<table>
<tr><th>定额编号</th><th colspan="4">项 目</th><th>计费基数</th><th>费率/%</th></tr>
<tr><td>2-1</td><td rowspan="6">建筑工程</td><td colspan="3">单层建筑</td><td rowspan="6">直接费</td><td>4.06</td></tr>
<tr><td>2-2</td><td rowspan="2">住宅</td><td rowspan="5">檐高</td><td>25 米以下</td><td>4.01</td></tr>
<tr><td>2-3</td><td>25 米以上</td><td>4.38</td></tr>
<tr><td>2-4</td><td rowspan="3">公共建筑</td><td>25 米以下</td><td>4.08</td></tr>
<tr><td>2-5</td><td>45 米以下</td><td>4.87</td></tr>
<tr><td>2-6</td><td>45 米以上</td><td>5.24</td></tr>
<tr><td>2-7</td><td colspan="4">装饰工程</td><td>人工费</td><td>35.1</td></tr>
<tr><td>2-14</td><td rowspan="6">安装工程</td><td rowspan="2">住宅</td><td rowspan="5">檐高</td><td>25 米以下</td><td rowspan="6">人工费</td><td>34.32</td></tr>
<tr><td>2-15</td><td>25 米以上</td><td>38.97</td></tr>
<tr><td>2-16</td><td rowspan="3">公共建筑</td><td>25 米以下</td><td>37.47</td></tr>
<tr><td>2-17</td><td>45 米以下</td><td>43.69</td></tr>
<tr><td>2-18</td><td>45 米以上</td><td>48.33</td></tr>
<tr><td>2-19</td><td colspan="3">其他</td><td>42.11</td></tr>
</table>

3）利润率的确定

根据《北京市建设工程费用定额》（2001）中的指导性利润取费，以“直接费＋企业管理费”为计算基数，7.0%为费率。

4）风险费用的确定

根据招标文件中关于风险分担的规定以 3%进行计算。

5）工程量清单综合单价的确定

每个清单项目的人工费、材料费、机械使用费、企业管理费、利润和风险费之和为单个清单项目合价，单个清单项目合价除以工程量，即为单个清单项目的综合单价。把计算出的综合单价按照 2008《计价规范》中的关于工程量清单综合单价分析表的格式要求进行填写，形成本工程的工程量清单综合单价分析表，如表 5.35、表 5.37～表 5.42 所示。

7. 分部分项工程费的编制

分部分项工程费等于综合单价乘以清单给出的工程量。以表 5.18 分部分项工程量清单与计价表中第一项场地平整为例。

分部分项工程费＝分项工程量×综合单价＝4 733.44×1.76＝8 330.85（元）

把计算出的分部分项工程费按照 2008《计价规范》中的关于分部分项工程量清单与计价表的格式要求进行填写，形成本工程的分部分项工程量清单与计价表，如表 5.18～表 5.24 所示。

表 5.37　工程量清单综合单价分析表(一)

工程名称:北京×××大学体育馆工程　　　　标段:　　　　第 1 页　共 564 页

项目编码		010101001001			项目名称	场地平整(比赛馆)		计量单位		平方米	
清单综合单价组成明细											
定额编号	定额名称	定额单位	数量	单价/元				合价/元			
				人工费	材料费	机械费	管理费和利润	人工费	材料费	机械费	管理费和利润
1-1	场地平整	平方米	4 733.44	1.472			0.285	6 967.62			1 349.03
人工单价		小计						6 967.62			1 349.03
46 元/工日		未计价材料费									
清单项目综合单价								1.76			
材料费明细	主要材料名称、规格、型号					单位	数量	单价/元	合价/元	暂估单价/元	暂估合价/元
	其他材料费							—		—	
	材料费小计							—		—	

表 5.38 工程量清单综合单价分析表(二)

工程名称:北京×××大学体育馆工程　　　　标段:　　　　第 2 页　共 564 页

项目编码	010101003001			项目名称	挖基础土方(比赛馆)				计量单位		立方米
清单综合单价组成明细											
定额编号	定额名称	定额单位	数量	单价/元				合价/元			
				人工费	材料费	机械费	管理费和利润	人工费	材料费	机械费	管理费和利润
1-29	机械土石方槽深 13 米以内挖土机挖土方车运(千米)30 以内	立方米	49 066.9	1.61		33.06	6.591	78 997.71		1 638 681.71	323 399.94
人工单价		小　计						78 997.71		1 638 681.71	323 399.94
46 元/工日		未计价材料费									
清单项目综合单价								42.41			
材料费明细	主要材料名称、规格、型号					单位	数量	单价/元	合价/元	暂估单价/元	暂估合价/元
	其他材料费							—		—	
	材料费小计							—		—	

表 5.39　工程量清单综合单价分析表(四)

工程名称:北京×××大学体育馆工程　　　　标段:　　　　第 123 页　共 564 页

<table>
<tr><td colspan="2">项目编码</td><td colspan="2">020406001002</td><td colspan="2">项目名称</td><td colspan="3">氟碳喷涂铝合金推拉窗</td><td colspan="2">计量单位</td><td>平方米</td></tr>
<tr><td colspan="12">清单综合单价组成明细</td></tr>
<tr><td rowspan="2">定额编号</td><td rowspan="2">定额名称</td><td rowspan="2">定额单位</td><td rowspan="2">数量</td><td colspan="4">单价/元</td><td colspan="4">合价/元</td></tr>
<tr><td>人工费</td><td>材料费</td><td>机械费</td><td>管理费和利润</td><td>人工费</td><td>材料费</td><td>机械费</td><td>管理费和利润</td></tr>
<tr><td>6-34</td><td>铝合金推拉窗</td><td>平方米</td><td>98.56</td><td></td><td>800</td><td></td><td>85.366</td><td></td><td>78 848</td><td></td><td>8 423.53</td></tr>
<tr><td>6-114</td><td>其他项目门窗后塞口填充剂</td><td>平方米</td><td>98.56</td><td>4.86</td><td>6.63</td><td>0.29</td><td>4.26</td><td>479.00</td><td>653.45</td><td>28.58</td><td>419.87</td></tr>
<tr><td></td><td></td><td></td><td></td><td></td><td></td><td></td><td></td><td></td><td></td><td></td><td></td></tr>
<tr><td colspan="2">人工单价</td><td colspan="6">小　计</td><td>479.00</td><td>79 501.45</td><td>28.58</td><td>8 843.4</td></tr>
<tr><td colspan="2">60 元/工日</td><td colspan="6">未计价材料费</td><td colspan="4"></td></tr>
<tr><td colspan="8">清单项目综合单价</td><td colspan="4">901.51</td></tr>
<tr><td rowspan="7">材料费明细</td><td colspan="4">主要材料名称、规格、型号</td><td>单位</td><td colspan="2">数量</td><td>单价/元</td><td>合价/元</td><td>暂估单价/元</td><td>暂估合价/元</td></tr>
<tr><td colspan="4">聚氨酯泡沫填充剂</td><td>支</td><td colspan="2">30.36</td><td>15</td><td>455.3</td><td></td><td></td></tr>
<tr><td colspan="4">玻璃密封胶</td><td>支</td><td colspan="2">28.39</td><td>6.8</td><td>193.05</td><td></td><td></td></tr>
<tr><td colspan="4">铝合金推拉窗</td><td>平方米</td><td colspan="2"></td><td></td><td></td><td>800</td><td>78 848</td></tr>
<tr><td colspan="4"></td><td></td><td colspan="2"></td><td></td><td></td><td></td><td></td></tr>
<tr><td colspan="7">其他材料费</td><td>—</td><td>5</td><td>—</td><td></td></tr>
<tr><td colspan="7">材料费小计</td><td>—</td><td>653.45</td><td>—</td><td>78 848</td></tr>
</table>

表 5.40　工程量清单综合单价分析表(五)

工程名称:北京×××大学体育馆工程　　　　标段:　　　　第 234 页　共 564 页

项目编码	030107001001		项目名称		交流电梯			计量单位		台	
清单综合单价组成明细											
定额编号	定额名称	定额单位	数量	单价/元				合价/元			
				人工费	材料费	机械费	管理费和利润	人工费	材料费	机械费	管理费和利润
10-39	直流自动快速(层/站)5/5	台	5	20 113.57	2 773.32	2 851	46 182.45	100 567.85	13 866.6	14 250	230 912.25
人工单价		小计						100 567.85	13 866.6	14 250	230 912.25
50 元/工日		未计价材料费						1 500 000			
清单项目综合单价								371 919.34			
材料费明细	主要材料名称、规格、型号					单位	数量	单价/元	合价/元	暂估单价/元	暂估合价/元
	电梯					台				300 000	1 500 000
	其他材料费							—		—	
	材料费小计							—		—	1 500 000

表 5.41　工程量清单综合单价分析表(六)

工程名称:北京×××大学体育馆工程　　　　标段:　　　　第 252 页　共 564 页

项目编码		030201002001		项目名称		干式变压器		计量单位		台	
清单综合单价组成明细											
定额编号	定额名称	定额单位	数量	单价/元				合价/元			
				人工费	材料费	机械费	管理费和利润	人工费	材料费	机械费	管理费和利润
1-6	变配电装置干式变压器安装容量 2 000 千伏安以内	台	1	853.29	120.08	371.21	4 0727.40	853.29	120.08	371.21	40 727.40
1-10	变配电装置变压器保护罩安装	台	1	139.99	5.49	2.62	106.4	139.99	5.49	2.62	106.4
1-76	变配电装置基础型钢制作安装槽钢	10 米	0.5	99.05	430.24	16.47	123.62	49.53	215.12	8.24	61.81
人工单价		小　计						1 042.81	340.79	382.07	40 895.61
50 元/工日		未计价材料费						400 000			
清单项目综合单价								442 661.28			
材料费明细	主要材料名称、规格、型号					单位	数量	单价/元	合价/元	暂估单价/元	暂估合价/元
	干式变压器容量 2 000 千伏安以内(含变压器保护罩)					台	1	400 000	400 000		
	其他材料费							—		—	
	材料费小计							—	400 000	—	

表 5.42　工程量清单综合单价分析表(七)

工程名称:北京×××大学体育馆工程　　　　标段:　　　　第 560 页　共 564 页

项目编码		AB002		项目名称		现浇钢筋混凝土平板模板及支架		计量单位		平方米	
清单综合单价组成明细											
定额编号	定额名称	定额单位	数量	单价/元				合价/元			
				人工费	材料费	机械费	管理费和利润	人工费	材料费	机械费	管理费和利润
7-45	平板普通模板	平方米	1 178.5	16.934	14.51	1.1	6.186	19 956.72	17 100.04	1 296.35	7 290.201
人工单价		小计						19 956.72	17 100.04	1 296.35	7 290.201
46 元/工日		未计价材料费									
清单项目综合单价								38.73			
材料费明细	主要材料名称、规格、型号				单位	数量		单价/元	合价/元	暂估单价/元	暂估合价/元
	模板租赁费				元	1		5.02	5 916.07		
	材料费				元	1		7.9	9 310.15		
	其他材料费							—	1 873.82	—	
	材料费小计							—	17 100.04	—	

8. 措施项目费的编制

结合拟建工程的施工组织设计及2008《计价规范》中的"措施项目一览表"进行措施项目的列项，以"项"为计量单位的，按相应费率进行计算，如文明施工措施费用的基数及费率根据《关于转发〈建筑工程安全防护、文明施工措施费用及使用规定〉的通知》(京建施〔2005〕802号)及京造定〔2009〕4号文中的规定，费率以2.6%取定，并乘以1.10的系数(文明施工措施费系数见表5.43)。成果形式如表5.26所示。

表5.43　文明施工措施费系数表

工程类别			计费基数	费率/%
建筑工程	建筑面积	50 000平方米以上	分部分项清单费用合计	2.48
		50 000平方米以下		2.81
		20 000平方米以下		3.30
装饰装修工程				2.19
安装工程				2.70

可以计算工程量的措施项目，采用分部分项工程量清单方式编制，应采用综合单价计价，编制过程参照综合单价及分部分项工程费的编制，成果形式如表5.27所示。

9. 其他项目费的编制

(1) 暂列金额。根据工程的复杂程度、设计深度、工程环境条件进行估算得出4 500 000元。

(2) 暂估价。材料暂估价应按2009年《北京市工程造价信息》第七期发布的价格信息中的材料单价计算，工程造价信息未发布的材料单价，其单价参考市场价格估算。

专业工程暂估价应分不同的专业，按有关计价规定进行估算得到39 170 000元。

(3) 计日工。人工、材料和机械台班单价应按2009年《北京市工程造价信息》第七期发布的价格信息计算；未发布单价的应按市场调查确定的单价计算，并计取一定的管理费用和利润。

(4) 总承包服务费。仅计发包人发包专业工程的总承包服务费，以发包人发包专业工程的4%进行计取。即

总承包服务费＝专业工程暂估价×费率＝39 170 000×4%＝1 566 800(元)

分别计算完成暂列金额、暂估价、计日工、总承包服务费后汇总即可得到其他项目费，然后分别按照2008《计价规范》中的规定进行填表得到其他项目清单与计价汇总表、暂列金额明细表、材料暂估单价表、专业工程暂估价表、计日工表、总承包服务费计价表，如表5.28～表5.33所示。

10. 规费和税金的编制

规费和税金应按国家或省级、行业建设主管部门的规定计算，不得作为竞争性费用。

1) 规费的计算

规费按照北京市规费的取费基数和费率依据《关于调整2001年〈北京市建设工程费

用定额〉规费计算方法的有关通知》(京造定〔2009〕6 号文)中的相关规定进行确定，如表 5.44 所示。即

$$规费 = 人工费 \times 费率 = 22\ 797\ 364.92 \times 24.9\% = 5\ 491\ 885.21(元)$$

表 5.44　规费

<table>
<tr><th>定额编号</th><th colspan="2">项　目</th><th>计费基数</th><th>费率/%</th></tr>
<tr><td>5-1</td><td colspan="2">建筑工程</td><td rowspan="5">人工费</td><td>24.09</td></tr>
<tr><td>5-2</td><td colspan="2">市政工程</td><td>26.50</td></tr>
<tr><td>5-3</td><td colspan="2">庭院、绿化工程</td><td>20.19</td></tr>
<tr><td>5-4</td><td rowspan="2">地铁工程</td><td>土建、轨道工程</td><td>22.89</td></tr>
<tr><td>5-5</td><td>通信、信号、供电、机电、人防工程</td><td>27.18</td></tr>
</table>

注:装饰、安装、构筑物、钢结构、独立土石方、地下降水、桩基础、仿古工程执行建筑工程费率。

2) 税金的计算

税金 =(分部分项工程费 + 措施项目费 + 其他项目费 + 规费)× 相应费率

=(148 862 648.6 + 14 005 320.42 + 45 279 334.54 + 5 491 885.21)× 3.4%

=7 263 732.42(元)

规费、税金计算完成以后，按照 2008《计价规范》中的规定进行填表得到规费、税金项目清单与计价表，如表 5.34 所示。

11. 招标控制价封面及总说明的编制

按照 2008《计价规范》中的要求进行封面及总说明的编写。

12. 招标控制价汇总

将上述编制完成的分部分项工程费、措施项目费、其他项目费、规费、税金汇总即可得到单位工程招标控制价。即

单位工程招标控制价 = 分部分项工程费 + 措施项目费 + 其他项目费 + 规费 + 税金

=148 862 648.6 + 14 005 320.42 + 45 279 334.54

+ 5 491 885.21 + 7 263 732.42

=220 902 921.2(元)

将分部分项工程量清单与计价表、措施项目清单与计价表、其他项目清单与计价表、规费、税金项目清单与计价表汇总得到单位工程费汇总表，再层层汇总，得出单项工程费汇总表、工程项目费用汇总表和招标控制价汇总表，如表 5.45～表 5.47 所示。

表 5.45　工程项目招标控制价汇总表

工程名称:北京×××大学体育馆工程　　　　第 1 页　共 1 页

<table>
<tr><th rowspan="2">序　号</th><th rowspan="2">单项工程名称</th><th rowspan="2">金额/元</th><th colspan="3">其　中</th></tr>
<tr><th>暂估价/元</th><th>安全文明施工费/元</th><th>规费/元</th></tr>
<tr><td>1</td><td>体育馆工程</td><td>220 902 921.2</td><td>66 443 904</td><td>4 262 240.65</td><td>5 491 885.21</td></tr>
<tr><td></td><td></td><td></td><td></td><td></td><td></td></tr>
<tr><td colspan="2">合计</td><td>220 902 921.2</td><td>66 443 904</td><td>4 262 240.65</td><td>5 491 885.21</td></tr>
</table>

表 5.46　单项工程招标控制价汇总表

工程名称:北京×××大学体育馆工程　　第1页　共1页

序　号	单项工程名称	金额/元	其　中		
			暂估价/元	安全文明施工费/元	规费/元
1	体育馆工程	220 902 921.2	66 443 904	4 262 240.65	5 491 885.21
合计		220 902 921.2	66 443 904	4 262 240.65	5 491 885.21

表 5.47　单位工程招标控制价汇总表

工程名称:北京×××大学体育馆工程　　第1页　共1页

序　号	汇总内容	金额/元	其中:暂估价/元
1	分部分项工程费	148 862 648.6	
1.1	建筑工程	57 615 956.03	1 950 000
1.2	装饰装修工程	33 036 708.44	9 162 669
1.4	电梯工程	1 859 596.7	1 500 000
1.5	变配电工程	7 139 924.89	2 580 000
1.6	强电工程	23 121 144.8	12 262 435
1.7	喷淋工程	723 102.75	
1.8	消火栓及气体灭火工程	923 443.38	
1.9	消防炮工程	653 454	
1.10	给排水工程	2 945 920.64	623 800
1.11	采暖工程	1 483 507.19	
1.12	通风空调工程	17 503 100.75	950 000
1.13	弱电工程	1 856 789	
2	措施项目费	14 005 320.42	
	其中:安全文明施工费	4 262 240.65	
3	其他项目	45 279 334.54	—
3.1	暂列金额	4 500 000	—
3.2	专业工程暂估价	39 170 000	—
3.3	计日工	42 534.54	—
3.4	总承包服务费	1 566 800	—
4	规费	5 491 885.21	—
5	税金	7 263 732.42	—
招标控制价合计=1+2+3+4+5		220 902 921.2	27 273 904

把以上各种表格与招标控制价封面及总说明汇总并装订,形成完整的招标控制价文件,文件组成如下:①招标控制价封面;②招标控制价总说明;③工程项目招标控制价汇总表;④单项工程招标控制价汇总表;⑤单位工程招标控制价汇总表;⑥分部分项工程量清单与计价表;⑦措施项目清单与计价表,包括措施项目清单与计价表(一)和措施项目清单与计价表(二);⑧其他项目清单与计价汇总表,包括暂列金额明细表、材料暂估单价表、专业工程暂估价表、计日工表、总承包服务费计价表;⑨规费、税金项目清单与计价表;⑩工程量清单综合单价分析表。

（四）成果形式

本项目的招标控制价封面如表5.48所示。

表5.48　北京×××大学体育馆工程招标控制价封面

北京×××大学体育馆工程

招　标　控　制　价

招标控制价(小写)：220 902 921.2元

(大写)：贰亿贰仟零玖拾万贰仟玖佰贰拾壹元贰角

招　标　人：××大学 单位公章 (单位盖章)	工程造价 咨　询　人：××工程造价咨询企业 执业印章 (单位资质专用章)
法定代表人 或其授权人：××大学 法定代表人 (签字或盖章)	法定代表人 或其授权人：××工程造价咨询企业 法定代表人 (签字或盖章)
编　制　人：×××签字 盖造价工程师 或造价员专用章 (造价人员签字盖专用章)	复　核　人：×××签字 盖造价工程师专用章 (造价工程师签字盖专用章)
编制时间：××××年×月×日	复核时间：××××年×月×日

本项目工程总说明由以下五部分组成。

1. 工程概况

本工程为北京×××大学体育馆工程，由××设计研究院设计。建筑面积为25 800平方米；主体建筑地上三层，看台两层，局部设备用房四层，地下一层；层高平均为五米；计划施工工期684日历天。结构工程采用满堂基础，主体为框架剪力墙，钢屋架，陶粒混凝土砌块及加气混凝土砌块填充墙，外墙装修采用烧毛花岗岩板、仿石涂料、玻璃幕墙及铝塑板，内装修为乳胶漆涂料、吸音铝板及釉面砖，铝合金门窗、木质防火门。

2. 招标控制价包括范围

本次招标范围内的所有建筑工程、装饰装修工程和安装工程，专业分包范围详见“专业工程暂估价表”。

3. 招标控制价编制依据

见“案例背景”中说明。

4. 工程质量标准

除有特殊说明外，本工程所有材料、设备的质量均为合格，且为市场中高档标准。

5. 其他需要说明的事项

(1) 本工程批复建安概算造价为2.215亿元，本次编制的招标控制价在批复概算造价范围内。

(2) 建筑人工单价按2009年《北京市工程造价信息》第七期的平均值计取；装饰人工单价按2009年《北京市工程造价信息》第七期的普通装饰的高值计取；安装人工单价按2009年《北京市工程造价信息》第七期的高值计取。

(3) 综合单价中的管理费和利润中，已经包含现场经费费用，并包含3%的风险费用。

(4) 建筑工程现场经费按4.17%计取，企业管理费按4.08%计取，利润按7%计取；装饰工程现场经费按24.17%计取，企业管理费按35.1%计取，利润按7%计取；安装工程现场经费按25.67%计取，企业管理费按37.47%计取，利润按7%计取。

(5) 暂估价按"材料暂估单价表"及"专业工程暂估价表"中所列价格计入。

(6) 土方外运按30千米计价，土方类别按三类土计价。

(7) 模板一般按普通钢模板考虑。

(8) 马道设计不详，暂不包括在本次造价内。

(省略)

第三节　投标报价编制

一、投标报价概述

(一) 投标报价的概念

2008《计价规范》规定投标价是投标人投标时报出的工程造价，即在工程采用招标发包的过程中，由投标人按照招标文件的要求，根据工程特点，并结合自身的施工技术、装备和管理水平，依据有关计价规定自主确定的工程造价，是投标人希望达成工程承包交易的期望价格，原则上它不能高于招标人设定的招标控制价。报价是投标的关键性工作，报价是否合理直接关系到投标的成败。

(二) 投标报价的编制原则

依据2008《计价规范》有关规定，投标报价编制原则如下：

(1) 依据《建设工程工程量清单计价规范》(GB 50500—2008)中的强制性规定。

(2) 投标价由投标人自主确定，但不得低于成本。

(3) 投标价应由投标人或受其委托具有相应资质的工程造价咨询人编制。

(4) 投标人应按招标人提供的工程量清单填报价格。填写的项目编码、项目名称、项目特征、计量单位、工程量必须与招标人提供的一致。

(5) 投标报价要以招标文件中设定的承发包双方责任划分，作为考虑投标报价费用项目和费用计算的基础；根据工程承发包模式考虑投标报价的费用内容和计算深度。

(6) 以施工方案、技术措施等作为投标报价计算的基本条件；以反映企业技术和管理水平的企业定额作为计算人工、材料和机械台班消耗量的基本依据；充分利用现场考察、调研成果、市场价格信息和行情资料，编制基础标价。

二、投标报价编制前期工作准备

投标报价的前期准备包括：资料收集、初步研究、现场踏勘、复核工程量、调查询价、编制施工组织设计六个工作步骤。

（一）资料收集

收集与投标报价编制相关的资料，主要是投标报价的编制依据，资料清单如下：

(1)《建设工程工程量清单计价规范》(GB 50500—2008)。

(2) 国家或省级、行业建设主管部门颁发计价办法。

(3) 企业定额，国家或省级、行业建设主管部门颁发的计价定额。

(4) 招标文件、工程量清单及其补充通知、答疑纪要。

(5) 建设工程设计文件及相关资料。

(6) 施工现场情况、工程特点及拟定的投标施工组织设计或施工方案。

(7) 与建设项目相关的标准、规范等技术资料。

(8) 市场价格信息或工程造价管理机构发布的工程造价信息。

(9) 合同条件，尤其是有关工期、支付条件、外汇比例的规定。

(10) 当地生活物资价格水平。

(11) 其他的相关资料。

（二）初步研究

在资料收集完成后，要对各种资料认真研究，特别是 2008《计价规范》、招标文件、技术规范、图纸等重点内容进行分析，为投标报价的编制做准备。主要从以下几个方面进行研究：

(1) 熟悉 2008《计价规范》、当地消耗量定额、企业消耗量及相关计价文件、规定等。根据当地消耗量定额和企业定额的计算规则结合 2008《计价规范》的计算规则，对需要重新计算的定额工程量进行重新计算。

(2) 熟悉招标文件。招标文件反映了招标人对投标的要求，熟悉招标文件有助于全面了解承包人在合同条件中约定的权利和义务，对业主提出的条件应加以分析，以便在投标报价中进行考虑，对有疑问的事项应及时提出。

(3) 技术标准和要求分析。工程技术标准是按工程类型来描述工程技术和工艺内容特点，对设备、材料、施工和安装方法等所规定的技术要求，有的是对工程质量进行检验、试验和验收所规定的方法和要求。它们与工程量清单中各子项工作密不可分，报价人员应在准确理解招标人要求的基础上对有关工程内容进行报价。任何忽视技术标准的报价都是不完整、不可靠的，有时可能导致工程承包重大失误和亏损。

(4) 图纸分析。图纸是确定工程范围、内容和技术要求的重要文件，也是投标者确定施工方法等施工计划的主要依据。

图纸的详细程度取决于招标人提供的施工图设计所达到的深度和所采用的合同形式。详细的设计图纸可使投标人比较准确地估价，而不够详细的图纸则需要估价人员采用综合估价方法，其结果一般不很精确。

(5) 合同条款分析。主要包括承包商的任务、工作范围和责任，工程变更及相应的合同价款调整，付款方式、时间，施工工期，业主责任等。

(6) 对相关专业工程应要求专业公司进行报价，并签订意向合作协议，协助承包人进行投标报价工作。

(7) 收集同类工程成本指标，为最后投标报价的确定提供决策依据。

(三) 现场踏勘

招标人在招标文件中一般会明确进行工程现场踏勘的时间和地点。投标人主要应对以下方面进行调查。

1. 自然地理条件

工程所在地的地理位置、地形、地貌、用地范围等；气象、水文情况，包括气温、适度、降雨量等；地质情况，包括地质构造及特征、承载能力等；地震、洪水及其他自然灾害情况。

2. 施工条件

工程现场周围的道路、进出场条件、交通限制情况；工程现场施工临时设施、大型施工机具、材料堆放场地安排情况；工程现场临近建筑物与招标工程的间距、结构形式、基础埋深、新旧程度、高度；市政给排水管线位置、管径、压力，废水、污水处理方式，市政、消防供水管道管径、压力、位置等；现场供电方式、方位、距离、电压等；工程现场通讯线路的连接和铺设；当地政府有关部门对施工现场管理的一般要求、特殊要求及规定等。

3. 其他条件

这主要包括各种构件、半成品及商品混凝土的供应能力和价格，以及现场附近的生活设施、治安情况等。

(四) 复核工程量

在实行工程量清单计价的施工工程中，工程量清单应作为招标文件的组成部分，由招标人提供。工程量的多少是投标报价最直接的依据。复核工程量的准确程度，将影响承包商的经营行为：一是根据复核后的工程量与招标文件提供的工程量之间的差距，考虑相应的投标策略，决定报价尺度；二是根据工程量的大小采取合适的施工方法，选择适用、经济的施工机具设备、投入使用的劳动力数量等，从而影响到投标人的询价过程。

复核工程量，主要从以下方面进行：

(1) 认真根据招标文件、设计文件、图纸等资料，复核工程量清单，要避免漏算或重算。

(2) 在复核工程量的过程中，针对工程量清单中工程量的遗漏或错误，不可以擅自修改工程量清单，可以向招标人提出，由招标人审查后统一修改，并把修改情况通知所有投标人；或运用一些报价的技巧提高报价质量，利用存在的问题争取在中标后能获得更大的收益。

(3) 在核算完全部工程量清单中的细目后，投标人应按大项分类汇总主要工程总量，以便获得对整个工程施工规模的整体概念，并据此研究采用合适的施工方法、适当的施工设备，并准确地确定订货及采购物资的数量，防止由于超量或少购等带来的浪费、积压或停工待料。

（五）调查询价

投标报价之前，投标人需要通过多种渠道，对工程所需各种材料、设备等的价格、质量、供应时间、供应数量等进行系统全面的调查，同时还要了解分包项目的分包形式、分包范围、分包人报价、分包人履约能力及信誉等。询价是投标报价的基础，作用是为投标报价提供可靠的依据。

1. 询价的渠道

询价渠道主要有：①直接与生产厂商联系；②了解生产厂商的代理人或从事该项业务的经纪人；③了解经营该项产品的销售商；④向咨询公司进行询价；⑤通过互联网查询；⑥自行进行市场调查或信函询价。

2. 生产要素询价

(1) 材料询价。材料询价的内容包括调查对比材料价格、供应数量、运输方式、保险和有效期、不同买卖条件下的支付方式等。询价人员在施工方案初步确定后，立即发出材料询价单，并催促材料供应商及时报价。收到询价单后，询价人员应将从各种渠道所询得的材料报价及其他有关资料汇总整理。对同种材料从不同经销部门所得到的所有资料进行比较分析，选择合适、可靠的材料供应商的报价，提供给工程报价人员使用。

(2) 施工机械设备询价。必须采购的机械设备，可向供应厂商询价。需要租赁的机械设备，可向专门从事租赁业务的机构询价，并应详细了解其计价方法。

(3) 劳务询价。劳务询价主要有两种情况：一种是成建制的劳务公司，相当于劳务分包，一般费用较高，但素质较可靠，工效较高，承包商的管理工作较轻；另一种是劳务市场招募零散劳动力，根据需要进行选择，这种方式虽然劳务价格低廉，但有时素质达不到要求或工效降低，且承包商的管理工作较繁重。投标人应在对劳务市场充分了解的基础上决定采用哪种方式，并以此为依据进行投标报价。

3. 分包询价

总承包商在确定了分包工作内容后，就将分包专业的工程施工图纸和技术说明送交预先选定的分包单位，请他们在约定的时间内报价，以便进行比较选择，最终选择合适的分包人。对分包人询价应注意以下几点：分包标函是否完整；分包工程单价所包含的内容；分包人的工程质量、信誉及可信赖程度；质量保证措施；分包报价。

（六）编制施工组织设计

施工组织设计的编制主要依据：招标文件中的相关要求，设计文件中的图纸及相关说明，现场踏勘资料，有关定额，现行有关技术标准、施工规范或规则等。

工程施工组织设计的编制程序包括以下几方面内容。

1. 计算工程量

根据概算指标或类似工程计算，不需要很高的精确度，对主要项目加以计算即可，如土石方、混凝土等。

2. 拟定施工总方案

施工方案仅对重大问题最初原则规定即可，不需考虑施工步骤，主要包括施工方法、施工机械设备的选择、科学的施工组织、合理的施工进度、现场的平面布置及各种技术措施。

3. 确定施工顺序

合理确定施工顺序需要考虑以下几点：各分部分项工程之间的关系；施工方法和施工机械的要求；当地的气候条件和水文要求；施工顺序对工期的影响。

4. 编制施工进度计划

施工进度计划的编制工期要满足合同对工期的要求，在不增加资源的前提下尽量提前。在编制进度计划的过程中要全面了解工程情况，掌握工程中各分部、分项、单位工程之间的关系，避免出现施工顺序的颠倒；对现场踏勘得到的资料进行综合分析与研究，在施工计划中正确反映出水文地质、气候等的影响。

5. 计算人、材、机的需要量

根据工程量、相关定额、施工方案等计算人、材、机的需要量。

6. 施工平面的布置

根据施工方案、施工进度要求，对施工现场的道路交通、材料仓库、临时设施等做出合理的规划布置。

三、投标报价的编制

投标报价是一项复杂的系统工程，在编制投标报价之前需要一系列的准备过程，包括通过资格预审、获取招标文件、组织投标报价项目组、研究招标文件、工程现场调查、调查询价等过程，在完成这些准备工作之后开始投标报价的编制工作。

投标报价的编制，应首先根据招标人提供的工程量清单编制分部分项工程量清单与计价表、措施项目清单与计价表、其他项目清单与计价表、规费、税金项目清单与计价表，计算完毕之后，汇总而得到单位工程投标报价汇总表，再层层汇总，分别得出单项工程投标报价汇总表和工程项目投标总价汇总表。

(一) 分部分项工程费的编制

承包人投标价中的分部分项工程费的确定采用综合单价法，按招标文件中分部分项工程量清单项目的特征描述确定综合单价计算，确定综合单价是分部分项工程工程量清单与计价表编制过程中最主要的内容。分部分项工程量清单综合单价，包括完成单位分部分项工程所需的人工费、材料费、机械使用费、管理费、利润，并考虑风险费用的分摊。即

$$\text{分部分项工程综合单价}=\text{人工费}+\text{材料费}+\text{机械使用费}+\text{管理费}+\text{利润}+\text{风险费用}$$

分部分项工程单价确定的步骤包括以下几方面内容。

1. 确定计算基础

计算基础主要包括消耗量的指标和生产要素的单价。应根据本企业的企业实际消耗量水平，并结合拟定的施工方案确定完成清单项目需要消耗的各种人工、材料、机械台班的数量。计算时应采用企业定额，在没有企业定额或企业定额缺项时，可参照与本企业实际水平相近的国家、地区、行业定额，并通过调整来确定清单项目的人、材、机单位用量。各种人工、材料、机械台班的单价，则应根据询价的结果和市场行情综合确定，人工单价应根据当地的劳务工资水平，参考工程造价管理机构发布的工程造价信息进行确定。材料、机械台班的单价应根据供应情况及市场价格，并参考工程造价管理机构发布的工程造价信息进行合理确定。

2. 分析各清单项目的工程内容

在招标文件提供的工程量清单中，招标人已对项目特征进行了准确、详细的描述，投标人根据这一描述，再结合施工现场情况和拟定的施工方案确定完成各清单项目实际应发生的工程内容。必要时可参照2008《计价规范》中提供的工程内容，有些特殊的工程也可能发生规范列表之外的工程内容。

3. 计算工程内容的工程数量与清单单位的含量

每一项工程内容都应根据所选定额的工程量计算规则计算其工程数量，当定额的工程量计算规则与清单的工程量计算规则相一致时，可直接以工程量清单中的工程量作为工程内容的工程数量。

当采用清单单位含量计算人工费、材料费、机械使用费时，还需要计算每一计量单位的清单项目所分摊的工程内容的工程数量，即清单单位含量

$$\text{清单单位含量}=\frac{\text{某工程内容的定额工程量}}{\text{清单工程量}}$$

4. 人工、材料、机械费用的计算

人工、材料、机械费用的计算，以完成每一计量单位的清单项目所需的人工、材料、机

械用量为基础计算，即

$$\frac{\text{每一计量单位清单项目}}{\text{某种资源的使用量}} = \frac{\text{该种资源的}}{\text{定额单位用量}} \times \frac{\text{相应定额条目的}}{\text{清单单位含量}}$$

再根据已确定各种生产要素的单位价格可计算出每一计量单位清单项目的分部分项工程的人工费、材料费与机械使用费。

$$\text{人工费} = \frac{\text{完成单位清单项目}}{\text{所需工人的工日数量}} \times \text{每工日的人工日工资单价}$$

$$\text{材料费} = \sum \frac{\text{完成单位清单项目所需}}{\text{各种材料、半成品的数量}} \times \text{各种材料、半成品单价}$$

$$\text{机械使用费} = \sum \frac{\text{完成单位清单项目所需}}{\text{各种机械的台班数量}} \times \text{各种机械的台班单价}$$

当招标人提供的其他项目清单中列示了材料暂估价时，应根据招标提供的价格计算材料费，并在分部分项工程量清单与计价表中表现出来。

5. 企业管理费和利润的计算

企业管理费和利润这两项费用应包括在清单的综合单价中，通常是按清单项目的人工费或直接费（人工费＋材料费＋机械费）乘以规定的比率得出，其计算的基数按当地的费用定额的相关规定执行，比率的确定应结合企业的具体情况参考当地的费用定额标准合理确定。即

$$\text{管理费} = (\text{人工费} + \text{材料费} + \text{机械使用费}) \times \text{管理费费率}$$

$$\text{利润} = (\text{人工费} + \text{材料费} + \text{机械使用费} + \text{管理费}) \times \text{利润率}$$

6. 风险费的计算

编制人应根据招标文件、施工图纸、合同条款、材料设备价格水平及项目周期等实际情况合理确定，风险费用通常按费率计算，可以直接费作为基数，也可以材料费作为计算基数。

7. 计算综合单价

每个清单项目的人工费、材料费、机械使用费、管理费、利润和风险费用之和为单个清单项目合价，单个清单项目合价除以清单工程量，即为单个清单项目的综合单价。

8. 工程量清单综合单价分析表的编制

为表明分部分项工程量综合单价的合理性，投标人应对其进行单价分析，以作为评标时判断综合单价合理性的主要依据。

综合单价分析表的编制应反映出上述综合单价的编制过程，并按照规定的格式进行，如表 5.49 所示。

表 5.49 工程量清单综合单价分析表

工程名称:××中学教师住宅工程　　　　标段:　　　　　　第 1 页　共 5 页

项目编码		010201003001		项目名称		混凝土灌注桩		计量单位		米	
清单综合单价组成明细											
定额编号	定额名称	定额单位	数量	单价/元				合价/元			
				人工费	材料费	机械费	管理费和利润	人工费	材料费	机械费	管理费和利润
AB0291	挖孔桩芯混凝土 C25	10 立方米	0.057 5	878.85	2 813.67	83.50	263.46	50.53	161.79	4.80	15.15
AB0284	挖孔桩护壁混凝土 C20	10 立方米	0.022 55	893.96	2 732.48	86.32	268.54	20.16	61.62	1.95	6.06
人工单价		小　计						70.69	223.41	6.75	21.21
38 元/工日		未计价材料费									
清单项目综合单价								322.06			

	主要材料名称、规格、型号	单位	数量	单价/元	合价/元	暂估单价/元	暂估合价/元
材料费明细	混凝土 C25	立方米	0.584	268.09	156.56		
	混凝土 C20	立方米	0.248	243.45	60.38		
	水泥 42.5	千克	(276.189)	0.556	(153.56)		
	中砂	立方米	(0.384)	79.00	(30.34)		
	砾石 5～40 毫米	立方米	(0.732)	45.00	(32.94)		
	其他材料费			—	6.47	—	
	材料费小计			—	223.41	—	

注:① 如不使用省级或行业建设主管部门发布的计价依据,可不填定额项目、编号等。
② 招标文件提供了暂估单价的材料,按暂估的单价填入表内"暂估单价"栏及"暂估合价"栏。

9. 分部分项工程量清单与计价表的编制

根据计算出的综合单价,可编制分部分项工程量清单与计价分析表,如表 5.50 所示。

表 5.50 分部分项工程量清单与计价表

工程名称:××中学教师住宅工程　　　　标段:　　　　　　第 1 页　共 6 页

序　号	项目编码	项目名称	项目特征描述	计量单位	工程量	金额/元		
						综合单价	合价	其中:暂估价
		A.2 桩与地基基础工程						
3	010201003001	混凝土灌注桩	人工挖孔,二级土,桩长 10 米,有护壁段长 9 米,共 42 根,桩直径 1 000 毫米,扩大头直径 1 100 毫米,桩混凝土为 C25,护壁混凝土为 C20	米	420	322.06	135 265	

续表

序　号	项目编码	项目名称	项目特征描述	计量单位	工程量	金额/元		
						综合单价	合价	其中：暂估价
		（其他略）						
		分部小计					397 283	
本页小计							497 040	
合计							497 040	

注：根据建设部、财政部发布的《建筑安装工程费用组成》(建标〔2003〕206 号)的规定，为计取规费等的使用，可在表中增设“直接费”、“人工费”或“人工费＋机械费”。

（二）措施项目费的编制

措施项目费的确定应根据招标文件中的措施项目清单及投标时拟定的施工组织设计或施工方案按不同报价方式自主报价。

由于各投标人拥有的施工装备、技术水平和采用的施工方法有所差异，而招标人提出的措施项目清单是根据一般情况确定的，没有考虑不同投标人的特点，因此，投标人投标时应根据自身编制的投标施工组织设计或施工方案确定措施项目，对招标人提供的措施项目进行调整。但是投标人根据投标施工组织设计或施工方案调整和确定的措施项目应通过评标委员会的评审。

“措施项目清单与计价表(一)”中的措施项目，可以“项”为单位的方式计价，应包括除规费、税金外的全部费用。可以根据《建筑安装工程费用项目组成》(建标〔2003〕206 号)的规定，以“人工费”或“直接费”作为计算基数，按一定的费率计算措施项目费用，费率应根据项目及公司的实际情况并参考当地计价的相关规定进行确定，没有规定的应根据实际经验进行计算，如表 5.51 所示。

表 5.51　措施项目清单与计价表(一)

工程名称：××中学教师住宅工程　　　　标段：　　　　第 1 页　共 1 页

序　号	项目名称	计算基础	费率/%	金额/元
1	安全文明施工费	人工费	30	222 742
2	夜间施工费	人工费	1.5	11 137
3	二次搬运费	人工费	1	7 425
4	冬雨季施工	人工费	0.6	4 455
5	大型机械设备进出场及安拆费			13 500
6	施工排水			2 500
7	施工降水			17 500
8	地上、地下设施、建筑物的临时保护设施			2 000
9	已完工程及设备保护			6 000
10	各专业工程的措施项目			255 000
10.1	垂直运输机械			105 000
10.2	脚手架			150 000
合　计				542 259

“措施项目清单与计价表(二)”中的措施项目，可以计算工程量，应采用综合单价计价

进行计算,综合单价计价的计算方法与分部分项工程费计算方法相同,根据特征描述找到定额中与之相对应的项,进行定额工程量的计算,选用单价组合人工、材料、机械费,并计算管理费、利润和风险费用,最终确定综合单价,如表 5.52 所示。

表 5.52 措施项目清单与计价表(二)

工程名称:××中学教师住宅工程　　标段:　　第 1 页　共 1 页

序号	项目编码	项目名称	项目特征描述	计量单位	工程量	金额/元	
						综合单价	合价
1	AB001	现浇混凝土平板模板及支架	矩形板,支模高度 3 米	平方米	1 200	18.37	22 044
2	AB002	现浇钢筋混凝土有梁板及支架	矩形梁,断面 200 毫米×400 毫米,梁底支模高度 2.6 米,板底支模高度 3 米	平方米	1 500	23.97	35 955
			……				
本页小计							195 998
合计							195 998

措施项目清单中的安全文明施工费应按照国家或省级、行业建设主管部门的规定计价,不得作为竞争性费用。这是因为,根据《中华人民共和国安全生产法》、《中华人民共和国建筑法》、《建设工程安全生产管理条例》、《安全生产许可证条例》等法律、法规的规定,建设部办公厅印发了《建筑工程安全防护、文明施工措施费及使用管理规定》(建办〔2005〕89 号),将安全文明施工费纳入国家强制性标准管理范围,其费用标准不予竞争。清单计价规范规定,措施项目清单中的安全文明施工费应按国家或省级、行业建设主管部门的规定费用标准计价,招标人不得要求投标人对该项费用进行优惠,投标人也不得将该项费用参与市场竞争。

(三) 其他项目费的编制

其他项目费主要包括暂列金额、暂估价、计日工以及总承包服务费组成(表 5.53)。投标人对其他项目费投标报价时应遵循以下几项原则。

表 5.53 其他项目清单与计价汇总表

工程名称:××中学教师住宅工程　　标段:　　第 1 页　共 1 页

序号	项目名称	计量单位	金额/元	备注
1	暂列金额	项	300 000	明细详见表 5.54
2	暂估价		100 000	
2.1	材料暂估价		—	明细详见表 5.55
2.2	专业工程暂估价	项	100 000	明细详见表 5.56
3	计日工		20 210	明细详见表 5.57
4	总承包服务费		15 000	明细详见表 5.58
合计			435 210	—

(1) 暂列金额应按照其他项目清单中列出的金额填写,不得变动(表 5.54)。

表 5.54　暂列金额明细表

工程名称：××中学教师住宅工程　　标段：　　第 1 页　共 1 页

序　号	项目名称	计量单位	暂定金额/元	备　注
1	工程量清单中工程量偏差和设计变更	项	100 000	
2	政策性调整和材料价格风险	项	100 000	
3	其他	项	100 000	
合计			300 000	

(2) 暂估价中的材料暂估价必须按照招标人提供的暂估单价计入分部分项工程费用中的综合单价(表 5.55)；专业工程暂估价必须按照招标人提供的其他项目清单中列出的金额填写(表 5.56)。材料暂估单价和专业工程暂估价均由招标人提供，为暂估价格，在工程实施过程中，对于不同类型的材料与专业工程采用不同的计价方法。

表 5.55　材料暂估单价表

工程名称：××中学教师住宅工程　　标段：　　第 1 页　共 1 页

序　号	材料名称、规格、型号	计量单位	单价/元	备　注
1	钢筋(规格、型号综合)	吨	5 000	用在所有现浇混凝土钢筋清单项目

表 5.56　专业工程暂估价表

工程名称：××中学教师住宅工程　　标段：　　第 1 页　共 1 页

序　号	工程名称	工程内容	金额/元	备　注
1	入户防盗门	安装	100 000	
合计			100 000	—

第一，招标人在工程量清单中提供了暂估价的材料和专业工程属于依法必须招标的，由承包人和招标人共同通过招标确定材料单价与专业工程中标价。

第二，若材料不属于依法必须招标的，经发、承包双方协商确认单价后计价。

第三，若专业工程不属于依法必须招标的，由发包人、总承包人与分包人按有关计价依据进行计价。

(3) 计日工包括人工、材料和施工机械。人工单价、材料单价和机械台班单价按市场价格并参考工程造价信息颁布的价格计取，根据工程实际情况参考当地费用定额的规定计取管理费、利润及风险形成综合单价，再按工程量清单中给定的暂定数量计算合价(表 5.57)。

表 5.57　计日工表

工程名称：××中学教师住宅工程　　标段：　　第 1 页　共 1 页

序　号	项目名称	单位	暂定数量	综合单价/元	合价/元
1	人工				
1.1	普工	工日	200	35	7 000
1.2	技工(综合)	工日	50	50	2 500
人工小计					9 500

续表

序　号	项目名称	单位	暂定数量	综合单价/元	合价/元
2	材料				
2.1	钢筋(规格、型号综合)	吨	1	5 500	5 500
2.2	水泥 42.5	吨	2	571	1 142
2.3	中砂	立方米	10	83	830
2.4	砾石(5～40 毫米)	立方米	5	46	230
2.5	页岩砖(240 毫米×115 毫米×53 毫米)	千匹	1	340	340
材料小计					8 042
3	施工机械				
3.1	自升式塔式起重机(起重力矩 1 250 千牛米)	台班	5	526.20	2 631
3.2	灰浆搅拌机(400 升)	台班	2	18.38	37
施工机械小计					2 668
总计					20 210

(4) 总承包服务费应根据招标人在招标文件中列出的分包专业工程内容和供应材料、设备情况,按照招标人提出的协调、配合与服务要求和施工现场管理需要自主确定(表 5.58)。

表 5.58　总承包服务费计价表

工程名称:××中学教师住宅工程　　　　标段:　　　　第 1 页　共 1 页

序　号	项目名称	项目价值/元	服务内容	费率/%	金额/元
1	发包人发包专业工程	100 000	(1) 按专业工程承包人的要求提供施工工作面并对施工现场进行统一管理,对竣工资料进行统一整理汇总 (2) 为专业工程承包人提供垂直运输机械和焊接电源接入点,并承担垂直运输费和电费 (3) 为防盗门安装后进行补缝和找平并承担相应费用	5	5 000
2	发包人供应材料	1 000 000	对发包人供应的材料进行验收及保管和使用发放	1	10 000
合计					15 000

(四) 规费、税金的编制

规费和税金应按国家或省级、行业建设主管部门的规定计算,不得作为竞争性费用。这是由于规费和税金的计取标准是依据有关法律、法规和政策规定制定的,具有强制性。因此,投标人在投标报价时必须按照国家或省级、行业建设主管部门的有关规定计算规费和税金。规费、税金项目清单与计价表的编制如表 5.59 所示。

表 5.59　规费、税金项目清单与计价表

工程名称：××中学教师住宅工程　　标段：　　第 1 页　共 1 页

序号	项目名称	计算基础	费率/%	金额/元
1	规费			
1.1	工程排污费	按工程所在地环保部门规定按实计算		
1.2	社会保障费	1.2.1+1.2.2+1.2.3		163 353
1.2.1	养老保险费	人工费	14	103 946
1.2.2	失业保险费	人工费	2	14 894
1.2.3	医疗保险费	人工费	6	44 558
1.3	住房公积金	人工费	6	44 558
1.4	危险作业意外伤害保险	人工费	0.5	3 712
2	税金	分部分项工程费+措施项目费+其他项目费+规费	3.41	262 664
合计				484 760

（五）投标报价封面及总说明的编制

1. 封面的编写

投标报价的封面应按表 5.60 规定填写，投标人及法定代表人应盖章，编制人应盖造价人员资质章并签字。

表 5.60　工程项目投标报价封面

投 标 总 价

招　标　人：______________________

工 程 名 称：______________________

投 标 总 价（小写）：______________________

（大写）：______________________

投　标　人：______________________

（单位盖章）

法定代表人

或其授权人：______________________

（签字或盖章）

编　制　人：______________________

（造价人员签字盖专用章）

编 制 时 间：××××年×月×日

2. 总说明的编写

投标报价总说明应根据委托的项目实际情况填写，并应对以下内容进行说明：

(1) 工程概况：建设规模、工程特征、计划工期、合同工期、实际工期、施工现场及变化情况、施工组织设计的特点、自然地理条件、环境保护要求等。

(2) 投标报价的编制依据。

(3) 其他需要说明的事项。

(六) 投标报价的汇总

在确定分部分项工程费、措施项目费、其他项目费、规费及税金并编制完成分部分项工程量清单与计价表、措施项目清单与计价表、其他项目清单与计价表、规费、税金项目清单与计价表后,汇总得到单位工程投标报价汇总表,再层层汇总,分别得出单项工程投标报价汇总表和工程项目投标总价汇总表,全部过程如图 5.2 所示。

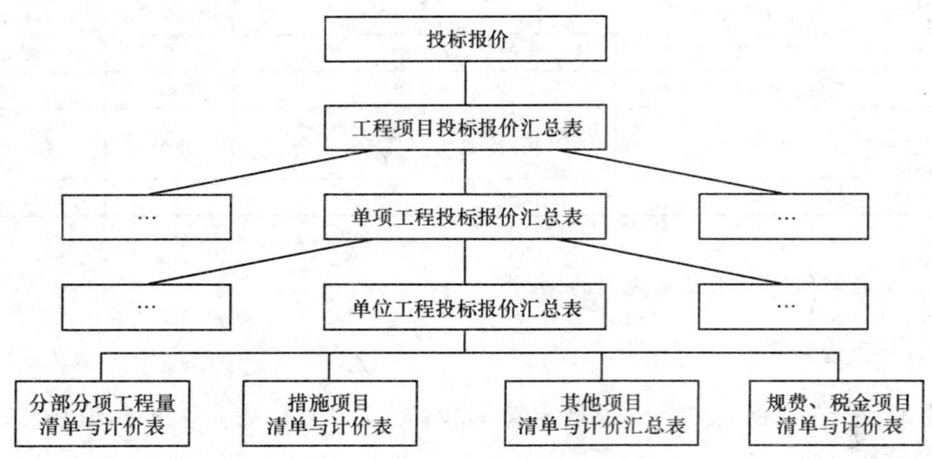

图 5.2　投标报价汇总流程

投标人的投标总价应当与组成工程量清单的分部分项工程费、措施项目费、其他项目费和规费、税金的合计金额相一致,即投标人在进行工程量清单招标的投标报价时,不能进行投标总价优惠(或降价、让利),投标人对投标报价的任何优惠(或降价、让利)均应反映在相应清单项目的综合单价中。

(七) 投标报价编制的注意事项

在投标报价编制完成后,要对错漏项、算术性错误、不平衡报价、明显差异单价的合理性、措施费用、不可竞争费用等进行分析,以保证投标报价的准确、合理。

1. 错漏项分析

错漏项分析要审查是否按照招标人提供的工程量清单填报价格。填写的项目编码、项目名称、项目特征、计量单位、工程量是否与招标人提供的一致。

2. 算术性错误分析

算术性错误分析要核对总计与合计、合计与小计、小计与单项之间等数据关系是否正确。审查大写金额与小写金额是否一致,总价金额与依据单价计算出的结果是否一致。

3. 不平衡报价分析

审查分部分项工程量清单项目中所套用的定额子目是否得当，定额子目的消耗量是否进行了调整；审查清单项目中的人工单价是否严重偏离当地劳务市场价格及工程造价管理机构发布的工程造价信息，有无不符合当地关于人工工资单价的相关规定；审查材料设备价格是否严重偏离市场公允价格及工程造价管理机构发布的工程造价信息。

4. 明显差异单价的合理性分析

明显差异单价的合理性分析要检查投标报价中的综合单价是否低于个别成本或超额利润的情况。审查综合单价中管理费费率和利润率是否严重偏离企业承受的能力及当地造价管理机构颁布的费用定额标准；审查综合单价中的风险费用计取是否合理。

5. 措施费用分析

审查措施项目的措施项目费的计取方法是否与投标时的施工组织设计和施工方案一致；根据招标文件、合同条件的相关规定，审查措施项目列项是否齐全，有无必需的措施项目而没有进行列项报价的情况；审查措施项目计取的比例、综合单价的价格是否合理，有无偏离市场价格；审查措施项目费占总价的比例，并对比各投标单位的措施项目费，看措施项目费是否偏低或偏高。

6. 不可竞争费用分析

安全文明措施费用、规费、税金等不可竞争费用分析是检查投标报价中的该类费用的合理性及是否符合有关强制性规定。

四、投标报价策略

投标报价策略是指承包商在投标竞争中的系统工作部署及其参与投标竞争的方式和手段。投标报价策略作为投标取胜方式、手段和艺术，贯穿于投标竞争的始终，内容十分丰富。常用的投标报价策略主要有不平衡报价、根据招标项目的不同特点采用不同报价、多方案报价、计日工单价的报价、暂定金额的报价、增加建议方案报价、突然降价报价等，下面主要介绍不平衡报价法。

（一）不平衡报价法

不平衡报价法是指一个工程项目的投标报价，在总价基本确定后，调整内部各个项目的报价，以期既不提高总价，不影响中标，又能在结算时得到更理想的经济效益。

为更好地利用不平衡报价，首先要分析 2008《计价规范》中可以利用的条款，具体分析如表 5.61 所示。

表 5.61 《建设工程工程量清单计价规范》中可以利用不平衡报价的条款

<table>
<tr><th rowspan="2">序　号</th><th colspan="2">《建设工程工程量清单计价规范》(GB 50500—2008)</th><th rowspan="2">不平衡报价的表现形式</th></tr>
<tr><th>条款</th><th>具体内容</th></tr>
<tr><td>1</td><td>4.4.3</td><td>实行工程量清单计价的工程,宜采用单价合同</td><td rowspan="3">合同约定工程量清单项目综合单价在约定条件内是固定的,不予调整,工程量允许调整。工程量清单项目综合单价在约定的条件外,允许调整。办理结算时,按照实际工程量和合同约定的单价或发、承包双方确认调整后的综合单价计算</td></tr>
<tr><td>2</td><td>4.5.2</td><td>工程计量时,若发现工程量清单中出现漏项、工程量计算偏差,以及工程变更引起工程量的增减,应按承包人在履行合同义务过程中实际完成的工程量计算</td></tr>
<tr><td>3</td><td>4.8.4</td><td>分部分项工程费应依据双方确认的工程量,合同约定的综合单价或双方确认调整后的综合单价计算</td></tr>
<tr><td>4</td><td>4.5.2</td><td>发包人支付工程进度款,应按照合同约定计量和支付,支付周期同计量周期</td><td>时间型不平衡报价,能够早日结账收款的项目可适当提高报价</td></tr>
<tr><td>5</td><td>4.5.2</td><td>工程计量时,若发现工程量清单中出现漏项、工程量计算偏差,以及工程变更引起工程量的增减,应按承包人在履行合同义务过程中实际完成的工程量计算</td><td>工程量型不平衡报价,预计今后工程量会增加的项目,可适当提高单价</td></tr>
<tr><td>6</td><td>4.7.2</td><td>若施工中出现施工图纸(含设计变更)与工程量清单项目特征描述不符的,发、承包双方应按新的项目特征确定相应工程量清单项目的综合单价</td><td>承包商在仔细研究施工图纸后认为图纸和实际工程要求不符,可以先把这部分报以低价,待变更后提高价格</td></tr>
<tr><td>7</td><td>4.7.3</td><td>因分部分项工程量清单漏项或非承包人原因的工程变更,造成增加新的工程量清单项目,其对应的综合单价按下列方法确定:
(1) 合同中已有适用的综合单价,按合同中已有的综合单价确定
(2) 合同中有类似的综合单价,参照类似的综合单价确定
(3) 合同中没有适用或类似的综合单价,由承包人提出综合单价,经发包人确认后执行</td><td>有经验的承包商在认定分部分项工程量清单漏项时,可以对适用于或类似于须增加的工程量清单项目适用的综合单价报高</td></tr>
<tr><td>8</td><td>4.7.4</td><td>因分部分项工程量清单漏项或非承包人原因的工程变更,引起措施项目发生变化,造成施工组织设计或施工方案变更,原措施费中已有的措施项目,按原措施费的组价方法调整;原措施费中没有的措施项目,由承包人根据措施项目变更情况,提出适当的措施费变更,经发包人确认后调整</td><td>有经验的承包商在认定分部分项工程量清单漏项会引起措施项目变化时,可以对适用于或类似于须增加的措施项目综合单价报高</td></tr>
<tr><td>9</td><td>4.7.6</td><td>若施工期内市场价格波动超出一定幅度时,应按合同约定调整工程价款;合同没有约定或约定不明确的,应按省级或行业建设主管部门或其授权的工程造价管理机构的规定调整</td><td>单价分析表中的人工费及机械设备费报得较高,而材料费报得较低</td></tr>
</table>

根据以上对 2008《计价规范》中相关条款的分析,总结出以下不平衡报价策略,见表 5.62。

表 5.62 《建设工程工程量清单计价规范》下不平衡报价的使用

<table>
<tr><th>类型</th><th>变动趋势</th><th>策略</th><th>实施不平衡报价的手段</th><th>实施不平衡报价的风险</th><th>注意事项</th></tr>
<tr><td rowspan="2">资金收入的时间</td><td>早</td><td>单价高</td><td rowspan="2">(1) 提高早期施工项目单价和降低后期施工项目单价。承包商在报价时，将本来应按比例直接摊入各分项单价的管理费、利润等有关费用采取不同比例摊销，即多摊一些到早期施工项目的单价中，少摊一些到后期施工项目单价中
(2) 注重市场信息的搜集和自身信息的积累，合理控制现场费用和施工技术措施费用</td><td>(1) 投标风险。若前期报价高于常规报价，则会降低中标率
(2)进度计划变更将影响预期的资金运用和收益</td><td rowspan="4">(1) 单价的不平衡要有适当的尺度
(2) 对工程量表中工程量仔细核对分析。审查时要注意分部分项工程量的构成以及工程量发生增加或减少的可能性。特别是对于单价报得太低的子目，如这类子目实施过程中工程量大幅增加，将造成承包商的重大损失。对于工程量有错误的早期子目，如果经过核对分析不可能完成工程量清单中的数量，则不能盲目抬高单价，要具体分析比较后再定</td></tr>
<tr><td>晚</td><td>单价低</td><td>在评标中某清单分项工程报价采用严重不平衡报价，有可能被评价为低于成本价(异常报价)进而视为非实质性响应报价而影响中标</td></tr>
<tr><td rowspan="2">清单工程量不准确</td><td>增加</td><td>单价高</td><td rowspan="2">认真审查图纸、核对图纸与清单上的主要工程数量；其次是考察现场，做好标前调查，同时要到设计院了解设计深度及将来可能调整变更的项目数量。发现工程量清单与设计图纸不一致的考虑采取不平衡报价策略</td><td rowspan="2">(1) 投标者对工程量变化估计不足或有严重错误时，将会出现与预定目标有偏差甚至相反的结果
(2) 业主可能在招标文件/合同中规定，对工程量的准确性不负责。把“量”的风险也由承包商负责
(3) 工程进度款的支付承包商处于相当不利的位置由于有了工程量的暂定数，业主支付进度款按照暂定量的比例进行付款，而实际完成的工程量又超过暂定量的比例</td></tr>
<tr><td>减少</td><td>单价低</td></tr>
<tr><td rowspan="2">设计图纸不明确</td><td>增加工程量</td><td>单价高</td><td rowspan="2">(1) 利用施工中的不确定因素如施工配合比，施工条件，施工方法、施工材料、施工措施等变化而导致分项工程的变化，想方设法提出变更要求或创造条件争取变更，利用变更抬高低价项目的价格，增多高价的项目工程量
(2) 结合设计及现场的实际情况调查单价。根据对招标文件的研究和对工程清单的核对，以及对现场踏勘所掌握的资料，适当调整某分项工程单价</td><td rowspan="2">业主可能对报价低的项目通过设计变更增加工程量，而对报价高的项目压缩工程量，从而使承包商利益受损</td><td rowspan="2">找准平衡点，把握一个合理的单价不平衡幅度。一般来说，国内控制在±10%以内、国外控制在±30%以内，业主都是可以接受的，否则引起业主反对，挑选出过高的项目，要求投标人进行单价分析，并围绕单价分析中过高的内容压价，或判为废标</td></tr>
<tr><td>减少工程量</td><td>单价低</td></tr>
</table>

续表

类型	变动趋势	策略	实施不平衡报价的手段	实施不平衡报价的风险	注意事项
暂定项目	自己承包的可能性高	单价高	预留必要的风险费	(1) 预期状况与实际状况可能正好相反，对收益产生巨大影响 (2) 实际施工的工程量一般比暂定量要大。有的超过很多，主要是图纸修改量较大，这些实际增加的工程量需要工期，如果按总价包干合同，这些设计变更完全可以延长工期，但由于暂定工程量的规定无法延长。另一方面对于工期拖延，合同中又规定很严厉的惩罚，所以一般承包商只好投入大量的周转材料、人工来保工期，这些投入又无法得到回报 (3)材料供应潜在风险由于图纸不全，加上时间紧，一般的承包商常常采用此暂定量来进行订货，结果由于工程量暂定与实际相差较大，导致材料供应中断，影响工期	找准平衡点，把握一个合理的单价不平衡幅度。一般来说，国内控制在±10%以内、国外控制在±30%以内，业主都是可以接受的，否则引起业主反对，挑选出过高的项目，要求投标人进行单价分析，并围绕单价分析中过高的内容压价，或判为废标
	自己承包的可能性低	单价低			
单价分析表	人工费和机械费	单价高	(1) 利用工程造价信息的低价部分既降低了报价，又为将来索赔提供理论依据 (2) 编制好施工组织设计。根据市场调研进行材料选择和定价，对单位工程成本利润进行分析，制定施工方案，合理安排人工、机械，优化组合因素 (3) 注重提高施工组织管理水平，改善施工技术条件 (4) 应用新技术、新材料、新工艺。在清单报价中，正确采用定额、间接费率、利润率和税金，技术措施项目报价可根据本企业和本工程特点适当进行报价 (5) 建立自己的企业定额。根据企业定额编制出来的报价，才是企业完成某项工程任务的成本底线，以不低于成本底线的价格投标	(1) 计算机软件可能识别出报价不合理 (2) 业主可能在合同中规定，材料价上涨一定幅度的风险由承包商自己承担	(1) 加强不平衡报价风险分析，及时发现可能发生的变更 (2) 在工程内容中隐蔽增项或者漏项来进行不平衡报价；以变更招标文件规定的内容来进行不平衡报价等
	材料费	单价低			

（二）根据招标项目的不同特点采用不同报价

工程投标报价时，既要考虑自身的优势和劣势，也要分析招标项目的特点。按照工程项目的不同特点、类别、施工条件等来选择报价策略，主要可以从施工条件、支付条件、工期要求、专业要求、竞争程度及其他特殊要求等方面进行考虑。具体情况如表 5.63 所示。

表 5.63　依据项目特点报价法

序号	项目特点	较高报价	较低报价
1	施工条件	较差	较好
2	支付条件	较差	较好
3	工期要求	急需工程	非急需工程
4	竞争程度	投标对手较少，竞争不激烈	投标对手较多，竞争激烈
5	技术要求	技术密集型工程	劳动密集型工程
6	专业要求	工程量较小，但专业要求较高，并且本公司有专长	工程量较大，但专业要求较低，一般投标人都可完成
7	其他	特殊工程，如港口、码头等	本公司目前急于打入某一市场、某一地区或该地区工程面临结束，机械设备等无工地转移
		工程总价低或公司不愿做、又不方便不投标的工程	在附近有工程，而本项目又可利用该工地的设备、劳务，或有条件短期内突击完成的工程

（三）其他报价策略

1. 多方案报价法

有时招标文件中规定，可以提一个建议方案。如果发现有些招标文件工程范围不很明确，条款不清楚或很不公正，技术规范要求过于苛刻时，则要在充分估计风险的基础上，按多方案报价法处理。即是按原招标文件报一个价，然后再提出如果某条款作某些变动，报价可降低的额度。这样可以降低总造价，吸引招标人。

投标人这时应组织一批有经验的设计和施工工程师，对原招标文件的设计方案仔细研究，提出更合理的方案以吸引招标人，促成自己的方案中标。这种新的建议可以降低总造价或提前竣工。但要注意的是对原招标方案一定也要报价，以供招标人比较。

增加建议方案时，不要将方案写得太具体，保留方案的技术关键，防止招标人将此方案交给其他投标人，同时要强调的是，建议方案一定要比较成熟，或过去有这方面的实践经验。因为投标时间往往较短，如果仅为中标而匆忙提出一些没有把握的建议方案，可能引起很大的不良后果。

2. 计日工单价的报价

如果是单纯报计日工单价，而且不计入总价中，可以报高些，以便在招标人额外用工或使用施工机械时多营利。但如果计日工单价要计入总报价时，则需具体分析是否报高价，以免抬高总报价。总之，要分析招标人在开工后可能使用的计日工数量，再来确定报价方针。

3. 可供选择的项目的报价

有些工程项目的分项工程，招标人可能要求按某一方案报价，而后再提供几种可供选择方案的比较报价。投标时，应对不同规格情况下的价格都进行调查，对于将来有可能被选择使用的规格应适当提高其报价；对于技术难度大或其他原因导致的难以实现的规格，可将价格有意抬高得更多一些，以阻挠招标人选用。但是，所谓“可供选择项目”并非由投标人任意选择，而是招标人才有权进行选择。因此，虽然适当提高了可供选择项目的报价，并不意味着肯定可以取得较好的利润，只是提供了一种可能性，一旦招标人今后选用，投标人即可得到额外加价的利益。

4. 增加建议方案

有时招标文件中规定，可以提一个建议方案，即可以修改原设计方案，提出投标者的方案。投标人这时应抓住机会，组织一批有经验的设计和施工工程师，对原招标文件的设计和施工方案仔细研究，提出更为合理的方案以吸引招标人，促成自已的方案中标。这种新建议方案可以降低总造价或是缩短工期，或使工程运用更为合理。但要注意对原招标方案一定也要报价。建议方案不要写得太具体，要保留方案的技术关键，防止招标人将此方案交给其他投标人。同时要强调的是，建议方案一定要比较成熟，有很好的可操作性。

5. 突然降价法

报价是一件保密的工作，但是对手往往会通过各种渠道、手段来刺探情报，因此，用此法可以在报价时迷惑竞争对手。即先按一般情况报价或表现出自己对该工程兴趣不大，到快要投标截至时才突然降价。采用这种方法时，一定要在准备投标报价的过程中考虑好降价的幅度，在临近投标截止日期前，根据信息情况分析判断，再做最后决策。采用突然降价法往往降低的是总价，而要把降低的部分分摊到各清单项内，可采用不平衡报价进行，以期取得更高的效益。

6. 先亏后赢法

对于大型分期建设的工程，在第一期工程投标时，可以将部分间接费分摊到第二期工程中去，并减少利润以争取中标。这样在第二期工程投标时，凭借第一期工程的经验，临时设施以及创立的信誉，比较容易拿到第二期工程。如第二期工程遥遥无期时，则不可以这样考虑。

7. 分包商报价的采用

总承包商通常应在投标前先取得分包商的报价，并增加总承包商摊入的一定的管理费，而后作为自己投标总价的一个组成部分一并列入报价单中。应当注意，分包商在投标前可能同意接受总承包商压低其报价的要求，但等到总承包商得标后，他们常以种种理由要求提高分包价格，这将使总承包商处于十分被动的地位。解决的办法是，总承包商在投标前找两三家分包商分别报价，而后选择其中一家信誉较好、实力较强和报价合理的分包商签订协议，同意该分包商作为本分包工程的唯一合作者，并将分包商的姓名列到投标文件中，但要求该分包商相应地提交投标保函。如果该分包商认为总承包商确实有可能得标，也许愿意接受这一条件。这种把分包商的利益同投标人捆在一起的做法，不但可以防止分包商事后反悔和涨价，还可能迫使分包时报出较合理的价格，以便共同争取得标。

8. 许诺优惠条件

投标报价附带优惠条件是一种行之有效的手段。招标人评标时，除了主要考虑报价和技术方案外，还要分析别的条件，如工期、支付条件等。所以在投标时主动提出提前竣工、低息贷款、赠给施工设备、免费转让新技术或某种技术专利、免费技术协作、代为培训人员等，均是吸引招标人、利于中标的辅助手段。

9. 无利润报价

缺乏竞争优势的承包商在不得已的情况下，只好在报价时根本不考虑利润而去夺标。这种办法一般是处于以下条件时采用：

(1) 对于分期建设的项目，先以低价获得首期项目，而后赢得机会创造第二期工程中的竞争优势，并在以后的实施中赚得利润。

(2) 某些施工企业其投标的目的不在于从当前的工程上获利，而是着眼于长远的发展。如为了开辟市场、掌握某种有发展前途的工程施工技术等。韩国 LG 电梯为了进入大连市场，在大连广电中心的电梯投标报价中，竟赠送建设单位四部电梯，可以说是“零报价”。

(3) 在一定的时期内，施工单位没有在建的工程，如果再不得标，就难以维护生存。所以，在报价中可能只要一定的管理费用，以维持公司的日常运转，渡过暂时的难关后，再图发展。

案　　例

(一) 案例背景

1. 工程概况

同本章第二节案例。

2. 投标报价包括范围

同本章第二节案例。

3. 工程质量要求

同本章第二节案例。

4. 投标报价编制依据

(1)《建设工程工程量清单计价规范》(GB 50500—2008)及北京市相关规定。

(2) 本工程的招标文件及答疑纪要。

(3) 本工程招标图纸(详见招标文件第五章"图纸清单")。

(4) 经审查后的工程量清单。

(5) 2001 年《北京市建设工程预算定额》。

(6) 2001 年《北京市建设工程费用定额》及现行文件。

(7) 人工、材料、机械价格参照北京市 2009《北京市工程造价信息》第七期发布的价格信息及市场价格。

(8) 经过批准的设计概算文件。

(9) 与建设项目相关的标准、规范、技术资料。

(10) 其他相关资料。

(二) 编制过程

1. 资料收集与投标报价编制工作相关的资料

主要资料包括:2008《计价规范》及北京市相关规定;本工程的招标文件及答疑纪要;经审查后的工程量清单、招标控制价;北京市现行的预算定额、企业定额;市场价格信息及最新发布的工程造价信息,当地生活物资价格水平;与建设项目相关的标准、规范、技术资料;合同条件,尤其是有关工期、支付条件、外汇比例的规定;施工现场情况、工程特点及拟定的投标施工组织设计或施工方案等。

2. 初步研究

熟悉 2008《计价规范》、2001 年《北京市建设工程预算定额》、2001 年《北京市建设工程费用定额》、企业消耗量及相关计价文件、规定等。

熟悉招标文件,分析技术标准和要求,分析图纸,分析合同条款,要求专业公司对相关专业工程进行报价,收集同类工程成本指标。

3. 现场踏勘

对自然地理条件及施工条件进行调查,充分了解施工现场情况,确定拟采用的施工组织设计方案。

4. 复核工程量

认真根据招标文件、设计文件、图纸等资料,复核工程量清单。在核算完全部工程量清单中的细目后,按大项分类汇总主要工程总量,以便获得对整个工程施工规模的整体概念,并据此研究采用合适的施工方法、适当的施工设备,并准确地确定订货及采购物资的数量,防止由于超量或少购等带来的浪费、积压或停工待料。

5. 调查询价

通过直接与生产厂商、销售商、咨询公司进行联系询价，并通过互联网进行价格查询，确定了工程所需各种材料、设备等的价格、质量、供应时间、供应数量等。

6. 编制施工组织设计

依据本工程招标文件、设计文件、图纸及相关说明、现场踏勘资料、企业定额、现行有关技术标准、施工规范或规则等编制施工组织设计，确定施工总方案、施工顺序、施工进度计划等。

7. 分部分项工程费的确定

1）确定计算基础

计算基础主要包括消耗量的指标和生产要素的单价。应根据本企业的企业定额，结合拟定的施工方案确定完成清单项目需要消耗的各种人工、材料、机械台班的数量。企业定额有缺项时，参照2001年《北京市建设工程预算定额》。

人工单价根据北京的人工工资水平，参考北京市2009《北京市工程造价信息》第七期发布的价格信息进行确定。材料、机械台班的单价根据供应情况及市场价格，并参考北京市2009《北京市工程造价信息》第七期发布的价格信息进行确定。

2）分析各清单项目的工程内容

根据招标文件提供的工程量清单中清单项目的特征描述结合施工现场情况、施工方案、2008《计价规范》确定完成各清单项目实际应发生的工程内容。

3）计算工程内容的工程数量与清单单位的含量

根据本企业定额的工程量计算规则计算各项工程数量，当企业定额的工程量计算规则与清单的工程量计算规则相一致时，可直接以工程量清单中的工程量作为工程内容的工程数量。

当采用清单单位含量计算人工费、材料费、机械使用费时，计算每一计量单位的清单项目所分摊的工程内容的工程数量，即清单单位含量。

4）人工、材料、机械费用的计算

人工、材料、机械费用的计算，以完成每一计量单位的清单项目所需的人工、材料、机械用量为基础计算，再根据各种生产要素的单位价格可计算出每一计量单位清单项目的分部分项工程的人工费、材料费与机械使用费。

以表5.64工程量清单综合单价分析表(三)中空心砖墙、砌砖墙项目为例，数量为518立方米，人工单价为42.482元，材料单价为158.736元，机械单价为2.93元，则

$$人工费 = 518 \times 42.482 = 22\,005.68(元)$$

$$材料费 = 518 \times 158.736 = 82\,225.25(元)$$

$$机械费 = 518 \times 2.93 = 1\,517.74(元)$$

表 5.64　工程量清单综合单价分析表(三)

工程名称:北京×××大学体育馆工程　　　　标段:　　　　第 100 页　共 564 页

项目编码	010304001001		项目名称		空心砖墙、砌块墙			计量单位		立方米	
清单综合单价组成明细											
定额编号	定额名称	定额单位	数量	单价/元				合价/元			
				人工费	材料费	机械费	管理费和利润	人工费	材料费	机械费	管理费和利润
4-38	砌块陶粒空心砌块内、外墙	立方米	518	42.482	158.736	2.93	34.725	22 005.68	82 225.25	1 517.74	17 987.55
人工单价		小　计						22 005.68	82 225.25	1 517.74	17 987.55
38 元/工日		未计价材料费									
清单项目综合单价								238.87			
材料费明细	主要材料名称、规格、型号				单位		数量	单价/元	合价/元	暂估单价/元	暂估合价/元
	陶粒空心砌块				立方米		497.8	130	64 714		
	M5 混合砂浆(预拌)				立方米		50.25	328	16 482		
	其他材料费							—	1 029.25	—	
	材料费小计							—	82 225.25	—	

5）企业管理费的计算

本工程的企业管理费根据《关于调整2001年〈北京市建设工程预算定额〉规费计算方法的有关规定》(京造定〔2009〕6号)文件的相关规定进行计取，建筑工程企业管理费按4.08%计取；装饰工程企业管理费按35.1%计取；安装工程企业管理费按37.47%计取。

6）利润的计算

利润费率的计取结合企业的具体情况参考《北京市建设工程费用定额》(2001)中的指导性利润取费进行确定。《北京市建设工程费用定额》(2001)规定，利润以"直接费＋企业管理费"为计算基数，指导性费率为7%，结合本企业的实际情况，本工程的建筑工程利润按7%计取；装饰工程利润按5%计取；安装工程利润按5%计取。

7）风险费的计算

根据招标文件、施工图纸、合同条款、材料设备价格水平及项目周期等实际情况确定风险费用费率按1%计算。

8）计算综合单价

每个清单项目的人工费、材料费、机械使用费、管理费、利润和风险费用之和为单个清单项目合价，单个清单项目合价除以清单工程量，即为单个清单项目的综合单价。

9）根据综合单价及分部分项工程费填表

把计算出的综合单价及分部分项工程费按照2008《计价规范》中的关于工程量清单综合单价分析表及分部分项工程量清单与计价表的格式要求进行填写，形成的本工程的工程量清单综合单价分析表及分部分项工程量清单与计价表，如表5.64～表5.72所示。

表5.65　分部分项工程量清单与计价表(一)

工程名称：北京×××大学体育馆建筑工程　　　标段：　　　　第1页　共9页

序　号	项目编码	项目名称	项目特征描述	计量单位	工程量	金额/元		
						综合单价	合价	其中：暂估价
A.1土(石)方工程								
1	010101001001	场地平整(比赛馆)	(1)土壤类别：自行考虑 (2)弃土运距：自行考虑 (3)取土运距：自行考虑	平方米	4 733.44	1.42	6 721.48	
2	010101003001	挖基础土方(比赛馆)	(1)土壤类别：自行考虑 (2)基础类型：伐板基础 (3)挖土深度：13米外 (4)弃土运距：自行考虑	立方米	48 123.2	30.98	1 490 856.74	

续表

序　号	项目编码	项目名称	项目特征描述	计量单位	工程量	金额/元		
						综合单价	合价	其中：暂估价
A.1 土(石)方工程								
3	010101001002	场地平整(游泳馆)	(1) 土壤类别：自行考虑 (2) 弃土运距：自行考虑 (3) 取土运距：自行考虑	平方米	1 682.6	1.42	2 389.29	
4	010103001001	土方回填(比赛馆)	(1) 土质要求：2∶8灰土回填 (2) 弃土运距：自行考虑 (3) 取土运距：自行考虑	立方米	290.8	34.6	10 061.68	
			(其他略)					
			分部小计				2 145 304.87	
A.2 桩与地基基础工程								
12	010201003001	混凝土灌注桩	(1) 土壤级别：自行考虑 (2) 单桩长度、根树：15.3 米，共 85 根 (3) 桩截面：直径 600 (4) 成孔方法：钻孔灌注桩 (5) 砼强度等级：C30	米	1 309.00	243.39	318 593.6	
13	010201003002	混凝土灌注桩	(1) 土壤级别：自行考虑 (2) 单桩长度、根树：17 米，共 162 根 (3) 桩截面：直径 600 (4) 成孔方法：钻孔灌注桩 (5) 砼强度等级：C30	根	162.00	243.39	778 845.6	
			(其他略)					
			分部小计				1 789 884.2	

续表

序　号	项目编码	项目名称	项目特征描述	计量单位	工程量	金额/元		
						综合单价	合价	其中：暂估价
A.3 砌筑工程								
14	010304001001	空心砖墙、砌块墙	(1) 墙体类型：地下室内隔墙 (2) 墙体厚度：300 厚 (3) 砌块品种及强度等级：MU7.5 陶粒空心砌块 (4) 砂浆和料要求：预拌	立方米	518.00	238.87	123 734.66	
15	010304001002	空心砖墙、砌块墙	(1) 墙体类型：地下室内隔墙 (2) 墙体厚度：200 厚 (3) 砌块品种及强度等级：MU7.5 陶粒空心砌块 (4) 砂浆和料要求：预拌	立方米	4 807.4	238.87	1 148 343.64	
			(其他略)					
			分部小计				1 126 531.51	
A.4 混凝土及钢筋混凝土工程								
17	010401003001	满堂基础	(1) 垫层材料种类、厚度：C15，100 厚 (2) 混凝土强度等级：C30S6 (3) 混凝土拌和料要求：预拌	立方米	3 262.63	426.88	1 264 684.99	
26	010402001001	矩形柱(比赛馆)	(1) 柱截面：1 000×800 (2) 混凝土强度等级：C40 (3) 混凝土拌和料要求：预拌	立方米	1 386.6	397.34	550 951.64	
41	010405001001	比赛馆地下一层有梁板	(1) 板厚度：200 厚 (2) 混凝土强度等级：C30 (3) 混凝土拌和料要求：预拌	立方米	211.29	359.08	75 870.01	

续表

序　号	项目编码	项目名称	项目特征描述	计量单位	工程量	金额/元		
						综合单价	合价	其中：暂估价
A.4 混凝土及钢筋混凝土工程								
93	010416001001	比赛馆现浇混凝土钢筋	钢筋的种类规格：Φ20(三级钢)	吨	253.856	4 426.65	1 123 713.96	
94	010416001002	比赛馆现浇混凝土钢筋	钢筋的种类规格：Φ22(二级钢)	吨	171.192	4 307.22	737 365.91	
			(其他略)					
			分部小计				29 539 270.82	
A.6 金属结构工程								
145	010605001001	比赛场二层压型钢板	(1) 压型钢板YX70-200-600 (2) 厚度：0.8 毫米	平方米	447.40	126.09	56 412.67	
			(其他略)					
			分部小计				11 588 889.72	
A.7 屋面及防水工程								
			(其他略)					
			分部小计				5 754 108.23	1 950 000
A.8 防腐、隔热、保温工程								
164	010803003001	保温隔热墙	(1) 抹 3～5 厚聚合物砂浆中间压入一层耐碱玻纤网格布 (2) 聚合物砂浆粘贴 90 厚双面带小凹槽聚苯板 (3) 1∶3 水泥砂浆找平 (4) 基层墙面刷界面剂 (5) 砂浆和料要求：预拌	平方米	5 261.00	120.55	634 213.55	
166	京010803006001	工程水电费	工程水电费(北京市补充清单项目)	平方米	25 800	15.91	410 478	
			(其他略)					
			分部小计				1 215 025.89	

表 5.66　分部分项工程量清单与计价表(二)

工程名称:北京×××大学体育馆装饰装修工程　　标段:　　第 1 页　共 14 页

序　号	项目编码	项目名称	项目特征描述	计量单位	工程量	金额/元		
						综合单价	合价	其中：暂估价
B. 1 楼地面工程								
3	020101001001	水泥砂浆楼地面(F7)	(1) 1～2 厚自流平环养面漆涂层 (2) 环养漆底涂一道 (3) 20 厚1∶2.5水泥砂浆压实赶光 (4) 砂浆和料要求:预拌	平方米	5 096.00	202.16	1 030 207.36	675 729.6
5	020102001001	石材楼地面	详见招标图纸建筑1-02 中＜F3＞花岗岩楼地面做法砂浆和料要求:预拌	平方米	3 201.00	665.04	2 128 793.04	1 959 012
		(其他略)						
		分部小计					13 086 222.1	4 096 650
B. 2 墙、柱面工程								
34	020201001001	内墙面抹灰	详见图集 88J1-1-H9－7C 砂浆和料要求:预拌	平方米	24 893.00	11.75	292 492.75	
43	020209001001	隔断	50 厚轻钢龙骨单面石膏板墙	平方米	112	79.75	8 932	
44	020210001001	带骨架玻璃幕墙	双层中空 LOW-E 玻璃(需进行二次深化设计)	平方米	1 876.00	1 290.34	2 501 969.26	2 436 361.2
		(其他略)						
		分部小计					7 332 039.25	3 724 311
B. 3 天棚工程								
46	020301001001	天棚抹灰	(1) 3 厚 1∶0.2∶2.5 水泥石灰膏砂浆找平 (2) 5 厚 1∶0.2∶3 水泥石灰膏砂浆打底扫毛 (3) 素水泥浆一道甩毛 (4) 砂浆和料要求:预拌	平方米	9 479.00	11.55	109 482.45	
		(其他略)						
		分部小计					1 100 727.17	

续表

序 号	项目编码	项目名称	项目特征描述	计量单位	工程量	金额/元		
						综合单价	合价	其中：暂估价
B. 4门窗工程								
59	020406001001	氟碳喷涂彩色铝合金推拉窗	型号：LC1618 洞口尺寸：1 600×1 800 型材：氟碳喷涂断桥隔热铝型材 玻璃：双层中空钢化LOW-E玻璃（厚度6＋12A＋6）	樘	74	2 342.13	173 317.62	170 496
59	020406001002	氟碳喷涂彩色铝合金推拉窗	型号：LC1132 洞口尺寸：1 100×3 200 型材：氟碳喷涂断桥隔热铝型材 玻璃：双层中空钢化LOW-E玻璃（厚度6＋12A＋6）	平方米	98.56	813.24	80 152.93	78 848
		（其他略）						
		分部小计					2 211 295.92	1 341 708
本页小计							7 039 541.38	5 320 446.8
B. 5油漆、涂料、裱糊工程								
9	020507001001	刷喷涂料	（1）内墙面刷防火型功能性合成树脂乳液涂料二道饰面 （2）封底漆一道	平方米	22706.00	11.52	261 573.12	
		（其他略）						
		分部小计					1 826 811.77	
B. 6其他工程								
181	020603001001	洗漱台	大理石台面见88J8-P12-7	平方米	66.40	249.88	16 592.36	
185	AB001	成品厕所隔断	（1）材质：12厚埃特板 （2）尺寸：900×1 700（带门） （3）油漆：	间	165	885.95	146 181.75	
		（其他略）						
		分部小计					1 966 498.18	
本页小计							570 817.95	
合计							27 523 594.39	9 162 669

续表

序　号	项目编码	项目名称	项目特征描述	计量单位	工程量	金额/元		
						综合单价	合价	其中：暂估价
C. 1机械设备安装工程——电梯								
1	030107001001	交流电梯	(1) 用途:客梯 (2) 层数:4层 (3) 站数:4站 (4) 提升:25.1米	台	5	320 310	1 601 550	1 400 000
		(其他略)						
		分部小计					1 681 664.9	1 400 000
C. 2.1电气设备安装工程——变配电								
2	030201002001	干式变压器	干式铜芯变压器TM1SCR9-2 000KVA/H级10千伏±2×2.5%/0.4—0.23千伏DY11UD=6%	台	1	406 466.4	406 466.4	
		(其他略)						
		分部小计					6 065 910.87	2 580 000
C. 2.2电气设备安装工程——强电								
130	030203006001	低压封闭式插接母线槽	(1) 型号:低压封闭式插接母线槽 (2) 容量:NHLD-250A/5P	米	38	894.47	33 989.86	
		(其他略)						
		分部小计					20 071 321.16	12 262 435
C. 7.1消防工程——喷淋								
156	030701001001	水喷淋镀锌钢管	(1) 安装部位:室内 (2) 材质:镀锌钢管 (3) 型号、规格:DN150 (4) 连接方式:沟槽连接 (5) 除锈、刷油、防腐设计要求:10厚橡塑保温,玻璃丝布两道,防火漆两遍,黄色色环 (6) 填料套管安装 (7) 冲洗、管道试压	米	538.55	168.25	88 931.16	
		(其他略)						
		分部小计					614 463	

续表

序　号	项目编码	项目名称	项目特征描述	计量单位	工程量	金额/元		
						综合单价	合价	其中：暂估价
C. 7.2 消防工程——消火栓及气体灭火								
178	030701003001	消火栓镀锌钢管	(1) 安装部位：室内 (2) 材质：镀锌钢管 (3) 型号、规格：DN150 (4) 连接方式：沟槽连接 (5) 除锈、刷油、防腐设计要求：调和漆两道 (6) 填料套管安装、沟槽件安装 (7) 冲洗、管道试压	米	330.55	144.73	47 841.29	
			(其他略)					
			分部小计				815 545	
			本页小计				2 439 952.51	1 400 000
C. 7.3 消防工程——消防炮								
187	030701003002	消火栓镀锌钢管	(1) 安装部位：室内 (2) 材质：镀锌钢管 (3) 型号、规格：DN150 (4) 连接方式：沟槽连接 (5) 除锈、刷油、防腐设计要求：10厚橡塑保温，玻璃丝布两道，防火漆两遍，红色色环 (6) 填料套管安装、沟槽件安装 (7) 冲洗、管道试压	米	228.00	175.65	40 047.54	
			(其他略)					
			分部小计				714 486	

续表

序　号	项目编码	项目名称	项目特征描述	计量单位	工程量	金额/元		
						综合单价	合价	其中：暂估价
C.8.1 给排水工程								
192	030801009001	薄壁不锈钢给水管	(1) 安装部位：室内 (2) 输送材质：给水 (3) 材质：薄壁不锈钢管 (4) 型号、规格：DN100 (5) 连接方式：卡压式连接 (6) 套管形式、材质、规格：一般填料套管 (7) 除锈、刷油、防腐、绝热及保护层设计要求：10厚橡塑保温，外缠玻璃丝布，防火漆两遍，蓝色色环 (8) 消毒、冲洗、管道试压	米	228.90	824.52	188 732.09	
213	030801004001	离心铸造排水铸铁管	(1) 安装部位：室内 (2) 输送材质：排水 (3) 材质：铸铁管 (4) 型号、规格：DN150 (5) 连接方式：柔性接口 (6) 套管形式、材质、规格：柔性防水套管 (7) 除锈、刷油、防腐、绝热及保护层设计要求：防锈漆一道，沥青两道 (8) 冲洗、闭水试验	米	32.45	355.23	11 527.16	

续表

序　号	项目编码	项目名称	项目特征描述	计量单位	工程量	金额/元		
						综合单价	合价	其中：暂估价
C. 8.1给排水工程								
223	030804014001	水箱制作安装	(1) 材质：不锈钢 (2) 类型：组合式冷水箱 (3) 型号：1 000×2 000×1 000 (4) 保温：50 厚橡塑保温	套	1	5 347.18	5 347.18	5 000
		(其他略)						
		分部小计					2 661 777	623 800
		本页小计					260 140.55	5 000
C. 8.2采暖工程								
234	030801002001	无缝钢管	(1) 安装部位：室内 (2) 输送材质：热媒体 (3) 材质：无缝钢管 (4) 型号、规格：外径(毫米)108 (5) 连接方式：焊接 (6) 套管形式、材质、规格：防水套管	米	290.00	171.72	49 799.34	
234	030801002001	无缝钢管	(7) 除锈、刷油、防腐、绝热及保护层设计要求：35 毫米厚难燃 B1 级橡塑海绵保温 (8) 水压及泄露试验	米	290.00	171.72	49 799.34	
		(其他略)						
		分部小计					1 386 035	
C. 9通风空调工程								
245	030901004001	新风空调机组	(1) 形式：新风空调机组 (2) 质量：风量 2000CMH (3) 安装位置：机房落地安装	台	1	40 763.75	40 763.75	40 000

续表

序　号	项目编码	项目名称	项目特征描述	计量单位	工程量	金额/元		
						综合单价	合价	其中：暂估价
C. 9通风空调工程								
	030903001001	通风管道	(1) 材质：镀锌钢板风管 (2) 形状：矩形 (3) 周长或直径：大边长630毫米以内 (4) 板材厚度：0.6毫米 (5) 接口形式：咬口 (6) 风管附件、支架设计要求：风管及管件、弯头导流叶片、支吊架制作安装 (7) 除锈、刷油、30毫米铝箔离心玻璃棉保温 (8) 风管场外运输	平方米	22	176.82	3 889.99	
		(其他略)						
		分部小计					14 667 043	950 000
C. 11通信设备及线路工程——弱电工程								
387	031103004001	金属线槽	(1) 规格：防火金属线槽 (2) 程式：150×100	米	178.10	134.36	23 930.16	
		(其他略)						
		分部小计					681 210	
本页小计							127 257.71	40 000
合计							49 359 455.93	17 816 235

8. 措施项目费的编制

措施项目费的确定根据招标文件中的措施项目清单及投标时拟定的施工组织设计或施工方案按不同报价方式自主报价。

“措施项目清单与计价表(一)”中的措施项目列项以招标控制价中给出的措施项目为准，根据公司拟定的施工组织设计增加砼泵送费一项，各措施项目费率根据项目及公司的实际情况进行确定，具体金额如表5.73所示。

表 5.67　工程量清单综合单价分析表(一)

工程名称:北京×××大学体育馆工程　　　　标段:　　　　第 1 页　共 564 页

项目编码		010101001001		项目名称		场地平整(比赛馆)		计量单位		平方米	
清单综合单价组成明细											
定额编号	定额名称	定额单位	数量	单价/元				合价/元			
				人工费	材料费	机械费	管理费和利润	人工费	材料费	机械费	管理费和利润
1-1	场地平整	平方米	4 733.44	1.216			0.207	5 755.86			979.82
人工单价		小　计						5 755.86			979.82
38 元/工日		未计价材料费									
清单项目综合单价								1.42			
材料费明细	主要材料名称、规格、型号			单位		数量		单价/元	合价/元	暂估单价/元	暂估合价/元
	其他材料费							—		—	
	材料费小计							—		—	

表 5.68 工程量清单综合单价分析表(二)

工程名称:北京×××大学体育馆工程　　　　标段:　　　　第 2 页　共 564 页

项目编码		010101003001		项目名称		挖基础土方(比赛馆)			计量单位	立方米	
清单综合单价组成明细											
定额编号	定额名称	定额单位	数量	单价/元				合价/元			
				人工费	材料费	机械费	管理费和利润	人工费	材料费	机械费	管理费和利润
1-28	机械土石方槽深 13 米以内挖土机挖土方车运(千米)20 以内	立方米	49 566.9	1.33		24.3	4.359	65 923.98		1 204 475.67	216 062.12
人工单价		小　计						65 923.98		1 204 475.67	216 062.12
38 元/工日		未计价材料费									
清单项目综合单价								30.89			
材料费明细	主要材料名称、规格、型号			单位		数量		单价/元	合价/元	暂估单价/元	暂估合价/元
	其他材料费							—		—	
	材料费小计							—		—	

表 5.69　工程量清单综合单价分析表(四)

工程名称:北京×××大学体育馆工程　　　　标段:　　　　第 123 页　共 564 页

项目编码	020406001002	项目名称	氟碳喷涂铝合金推拉窗	计量单位	平方米

清单综合单价组成明细											
定额编号	定额名称	定额单位	数量	单价/元				合价/元			
				人工费	材料费	机械费	管理费和利润	人工费	材料费	机械费	管理费和利润
6-34	铝合金推拉窗	平方米	98.56		800				78 848		
6-114	其他项目门窗后塞口填充剂	平方米	96.16	3.745	6.63	0.29	2.902	360.12	637.54	27.89	279.06
人工单价		小　计						360.12	79 485.44	27.89	279.06
45 元/工日		未计价材料费									
清单项目综合单价								813.24			
材料费明细	主要材料名称、规格、型号	单位	数量					单价/元	合价/元	暂估单价/元	暂估合价/元
	聚氨酯泡沫填充剂	支	29.62					15	444.3		
	玻璃密封胶	支	27.7					6.8	188.36		
	铝合金推拉窗	平方米								800	78 848
	其他材料费							—	4.88	—	
	材料费小计							—	637.54	—	78 848

表 5.70　工程量清单综合单价分析表(五)

工程名称:北京××大学体育馆工程　　　　标段:　　　　第 234 页　共 564 页

项目编码		030107001001		项目名称		交流电梯			计量单位		台
清单综合单价组成明细											
定额编号	定额名称	定额单位	数量	单价/元				合价/元			
				人工费	材料费	机械费	管理费和利润	人工费	材料费	机械费	管理费和利润
10-39	直流自动快速(层/站)5/5	台	5	16 918.1	2 773.32	2 851	12 568.74	84 590.5	13 866.6	14 250	62 843.7
10-192	辅助项目牛腿制作安装槽钢	套	80	94.17	105.13	48.4	77.29	7 533.6	8 410.4	3 872	6 183.2
人工单价		小　计						92 124.1	22 277	18 122	69 026.9
42 元/工日		未计价材料费						1 400 000			
清单项目综合单价								320 310			
材料费明细	主要材料名称、规格、型号				单位		数量	单价/元	合价/元	暂估单价/元	暂估合价/元
	电梯				台		5			280 000	1 400 000
	其他材料费							—		—	
	材料费小计							—		—	1 400 000

表 5.71　工程量清单综合单价分析表(六)

工程名称:北京×××大学体育馆工程　　　　标段:　　　　第 252 页　共 564 页

<table>
<tr><td>项目编码</td><td colspan="2">030201002001</td><td colspan="2">项目名称</td><td colspan="3">干式变压器</td><td colspan="2">计量单位</td><td colspan="2">台</td></tr>
<tr><td colspan="12">清单综合单价组成明细</td></tr>
<tr><td rowspan="2">定额编号</td><td rowspan="2">定额名称</td><td rowspan="2">定额单位</td><td rowspan="2">数量</td><td colspan="4">单价/元</td><td colspan="4">合价/元</td></tr>
<tr><td>人工费</td><td>材料费</td><td>机械费</td><td>管理费和利润</td><td>人工费</td><td>材料费</td><td>机械费</td><td>管理费和利润</td></tr>
<tr><td>1-6</td><td>变配电装置干式变压器安装容量2 000千伏安以内</td><td>台</td><td>1</td><td>702.59</td><td>120.08</td><td>371.21</td><td>19 758.88</td><td>702.59</td><td>120.08</td><td>371.21</td><td>19 758.88</td></tr>
<tr><td>1-10</td><td>变配电装置变压器保护罩安装</td><td>台</td><td>1</td><td>117.75</td><td>5.49</td><td>2.62</td><td>80.838</td><td>117.75</td><td>5.49</td><td>2.62</td><td>80.838</td></tr>
<tr><td>1-76</td><td>变配电装置基础型钢制作安装 槽钢</td><td>10 米</td><td>0.5</td><td>83.31</td><td>430.24</td><td>16.47</td><td>83.648</td><td>41.655</td><td>215.12</td><td>8.24</td><td>41.824</td></tr>
<tr><td></td><td></td><td></td><td></td><td></td><td></td><td></td><td></td><td></td><td></td><td></td><td></td></tr>
<tr><td></td><td></td><td></td><td></td><td></td><td></td><td></td><td></td><td></td><td></td><td></td><td></td></tr>
<tr><td colspan="2">人工单价</td><td colspan="6">小　计</td><td>862</td><td>340.79</td><td>382.07</td><td>19 881.54</td></tr>
<tr><td colspan="2">42 元/工日</td><td colspan="6">未计价材料费</td><td colspan="4">385 000</td></tr>
<tr><td colspan="8">清单项目综合单价</td><td colspan="4">406 466.4</td></tr>
<tr><td rowspan="7">材料费明细</td><td colspan="4">主要材料名称、规格、型号</td><td colspan="2">单位</td><td>数量</td><td>单价/元</td><td>合价/元</td><td>暂估单价/元</td><td>暂估合价/元</td></tr>
<tr><td colspan="4">干式变压器 容量 2 000 千伏安以内(含变压器保护罩)</td><td colspan="2">台</td><td>1</td><td>385 000</td><td>385 000</td><td></td><td></td></tr>
<tr><td colspan="4"></td><td colspan="2"></td><td></td><td></td><td></td><td></td><td></td></tr>
<tr><td colspan="4"></td><td colspan="2"></td><td></td><td></td><td></td><td></td><td></td></tr>
<tr><td colspan="4"></td><td colspan="2"></td><td></td><td></td><td></td><td></td><td></td></tr>
<tr><td colspan="7">其他材料费</td><td>—</td><td></td><td>—</td><td></td></tr>
<tr><td colspan="7">材料费小计</td><td>—</td><td>385 000</td><td>—</td><td>385 000</td></tr>
</table>

表 5.72　工程量清单综合单价分析表(七)

工程名称:北京×××大学体育馆工程　　　　标段:　　　　第 560 页　共 564 页

项目编码	AB002			项目名称		现浇钢筋混凝土平板模板及支架		计量单位		平方米	
清单综合单价组成明细											
定额编号	定额名称	定额单位	数量	单价/元				合价/元			
				人工费	材料费	机械费	管理费和利润	人工费	材料费	机械费	管理费和利润
7-45	平板普通模板	平方米	1 178.5	14.022	14.51	1.1	5.04	16 524.93	17 100.04	1 296.35	5 939.64
人工单价	小　计							16 524.93	17 100.04	1 296.35	5 939.64
38 元/工日	未计价材料费										
清单项目综合单价								34.67			
材料费明细	主要材料名称、规格、型号			单位		数量		单价/元	合价/元	暂估单价/元	暂估合价/元
	模板租赁费			元		1		5.02	5 916.07		
	材料费			元		1		7.9	9 310.15		
	其他材料费							—	1 873.82	—	
	材料费小计							—	17 100.04	—	

表 5.73 措施项目清单与计价表(一)

工程名称:北京×××大学体育馆工程　　　　标段:　　　　第1页　共1页

序　号	项目名称	计算基础	费率/%	金额/元
1	安全文明施工	人工费		3 772 164.39
2	夜间施工			
3	二次搬运			55 731
4	冬雨季施工			72 415
5	大型机械设备进出场及安拆			90 000
6	施工排水			
7	施工降水			325 620
8	地上、地下设施,建筑物的临时保护设施			
9	已完工程及设备保护			241 200
10	竣工图编制费			251 250
11	护坡工程			2 514 903
12	场地狭小所需措施费用			83 597
13	室内空气污染检测费			50 000
14	建筑工程措施项目			2 463 298
14.1	脚手架			1 246 243
14.2	垂直运输机械			1 217 055
15	装饰装修工程措施项目			
15.1	垂直运输机械			
15.2	脚手架			
16	各专业工程措施费			
17	砼泵送费			275 671
合计				10 195 849.39

“措施项目清单与计价表(二)”中的措施项目,可以计算工程量,采用综合单价计价进行计算,计算方法与分部分项工程费计算方法相同,详见表5.74。

表 5.74 措施项目清单与计价表(二)

工程名称:北京×××大学体育馆工程　　　　标段:　　　　第1页　共1页

序　号	项目编码	项目名称	项目特征描述	计量单位	工程量	金额/元	
						综合单价	合价
1	AB002	现浇钢筋混凝土平板模板及支架	(1) 构件形状:矩形 (2) 支模高度:支模高度3米 (3) 模板类型:自行考虑 (4) 支撑类型:自行考虑	平方米	1 178.5	34.67	40 858.6
2	AB003	现浇钢筋混凝土有梁板及支架	(1) 构件形状:矩形 (2) 支模高度:板底支模高度3.78米 (3) 模板类型:自行考虑 (4) 支撑类型:自行考虑	平方米	15 865.86	41.53	658 909.17

续表

序　号	项目编码	项目名称	项目特征描述	计量单位	工程量	金额/元	
						综合单价	合价
3	AB004	现浇钢筋混凝土圆形柱模板	(1) 构件形状:圆形 (2) 支模高度:支模高度 3.5 米 (3) 模板类型:自行考虑 (4) 支撑类型:自行考虑	平方米	248.6	47.86	11 898
4	AB005	现浇钢筋混凝土直行墙模板	(1) 构件形状:矩形 (2) 支模高度:支模高度 3.9 米 (3) 模板类型:自行考虑 (4) 支撑类型:自行考虑	平方米	9 989.2	21.68	216 565.86
		(其他略)					
本页小计							930 871.47
合计							2 580 599

措施项目清单中的安全文明施工费的基数及费率根据《关于转发〈建筑工程安全防护、文明施工措施费用及使用规定〉的通知》(京建施〔2005〕802 号)及京造定〔2009〕4 号文中的规定,费率以 2.64%取定,并乘以 1.10 的系数。

9. 其他项目费的编制

其他项目费主要包括暂列金额、暂估价、计日工以及总承包服务费组成(表 5.75)。

表 5.75　其他项目清单与计价汇总表

工程名称:北京×××大学体育馆工程　　　标段:　　　　第 1 页　共 1 页

序　号	项目名称	计量单位	金额/元	备　注
1	暂列金额	项	4 500 000	明细详见暂列金额明细表
2	暂估价		39 170 000	
2.1	材料暂估价		—	明细详见材料暂估单价表
2.2	专业工程暂估价	项	39 170 000	明细详见专业工程暂估价表
3	计日工		86 600	明细详见计日工表
4	总承包服务费		783 400	明细详见表总承包服务费计价表
合计			4 540 000	—

暂列金额按照招标人提供的招标控制价中列出的金额填写,不进行变动(表 5.76)。

表 5.76　暂列金额明细表

工程名称:北京×××大学体育馆工程　　　标段:　　　　第 1 页　共 1 页

序　号	项目名称	计量单位	暂定金额/元	备　注
1	工程量清单中工程量偏差和设计变更	项	3 000 000	
2	政策性调整和材料价格风险	项	1 000 000	
3	其他	项	500 000	
合计			4 500 000	—

暂估价中的材料暂估价按照招标人提供的暂估单价计入分部分项工程费用中的综合单价(表5.77);专业工程暂估价按照招标人提供的其他项目清单中列出的金额填写(表5.78),不进行变动。

表5.77　材料暂估单价表

工程名称:北京×××大学体育馆工程　　标段:　　第1页　共1页

序号	材料名称、规格、型号	计量单位	单价/元	备注
1	土建工程			
1.1	铝合金窗	平方米	800	工料费
1.2	玻璃幕墙	平方米	1 300	工料费(含骨架)
1.3	磨光花岗岩	平方米	600	主材
1.4	环氧自流平	平方米	130	工料费
1.5				
	……			
2	安装工程			
2.1	电梯	台	280 000	设备费
2.2	不锈钢组合式冷水箱	立方米	2 500	设备费(含保温)
2.3	空调机组、空气处理机组、新风机组	台	40 000	设备费
	……			

表5.78　专业工程暂估价表

工程名称:北京×××大学体育馆工程　　标段:　　第1页　共1页

序号	工程名称	工程内容	金额/元	备注
1	玻璃雨篷	制作、安装	500 000	
2	金属屋面板	制作、安装	7 200 000	
3	中央球壳	制作、安装	2 000 000	
4	火警报警及消防联动控制系统	安装、调试	3 000 000	
5	安保系统	安装、调试	1 000 000	
6	楼宇设备自控系统	安装、调试	2 800 000	
	……			
合计			39 170 000	—

计日工包括人工、材料和施工机械。人工单价、材料单价和机械台班单价按市场价格并参考2009年《北京市工程造价信息》第七期发布的价格信息计取,根据工程实际情况参考当地费用定额的规定计取管理费、利润及风险形成综合单价,再按工程量清单中给定的暂定数量计算合价(表5.79)。

表5.79　计日工表

工程名称:北京×××大学体育馆工程　　标段:　　第1页　共1页

编号	项目名称	单位	暂定数量	综合单价/元	合价/元
1	人工				
1.1	普工	工日	200	90	18 000

续表

编　号	项目名称	单　位	暂定数量	综合单价/元	合价/元
1.2	技工(综合)	工日	50	100	5 000
人工小计					23 000
2	材料				
2.1	拆除隔墙	平方米	100	60	6 000
2.2	拆除吊顶	平方米	100	60	6 000
2.3	破除障碍物	立方米	100	80	8 000
2.4	渣土外运	立方米	500	80	40 000
材料小计					60 000
3	施工机械				
3.1	自升式塔式起重机(起重力矩 1 250 千牛米)	台班	5	700	3 500
3.2	灰浆搅拌机(400 升)	台班	2	50	100
施工机械小计					3 600
总计					86 600

以计日工表中第一项“普工”为例，经计算得出综合单价为 90 元，已知招标人给出的暂定数量为 200 工日，可以得出“普工”的合价为 90×200＝18 000 元。

总承包服务费根据招标人给出的总承包服务费计价表，以专业工程暂估价为基数，根据实际情况自主确定费率为 2%，得出总承包服务费为 39 170 000×2%＝783 400 元，如表 5.80 所示。

表 5.80　总承包服务费计价表

工程名称:北京×××大学体育馆工程　　标段:　　第 1 页　共 1 页

序　号	项目名称	项目价值/元	服务内容	费率/%	金额/元
1	发包人发包专业工程	39 170 000	总承包人向分包人免费提供管理、协调、配合和服务工作，包括但不限于: (1) 为专业分包人采购提供所需的一切服务 (2) 为分包人提供临时工程或垂直运输机械和设备及脚手架 (3) 承包人应对各专业分包人的工作所或材料设备存放等负责协调 (4) 向提供施工所需的水、电接口，工程水电费由总承包人承担，但分包人应保证节约用水、用电 (5) 向分包人提供施工工作面，对施工现场进行统一管理，对竣工资料进行统一汇总 (6) 技术规范所注明由总承包人提供的其他工作	2%	783 400
2	发包人供应材料		对发包人提供的材料、设备进行验收、保管和使用发放等		
合计					783 400

10. 规费、税金的编制

规费和税金按国家或省级、行业建设主管部门的规定计算，不得作为竞争性费用。

1) 规费的计算

规费按照北京市规费的取费基数和费率依据《关于调整2001年〈北京市建设工程费用定额〉规费计算方法的有关通知》(京造定〔2009〕6号文)中的相关规定进行确定如表5.81所示。即

$$规费 = 人工费 \times 费率 = 19\,246\,265.02 \times 24.9\% = 4\,792\,319.99(元)$$

表 5.81　规费

定额编号	项　目		计费基数	费率/%
5-1	建筑工程		人工费	24.09
5-2	市政工程			26.50
5-3	庭院、绿化工程			20.19
5-4	铁路工程	土建、轨道工程		22.89
5-5		通信、信号、供电、机电、人防工程		27.18

注:装饰、安装、构筑物、钢结构、独立土石方、地下降水、桩基础、仿古工程执行建筑工程费率。

2) 税金的计算

税金=(分部分项工程费+措施项目费+其他项目费+规费)×相应费率=(130 042 065.6+12 776 448.39+44 540 000+4 792 319.99)×3.4%=6 533 128.36(元)

规费、税金计算完成以后,按照2008《计价规范》中的规定进行填表得到规费、税金项目清单与计价表,如表5.82所示。

表 5.82　规费、税金项目清单与计价表

工程名称:北京×××大学体育馆工程　　标段:　　第1页　共1页

序　号	项目名称	计算基础	费率/%	金额/元
1	规费	人工费	24.09	4 792 319.99
1.1	工程排污费			
1.2	社会保障费			
1.2.1	养老保险费			
1.2.2	失业保险费			
1.2.3	医疗保险费			
1.3	住房公积金			
1.4	危险作业意外伤害保险			
1.5	工程定额测定费			
2	税金	分部分项工程费+措施项目费+其他项目费+规费	3.4	6 533 128.36
合计				11 325 448.35

11. 投标报价封面及总说明的编制

按照2008《计价规范》中的要求进行封面及总说明的编写。

12. 投标报价的汇总

将上述编制完成的分部分项工程费、措施项目费、其他项目费、规费、税金汇总即可得

到单位工程投标报价。即

单位工程投标报价＝分部分项工程费＋措施项目费＋其他项目费＋规费＋税金＝130 042 065.6＋12 776 448.39＋44 540 000＋4 792 319.99＋6 533 128.36＝198 683 962.3（元）

将分部分项工程量清单与计价表、措施项目清单与计价表、其他项目清单与计价表、规费、税金项目清单与计价表后，汇总得到单位工程投标报价汇总表，再层层汇总，分别得出单项工程投标报价汇总表和工程项目投标总价汇总表，如表5.83～表5.85所示。

表5.83　工程项目投标报价汇总表

工程名称：北京×××大学体育馆工程　　第1页　共1页

序　号	单项工程名称	金额/元	其　中		
			暂估价/元	安全文明施工费/元	规费/元
1	体育馆工程	198 683 962.3	66 343 904	3 772 164.39	4 792 319.99
合　计		198 683 962.3	66 343 904	3 772 164.39	4 792 319.99

表5.84　单项工程投标报价汇总表

工程名称：北京×××大学体育馆工程　　第1页　共1页

序　号	单项工程名称	金额/元	其　中		
			暂估价/元	安全文明施工费/元	规费/元
1	体育馆工程	198 683 962.3	66 343 904	3 772 164.39	4 792 319.99
合　计		198 683 962.3	66 343 904	3 772 164.39	4 792 319.99

表5.85　单位工程投标报价汇总表

工程名称：北京×××大学体育馆工程　　第1页　共1页

序　号	汇总内容	金额/元	其中：暂估价/元
1	分部分项工程费	130 042 065.6	
1.1	建筑工程	53 159 015.24	1 950 000
1.2	装饰装修工程	27 523 594.39	9 162 669
1.4	电梯工程	1 681 664.9	1 400 000
1.5	变配电工程	6 065 910.87	2 580 000
1.6	强电工程	20 071 321.16	12 262 435
1.7	喷淋工程	614 463	
1.8	消火栓及气体灭火工程	815 545	
1.9	消防炮工程	714 486	
1.10	给排水工程	2 661 777	623 800
1.11	采暖工程	1 386 035	
1.12	通风空调工程	14 667 043	950 000
1.13	弱电工程	681 210	

续表

序　号	汇总内容	金额/元	其中:暂估价/元
2	措施项目费	12 776 448.39	
	其中:安全文明施工费	3 772 164.39	
3	其他项目	44 540 000	—
3.1	暂列金额	4 500 000	—
3.2	专业工程暂估价	39 170 000	—
3.3	计日工	86 600	—
3.4	总承包服务费	783 400	—
4	规费	4 792 319.99	—
5	税金	6 533 128.36	—
投标报价合计=1+2+3+4+5		198 683 962.3	27 173 904

把以上各种表格与投标报价封面及总说明汇总并装订,形成完整的投标报价文件,文件组成如下:①投标报价封面;②投标报价总说明;③工程项目投标报价汇总表;④单项工程投标报价汇总表;⑤单位工程投标报价汇总表;⑥分部分项工程量清单与计价表;⑦措施项目清单与计价表,包括措施项目清单与计价表(一)和措施项目清单与计价表(二);⑧其他项目清单与计价汇总表,包括暂列金额明细表、材料暂估单价表、专业工程暂估价表、计日工表、总承包服务费计价表;⑨规费、税金项目清单与计价表;⑩工程量清单综合单价分析表。

13. 投标报价策略应用

本案例以工程量型不平衡报价为例,介绍投标报价策略的应用。

以表 5.65 分部分项工程量清单与计价表中 A.1 土(石)方工程下第二个项目挖基础土方为例。经过计算出的单价为“30.98 元/立方米”,招标人给出的工程量为“48 123.2 立方米”,而经过工程量复核认为此工程量有误,应为“49 326.8 立方米”,那么就可以把单价报得高一些,如“32.06 元/立方米”。

以表 5.74 措施项目清单与计价表(二)中第二个项目现浇钢筋混凝土有梁板及支架为例。经过计算出的单价为“41.53 元/立方米”,招标人给出的工程量为“15 865.86 立方米”,而经过工程量复核认为此工程量有误,应为“15 002.67 立方米”,那么就可以把单价报得低一些,如“38.25 元/立方米”。

原报价:48 123.2×30.98+15 865.86×41.53=2 149 765.90(元)

实际报价:48 123.2×32.06+15 865.86×38.25=2 149 698.94(元)

实际成本:49 326.8×30.98+15 002.67×41.53=2 151 205.15(元)

实际收入:49 326.8×32.06+15 002.67×38.25=2 155 269.34(元)

通过投标报价策略的应用,投标价减少 2 149 765.90-2 149 698.94=66.96 元。而在实际中,却增加 2 155 269.34-2 151 205.15=4 064.19 元的额外收入。

(三) 成果形式

北京×××大学体育馆工程投标总价的封面如表 5.86 所示。

表 5.86　北京×××大学体育馆工程投标总价封面

投标总价

招　标　人：北京×××大学

工程名称：北京×××大学体育馆工程

投标总价(小写)：198 683 962.3 元

(大写)：壹亿玖仟捌佰陆拾捌万叁仟玖佰陆拾贰元叁角

投　标　人：××建筑公司

(单位盖章)

法定代表人

或其授权人：×××

(签字或盖章)

编　制　人：×××

(造价人员签字盖专用章)

编制时间：××××年×月×日

北京×××大学体育馆工程的总说明由以下五部分组成。

1. 工程概况

本工程为北京×××大学体育馆工程，由××设计研究院设计。建筑面积为 25 800 平方米；主体建筑地上三层，看台两层，局部设备用房四层，地下一层；层高平均为五米；招标要求施工工期 684 日历天，投标工期为 581 日历天。结构工程采用满堂基础，主体为框架剪力墙，钢屋架，陶粒混凝土砌块及加气混凝土砌块填充墙，外墙装修采用烧毛花岗岩板、仿石涂料、玻璃幕墙及铝塑板，内装修为乳胶漆涂料、吸音铝板及釉面砖，铝合金门窗、木质防火门。

2. 投标报价包括范围

本次招标范围内的所有建筑工程、装饰装修工程和安装工程，专业分包范围详见“专业工程暂估价表”。

3. 投标报价编制依据

(1)《建设工程工程量清单计价规范》(GB 50500—2008)及北京市相关规定。

(2) 本工程的招标文件及答疑纪要。

(3) 本工程招标图纸(详见招标文件第五章“图纸清单”)。

(4) 经审查后的工程量清单。

(5) 2001 年《北京市建设工程预算定额》。

(6) 2001 年《北京市建设工程费用定额》及现行文件。

(7) 人工、材料、机械价格参照北京市 2009《北京市工程造价信息》第七期发布的价格信息及市场价格。

(8) 经过批准的设计概算文件。

(9) 与建设项目相关的标准、规范、技术资料。

(10) 其他相关资料。

4. 工程质量要求

除有特殊说明外，本工程所有材料、设备的质量必须合格，且为市场中高档标准。

5. 其他需要说明的事项

(1) 人工单价按市场价格计取。

(2) 综合单价中的管理费和利润中，已经包含现场经费费用，并计取了1%风险费用。

(3) 建筑工程现场经费按4.17%计取，企业管理费按4.08%计取，利润按7%计取；装饰工程现场经费按24.17%计取，企业管理费按35.1%计取，利润按5%计取；安装工程现场经费按25.67%计取，企业管理费按37.47%计取，利润按5%计取。

(4) 暂估价按"材料暂估单价表"及"专业工程暂估价表"中所列价格计入。

(5) 土方外运按20千米计价，土方类别按一、二类土计价。

(6) 模板一般按普通钢模板考虑。

(7) 混凝土泵送费用已进入措施项目费中。

(8) 降水按井点降水至结构±0停止进行计价；护坡按直径800毫米间距1 600毫米护坡桩进行计价。

(9) 马道设计不详，暂不包括在本次造价内。

(省略)

第六章　施工阶段工程价款管理

本章导读

施工阶段的工程价款管理是指通过对工程实施中的预付款、进度款、质量保证金的拨付、扣回与使用进行监督控制，对出现的工程变更和工程索赔及时计算费用、进行索赔，对施工过程中因各种因素导致的合同价格变化进行调整等一系列的控制手段，实现对工程价款的控制与调节。工程价款管理是工程实施过程中实现费用控制的工具，是控制工程总造价、进行竣工结算、仲裁、诉讼的重要根据。

本章从合同签订之后，以单价合同为论述对象，结合《建设工程工程量清单计价规范(GB 50500—2008)》、《建设工程价款结算暂行办法》(财建〔2004〕369 号)、《FIDIC 施工合同条件》(1999)、《标准施工招标文件》(2007)等法规与合同范本，介绍了工程价款的支付、工程价款的调整、工程索赔等。文中对工程价款中的预付款、进度款、质量保证金的管理，工程量增加、物价波动或国家政策法令变化引起的工程价款的调整计算方法，工程变更估价范围、程序、方法，工程索赔含义、索赔分类、索赔程序、常见索赔情况、工期索赔和费用索赔的计算进行了详细阐述。

第一节　工程价款的支付

一、工程合同的类型

根据合同计价方式的不同，建设工程施工合同可以分为总价合同、单价合同和成本加酬金合同三种类型。

(一) 总价合同

总价合同是指在合同中确定一个完成项目的总价，承包人据此完成项目全部内容的合同。这种合同类型能够使发包人在评标时易于确定报价最低的承包人、易于进行支付计算。但这类合同仅适用于工程量不太大且能精确计算、工期较短、技术不太复杂、风险不大的项目。因而采用这种合同类型要求发包人必须准备详细而全面的设计图纸(一般要求施工详图)和各项说明，使承包人能准确计算工程量。总价合同又可以分为固定总价合同和可调总价合同。

1. 固定总价合同

这是建设工程施工经常使用的一种合同形式。总价被承包人接受以后，一般不得变动。所以在招标签约前，必须基本完成设计工作(达 80%～100%)，工程量和工程范围已十分明确。但工程范围不宜过大，以减少双方风险。也可阐明分期完成和分期付款办法。

这种形式适合于工期较短(一般不超过一年),对工程要求十分明确的项目。

2. 可调总价合同

报价及签订合同时,以招标文件的要求及当时的物价计算总价合同。但在合同条款中双方商定:如果在执行合同中由于通货膨胀引起工料成本增加达到某一限度时,合同总价应相应调整。这种合同方式,发包人承担了通货膨胀这一不可预见的费用因素的主要风险,承包人承担通货膨胀因素的次要风险以及通货膨胀因素外的其他风险。工期较长(如一年以上)的工程,适合采用这种合同形式。

(二) 单价合同

单价合同是承包人在投标时,按招标文件就分部分项工程所列出的工程量表确定各分部分项工程费用的合同类型。这类合同的适用范围比较宽,其风险可以得到合理的分摊,并且能鼓励承包人通过提高工效等手段从成本节约中提高利润。这类合同能够成立的关键在于双方对单价和工程量计算方法的确认。在合同履行中需要注意的问题则是双方对实际工程量计量的确认。单价合同也可以分为固定单价合同和可调单价合同。

1. 固定单价合同

这是经常采用的合同形式。特别是在设计或其他建设条件(如地质条件)还不太明确的情况下(但技术条件应明确),而以后又需增加工程内容或工程量时,可以按单价适当追加合同内容。在每月(或每阶段)工程结算时,根据实际完成的工程量结算,在工程全部完成时以竣工图的工程量最终结算工程总价款。

2. 可调单价合同

合同单价可调,一般是在工程招标文件中规定的。在合同中签订的单价,根据合同约定的条款,如在工程实施过程中物价发生变化,可作调值。有的工程在招标或签约时,因某些不确定性因素而在合同中暂定某些分部分项工程的单价,在工程结算时,再根据实际情况和合同约定对合同单价进行调整,确定实际结算单价。

(三) 成本加酬金合同

成本加酬金合同,是由发包人向承包人支付工程项目的实际成本,并按事先约定的某一种方式支付酬金的合同类型。在这类合同中,发包人需承担项目实际发生的一切费用,因此也就承担了项目的全部风险。而承包人由于无风险,其报酬往往也较低。这类合同的缺点是发包人对工程总造价不易控制,承包人也往往不注意降低项目成本。成本加酬金合同有多种形式,但目前流行的主要有如下几种:成本加固定费用合同、成本加定比费用合同、成本加奖金合同、成本加保证最大酬金合同。

1. 成本加固定费用合同

它与成本加定比费用合同相似,但是发包人付给承包人的酬金是一笔固定金额的酬金。采用该种合同形式，承包人会从尽快取得酬金出发，关心缩短工期。

2. 成本加定比费用合同

发包人对承包人支付的人工、材料和施工机械使用费、其他直接费、施工管理费等按照实际直接成本全部据实补偿，同时按照实际直接成本的固定百分比付给承包人一笔酬金，作为承包人的利润。但是这种合同形式不能有效地鼓励承包人关心缩短工期和降低成本，因而对发包人不利。

3. 成本加奖金合同

根据粗略估算的工程量和单价表确定一个目标成本，而后根据目标成本确定酬金数额，可以是百分数的形式或者是一笔固定酬金。然后，根据工程实际成本支出情况另外确定一笔奖金，当实际成本低于目标成本时，承包人除了从发包人获得实际成本、酬金补偿外，还可以根据成本降低额得到一笔奖金，当实际成本高于目标成本时，承包人仅能够从发包人得到成本和酬金的补偿。如果超过合同价的限额和工期的要求，还要处以一笔罚金。

4. 成本加保证最大酬金合同

首先确定限额成本、报价成本和最低成本，当实际成本没有超过最低成本时，承包人花费的成本费用及应得酬金等都得到发包人的支付，并与发包人分享节约额；如果实际工程成本在最低成本和报价成本之间，承包人只能得到成本和酬金；如果实际工程成本在报价成本与最高限额成本之间，则只能得到全部成本；实际工程成本超过最高限额成本时，则超过部分发包人不予支付。

二、工程合同价款的约定

我国 2008《计价规范》中的第 4.4 条对发包人、承包人在约定工程合同价款过程中的基本问题做了明确的规定，综合来看，双方在施工阶段工程价款的管理内容体系如图 6.1 所示。

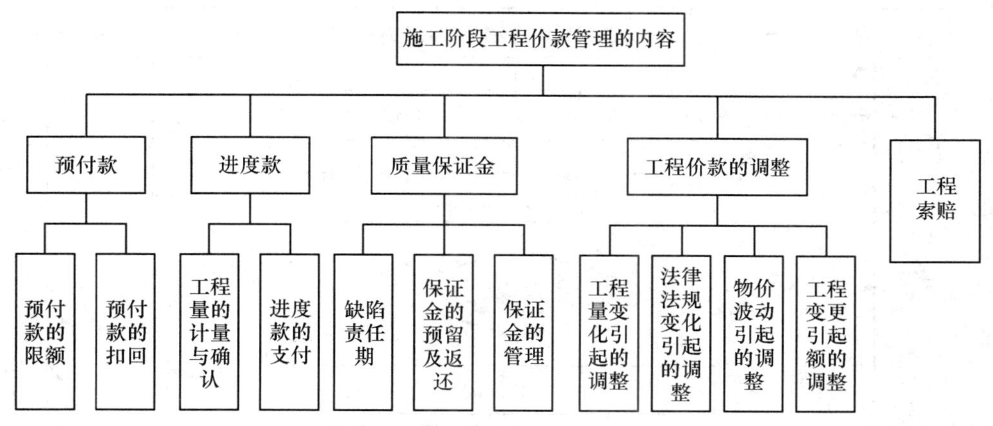

图 6.1　施工阶段工程价款管理的内容

具体来说：

(1) 根据 2008《计价规范》第 4.4.1 条规定，实行招标的工程合同价款应在中标通知书发出之日起30天内，由发、承包双方根据招标文件和中标人的投标文件在书面合同中约定。不实行招标的工程合同价款，在发、承包双方认可的工程价款基础上，由发、承包双方在合同中约定。

（2）根据2008《计价规范》第4.4.2条规定，实行招标的工程，合同约定不得违背招、投标文件中关于工期、造价、质量等方面的实质性内容。招标文件与中标人投标文件不一致的地方，以投标文件为准。

（3）根据2008《计价规范》第4.4.3条规定，采用工程量清单计价的工程宜采用单价合同。

（4）根据2008《计价规范》第4.4.4条规定，发、承包双方应在合同条款中对下列事项进行约定；合同中没有约定或约定不明的，由双方协商确定；协商不能达成一致的，按2008《计价规范》的相关约定执行。应约定的事项包括：①预付工程款的数额、支付时间及抵扣方式；②工程计量与支付工程进度款的方式、数额及时间；③工程价款的调整因素、方法、程序、支付及时间；④索赔与现场签证的程序、金额确认与支付时间；⑤发生工程价款争议的解决方法及时间；⑥承担风险的内容、范围以及超出约定内容、范围的调整办法；⑦工程竣工价款结算编制与核对、支付及时间；⑧工程质量保证（保修）金的数额、预扣方式及时间；⑨与履行合同、支付价款有关的其他事项等。

三、我国工程价款支付的内容

（一）工程预付款

工程预付款是在工程正式开工前，发包人按照合同约定预先支付给承包人的储备工程主要材料、结构件所需的工程款。

预付的工程款必须在合同中实现约定，并在进度款中进行抵扣。凡是没有签订合同或不具备施工条件的工程，发包人不得预付工程款，不得以预付款为名转移资金。

根据2008《计价规范》对预付款的相关规定，预付款的基本流程如图6.2所示。

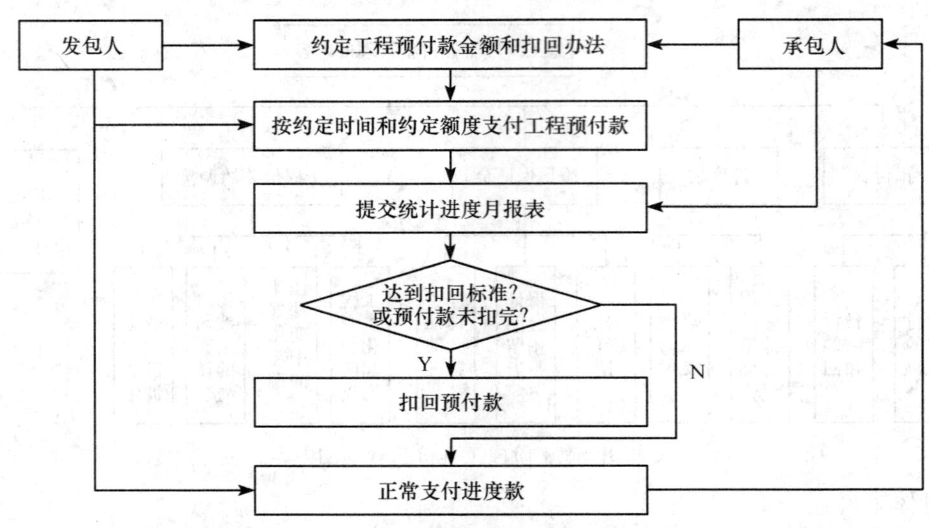

图6.2　工程预付款支付流程图

1. 工程预付款的支付期限及违约责任

按照现行的《建设工程价款结算暂行办法》(财建〔2004〕369 号)第三章第 12 条(二)中的规定,在具备施工条件的前提下,发包人应在双方签订合同后的一个月内或不迟于约定的开工日期前的 7 天内预付工程款,发包人不按约定预付,承包人应在预付时间到期后 10 天内向发包人发出要求预付的通知,发包人收到通知后仍不按要求预付,承包人可在发出通知 14 天后停止施工,发包人应从约定应付之日起向承包人支付应付款的利息(利率按同期银行贷款利率计),并承担违约责任。

工程预付款仅用于承包人支付施工开始时与本工程有关的动员费用。如承包人滥用此款,发包人有权立即收回。在承包人向发包人提交金额等于预付款数额(发包人认可的银行开出)的银行保函后,发包人按规定的金额和规定的时间向承包人支付预付款,在发包人全部扣回预付款之前,该银行保函将一直有效。当预付款被发包人扣回时,银行保函金额相应递减。

2. 工程预付款的限额

按照现行的《建设工程价款结算暂行办法》(财建〔2004〕369 号)第三章第 12 条(一)中的规定,发包人应按合同约定的预付款金额支付预付款。对于预付款的数额确定,一般遵循以下规则:包工包料工程的预付款按合同约定拨付,原则上预付比例不低于合同金额的 10%,不高于合同金额的 30%,对重大工程项目,按年度工程计划逐年预付。计价执行 2008《计价规范》的工程,实体性消耗和非实体性消耗部分应在合同中分别约定预付款比例。

在实际工作中,预付款的数额,要根据各工程类型、合同工期、承包人式等不同条件而定。一般来说,主要材料在工程造价中所占比重高的项目,工程预付款的数额也要相应提高;工期短的工程比工期长的工程预付款要高;材料由施工单位自行购置的比由建设单位供应的要高;只包定额工日(不包材料定额,一切材料由建设单位供给)的工程项目,则可以不预付工程款。

3. 工程预付款的扣回

发包人拨付给承包人的工程预付款属于预支性质,到了工程实施后,随着工程所需主要材料储备的逐步减少,应以抵充工程价款的方式陆续扣回。扣回的方法有两种:

(1) 可以从未施工工程尚需的主要材料及构件的价值相当于工程预付款数额时起扣,从每次结算工程价款中,按材料比重扣抵工程价款,竣工前全部扣清。其基本表达公式是

$$T = P - \frac{M}{N}$$

式中,T 为起扣点,即工程预付款开始扣回时的累计完成工作量金额;M 为工程预付款数额;N 为主要材料费比重;P 为承包工程价款总额。

当已完工程超过开始扣回工程预付款时的工程价值时,就要从每次结算工程价款中

陆续扣回预付的工程款。每次应扣回的数额按下列方法计算。

第一次应扣回工程预付款=(累计已完工程价值-开始扣回工程款预付时的工程价值)×主要材料费比重

以后每次应扣回工程预付款=每次结算的已完工程价值×主要材料费比重

(2) 建设部《施工招标文件范本》(2003)中规定,在承包人完成金额累计达到合同总价的一定比例(如10%)后,由承包人开始向发包人还款,发包人从每次应付给承包人的金额中扣回工程预付款,发包人至少在合同规定的完工前三个月将工程预付款的总计金额逐次扣回。当发包人一次付给承包人的余额少于规定扣回的金额时,其差额应转入下一次支付中作为债务结转。

在实际经济活动中,情况比较复杂,有些工程工期较短,就无需分期扣回。有些工程工期较长,如跨年度施工,预付备料款可以不扣或少扣,并于次年按应预付工程款调整,多退少补。具体地说,跨年度工程,预计次年承包工程价值大于或相当于当年承包工程价值时,可以不扣回当年的预付备料款,如小于当年承包工程价值时,应按实际承包工程价值进行调整,在当年扣回部分预付备料款,并将未扣回部分,转入次年,直到竣工年度,再按上述办法扣回。

(二) 工程进度款

工程进度款是指承包人在施工过程中,按逐月(或形象进度)完成的工程数量计算各项费用,向发包人办理的支付金额(即中间结算)。

工程进度款的结算可采用按月结算或分段结算的方式,下面以按月结算为例,讲述工程进度款的结算和支付。根据2008《计价规范》中对进度款支付的相关规定,工程进度款的支付步骤如图6.3所示。

工程进度款支付过程中,应遵循以下程序。

1. 已完工程量的计量

根据《标准施工招标文件》(2007)中合同通用条款的约定,承包人应自行计量工程量,然后报监理人审核。

根据工程量清单计价规范形成的合同价中包含综合单价和总价包干两种不同形式,应采取不同的计量方法。除专用合同条款另有约定外,综合单价子目已完成工程量按月计算,总价包干子目的计量周期按批准的支付分解报告确定。

1) 综合单价子目的计量

已标价工程量清单中的单价子目工程量为估算工程量。若发现工程量清单中出现漏项、工程量计算偏差,以及工程量变更引起的工程量增减,应在工程进度款支付即中间结算时调整,结算工程量是承包人在履行合同义务过程中实际完成,并按合同约定的计量方法进行计量的工程量。

2) 总价包干子目的计量

总价包干子目的计量和支付应以总价为基础,不因物价波动引起的价款调整的因素而进行调整。承包人实际完成的工程量,是进行工程目标管理和控制进度支付的根据。

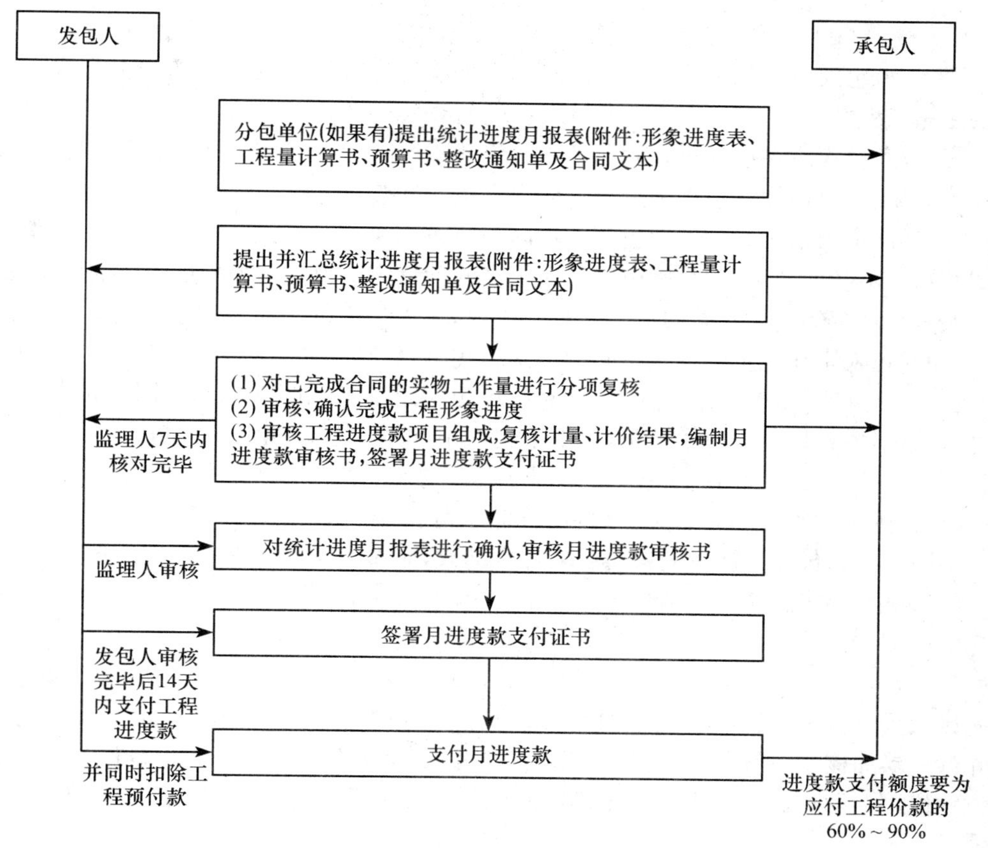

图 6.3　工程进度款支付步骤

承包人在合同约定的每个计量周期内,对已完成的工程进行计量,并提交专用条款约定的合同总价支付分解表所表示的阶段性或分项计量的支持性资料,以及所达到工程形象目标或分阶段需完成的工程量和有关计量资料。总价包干子目的支付分解表形成一般有以下三种方式:

(1) 对于工期较短的项目,将总价包干子目的价款按合同约定的计量周期平均。

(2) 对于合同价值不大的项目,按照总价包干子目的价款占签约合同价的百分比,以及各个支付周期内所完成的总价值,以固定百分比方式均摊支付。

(3) 根据有合同约束力的进度计划、预先确定的里程碑形象进度节点(或者支付周期)、组成总价包干子目的价款分解到各个形象进度节点(或者支付周期中),汇总形成支付分解表。实际支付时,经检查核实其实际形象进度,达到支付分解表的要求后,即可支付经批准的每阶段总价包干子目的支付金额。

2. 已完工程量复核

当发、承包双方在合同中未对工程量的复核时间、程序、方法和要求作约定时,可以参考以下办法:

(1) 按照2008《计价规范》中对第4.5.4条的相关解释处理：

第一，承包人应在每个月末或合同约定的工程段完成后向发包人递交上月或上一工程段已完工程量报告。

第二，发包人应在接到报告后七天内按施工图纸（含设计变更）核对已完工程量，并应在计量前24小时通知承包人。承包人应提供条件并按时参加。

第三，计量结果：①如发、承包双方均同意计量结果，则双方应签字确认；②如承包人收到通知后不参加计量核对，则由发包人核实的计量应认为是对工程量的正确计量；③如发包人未在规定的核对时间内进行计量核对，承包人提交的工程计量视为发包人已经认可；④如发包人未在规定的核对时间内通知承包人，致使承包人未能参加计量核对的，则由发包人所作的计量核实结果无效；⑤对于承包人超出施工图纸范围或因承包人原因造成返工的工程量，发包人不予计量；⑥如承包人不同意发包人核实的计量结果，承包人应在收到上述结果后七天内向发包人提出，声明承包人认为不正确的详细情况。发包人收到后，应在两天内重新核对有关工程量的计量，或予以确认，或将其修改。

第四，发、承包双方认可的核对后的计量结果，应作为支付工程进度款的根据。

(2) 按照《建设工程价款结算暂行办法》（财建〔2004〕369号）第三章第13条（二）中的规定处理：

第一，承包人应当按照合同约定的方法和时间，向发包人提交已完工程量的报告。发包人接到报告后14天内核实已完工程量，并在核实前一天通知承包人，承包人应提供条件并派人参加核实，承包人收到通知后不参加核实，以发包人核实的工程量作为工程价款支付的根据。发包人不按约定时间通知承包人，致使承包人未能参加核实，核实结果无效。

第二，发包人收到承包人报告后14天内未核实完工程量，从第15天起，承包人报告的工程量即视为被确认，作为工程价款支付的根据，双方合同另有约定的，按合同执行。

第三，对承包人超出设计图纸（含设计变更）范围和因承包人原因造成返工的工程量，发包人不予计量。

3. 工程进度款支付

(1) 2008《计价规范》中第4.5.5～4.5.8条对进度款的支付做了相关规定：

第一，承包人应在每个付款周期末，向发包人递交进度款支付申请，并附相应的证明文件。除合同另有约定外，进度款支付申请应包括下列内容：①本周期已完成工程的价款；②累计已完成的工程价款；③累计已支付的工程价款；④本周期已完成计日工金额；⑤应增加和扣减的变更金额；⑥应增加和扣减的索赔金额；⑦应抵扣的工程预付款；⑧应扣减的质量保证金；⑨根据合同应增加和扣减的其他金额；⑩本付款周期实际应支付的工程价款。

第二，发包人在收到承包人递交的工程进度款支付申请及相应的证明文件后，发包人应在合同约定时间内核对和支付工程进度款。发包人应扣回的工程预付款，与工程进度款同期结算抵扣。

第三，发包人未在合同约定时间内支付工程进度款，承包人应及时向发包人发出要求付款的通知，发包人收到承包人通知后仍不按要求付款，可与承包人协商签订延期付款协议，经承包人同意后延期支付。协议应明确延期支付的时间和从付款申请生效后按同期银行贷款利率计算应付款的利息。

第四，发包人不按合同约定支付工程进度款，双方又未达成延期付款协议，导致施工无法进行时，承包人可停止施工，由发包人承担违约责任。

(2)《建设工程价款结算暂行办法》(财建〔2004〕369 号)第三章第 13 条(三)中对工程进度款支付做了如下详细规定：

第一，根据确定的工程计量结果，承包人向发包人提出支付工程进度款申请 14 天内，发包人应按不低于工程价款的 60%，不高于工程价款的 90%向承包人支付工程进度款。按约定时间发包人应扣回的预付款，与工程进度款同期结算抵扣；对于发包人确认的合同规定的调整金额和工程变更价款作为追加(减)的合同价款与工程进度款同期支付；对于质量保证金从应付的工程款中预留。

第二，发包人超过约定的支付时间不支付工程进度款，承包人应及时向发包人发出要求付款的通知，发包人收到承包人通知后仍不能按要求付款，可与承包人协商签订延期付款协议，经承包人同意后可延期支付，协议应明确延期支付的时间和从工程计量结果确认后第 15 天起计算应付款的利息(利率按同期银行贷款利率计)。

第三，发包人不按合同约定支付工程进度款，双方又未达成延期付款协议，导致施工无法进行，承包人可停止施工，由发包人承担违约责任。

(3)《标准施工招标文件》(2007)通用合同条款中对工程进度付款的规定如下：

第一，承包人提交进度款申请。在工程量经复核认可后，承包人应在每个付款周期末，按监理人批准的格式和专用合同条款约定的份数，向监理人提交进度付款申请，并付相应的支持性证明文件。除专用合同另有约定外，进度付款申请应包括以下内容：①本期已实施工程的价款；②累计已完成的工程价款；③累计已支付的工程价款；④本周期已完成计日工金额；⑤应增加和扣减的变更金额；⑥应增加和扣减的索赔金额；⑦应抵扣的工程预付款；⑧应扣减的质量保证金；⑨根据合同应增加和扣减的其他金额；⑩本付款周期实际应支付的工程价款。

第二，进度付款证书和支付时间。

其一，监理人在收到承包人进度付款申请单以及相应的支持性证明文件后的 14 天内完成核查，提出发包人到期应该支付给承包人的金额以及相应的支持性材料，经发包人审查同意后，由监理人向承包人出具经发包人签认的进度付款证书。监理人有权扣发承包人未能按照合同要求履行任何工作或义务的相应金额。

其二，发包人应在监理人收到进度款付款申请单后 28 天内，将进度应付款支付给承包人。发包人不按期支付的，按专用合同条款的约定支付逾期付款违约金。

其三，监理人出具进度付款证书，不应视为监理人已经同意、批准或接受了承包人完成的该部分的工作。

其四，进度付款涉及政府投资资金的，按照国库集中支付等国家相关规定和专用合同条款的约定办理。

第三，工程进度付款的修正。在对以往历次签发的进度付款证书进行汇总和复核中发现错、漏或重复的，监理人有权予以修正，承包人也有权提出修正申请。经双方复核同意的修正，应在本次进度付款中支付或扣除。

（三）质量保证金

根据《建设工程质量保证金管理办法》（财建〔2005〕7号）中规定，建设工程质量保证金（以下简称保证金）是指发包人与承包人在建设工程承包合同中约定，从应付的工程款中预留，用以保证承包人在缺陷责任期内对建设工程出现的缺陷进行维修的资金。

1. 保证金的预留和返还

1）承发包双方的约定

《建设工程质量保证金管理办法》（财建〔2005〕7号）中第3条规定，发包人应当在招标文件中明确保证金预留、返还等内容，并与承包人在合同条款中对涉及保证金的下列事项进行约定：①保证金预留、返还方式；②保证金预留比例、期限；③保证金是否计付利息，如计付利息，利息的计算方式；④缺陷责任期的期限及计算方式；⑤保证金预留、返还及工程维修质量、费用等争议的处理程序；⑥缺陷责任期内出现缺陷的索赔方式。

2）保证金的预留

《建设工程质量保证金管理办法》（财建〔2005〕7号）第11条规定，发包人和承包人对保证金预留、返还以及工程维修质量、费用有争议，按承包合同约定的争议和纠纷解决程序处理。根据《建设工程质量保证金管理办法》（财建〔2005〕7号）第7条的规定，全部或者部分使用政府投资的建设项目，按工程价款结算总额5%左右的比例预留保证金。社会投资项目采用预留保证金方式的，预留保证金的比例可参照执行。

《标准施工招标文件》（2007）中第17.4.1条规定，监理人应从第一个付款周期开始，在发包人的进度付款中，按专用合同条款的约定扣留质量保证金，直至扣留的质量保证金总额达到专用合同条款约定的金额或比例为止。质量保证金的计算额度不包括预付款的支付、扣回以及价款调整的金额。

3）保证金的返还

《建设工程质量保证金管理办法》（财建〔2005〕7号）第9、10条和《标准施工招标文件》（2007）中第17.4.2条规定，缺陷责任期内，承包人认真履行合同约定的责任。约定的缺陷责任期满，承包人向发包人申请返还保证金。发包人在接到承包人返还保证金申请后，应于14日内会同承包人按照合同约定的内容进行核实。如无异议，发包人应当在核实后14日内将保证金返还给承包人，逾期支付的，从逾期之日起，按照同期银行贷款利率计付利息，并承担违约责任。发包人在接到承包人返还保证金申请后14日内不予答复，经催告后14日内仍不予答复，视同认可承包人的返还保证金申请。

《标准施工招标文件》（2007）中第17.4.3条规定，缺陷责任期满时，承包人没有完成缺陷责任的，发包人有权扣留与未履行责任剩余工作所需金额相应的质量保证金余额，并有权根据约定要求延长缺陷责任期，直至完成剩余工作为止。

2. 保证金的管理及缺陷修复

1）保证金的管理

《建设工程质量保证金管理办法》(财建〔2005〕7 号)第 4 条规定，缺陷责任期内，实行国库集中支付的政府投资项目，保证金的管理应按国库集中支付的有关规定执行。其他的政府投资项目，保证金可以预留在财政部门或发包人。缺陷责任期内，如发包人被撤销，保证金随交付使用资产一并移交使用单位管理，由使用单位代行发包人职责。社会投资项目采用预留保证金方式的，发、承包双方可以约定将保证金交由金融机构托管；采用工程质量保证担保、工程质量保险等其他保证方式的，发包人不得再预留保证金，并按照有关规定执行。

2）缺陷责任期内缺陷责任的承担

《建设工程质量保证金管理办法》(财建〔2005〕7 号)第 8 条规定，缺陷责任期内，由承包人原因造成的缺陷，承包人应负责维修，并承担鉴定及维修费用。如承包人不维修也不承担费用，发包人可按合同约定扣除保证金，并由承包人承担违约责任。承包人维修并承担相应费用后，不能免除对工程的一般损失赔偿责任。由他人原因造成的缺陷，发包人负责组织维修，承包人不承担费用，且发包人不得从保证金中扣除费用。

四、《FIDIC 施工合同条件》(1999)中工程价款的支付

《FIDIC 施工合同条件》(1999)中规定的工程价款支付程序包括每个月末支付工程进度款、竣工移交时办理竣工结算和解除缺陷责任后进行最终结算三大类型。

（一）工程价款支付的内容

《FIDIC 施工合同条件》(1999)中所规定的工程价款支付的内容主要包括两部分：清单费用和清单以外的费用，如图 6.4 所示。

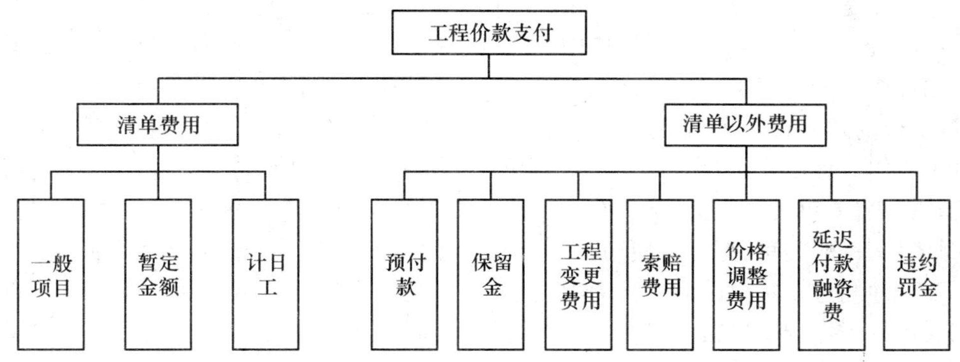

图 6.4　《FIDIC 施工合同条件》(1999)下工程支付的内容

其中，工程量清单费用是承包商在投标时，根据合同条件的有关规定提出的报价，并经业主认可的费用。工程量清单以外的费用虽然在工程量清单中没有规定，但是在合同条件中却有明确的规定，它也是工程支付的一部分。

1. 工程量清单费用

工程量清单项目分为一般项目、暂定金额和计日工三种。

1）一般项目

一般项目是指工程量清单中除暂定金额和计日工以外的全部项目。这类项目的支付是以经过工程师计量的工程数量为根据，乘以工程量清单中的单价，其单价一般是不变的。这类项目的支付占了工程费用的绝大部分，但这类支付程序比较简单，一般通过签发期中支付证书支付进度款，具体程序见本节工程进度款的支付。

2）暂定金额

暂定金额是指合同中明文规定的一笔金额，用以支付某部分工程的实施，设备材料供货以及提供服务所需的款项。实际上暂定金额相当于业主的备用金，在合同中通常出现此类费用的原因可能有以下几个方面：①工程实施过程中可能发生业主方负责的应急费或不可预见费用；②在招标时，对工程的某些部分，业主方还不可能确定到使投标者能够报出固定单价的深度或不能决定某项工作是否包含在合同中；③对于某项工作，业主方希望以指定分包商的方式来实施。

暂定金额按照工程师的指示可能全部或部分使用，或根本不予动用，动用的部分成为合同价款的一部分。没有工程师的指示，承包商不能进行暂定金额项目的任何工作。

承包商按照工程师的指示完成的暂定金额项目的费用，按工程量表中开列的费用和价款估价，而且，工程师有权要求承包商提交有关的报价单、发票、凭证、账单或收据等来证明承包商完成该项工作的实际费用。工程师根据上述资料，按照合同的规定，确定支付金额。此外，如果工程师动用暂定金额指示承包商从指定分包商那里或其他渠道采购永久设备、材料或服务，承包商应得到两笔款项：一是承包商为此工作实际支付的费用；二是承包商实施该项工作的管理费和利润。

3）计日工

计日工是指承包商在工程量清单的附件中，按工种或设备填报单价的日工劳务费和机械台班费。一般用于工程量清单中没有合适项目，且不能安排大批量的流水施工的零星附加工作。只有当工程师根据施工进展的实际情况，指示承包商实施以日工计价的工作时，承包商才有权获得用日工计价的付款。通常计日工由相关的暂定金额支付。实施计日工工作过程中，承包商每天应向工程师送交一式两份的前一天为计日工所投入的资源清单报表，清单具体包括：①所有参加计日工作的人员姓名、工种和工作时间；②施工设备和临时工程的类别、型号及使用时间；③永久设备和材料使用的数量和类别。

工程师经过核实批准后在报表上签字，并将其中一份退还承包商。如果承包商需要为完成计日工作购买材料，应先向工程师提交订货报价单请他批准，采购后还要提供证实所付款的收据或其他凭证。

需要说明的是由于承包商在投标时，计日工的报价不影响其评标总价，所以，一般计日工的报价较高。在工程施工过程中，工程师应尽量少用或不用计日工这种形式，因为大部分采用计日工形式实施的工程，也可以采用工程变更的形式。

2. 工程量清单以外项目

清单以外项目包括预付款、保留金、工程变更和索赔的费用、价款调整费用、延迟付款融资费和违约罚金。

1）预付款

预付款是指业主预先向承包商支付，用于承包商启动项目，并从未来的工程款中扣回的一笔无息款项。预付款的额度、分期支付的次数、支付时间以及支付货币和货币比例应在投标函附录中规定清楚。

第一，预付款的支付。预付款由工程师签发支付证书或由业主付款。

其一，工程师签发支付证书。只有在满足以下三个条件时，工程师才可为第一笔预付款签发支付证书：①工程师收到承包商按照申请期中支付证书规定格式递交的预付款支付申请报表；②业主收到承包商按规定提交的履约保证；③业主收到一份金额与货币类型等同的预付款保函。

预付款保函应由业主批准的国际或地区机构开具，并符合专用条件中所附的或业主认可的格式，且承包商应保证在归还全部预付款之前，该保函一直有效并能够被执行兑现，担保额度可以随预付款逐步归还而相应递减。

其二，业主支付。业主应在签发中标函后的 42 天内，或者在承包商提交了履约保证和预付款保函以及提交了预付款报表后的 21 天内，向承包商支付第一笔预付款，这两个时间以较晚者为准。

第二，预付款的归还。预付款的归还方式是按每次付款的百分比在支付证书中扣减，如果扣减的百分比没有在投标保函附录中写明，应按下面方法扣减：当期中支付证书的累积款项（不包括预付款以及保留金的减扣与退还）超过中标合同款额与暂定金额之差的10％时，开始从期中支付证书中抵扣预付款，每次扣发的数额为该支付证书的 25％（不包括预付款以及保留金的减扣与退还），扣发的货币比例与支付预付款的货币比例相同，直到预付款全部归还为止。

如果在整个工程的接受证书签发之前，或者在发生终止合同或发生不可抗力之前，预付款还没有偿还完，此类事件发生后，承包商应立即偿还剩余部分。

2）保留金

保留金是按合同约定从承包商应得工程款中相应扣减的一笔金额保留在业主手中，作为约束承包商严格履行合同义务的措施之一，当承包商有一般违约行为使业主受到损失时，可从该项金额内直接扣除损害赔偿费。例如，承包商未能在工程师规定的时间内修复缺陷工程部位，业主雇用其他人完成后，这笔费用可从保留金内扣除。

第一，保留金的扣留。从首次支付工程进度款开始，用该月承包商有权获得的所有款项乘以合同约定保留金的百分比作为本次支付时应扣留的保留金（通常为 5％～10％）。逐月累计扣到合同约定的保留金最高限额为止（通常为中标合同款额的 2.5％～5％）。

第二，保留金的返还。扣留承包商的保留金分两次返还：

第一次，颁发工程接收证书后返还。颁发整个工程的接收证书时，将保留金的一半由工程师开具证书，支付给承包商。如果颁发的接收证书只限于一个区段或工程的一部分，

则支付的保留金等于保留金总额的40%乘以该区段/部分工程估算合同价占整个工程合同估算价值的比重，即

$$颁发工程整体接收证书:返还金额 = 保留金总额 \times 50\%$$

颁发部分或区段接收证书：

$$返还金额 = 保留金总额的一半 \times \frac{移交工程区段的合同价值}{最终合同价值的估算值} \times 40\%$$

第二次，保修期满颁发履约证书后将剩余保留金返还。整个合同的缺陷通知期满，返还剩余的保留金。如果颁发的履约证书只限于一个区段，则在这个区段的缺陷通知期满后，并不全部返还该部分剩余的保留金，而是按40%的比例返还。即

$$整个合同缺陷通知期满,颁发履约证书:返还金额 = 剩余的保留金$$

颁发部分或区段的履约证书：

$$返还金额 = 保留金总额 \times \frac{移交工程区段的合同价值}{最终合同价值的估算值} \times 40\%$$

该区段剩余20%的保留金待最后的缺陷通知其结束后退还。如果该区段的缺陷通知期是最迟的一个，该区段保留金归还应为：接收证书签发后返还40%，缺陷通知期结束后返还剩余的60%。

3）工程变更的费用

工程变更也是工程支付中的一个重要项目。工程变更费用的支付根据是工程变更令和工程师对变更项目所确定的变更费用，列入期中支付证书予以支付。

4）索赔费用

索赔费用的支付根据是工程师批准的索赔审批书及其计算而得的款额，支付时间随工程期中支付证书一并支付。

5）价款调整费用

价款调整费用是按照《FIDIC施工合同条件》(1999)第13条规定的计算方法计算调整的款额，包括施工过程中出现的劳务和材料费用的变更，后继的法规及其他政策的变化导致的费用变更等。

6）延迟付款融资费

按照合同规定，业主未能在合同规定的时间内向承包商付款，则承包商有权就未收到的款额收取融资费，按月复利，并从规定的应支付日期开始收取融资费。计算融资费的利率按支付货币国家中央银行的贴现率再加上三个百分点，支付融资费的货币也应与支付货币相同。承包商不需正式通知和证明，就有权获得延迟付款的融资费。

7）违约罚金

对承包商的违约罚金主要包括拖延工期的误期赔偿和未履行合同义务的罚金。这类费用可从承包商的保留金中扣除，也可从支付给承包商的款项中扣除。

（二）工程进度款的支付

1. 工程量计量

工程量清单中所列的工程量只是估算的工程量，不能作为承包商完成合同规定施工

任务的结算根据。每次支付工程款前，均需通过测量来核实实际完成的工程量。

按照《FIDIC 施工合同条件》(1999)第 12 条的规定，当工程师要求对任何部位进行计量时，应向承包商的代表发出合理通知，承包商代表自行或派员协助工程师进行上述计量，并提供工程师所要求的一切详细资料。如果承包商没有参加计量，则由工程师单方面进行的计量应被视为对工程该部分的正确计量，承包商应认可该结果。如果对永久工程采取记录和图纸的方式计量，除合同另有规定之外，工程师应在工作过程中准备好记录和图纸，当承包商被通知要求进行该项记录审查时，应参加审查，并就此类记录和图纸和工程师达成一致，并应在双方意见一致时在上述文件上签字。如果承包商不出席此类记录和图纸的审查和确认时，则认为这些记录和图纸是正确无误的，如果在审查上述记录和图纸之后，承包商不同意上述记录和图纸，或不签字表示同意，它们仍将被认为是正确的，除非承包商在上述审查后 14 天内向工程师提出申诉，声明承包商认为上述记录与图中并不正确的各个方面。在接到这一申诉通知后，工程师应复查这些记录和图纸，或予以确认或予以修改。在某些情况下，也可由承包商在工程师的监督和管理下，对工程的某些部分进行计量。

2. 承包商提出期中支付申请

每个月的月末，承包商应按工程师规定的格式提交一式六份本月期中支付申请报表，内容包括以下几个方面：①本月实施的永久工程价值；②工程量清单中列有的，包括临时工程、计日工费等任何项目应付款；③材料预付款；④按合同约定方法计算的，因物价浮动而需增加的调价款；⑤按合同有关条款约定，承包商有权获得的补偿款。

3. 工程师签证

工程师接到承包商的期中支付申请报表后，要审查款项内容的合理性和计算的正确性。在核实承包商本月应得款的基础上，再扣除保留金、预付款以及所有承包商责任而应扣减的款项后，据此签发期中支付的临时支付证书。如果本月承包商应获得支付的金额小于投标书附件中规定的中期支付最小金额时，工程师可不签发本月进度款的支付证书，这笔款结转下月一并支付。工程师的审查和签证工作，应在收到承包商报表后的 28 天内完成。工程进度款支付证书属于临时支付证书，他有权对以前签发过的证书进行修正，若对某项工作的完成情况不满意，也可以在证书内删去或减少这项工作的价值。

4. 业主支付

承包商的报表经过工程师认可并签发工程进度款的支付证书后，业主应在工程师收到承包商的报表和证明文件后 56 天内，将期中支付证书中证明的款额支付给承包商。如果逾期支付，将对未付款承担延期支付的融资费。

(三) 竣工结算

1. 竣工结算程序

颁发工程接收证书后的 84 天内，承包商应按规定的格式报送竣工报表，报表内容包括:①到工程接收证书中指明的竣工日期,根据合同完成全部工作的最终价值;②承包商认为应该获得的其他款项,如要求的索赔款、应退还的部分保留金等;③承包商认为根据合同应支付给他的估算总额。所谓"估算总额",是指这笔金额还未经过工程师审核同意。估算总额应在竣工结算报表中单独列出,以便工程师签发支付证书。

工程师接到竣工报表后,应对照竣工图进行工程量详细核算,对其他支付要求进行审查,然后再根据检查结果签署竣工结算的支付证书。此项签证工作,工程师也应在收到竣工报表后 28 天内完成,业主根据工程师的签证予以支付。

2. 对竣工结算总金额的调整

一般情况下,承包商在整个施工期内完成的工程量乘以工程量清单中的相应单价后,再加上其他有权获得的费用总和,即为工程竣工结算总额。但当颁发工程移交证书后发现,由于施工期内累计变更的影响和实际完成工程量与清单内估计工程量的差异,导致承包商按合同约定方式计算的实际结算款总额比原定合同价款增加或减少过多时,均应对结算价款总额予以相应调整。

《FIDIC 施工合同条件》(1999)规定,进行竣工结算时,将承包商实际施工完成的工程量按合同约定费率计算的结算款扣除暂定金额项内的付款、计日工付款和物价浮动调价款后,与中标通知书中注明的合同价款扣除工程量清单内所列暂定金额、计日工费两项后的"有效合同价"进行比较。不论增加还是减少的额度超过有效合同价 15%以上时,均要对承包商的竣工结算总额加以调整。调整处理的原则如下:

(1) 增减差额超过有效合同价 15%以上的原因是由于累计变更过多导致,不包括其他原因。即合同履行过程中不属于工程变更范围内所给承包商的补偿费用,不应包括在计算竣工结算调整费之列,如业主违约或应承担风险事件发生后的补偿款;因法规、税收等政策变化的补偿款;汇率变化的调整费等。

(2) 增加或减少超过有效合同价 15%后的调整,是针对整个合同而言。对于某项具体工作内容或分阶段移交工程的竣工结算,虽然也有可能超过该部分工程合同价款的 15%以上,但不应考虑该部分的结算价款调整。

(3) 增加或减少幅度在有效合同价 15%之内,竣工结算款不应作调整。因为工程量清单内所列的工程量是估计工程量,允许实施过程中与它有差异,而且施工中的变更也是不可避免的,所以在此范围内的变化按双方应承担的风险对待。

(4) 增加款额部分超过 15%以上时,应将承包商按合同约定方式计算的竣工结算款总额适当减少;反之,减少的款额部分超过有效合同价 15%以上时,则在承包商应得结算款基础上增加一定的补偿费。

进行此项调整的原因是基于单价合同的特点。承包商在工程量清单中所报单价既包括直接费部分,还包括间接费、利润、公司管理费等在该部分工程款中的摊销。为了使承包商的实际收入与支出之间达到总体平衡,要对摊销费中不随工程量实际增减变化的部分予以调整。调整范围仅限于增减超过 15%以上部分。

（四）最终结算

最终结算是指颁发履约证书后，对承包商完成全部工作价值的详细结算，以及根据合同条件对应付给承包商的其他费用进行核实，确定合同的最终价款。它包括以下三个方面。

1. 申请最终支付证书

1）承包商提交最终报表草案

收到履约证书后的56天内，承包商应按工程师批准的格式，向其提交最终报表草案，一式六份，同时附有证明文件。最终报表草案须详细列明两项内容：一是承包商完成的全部工作的价值；二是承包商认为业主仍需要支付给他的余额。

2）工程师对最终报表草案进行审核

如果工程师对最终报表草案有异议，承包商应提交给工程师合理要求的补充资料，来进一步证明。工程师与承包商协商，对最终报表草案进行适当的补充或修改后形成最终报表。

3）争议的处理

双方对最终报表草案有争议，工程师应先就最终报表草案无争议部分向业主开局一份期中支付证书，争议部分按《FIDIC施工合同条件》(1999)第20条解决。根据解决的结果，承包商编制最终报表，提交给业主，同时抄报工程师。

2. 结清单

由于工程支付十分复杂，作为惯例，申请最终支付款项时，承包商不但提交最终报表，还需向业主提交一份“结清单”，作为一种附加确认。结清单上应确认最终报表中的总额即为应支付给承包商的全部和最终的合同结算款额。结清单上还可以说明，只有承包商收到履约保证和合同款余额时，结清单才生效。

3. 最终支付证书的签发

工程师在接到最终报表和结清单附件后的28天内签发最终支付证书。业主应在收到最终支付证书后的56天内支付。最终的支付证书应包括最终到期应支付的金额和扣除业主以前已经支付的款额后，还应支付承包商的余额。只有当业主按照最终支付证书的金额予以支付并退还履约保函后，结清单才生效，承包商的索赔权也即行终止。

如果承包商不按期申请最终支付证书，工程师应通知要求其提交，通知后28天内仍不提交，工程师可自行合理决定最终支付金额，并相应签发最终支付证书。

第二节　工程价款的调整

一、工程价款调整的规定

在2008《计价规范》中的术语解释中，合同价是指发、承包双方在施工合同中约定的工程造价，是双方以合同形式确定的工程承包交易价款。

由于工程建设的周期长、涉及的经济关系和法律关系复杂、受自然条件和客观因素的影响大，导致项目的实际情况与项目招标投标时的情况相比会发生一些变化。因此，工程实施的情况与招标投标时的工程情况相比往往会有一些变化，按招标投标时情况确定的工程价款已与实际不符，工程价款调整不可避免。

工程建设中可能造成工程价款变动的原因主要有五种：工程量的变化引起的调整、物价波动引起的调整、法律法规变动引起的调整、工程变更引起的价款调整、工程索赔引起的价款调整。不同的合同条件对此有不同的规定。

（一）工程价款调整原则

我国《建设工程施工合同示范文本》(GF-99-021)第 23 条和《建设工程价款结算暂行办法》(财建〔2004〕369 号)的第 6 条和第 8 条对工程价款调整都做了相应规定。当《建设工程施工合同示范文本》(GF-99-021)内容与《建设工程价款结算暂行办法》(财建〔2004〕369 号)规定不一致时，以后者为准。

一般来说，招标工程的工程价款由发包人、承包人根据中标通知书中的中标价款在协议书内约定。非招标工程的工程价款由发包人、承包人根据工程预算书在协议书内约定。工程价款在协议书内约定后，任何一方不得擅自改变。只有发生了需调整工程价款的事件，才能调整工程价款。不同类型的合同，调整价款的方法不一样，通常双方在专用条款内约定工程价款的调整方法。

（二）《建设工程价款结算暂行办法》(财建〔2004〕369 号)的规定

根据《建设工程价款结算暂行办法》(财建〔2004〕369 号)第 8 条的规定：

可调价格合同包括可调综合单价和措施费等，双方应在合同中约定综合单价和措施费的调整方法，调整因素包括：①法律、行政法规和国家有关政策变化影响合同价款；②工程造价管理机构的价款调整；③经批准的设计变更；④发包人更改经审定批准的施工组织设计(修正错误除外)造成费用增加；⑤双方约定的其他因素。

根据《建设工程价款结算暂行办法》(财建〔2004〕369 号)第 9 条的规定：

承包人应当在合同规定的调整情况发生后 14 天内，将调整原因、金额以书面形式通知发包人，发包人确认调整金额后将其作为追加合同价款，与工程进度款同期支付。发包人收到承包人通知后 14 天内不予确认也不提出修改意见，视为已经同意该项调整。

当合同规定的调整合同价款的调整情况发生后，承包人未在规定时间内通知发包人，或者未在规定时间内提出调整报告，发包人可以根据有关资料，决定是否调整和调整的金额，并书面通知承包人。

根据《建设工程价款结算暂行办法》(财建〔2004〕369 号)第 10 条的规定：

第一，施工中发生工程变更，承包人按照经发包人认可的变更设计文件，进行变更施工，其中，政府投资项目重大变更，需按基本建设程序报批后方可施工。

第二，在工程设计变更确定后 14 天内，设计变更涉及工程价款调整的，由承包人向发包人提出，经发包人审核同意后调整合同价款。变更合同价款按下列方法进行：①合同中已有适用于变更工程的价格，按合同已有的价款变更合同价款；②合同中只有类似于变更工程的价格，可以参照类似价款变更合同价款；③合同中没有适用或类似于变更工程的价格，由承包人或发包人提出适当的变更价格，经对方确认后执行。如双方不能达成一致的，双方可提请工程所在地工程造价管理机构进行咨询或按合同约定的争议或纠纷解决程序办理。

第三，计变更确定后 14 天内，如承包人未提出变更工程价款报告，则发包人可根据所掌握的资料决定是否调整合同价款和调整的具体金额。重大工程变更涉及工程价款变更报告和确认的时限由发承包双方协商确定。

第四，收到变更工程价款报告一方，应在收到之日起 14 天内予以确认或提出协商意见，自变更工程价款报告送达之日起 14 天内，对方未确认也未提出协商意见时，视为变更工程价款报告已被确认。

第五，确认增(减)的工程变更价款作为追加(减)合同价款与工程进度款同期支付。

《建设工程价款结算暂行办法》(财建〔2004〕369 号)主要规定了施工过程中出现工程变更，导致工程量增加时的调整方法和调整程序。此外还说明了如果签订的是可调价格合同，则可以对法律变化和物价波动进行调整，但没有规定调整的方法。

(三)《建设工程工程量清单计价规范》(GB 50500—2008)的规定

根据《建设工程工程量清单计价规范》(GB 50500—2008)第 4.7 条工程价款调整的相关规定，工程价款调整因素包括：

(1) 招标工程以投标截止日前 28 天，非招标工程以合同签订前 28 天为基准日，其后国家的法律、法规、规章和政策发生变化影响工程造价的，应按省级或行业建设主管部门或其授权的工程造价管理机构发布的规定调整合同价款。

(2) 若施工中出现施工图纸(含设计变更)与工程量清单项目特征描述不符的，发、承包双方应按新的项目特征确定相应工程量清单的综合单价。

(3) 因分部分项工程量清单漏项或非承包人原因的工程变更，造成增加新的工程量清单项目，其对应的综合单价按下列方法确定：①合同中已有适用的综合单价，按合同中已有的综合单价确定；②合同中有类似的综合单价，参照类似的综合单价确定；③合同中没有适用或类似的综合单价，由承包人提出综合单价，经发包人确认后执行。

(4) 因分部分项工程量清单漏项或非承包人原因的工程变更，引起措施项目发生变化，造成施工组织设计或施工方案变更，原措施费中已有的措施项目，按原有措施费的组价方法调整；原措施费中没有的措施项目，由承包人根据措施项目变更情况，提出适当的措施费变更，经发包人确认后调整。

(5) 因非承包人原因引起的工程量增减，该项工程量变化在合同约定幅度以内的，应执行原有的综合单价；该项工程量变化在合同约定幅度以外的，其综合单价及措施费应予以调整。

(6) 若施工期内市场价格波动超出一定幅度时，应按合同约定调整工程价款；合同没有约定或约定不明确的，应按省级或行业建设主管部门或其授权的工程造价管理机构的规定调整。

(7) 因不可抗力事件导致的费用,发、承包双方应按以下原则分别承担并调整工程价款:①工程本身的损害、因工程损害导致第三方人员伤亡和财产损失以及运至施工现场用于施工的材料和待安装的设备的损害,由发包人承担;②发包人、承包人人员伤亡由其所在单位负责,并承担相应费用;③承包人的施工机械设备的损坏及停工损失,由承包人承担;④停工期间,承包人应发包人要求留在施工现场的必要的管理人员及保卫人员的工费用,由发包人承担;⑤工程所需清理、修复费用,由发包人承担。

2008《计价规范》中对工程价款的调整做了详细的规定,主要涉及的调整内容、调整前提、调整原则总结如表 6.1 所示。

工程价款调整报告应由受益方在合同约定时间内向合同的另一方提出,经对方确认后调整合同价款。受益方未在合同约定时间内提出工程价款调整报告的,视为不涉及合同价款的调整。收到工程价款调整报告的一方应在合同约定时间内确认或提出协商意见,否则视为工程价款调整报告已经确认。

经发、承包双方确定调整的工程价款,作为追加(减)合同价款与工程进度款同期支付。

(四)《标准施工招标文件》(2007)的规定

根据《标准施工招标文件》(2007)第 16 条的规定:

(1) 对物价波动引起工程价款调整,可以根据调价公式进行调整,或按当地造价信息调整合同价款。

(2) 对于法律变化引起的工程价款调整,在基准日后,因法律变化导致承包人在合同履行中所需要的工程费用,监理人应根据法律、国家或省、自治区、直辖市有关部门的规定,商定或确定需调整的合同价款。

《标准施工招标文件》(2007)中规定了物价波动、法律变化两种情况的合同价款调整方法,但是没有规定工程量变化时价款调整的方法,而在清单中做了此类规定。

(五)《FIDIC 施工合同条件》(1999)的规定

《FIDIC 施工合同条件》(1999)第 12、13 条对施工费用的调整做了具体规定,这些规定也是国际工程施工承包合同中大多采用的做法。

1. 法规变化引起的调整

在基准日期之后,如果工程所在国的法律(如税法、劳动法、保险法、海关法、环境保护法等)发生变动,引入了新法律,或废止修改了原有法律,或者对原法律的司法解释或政府官方解释发生变动,从而影响了承包人履行合同义务,则应根据此类变动引起工程费用增加或减少的具体情况,对合同价格进行相应的调整;如果因立法变动致使承包人延误了工程进度或招致了额外费用,承包人可按第 20.1 条索赔工期和费用。一般来说,此项增加或减少的费用应由工程师与承包人和发包人协商后决定并开具证明,合同价格应按此相应增加或减少,并通知承包人,告知发包人。

表 6.1 2008《计价规范》导致合同价款调整的原因及调整内容

<table>
<tr><th rowspan="2">调整内容
调整原因</th><th rowspan="2">条款号</th><th rowspan="2">调整前提</th><th colspan="4">调整原则</th></tr>
<tr><th>工程量</th><th>综合单价</th><th>措施费</th><th>规费、税金</th></tr>
<tr><td>后继法律法规变化</td><td>4.7.1</td><td>在基准日后出台的政策、法规、规章和政策影响工程造价的</td><td colspan="4">按省级或行业建设主管部门或其授权的工程造价管理机构发布的规定调整合同价格</td></tr>
<tr><td>项目特征描述不符</td><td>4.7.2</td><td>施工图纸与清单项目特征描述不一致，及设计变更</td><td rowspan="7">工程量按实计算</td><td>应按新的项目特征确定</td><td>不调整</td><td rowspan="7">按实调整</td></tr>
<tr><td rowspan="2">分部分项工程量清单漏项</td><td rowspan="4">4.7.3
4.7.4</td><td>分部分项工程量清单漏项，措施项目、施工组织设计、施工方案未发生改变</td><td rowspan="4">（1）合同中已有适用的综合单价，按合同中已有的综合单价确定
（2）合同中有类似的综合单价，参照类似的综合单价确定
（3）合同中没有适用或类似的综合单价，由承包人提出综合单价，经发包人确认后执行</td><td>不调整</td></tr>
<tr><td>分部分项工程量清单漏项，引起措施项目发生变化，造成施工组织设计或施工方案变更</td><td rowspan="2">（1）原措施费中已有的措施项目，按原有措施费的组价方法调整
（2）原措施费中没有的措施项目，由承包人根据措施项目变更情况，提出适当的措施费变更，经发包人确认后调整</td></tr>
<tr><td rowspan="2">非承包人原因的工程变更</td><td>非承包人原因引起的工程变更，引起措施项目发生变化，造成施工组织设计或施工方案变更</td></tr>
<tr><td>非承包人原因造成的工程变更，措施项目、施工组织设计、施工方案未发生改变</td><td>不调整</td></tr>
<tr><td rowspan="2">非承包人原因引起的工程量增减</td><td rowspan="2">4.7.5</td><td>工程量增减在约定幅度内</td><td>不调整</td><td>不调整</td></tr>
<tr><td>工程量增减在约定幅度外</td><td>由承包人对增加的工程量或减少后剩余的工程量提出新的综合单价和措施项目费，经发包人确认后调整</td><td>由承包人对增加的工程量或减少后剩余的工程量提出新的措施项目费，经发包人确认后调整</td></tr>
<tr><td>市场价格波动超出约定幅度</td><td>4.7.6</td><td>材料、设备市场价格波动超出约定幅度</td><td colspan="4">应按合同约定调整工程价款；合同没有约定或约定不明确的，应按省级或行业建设主管部门或其授权的工程造价管理机构的规定调整</td></tr>
<tr><td>不可抗力</td><td>4.7.7</td><td>出现不可抗力事件</td><td colspan="4">按合同约定执行，合同没有约定按规范中的规定执行</td></tr>
</table>

2. 费用变化引起的调整

如果实施工程的费用,包括劳动、物品以及其他投入,在施工期间有波动,则支付给承包商的工程款应按调值公式进行调整,可以上调,也可下调;对于没有调整到的部分,则认为中标合同款中已经包含了那部分物价波动的风险费;调整范围是针对那些按照有关明细表(工程量表)估价,并在支付证书中证明的工程款,同时适用于每种合同价格的支付货币,具体按调价公式确定;根据实际费用开支或现行价格估价的工程款一律不作调整。

3. 工程量变化引起的调整

如果某一项工作的实际工程量为以下情况:①比工程量表或其他报表中规定的工程量的变动大于10%;②工程量的变更与对该项工作规定的具体费率的乘积超过了接受的合同款额的0.01%;③此工程量的变更直接造成该项工作每单位工程量费用的变动超过1%;④这项工作不是合同中规定的"固定费率项目"。或:①根据第13条的规定指示的工作;②合同中没有规定该项工作的费率和价格;③由于工作性质不同,或在与合同中任何工作不同的条件下实施,未规定适宜的费率或价格。则新工作的费率或价格应考虑合同中相关费率或价格加以合理调整后得出,如果没有相关的费率或价格可供推算新的费率或价格,应根据实施该工作的合理成本和合理利润,并考虑其他相关事项后得出。

每种新的费率或价格是对合同中相关费率或价格在考虑到上述所描述的适用的事件以后做出的合理调整。如果没有相关的费率或价格,则新的费率或价格应是在考虑任何相关事件以后,从实施工作的合理费用加上合理利润中得到。

《FIDIC施工合同条件》(1999)中规定了法规变化、费用变化、工程量变化三种情况的合同价款调整方法,在合同的中应用比较广泛。

综上所述,在施工过程中,工程价款调整的主要因素,有工程量变化、法律变化、物价波动和工程变更四个部分,下面将从这四个部分分别阐述其调整的具体方法和过程。

二、工程量变化引起的调整

根据2008《计价规范》中对第4.7.5条的相关解释,工程量变化范围应在合同中约定,对于未超过工程量变化范围的部分,按原综合单价调整,对于超过的部分,应使用新的综合单价、措施费调整价款。如果合同中没有约定,可按以下方法调整:当工程量清单项目工程量的变化幅度在10%以内时,其综合单价不作调整,执行原有综合单价;当工程量清单项目工程量的变化幅度在10%以上,且其影响分部分项工程费超过0.1%时,其综合单价以及对应的措施费(如有)均应作调整。工程量变化的具体计算过程有以下几种情况。

(一)工程量增加未超过合同约定范围

如果工程量增加未超过合同约定范围,则调整的计算公式为

$$\text{最终分部分项工程费} = \text{原综合单价} \times \text{实际完成的工程量}$$

（二）工程量增加超过合同约定范围

如果工程量增加超过合同约定的范围，则根据 2008《计价规范》中的规定，超出的部分应使用新的综合单价计算分部分项工程费，同时要调整措施项目费用，具体调整方法有以下几种情况。

1．工程量增加的情况

因为是同一种工程量的增加，所以新综合单价中人工费、材料费、机械设备费不变（不考虑费用变化导致人工、材料、机械设备费的变化），只是因工程量的变化导致综合单价中分摊的管理费和利润的变化，所以只需要调整管理费和利润：

调整后的管理费＝原管理费×（1－超出合同约定增加的工程量／实际完成的工程量）

调整后的利润＝原利润×（1－超出合同约定增加的工程量／实际完成的工程量）

调整后的综合单价＝人工费＋材料费＋机械设备费＋调整后的管理费＋调整后的利润＋风险费用

最终分部分项工程费＝原工程单价×合同约定内增加工程量＋调整后的综合单价×合同约定外增加工程量

调整后的措施费＝承包人报价的措施费×（最终分部分项工程费／承包人报价的分部分项工程费－0.1）

2．减少的情况

工程量减少与工程量增加相同，人工、材料、机械设备费用也不变，但由于是工程量减少，故对承包人的补偿计算中，不能考虑利润，反映在新的综合单价确定的过程中即不考虑利润的分摊，只计算新的管理费即可：

调整后的管理费＝原管理费×（1＋超出合同约定减少的工程量／实际完成的工程量）

调整后的综合单价＝人工费＋材料费＋机械设备费＋调整后的管理费＋利润

最终分部分项工程费＝调整后的综合单价×实际完成的工程量

调整后的措施费＝承包人报价的措施费×（最终分部分项工程费／承包人报价的分部分项工程费＋0.1）

三、法律变化引起的调整

根据 2008《计价规范》中第 4.7.1 条的规定，招标工程以投标截止日前 28 天，非招标工程以合同签订前 28 天为基准日，其后国家的法律、法规、规章和政策发生变化影响工程造价的，应按省级或行业建设主管部门或其授权的工程造价管理机构发布的规定调整合同价款。

对于法律、法规、规章或有关政策出台导致工程税金、规费、人工单价发生变化，并由省级、行业建设行政主管部门或其授权的工程造价管理机构根据上述变化发布的政策性调整，承包人不应承担此类风险，应按照有关调整规定执行。

根据《标准施工招标文件》(2007)中第16条的规定，在基准日后，因法律变化导致承包人在合同履行中所需要的工程费用发生除物价波动引起的增减时，监理人应根据法律、国家或省、自治区、直辖市有关部门的规定，商定或确定需调整的合同价款。

四、物价波动引起的调整

2008《计价规范》中第4.7.6条中规定，因物价波动引起的工程价款调整，可采用以下两种方法中的某一种计算。

(一) 采用价格指数调整价款差额

此方式主要适用于使用的材料品种较少，但每种材料使用量较大的土木工程，如公路、水坝等。根据2008《计价规范》第4.7.6条解释和《标准施工招标文件》(2007)第16条的约定，因人工、材料和设备等价格因素波动影响工程价款时，根据投标函附录中的价格指数和权重表约定的数据，按以下公式计算差额并调整工程价款：

$$\Delta P = P_0\left[A+\left(B_1\times\frac{F_{t1}}{F_{01}}+B_2\times\frac{F_{t2}}{F_{02}}+B_3\times\frac{F_{t3}}{F_{03}}+\cdots+B_n\times\frac{F_{tn}}{F_{0n}}\right)-1\right]$$

式中，ΔP为需调整的价格差额；P_0为约定的付款证书中承包人应得到的已完成工程量的金额。此项金额应不包括价格调整、不计质量保证金的扣留和支付、不计预付款的支付和扣回。约定的变更及其他金额已按现行价格计价的，也不计在内；A为定值权重(即不调部分的权重)；B_1、B_2、$B_3\cdots B_n$为各可调因子的变值权重(即可调部分的权重)，为各可调因子在投标函投标总报价中所占的比例；F_{t1}、F_{t2}、$F_{t3}\cdots F_{tn}$为各可调因子的现行价格指数，指约定的付款证书相关周期最后一天的前42天的各可调因子的价格指数；F_{01}、F_{02}、$F_{03}\cdots F_{0n}$为各可调因子的基本价格指数，指基准日期的各可调因子的价格指数。

其中在计算过程中应注意以下几点：

(1) 以上价格调整公式中的各可调因子、定值和变值权重，以及基本价格指数及其来源在投标函附录价格指数和权重表中约定。价格指数应首先采用有关部门提供的价格指数，缺乏上述价格指数时，才可采用有关部门提供的价格代替。

(2) 在计算调整差额时得不到现行价格指数的，应暂用上一次价格指数计算，并在以后的付款中再按实际价格指数进行调整。

(3) 变更导致原定合同中的权重不合理时，应由监理人、承包人和发包人协商权重后再进行价格调整。

(4) 由于承包人原因未在约定的工期内竣工的，则对原约定竣工日期后继续施工的工程，在使用价格调整公式时，应采用原约定竣工日期与实际竣工日期的两个价格指数中较低的一个作为现行价格指数。

(二) 采用造价信息调整价款差额

此方式适用于使用的材料品种较多，相对而言每种材料使用量较小的房屋建筑与装饰工程。施工期内,因人工、材料、设备和机械台班价格波动影响工程价款时,人工、机械使用费按照国家或省、自治区、直辖市建设行政管理部门、行业建设管理部门或其授权的工程造价管理机构发布的人工成本信息、机械台班单价或机械使用费系数进行调整;需要进行价格调整的材料,其单价和采购数应由监理人复核,监理人确认需调整的材料单价及数量,作为调整工程价款差额的根据。

(1) 人工单价发生变化时,发、承包双方应按省级或行业建设主管部门或其授权的工程造价管理机构发布的人工成本文件调整工程价款。

(2) 材料价格变化超过省级或行业建设主管部门或其授权的工程造价管理机构规定的幅度时应当调整,承包人应在采购材料前就采购数量和新的材料单价报发包人核对,确认用于本合同工程时,发包人应确认采购材料的数量和单价。发包人在收到承包人报送的确认资料后三个工作日内不予答复的视为已经认可,作为调整工程价款的根据。如果承包人未报经发包人核对即自行采购材料,再报发包人确认调整工程价款的,如发包人不同意,则不作调整。

(3) 施工机械台班单价或施工机械使用费发生变化超过省级或行业建设主管部门或其授权的工程造价管理机构规定的范围时,按其规定进行调整。

五、工程变更引起的调整

(一) 工程变更的含义

1. 工程变更的概念

工程项目的复杂性决定发包人在招投标阶段所确定的方案往往存在某方面的不足。随着工程的进展和对工程本身认识的加深,以及其他外部因素的影响,常常在工程施工过程中需要对工程的范围、技术要求等进行修改,形成工程变更。到目前为止,工程变更并没有统一的定义。一般认为工程变更是指在合同实施过程中,当合同状态改变时,为保证工程顺利实施所采取的对原合同文件的修改与补充的一种措施。而合同状态就是合同签订时所受到的客观约束与主观愿望,比如工程范围、合同价款、工期、质量、施工环境、政治经济背景等。工程变更包括工程量变更、工程项目的变更(如发包人提出增加或者删减原项目内容)、进度计划的变更、施工条件的变更等。

1)《建设施工合同示范文本》(GF-99-021)对变更事项的定义

《建设施工合同示范文本》将工程变更分为两类:设计变更和其他变更。承包人按照工程师发出的变更通知及有关要求,进行需要的变更。

设计变更的范围包括:①更改有关部分的标高、基线、位置和尺寸;②增减合同中约定的工程量;③改变有关工程的施工时间和顺序;④其他有关工程变更需要的附加工作。

其他变更是指合同履行中发包人要求变更工程质量标准及发生其他实质性变更等。

2)《标准施工招标文件》(2007)中对变更事项的定义

在履行合同中发生以下情形之一的经发包人同意监理人可按合同约定的变更程序向承包人发出变更指示:①取消合同中任何一项工作,但被取消的工作不能转由发包人或其他人实施;②改变合同中任何一项工作的质量或其他特性;③改变合同工程的基线、标高、位置或尺寸;④改变合同中任何一项工作的施工时间或改变已批准的施工工艺或顺序;⑤为完成工程需要追加的额外工作。

3)《FIDIC 施工合同条件》(1999)中对变更事项的定义

由于工程变更属于合同履行过程中的正常管理工作,工程师可以根据施工进展的实际情况,在认为必要时,就以下几个方面发布变更指令:①对合同中任何工作的工程量的改变(此类改变并不一定必然构成变更);②任何工作质量或其他特性上的变更;③工程任何部分标高、位置和(或)尺寸上的改变;④省略任何工作,除非它已被他人完成;⑤永久工程所必需的任何附加工作、永久设备、材料或服务,包括任何联合竣工检验、钻孔和其他检验以及勘察工作;⑥工程的实施顺序或时间安排的改变。

可见,我国相关合同规定的工程变更范围与 FIDIC 合同条件规定的范围基本一致。

2. 工程变更产生的原因

工程变更产生的原因分为设计原因、发包人原因、承包人原因和客观原因四部分。

1) 设计原因

设计原因造成的设计变更也是多种多样,主要有:设计方案不合理,设计不符合有关标准规定,设计遗漏、计算及绘图错误,各专业配合失误。其中,前两项属严重或较严重的设计质量问题。近年来,随着各设计院 ISO9000 标准质量体系认证工作的推广,设计方案不合理、设计不符合有关标准规定的问题明显减少。问题多为设计遗漏、计算及绘图错误、各专业配合失误等设计错误。

2) 发包人原因

一般的项目建设周期都比较长,在施工过程中,发包人的意愿和观点难免会发生一些变化,其要求也发生了变化。有些要求是符合实际的,有些要求不符合实际,有些则属于改不改都可以。但一般情况下承包人多服从于发包人而做出变更。一般表现在以下几个方面:

(1) 发包人方指示加速施工。发包人出于自身利益的考虑可能会指示承包人加速施工以提前竣工,对于提前竣工一般签订另外的协议,对进行承包人奖励。

(2) 发包人方要求改变工作范围。发包人出于对功能及美观的新要求,指示变更。这在我国的工程中很普遍的,例如,改变门窗的位置,更换装修材料等。发包人要求的变更绝大多数属于这种情况。

(3) 发包人方要求工程质量的等级提高。

(4) 发包人方的失误。发包人方的失误也包括了监理人的失误。发包人方的失误有很多种,比如对已检验部位的重新开孔,却又发现不是承包人责任。发包人供应材料影响施工进度或导致材料代换等。

3) 承包人原因

(1) 承包人的失误。主要有以下几种情况:承包人对图纸理解不够;施工顺序不合理;由于施工能力等原因而造成施工方式的改变。对于第一种情况,在尚未施工前做出的变更是对原设计进行解释。对于第二及第三种情况,如已经施工既成事实,且返工比较困难,常需要对原设计进行改动。

(2) 承包人提出的合理化建议并经发包人认可的工程变更。

4）客观原因

（1）相异的现场条件。由于实际的现场条件不同于招标书描述的条件或合同谈判、签订时的现场条件，因此为了使工程顺利进行，可能要求承包人增加一些必要的工作来实现合同规定的条件，增加的工作必须通过变更令的形式实施。对这种相异的现场条件以指令的形式进行调整时，调整的活动被认为是工程变更。我国《建设工程施工合同示范文本》(GF-99-021)第43条提到的文物，地下障碍物等，属于现场条件的变异。

（2）施工技术规范标准的变化。由于技术标准的改变和施工、设计法规的改变所引起的设计和施工修改。

（二）工程变更的分类

1. 按工程变更形式分类

根据指令变更的不同形式，工程变更分为指令性变更和推定性变更。

1）指令性变更（或正式的变更）

这一类工程变更通常是发包人或监理人通过规范化的程序指令的工程变更。规范化的程序是根据合同规定的变更确认程序，通过发布一个正式的“工程变更令”形式来修改合同条款、设计图纸和施工技术规范。由于变更令是按一定程序被确认的，因此此类变更一旦确认即成为合同范围内的任务，被称为正式的变更。指令性变更的条件为：①明确指令承包人对合同工作范围内规定的工程进行变更；②书面形式确认工程变更；③符合合同有关变更处理条款。

2）推定性变更

美国首先在解释合同条件时运用“可推定的”概念，并在法院的合同争端判决词中引用；当前在世界其他国家的合同条款中也采用了可推定的解释。所谓“可推定的”是指实际上已形成的而且合同双方均“已知道的”。

推定性变更是指由于工程变更令的确认缺乏规范化的手续，承包商在业主或工程师的口头指示或默认要求下进行的工程变更。推定性变更可通过业主或工程师的行为来推定。由于业主没有通过规范化的工程变更指令程序，因此当承包商提出变更补偿时，工程师要核实是否为推定性报告：检查原合同规定的工作范围和施工要求内容，承包商完成的工作是否在合同要求条件以外；变更工作是否在业主和工程师的活动或默认的要求下发生。同时业主可要求承包商提供“推定性的”证据：业主方是何时、何地如何指示的，由谁指示的；在施工过程中业主方是否在现场进行检查和指导。推定性变更同指令性变更一样，承包商可以获得变更费用和工期补偿。但是由于推定性变更都是事后进行补偿，业主不能清楚认识到推定性变更对合同价款和工期及其他工程的影响，因此业主经常会拒绝。发生推定性变更的情况如下：

（1）业主或工程师没有按合同规定的程序要求进行修改与变动而引起的附加工程。

（2）在施工过程中，如果业主没有按合同规定的变更程序对技术规范或各自范围进行修改与变动，则被认为是推定性变更；或者是工程所在地新近颁布的施工技术规范和施工管理方面的新规定提高了原合同要求的标准，也可理解为“业主要求的修改”，从而推定为变更。

(3) 业主或工程师不适当的拒绝。不适当的拒绝表现在两个方面：一方面是业主或工程师认为承包商用于观察测量或施工方法等不符合合同和技术规范的要求，拒绝承包商采用的材料和施工方法，但事后证明工程师或业主的认识是错误的，这种不适当的拒绝构成了推定性变更，承包商可获得由此而发生的额外费用补偿；另一方面是在承包商施工过程中，如果工程师发现和知道承包商的施工不符合合同规定的条件但没有在规定的合理时间内拒绝该工作，则工程师默许并改变了原来的工程质量要求，构成推定性变更。若事后工程师又拒绝接受认可该工作，则属于不适当的拒绝，因此造成承包商不得不进行的缺陷修复或返工可认为是因推定性变更所引起，承包商可对额外费用进行补偿。

(4) 业主或工程师非正式的认可(或口头指令实施)合同范围外的工作。

2. 按工程变更内容分类

按工程变更的内容划分，工程变更可以分为合同变更、设计变更和施工变更。

1) 合同变更

合同变更是在合同执行过程中对原合同提供的内容与条款的修改与补充，目的是为了更好地执行合同、完成合同规定的义务，包括工作范围变更、相异的现场条件变更、质量和技术规范要求提高变更、支付条件的改变和发包人应该自身完成并交付承包人的工程发生延误等。最大的合同变更是发生合同终止。

(1) 工作范围变更。工作范围变更指发包人或工程师指令承包人完成超出其在投标时估计的施工条件的工作或超出原合同范围的工作的一种活动。工作范围变更是最为普通的工程变更现象，通常表现为工作范围的增加或减少，它是变更控制的主要对象。

第一，附加工程。如果新增工程属于工程项目合同范围内的则称为“附加工程”。对于列入工程量清单内的项目，不一定发出变更指令，变更价款按相应的合同子项单价确定。对于未列入工程量清单的项目，必须发出变更指令，变更价款按议定的新单价确定执行。

第二，额外工程。如果新增工程属于工程项目合同范围之外的，则称为“额外工程”。额外工程未列入工程量清单，发生变更时必须发出变更指令或签订补充协议，变更价款按新单价确定执行。《FIDIC施工合同条件》(1999)和《标准施工招标文件》(2007)对新增工程的区分，见表6.2。

表6.2 两种合同条件对新增工程定义的区分

项目 合同	变更增加的工作	
《FIDIC施工合同条件》(1999)	附加工程：为完成合同项目必不可少的工程。缺少这些工程，该合同项目不能发挥合同预期的效果	额外工程：工程项目合同的“工作范围”中未包括的工程。缺少这些工程，原合同项目仍可运行并发挥效益
《标准施工招标文件》(2007)	《标准施工招标文件》中统称新增工程，FIDIC意义上的附加工程就是指合同内的新增工程，FIDIC意义上的额外工程就是指合同外的新增工程，对于附加工程(合同内的新增工程)不一定构成变更，因为根据2008《计价规范》的规定，可以在清单中添加此类工程	

第三，删除工程。项目中删减的任何合同约定的工作内容称为“删除工程”。删除工程列入了工程量清单，删除时要发出变更指令，变更价款按相应的合同子项单价进行调整。

(2) 相异的现场条件。由于实际的现场条件与招标书描述的条件或合同谈判前的现场条件不同，因此为了使工程顺利进行，可能要求承包人增加一些必要的工作来实现合同规定的条件，增加的工作必须通过变更令的形式实施。根据这种相异的现场条件的指令进行调整时，调整的活动就被认为是工程变更。相异的现场条件包括两个方面：

第一，招标文件描述的现场条件失误，与实际的合同文件描述的现场条件不同或差异较大。

第二，不明的施工现场物理条件，如地质情况、当地的天气情况等。

(3) 质量和施工技术规范标准的变化。在工程实施的过程中，发包人出于造价、进度等考虑会要求承包人提高或降低工程质量的技术标准和改变材料的质量或类型选择，或者由于工程质量、技术标准的改变、施工和设计法规的改变所引起的设计和施工变更。

(4) 合同终止变更。合同终止是发包人和承包人做出的最大的合同变更。合同终止的形式有三种，有关的终止条件和程序应该包括在合同条件中。

第一，局部终止，指删除合同内容的某一部分。

第二，有益终止，指由于一些原因或无理由的条件下，发包人取消整个项目或项目某部分的合同内容。

第三，违约终止，指由于出现了承包人的工作失误或严重违约情况，发包人做出最严重的合同终止变更。

2) 设计变更

设计错误、遗漏和设计缺陷在此被认为是属于对合同提供的条件的变更。由于设计师忽略了对某一部分的设计、设计有瑕疵和由于设计方引起的设计缺陷，这些常常需要在施工过程中进行修改。设计的效果会影响承包人的施工工作流程、施工工艺、施工成本和工作时间等，因此对设计修改会导致指令变更和推定性变更的产生。

3) 施工变更

施工变更主要是在施工作业过程中，由于发包人引起的加速施工、监理人现场指令的施工顺序改变和对施工顺序的调整，或承包人进行价值工程分析后提出的有利于工程目标实现的施工建议等。发包人要求的施工作业调整必须通过书面指令的形式进行，承包人的费用和工期调整可以得到补偿。但对由于承包人自身原因造成的施工技术、顺序改变或加速施工，发包人不以变更的程序进行确认，费用由承包人自己承担。

(三) 工程变更的程序

我国《标准施工招标文件》(2007)的规定主要有以下三个方面。

1. 监理人认为可能要发生变更的情形

在合同履行过程中，可能发生上述变更情形的，监理人可向承包人发出变更意向书。

变更意向书应说明变更的具体内容和发包人对变更的时间要求,并附必要的图纸和相关资料。变更意向书应要求承包人提交包括拟实施变更工作的计划、措施和竣工时间等内容的实施方案。发包人同意承包人根据变更意向书要求提交的变更实施方案的,由监理人发出变更指示。若承包人收到监理人的变更意向书后认为难以实施此项变更,应立即通知监理人,说明原因并附详细根据。监理人、承包人和发包人协商后确定撤销、改变或不改变原变更意向书。

2. 监理人认为发生了变更的情形

在合同履行过程中,发生合同约定的变更情形的,监理人应向承包人发出变更指示。变更指示应说明变更的目的、范围、变更内容以及变更的工程量及其进度和技术要求,并附有关图纸和文件。承包人收到变更指示后,应按变更指示进行变更工作。

3. 承包人认为可能要发生变更的情形

承包人收到监理人按合同约定发出的图纸和文件,经检查认为其中存在变更情形的,可向监理人提出书面变更建议。变更建议应阐明要求变更的根据,并附必要的图纸和说明。监理人收到承包人书面建议后,应与发包人共同研究,确认存在变更的,应在收到承包人书面建议后的 14 天内做出变更指示。经研究后不同意作为变更的,应由监理人书面答复承包人。

变更的确认、指示和估价过程如图 6.5 所示。

(四) 工程变更后合同价款的调整

1. 我国《建设工程价款结算暂行办法》(财建〔2004〕369 号)的规定

根据现行《建设工程价款结算暂行办法》(财建〔2004〕369 号)的规定,工程变更价款按照下列方法进行:

(1) 合同中已有适用于变更工程的价格,按合同已有的价格变更合同价款。

(2) 合同中只有类似于变更工程的价格,可以参照类似价格变更合同价款。

(3) 合同中没有适用或类似于变更工程的价格,由承包人或发包人提出适当的变更价格,经对方确认后执行。如双方不能达成一致的,双方可提请工程所在地工程造价管理机构进行咨询或按合同约定的争议或纠纷解决程序办理。

2. 2008《计价规范》的规定

(1) 若施工中出现施工图纸(含设计变更)与工程量清单项目特征描述不符的,发、承包双方应按新的项目特征确定相应工程量清单的综合单价。

(2) 因分部分项工程量清单漏项或非承包人原因的工程变更,造成增加新的工程量清单项目,其对应的综合单价按下列方法确定:①合同中已有适用的综合单价,按合同中已有的综合单价确定;②合同中有类似的综合单价,参照类似的综合单价确定;③合同中没有适用或类似的综合单价,由承包人提出综合单价,经发包人确认后执行。

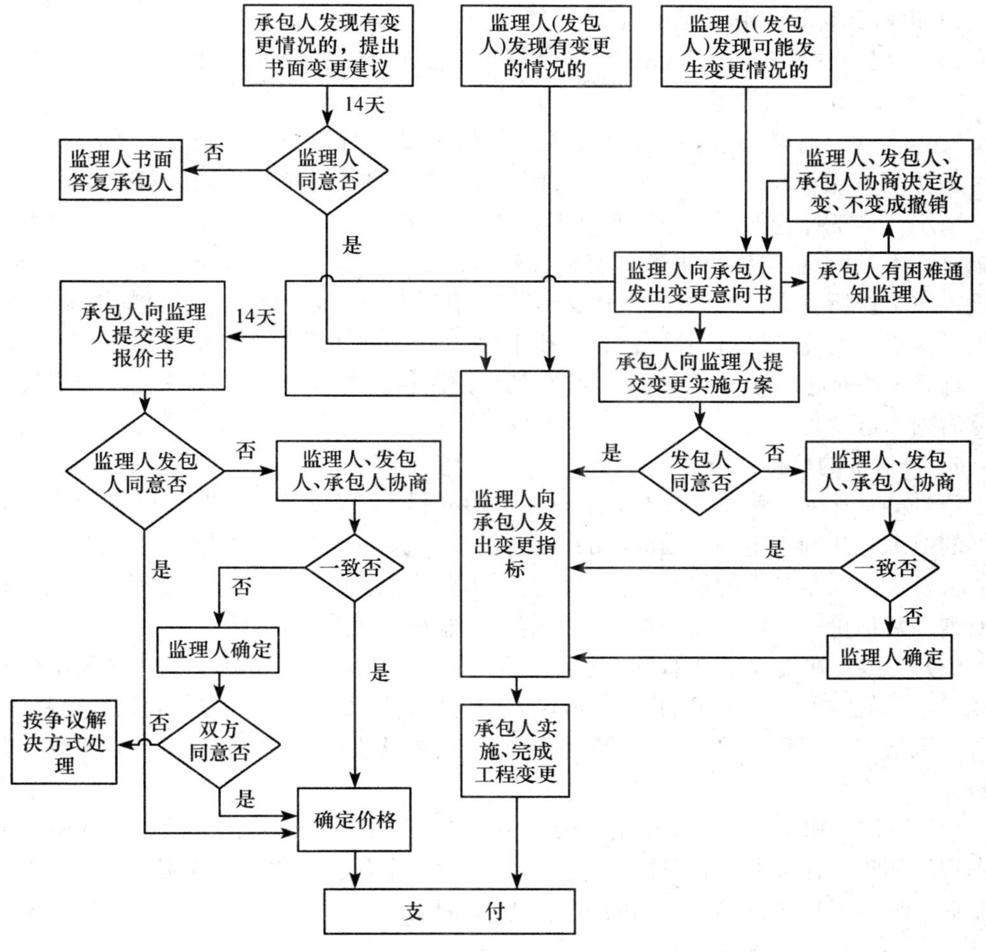

图 6.5 变更的确认、指示和估价过程

(3) 因分部分项工程量清单漏项或非承包人原因的工程变更，引起措施项目发生变化，造成施工组织设计或施工方案变更，原措施费中已有的措施项目，按原有措施费的组价方法调整；原措施费中没有的措施项目，由承包人根据措施项目变更情况，提出适当的措施费变更，经发包人确认后调整。

3.《标准施工招标文件》(2007)的规定

1) 变更的估价原则

除专用合同条款另有约定外，因变更引起的合同价格调整按照以下约定处理：

(1) 已标价工程量清单中有适用于变更工作的子目的，采用该子目的单价。

(2) 已标价工程量清单中无适用于变更工作的子目，但有类似子目的，可在合理范围内参照类似子目的单价，由监理人商定或确定变更工作的单价。

(3) 已标价工程量清单中无适用或类似子目的单价，可按照成本加利润的原则，由监理人商定或确定变更工作的单价。

2) 暂列金额的使用原则

暂列金额只能按照监理人的指示使用,并对合同价格进行相应调整。

3) 计日工的价格调整

发包人认为有必要时,由监理人通知承包人以计日工方式实施变更的零星工作。其价格按列入已标价工程量清单中的计日工计价子目及其单价进行计算。

采用计日工计价的任何一项变更工作,应从暂列金额中支付,承包人应在该项变更的实施过程中,每天提交以下报表和有关凭证报送监理人审批:①工作名称、内容和数量;②投入该工作所有人员的姓名、工种、级别和耗用工时;③投入该工作的材料类别和数量;④投入该工作的施工设备型号、台数和耗用台时;⑤监理人要求提交的其他资料和凭证。

计日工由承包人汇总后,按合同约定列入进度付款申请单,由监理人复核并经发包人同意后列入进度付款。

4) 暂估价的价格调整

(1) 发包人在工程量清单中给定暂估价的材料、工程设备和专业工程属于依法必须招标的范围并达到规定的规模标准的,由发包人和承包人以招标的方式选择供应商或分包人。发包人和承包人的权利义务关系在专用合同条款中约定。中标金额与工程量清单中所列的暂估价的金额差以及相应的税金等其他费用列入合同价格。

(2) 发包人在工程量清单中给定暂估价的材料和工程设备不属于依法必须招标的范围或未达到规定的规模标准的,应由承包人按合同约定提供。经监理人确认的材料、工程设备的价格与工程量清单中所列的暂估价的金额差以及相应的税金等其他费用列入合同价格。

(3) 发包人在工程量清单中给定暂估价的专业工程不属于依法必须招标的范围或未达到规定的规模标准的,由监理人应进行估价,但专用合同条款另有约定的除外。经估价的专业工程与工程量清单中所列的暂估价的金额差以及相应的税金等其他费用列入合同价格。

(4) 暂估价只是发、承包双方在签订合同时对材料和设备的暂时价格,在竣工结算时,应按材料和设备的实际费用计算,并计入工程量清单的分部分项工程清单。

4.《FIDIC施工合同条件》(1999)的规定

1) 变更估价的原则

承包商按照工程师的变更指示实施变更工作后,往往会涉及对变更工程的估价问题。变更工程的价格或费率,往往是双方协商时的焦点。计算变更工程应采用的费率或价格,可分为三种情况:

(1) 变更工作在工程量表中有同种工作内容的性质无变动,不应调整该项目的单价。

(2) 工程量表中虽然列有同类工作的单价或价格,但对具体变更工作而言,该项工作的性质或实施条件不同,原单价或价格已不适用,则应在原单价和价格的基础上制定合理的新单价或价格。

(3) 变更工作的内容在工程量表中没有同类工作的费率和价格,应按照与合同单价水平相一致的原则,确定新的费率或价格。任何一方不能以工程量表中没有此项价格为借口，将变更工作的单价定得过高或过低。

2）调整合同工作单价的原则

具备以下条件时，允许对某一项工作规定的费率或价格加以调整：

(1) 此项工作实际测量的工程量比工程量表或其他报表中规定的工程量的变动大于10%。

(2) 工程量的变更与对该项工作规定的具体费率的乘积超过了接受的合同款额的0.01%。

(3) 由此工程量的变更直接造成该项工作每单位工程量费用的变动超过1%。

(4) 该项工作并没有在合同中被标明为“固定单价项”。

3）删减原定工作后对承包商的补偿

工程师发布删减工作的变更指示后承包商不再实施部分工作，合同价格中包括的直接费部分没有受到损害，但摊销在该部分的间接费、税金和利润则实际不能合理回收。因此承包商可以就其损失向工程师发出通知并提供具体的证明资料，工程师与合同双方协商后确定一笔补偿金额加入到合同价格内。

5. 国内变更价款的计算方法

1）合同中已有适用于变更工程的单价

对于合同中已约定单价的工作，按合同约定的单价进行调整，需要注意的是，在工程量清单计价模式下，采用的是综合单价，由于管理费和利润分摊进综合单价，工程量的变化必然会影响到合同约定的综合单价。所以当某工程量的增减在合同约定的幅度内时，应按原综合单价和措施费计算，当超过合同约定的幅度时，应按调整管理费和利润分摊后的新综合单价计算，如果影响到措施费，还应调整措施费。其综合单价和措施费的具体调整方法与合同价款调整中对工程量超出合同约定幅度进行调整的计算方法相同。

2）合同中只有类似于变更工程的单价

合同中只有类似于变更工程的单价，可以参照类似单价计算变更合同价款。当变更项目和内容类似合同中已有项目时，可以将合同中已有项目的工程量清单的单价拿来间接套用，根据工程量清单，通过换算后采用。或者是部分套用，即根据工程量清单，取其单价中的某一部分使用。

3）合同中没有适用于或类似于变更工程的单价

(1) 套用单价法。如果原合同中存在类似项目的合同清单单价且单价合理或存在已审批的类似项目的清单单价，则以类似项目的单价作为基础，经过综合分析后对该类似项目的单价进行合理调整后作为新增单价。

(2) 定额组价法。合同中没有类似于新增项目的工程项目或虽有类似工程项目但单价不合理时，由承包人根据国家和地方颁布的定额标准和相关的定额计价根据及当地建设主管部门的有关文件规定编制新增工程项目的预算单价，然后根据投标时的降价比率确定新增单价。在使用该方法编制新增单价时应注意如下几个问题：

第一，管理费率的确定方法：采用承包人投标文件预算资料中的相关管理费率。

第二，人工费的确定方法：①采用相关定额计价根据和定额标准中的人工费标准；

②采用承包人投标文件预算资料中的人工费标准。

第三，材料单价的确定：①采用承包人投标文件预算资料中的相应材料单价（仅适用于工期很短的工程或材料单价基本不变的情况）；②采用当地工程造价信息中提供的材料单价；③采用承包人提供的材料正式发票直接确定材料单价；④通过对材料市场价款调查得来的单价。

第四，降价比率的确定。按照如下公式进行计算：

降价比率＝（清单项目的预算总价－评标价）/清单项目预算总价×100％

（3）实际组价法。监理人根据承包人在实施某个单项工程时所实际消耗的人工工日、材料数量和机械台班，采用合同或现行的人工工资标准、材料价款和台班费，计算直接费用，再加上承包人的管理费用和利润做出单价，以此为基础同承包人和业主协商确定新单价。

（4）以计日工为根据定价法。对于一些零星的变更工作，可根据计日工定价，分别估算出变更工程的人工、材料及机械台班消耗量，然后按计日工形式并根据工程量清单中计日工的相关单价计价。

（5）数据库预测法是双方未达成一致时应采取的策略。如果双方对变更工程价款不能协商一致，最高人民法院的解释是"因设计变更导致建设工程的工程量或者质量标准发生变化，当事人对该部分工程价款不能协商一致的，可以参照签订建设工程施工合同及当地建设主管部门发布的计价方法或者计算标准确定合同价款"。解释中的计价标准可以理解为地方颁布的统一预算定额，反映的是当地社会平均水平和社会平均成本。根据司法解释，当双方对变更价款不能协商一致时，应根据社会平均成本确定变更价款，在实际操作中，业主根据此解释，经常会提出一种确定方法，即根据所有投标书中相关工作的单价分别算出变更工作总价，然后平均，作为变更工程的工程价款。

如果仍为达成一致，则应先暂时按照监理人给出的价款进行变更工作，在竣工结算时承包人应提出索赔。

新增工程各种综合单价的组价方法的对比，如表6.3所示。

表6.3　新增工程综合单价组价方法一览表

方　法	适用条件	特　点
套用单价法	有类似工程项目的清单单价且单价合理或存在已审批的类似项目的清单单价	该方法简单且有合同根据，但是该方法确定的单价只有在原单价是合理的情况下才会相对合理，当原单价不合理（有不平衡报价）时，该方法的定价是不合理的
定额组价法	没有类似工程项目的清单单价可供参考或类似工程项目的单价不合理，但具有相应的定额资料	该方法确定的新增单价比较合理，容易被参建各方所接受，但计算较烦琐
实际组价法	既不能套用类似清单作为编制新增单价的基础，又无相应的定额可套用	由于该方法缺乏足够的根据，在确定工料机实际成本及新增单价时会有一定的难度
计日工定价法	零星的变更，变更性质不大的工作	该方法先估算人工、材料、机械的消耗量，然后按照清单中的计日工的相关单价估算变更费用，简单、快速，但使用范围不广
数据库预测法	双方对工程变更价款不能协商一致的情况，但发包人应具有以前工程积累的价款数据库或有多个承包商对此工程的报价	该方法使用范围广泛，是目前大多数工程的做法，使用数据库中的单价对变更工程进行估价，或对各个承包商报出的综合单价分别计算变更费用进行平均，具有一定的合理性，并且方便快速

（五）发包人的审查

监理人和发包人要对变更程序和承包人提交的变更报价书进行全面审查，审查内容包括三个方面。

1. 审查变更程序

监理人应审查承包人提交变更报价书程序的正确性，应根据双方签订的合同中对变更程序的要求进行审查，如果合同中没有规定，则根据《建设工程价款结算暂行办》（财建〔2004〕369号）中的规定，在审查过程中主要应注意四个关键环节：

(1) 施工中发生工程变更，承包人按照经发包人认可的变更设计文件，进行变更施工，其中，政府投资项目重大变更，需按基本建设程序报批后方可施工。

(2) 在工程设计变更确定后14天内，设计变更涉及合同价款调整的，由承包人向发包人提出，经发包人审核同意后调整合同价款。

(3) 工程设计变更确定后14天内，如承包人未提出变更工程价款报告，则发包人可根据所掌握的资料决定是否调整合同价款和调整的具体金额。重大工程变更涉及工程价款变更报告及确认的时限由双方协商确定。

(4) 收到变更工程价款报告一方，应在收到之日起14天内予以确认或提出协商意见，自变更工程价款报告送达之日起14天内，对方未确认也未提出协商意见时，视为变更工程价款报告已被确认。

2. 审查变更根据

应审查工程变更的内容，根据双方签订的合同类型，可以判断该事项是否能构成变更，属于哪种变更，再根据不同变更事项的费用计算方法，核算变更价款。通常几种变更事项都采用以下费用调整形式计算，见表6.4。

表6.4　不同变更的费用调整形式一览表

事项 \ 合同	标准施工招标文件(2007)	FIDIC施工合同条件(1999)	费用调整形式
取消合同中的任何一项工作(不能自行或转包实施)	√	√	工程索赔
改变合同中任何工作的质量或特性	√	√	工程索赔
改变合同工程的基线、标高、位置或尺寸	√	√	工程索赔
改变合同中工作的施工时间、施工工艺或顺序	√	√	工程索赔
附加工程	以新增工作统一定义	√	变更估价
额外工程		√	签订新合同或变更估价
工程量增加	—	√	价款调整或变更估价

注：在最后一项工程量增加中，《标准施工招标文件》(2007)中是全部以工程量增加的形式进行费用调整，《FIDIC施工合同条件》(1999)中是将构成变更的工程量变化以变更估价的形式进行费用调整。

3. 审查变更估价计算

发包人或监理人应按承包人提交的变更报价书中的计算根据和方法进行逐项核对。如发现与实施不符,则应令承包人改正错误后重新提交变更报价书。

案　　例

(一) 案例背景

某发包人与承包人签订了国内某建筑安装工程项目施工合同,合同为单价合同,签订合同的范本是《标准施工招标文件》(2007)。承包范围包括土建工程和水、电、通风建筑设备安装工程,合同总价为2 000万元。工期为五个月。

(1) 对于合同价款的结算与调整,双方在合同的以下条款中约定:

7.2 发包人应向承包人支付合同价5%的工程预付款,最后两个月平均扣回;

8.1 工程质量保证金为承包合同总价的3%,经双方协商,发包人从每月承包人的工程款中按3%比例扣除。在缺陷责任期满后,工程质量保证金及其利息扣除已支出费用后的剩余部分退还给承包人;

9.1 工程价款采用调值公式动态结算。该工程的人工费占工程价款的35%,材料费占50%,不调值费用占15%,具体的调值公式为

$$P = P_0 \times (0.15 + 0.35A/A_0 + 0.23B/B_0 + 0.12C/C_0 + 0.08D/D_0 + 0.07E/E_0)$$

式中,A_0为基期人工费价款指数;B_0、C_0、D_0、E_0分别表示基期不同材料费的价款指数;A为工程结算日期的人工费价款指数;B、C、D、E分别表示与基期对应的不同材料费价款指数。

10.1 扣除设计变更和其他不可抗力因素外,合同价款不作调整;

10.2 由发包人直接提供的材料和设备在发生当月的工程款中扣回其费用。

(2) 工程在第五个月发生设计变更,原计划挖土方10 000立方米,现在需挖土方15 000立方米,原挖土方的综合单价为5万元,人工费1.5万元,机械费1万元,材料费0.5万元,管理费为1万元,利润为0.4万元,风险费用为0.6万元,措施费2万元。

(3) 该合同的原始报价日期为当年的1月1日,结算各月份的工资、材料价款指数,如表6.5所示。

表6.5　工资、材料物价指数表(单位:万元)

代　号	A_0	B_0	C_0	D_0	E_0
1月指数	100	153.4	154.4	160.3	144.4
代号	A	B	C	D	E
2月指数	110	156.2	154.4	162.2	160.2
3月指数	108	158.2	156.2	162.2	162.2
4月指数	108	158.4	158.4	162.2	164.2
5月指数	110	160.2	158.4	164.2	162.4
6月指数	110	160.2	160.2	164.2	162.8

未调值前各月完成的工程情况为:

2 月份完成工程 200 万元；

3 月份完成工程 300 万元；

4 月份完成工程 400 万元，另外由于发包人方设计变更，导致工程局部返工，造成拆除材料费损失 1 500 元，人工费损失 1 000 元，重新施工人工、材料等费用合计 1.5 万元；

5 月份完成工程 600 万元，另外由于施工中采用的模板形式与定额不同，造成模板费用增加费用 3 000 元；

6 月份完成工程 500 万元，另有批准的工程索赔款 1 万元。

(4) 发包人提供的材料和设备的价值如表 6.6 所示。

表 6.6　工程投资数据表(单位:万元)

月　份	发包人直供材料设备的价值	月　份	发包人直供材料设备的价值
2	90.56	5	10.5
3	35.5	6	21.0
4	24.4		

(二) 支付和调整情况

1. 工程预付款

根据合同第 7.2 条，发包人影响承包人支付合同价的 5% 作为预付款，并且在最后两个月平均扣回。

工程预付款＝2 000×5%＝100(万元)

2. 工程进度款

根据合同第 9.1 条，工程进度款的计算需要使用调值公式，由工程量价款减去应扣除的预付款，质保金和其他变更索赔费用等，即为发包人应支付承包人工程进度款。

2 月份的支付金额：

工程量价款＝200×(0.15＋0.35×110÷100＋0.23×156.2÷153.4＋0.12×154.4÷154.4＋0.08×162.2÷160.3＋0.07×160.2÷144.4)－90.56＝119(万元)

发包人应支付的工程价款＝119×(1－3%)＝115.43(万元)

3 月份的支付金额：

工程量价款＝300×(0.15＋0.35×108÷100＋0.23×158.2÷153.4＋0.12×156.2÷154.4＋0.08×162.2÷160.3＋0.07×162.2÷144.4)－35.5＝278.35 (万元)

发包人应支付的工程价款＝278.35×(1－3%)＝270.00(万元)

4 月份的支付金额：

工程量价款＝400×(0.15＋0.35×108÷100＋0.23×158.4÷153.4＋0.12×158.4÷154.4＋0.08×162.2÷160.3＋0.07×164.2÷144.4)＋0.15＋0.1＋1.5－24.4＝397.01(万元)

发包人应支付的工程价款＝397.01×(1－3%)＝385.10(万元)

5 月份的支付金额：

工程量价款＝600×(0.15＋0.35×110÷100＋0.23×160.2÷153.4＋0.12×158.4÷154.4＋0.08×164.2÷160.3＋0.07×162.4÷144.4)＋0.3－10.5＝625.19(万元)

发包人应支付的工程价款＝625.19×(1－3%)－50＝606.43(万元)

6 月份的支付金额：

工程量价款＝500×(0.15＋0.35×110÷100＋0.23×160.2÷153.4＋0.12×160.2÷154.4＋0.08×164.2÷160.3＋0.07×162.8÷144.4)＋1－21＝510.28(万元)

发包人应支付的工程价款＝510.28×(1－3%)－50＝444.97(万元)

3. 工程质量保证金

根据合同第 8.1 条，工程质量保证金的扣除比例为进度款的 3%，由于双方签订的合同范本是《标准施工招标文件》(2007)，该合同范本规定的，质量保证金计算额度不包括预付款的支付、扣回以及价款调整的金额。并且合同中也说明质量保证金的计算基础是每月承包人的工程款，所以质保金的计算应为

2 月份扣除的金额＝119×3%＝3.57(万元)

3 月份扣除的金额＝278.35×3%＝8.35(万元)

4 月份扣除的金额＝397.01×3%＝11.91(万元)

5 月份扣除的金额＝625.19×3%＝18.76(万元)

6 月份扣除的金额＝510.28×3%＝15.31(万元)

4. 变更工程综合单价的确定

根据 2008《计价规范》的相关规定，对于工程量增加引起的综合单价和措施费的调整计算方法如下：

调整后的管理费＝1×(1－5 000÷15 000)＝0.67(万元)

调整后的利润＝0.4×(1－5 000÷15 000)＝0.27(万元)

调整后的综合单价＝1.5＋1＋0.5＋0.67＋0.27＋0.6＝4.54(万元)

最终分部分项工程费＝10 000×5＋5 000×4.54＝72 700(万元)

调整后的措施费＝2×(72 700÷50 000－0.1)＝2.71(万元)

第三节 工 程 索 赔

一、工程索赔概述

(一) 工程索赔的概念

2008《计价规范》第 2.0.10 条规定，索赔是在合同履行过程中，对于非己方的过错而应由对方承担责任的情况造成的损失，向对方提出补偿的要求。这说明索赔是双向的，但在工程实践中，发包人索赔数量较小，而且处理方便，可以通过冲账、扣拨工程款、扣保证金等实现对承包人的索赔；而承包人对发包人的索赔则比较困难一些。索赔有较广泛的含义，可以概括为以下三个方面：

(1) 一方严重违约使另一方蒙受损失,受损方向对方提出补偿损失的要求。

(2) 发生一方应承担责任的特殊风险或遇到不利自然、物质条件等情况,而使另一方蒙受较大损失而提出补偿损失要求。

(3) 一方本应当获得的正当利益,由于没能及时得到监理人的确认和另一方应给予的支持,而以正式函件向另一方索赔。

(二) 工程索赔产生的原因

1. 客观原因

这主要包括工程自身的特点、外部环境的复杂及多变性及工程合同的复杂性。

1) 工程自身的特点

现代工程项目具有规模大、技术性强、投资额度大、工期长、材料设备价款变化快等特点,使得工程项目在实施过程中存在许多的不确定变化因素。而工程合同必须在工程开始时签订,合同双方绝不可能对项目中遇到的所有问题都做出合理的预见和规定,而且发包人在实施过程中会有许多新的决策,工程变更或合同变更不可避免。而工程变更或合同变更必然导致项目工期和成本的变化,这是索赔产生的主要原因之一。

工程变更或合同变更是产生索赔的原因之一,而索赔是工程变更(或合同变更)的结果。工程变更或索赔,都会引起工期和费用改变。何时视为工程变更,何时视为索赔,取决于不同国家和地区的习惯。比如,我国香港地区一般不主张索赔,因此,大部分变化调整是以工程变更形式进行处理,有的国家或地区无所谓,有的按变更处理,有的按索赔处理。

2) 外部环境的复杂及多变性

工程项目的技术环境、经济环境、法律环境的变化。这些环境的变化是承发包双方无法预见、无法克服和无法避免的,即通常所说的不可抗力事件。不可抗力又可以分为自然事件和社会事件。自然事件主要是不利的自然条件和客观障碍,如在施工过程中遇到了经现场调查无法发现、发包人提供的资料中也未提到的、无法预料的情况,如地下水、地质断层等。社会事件则包括国家政策、法律、法令的变更,战争,罢工等。这些事件的发生使工程的计划实施过程与实际情况不一致,导致工程工期和费用的变化,是索赔产生的原因之一。

3) 工程合同的复杂性

建设工程合同文件多而复杂,经常会出现措辞不当、缺陷、图纸错误以及合同文件前后自相矛盾和意思解释上的偏差,容易造成合同双方对合同文件理解不一致而出现索赔。

2. 主观原因

这主要包括合同当事人违约、监理人指令和合同缺陷等。

1) 当事人违约

当事人违约常常表现为没有按照合同约定履行自己的义务。发包人违约常常表现为没有为承包人提供合同约定的施工条件、未按照合同约定的期限和数额付款等。监理人未能按照合同约定完成工作,如未能及时发出图纸、指令等也视为发包人违约。承包人违约的情况则主要是没有按照合同约定的质量、期限完成施工,或者由于不当行为给发包人造成其他损害。

2）监理人指令

监理人指令有时也会产生索赔，如监理人指令承包人加速施工、进行某项工作、更换某些材料、采取某些措施等。

3）合同缺陷

合同缺陷表现为合同文件规定不严谨甚至矛盾，合同中的遗漏或错误。在这种情况下，监理人应当给予解释，如果这种解释将导致成本增加或工期延长，发包人应当给予补偿。

（三）工程索赔的种类

1. 按索赔所根据的理由分类

按索赔所根据的理由分为合同内索赔、合同外索赔及道义索赔。

1）合同内索赔

合同内索赔即以合同条件为根据，发生了合同规定的干扰事件，被干扰方（通常指承包人）根据合同规定提出索赔要求。这种形式的索赔是比较常见的，而且按索赔的合同根据可以将工程索赔分为合同中明示的索赔和合同中默示的索赔。

（1）合同中明示的索赔，即指承包人所提出的索赔要求，在该工程项目的合同文件中有文字根据，承包人可以据此提出索赔要求，并取得经济补偿。这些在合同文件中有文字规定的合同条款，称为明示条款。

（2）合同中默示的索赔，即承包人的该项索赔要求，虽然在工程项目的合同条款中没有专门的文字叙述，但可以根据该合同的某些条款的含义，推论出承包人有索赔权。这种索赔要求，同样有法律效力，有权得到相应的经济补偿。这种有经济补偿含义的条款，在合同管理工作中被称为“默示条款”或称为“隐含条款”。默示条款是一个广泛的合同概念，它包含合同明示条款中没有写入、但符合双方签订合同时设想的愿望和当时环境条件的一切条款。这些默示条款，或者从明示条款所表述的设想愿望中引申出来，或者从合同双方在法律上的合同关系引申出来，经合同双方协商一致，或被法律和法规所指明，都成为合同文件的有效条款，要求合同双方遵照执行。

2）合同外索赔

合同外索赔是指工程过程中发生的干扰事件的性质已超过合同范围，在合同中找不到具体的根据，一般必须根据适用于合同关系的法律解决索赔问题。

3）道义索赔

承包人没有合同理由，例如，对于干扰事件发包人没有违约，发包人不应承担责任。但可能是承包人失误（如报价失误），或发生承包人应负责的风险而造成承包人重大的损失。这将极大影响承包人的财务能力、履约能力甚至危及承包人的生存。承包人提出要求，希望发包人从道义或从工程整体利益的角度给予一定的补偿。

2. 按索赔目的分类

1）工期索赔

由于非承包人责任的原因而导致施工进程延误，要求批准顺延合同工期的索赔，称之为工期索赔。工期索赔形式上是对权利的要求，以避免在原定合同竣工日不能完工时，被发包人追究拖期违约责任。一旦获得批准合同工期顺延后，承包人不仅免除了承担拖期违约赔偿费的严重风险，而且可能因提前工期得到奖励，最终仍反映在经济收益上。

2）费用索赔

费用索赔的目的是要求经济补偿。当施工的客观条件改变导致承包人增加开支，要求对超出计划成本的附加开支给予补偿，以挽回不应由他承担的经济损失。费用索赔中还应包括利润索赔，以弥补承包人因非自身原因导致的应得利润的损失。

3. 按索赔的处理方式分类

1）单项索赔

单项索赔是指针对某一干扰事件提出的。索赔的处理是在合同实施过程中，干扰事件发生时或发生后立即进行。它由合同管理人员处理，在合同规定的有效期内提交索赔意向书和索赔报告。

2）总索赔

总索赔又叫一揽子索赔和综合索赔，是国际工程中经常采用的索赔处理和解决方法。一般在工程竣工前，承包人将工程施工过程中未解决的单项索赔集中起来，提出一份总索赔报告，通过最终谈判，以一揽子方案解决索赔问题。

二、工程索赔的处理程序

（一）《标准施工招标文件》(2007)中的索赔程序

《标准施工招标文件》(2007)中对承包人和发包人的索赔都做了相应的规定，遵循如下几项程序。

1. 承包人索赔的提出

根据合同约定，承包人认为有权得到追加付款和(或)延长工期的，应按以下程序向发包人提出索赔：

(1) 承包人应在知道或应当知道索赔事件发生后28天内，向监理人递交索赔意向通知书，并说明发生索赔事件的事由。承包人未在前述28天内发出索赔意向通知书的，丧失要求追加付款和(或)延长工期的权利。

(2) 承包人应在发出索赔意向通知书后28天内，向监理人正式递交索赔通知书。索赔通知书应详细说明索赔理由以及要求追加的付款金额和(或)延长的工期，并附必要的记录和证明材料。

(3) 索赔事件具有连续影响的，承包人应按合理时间间隔继续递交延续索赔通知，说明连续影响的实际情况和记录，列出累计的追加付款金额和(或)工期延长天数。

(4) 在索赔事件影响结束后的28天内，承包人应向监理人递交最终索赔通知书，说明最终要求索赔的追加付款金额和延长的工期，并附必要的记录和证明材料。

2. 承包人索赔处理程序

(1) 监理人收到承包人提交的索赔通知书后，应及时审查索赔通知书的内容、查验承包人的记录和证明材料,必要时监理人可要求承包人提交全部原始记录副本。

(2) 监理人应商定或确定追加的付款和(或)延长的工期,并在收到上述索赔通知书或有关索赔的进一步证明材料后的42天内,将索赔处理结果答复承包人。

(3) 承包人接受索赔处理结果的,发包人应在做出索赔处理结果答复后28天内完成赔付。承包人不接受索赔处理结果的,按照解决争议的相关约定办理。

3. 承包人提出索赔的期限

(1) 承包人接受了竣工付款证书后,应被认为已无权再提出在合同工程接收证书颁发前所发生的任何索赔。

(2) 承包人提交的最终结清申请单中,只限于提出工程接收证书颁发后发生的索赔。提出索赔的期限自接受最终结清证书时终止。

4. 发包人的索赔

(1) 发生索赔事件后,监理人应及时书面通知承包人,详细说明发包人有权得到的索赔金额和(或)延长缺陷责任期的细节和根据。发包人提出索赔的期限和要求与承包人提出索赔的期限和要求相同,延长缺陷责任期的通知应在缺陷责任期届满前发出。

(2) 监理人确定发包人从承包人处得到赔付的金额和(或)缺陷责任期的延长期。承包人应付给发包人的金额可从拟支付给承包人的合同价款中扣除,或由承包人以其他方式支付给发包人。

(二)《FIDIC施工合同条件》(1999)中的索赔程序

FIDIC合同条件只对承包商的索赔做出了规定,遵循以下几项程序。

1. 承包商发出索赔通知

如果承包商认为有权得到竣工时间的任何延长期和(或)任何追加付款,承包商应当向工程师发出通知,说明索赔的事件或情况。该通知应当尽快在承包商察觉或者应当察觉该事件或情况后28天内发出。

2. 承包商未及时发出索赔通知的后果

如果承包商未能在上述28天期限内发出索赔通知,则竣工时间不得延长,承包商无权获得追加付款,而业主应免除有关该索赔的全部责任。

3. 承包商递交详细的索赔报告

在承包商察觉或者应当察觉该事件或情况后42天内,或在承包商可能建议并经工程师认可的其他期限内,承包商应当向工程师递交一份充分详细的索赔报告,包括索赔的根据、要求延长的时间和(或)追加付款的全部详细资料。如果引起索赔的事件或者情况具有连续影响,则:

(1) 上述充分详细索赔报告应被视为中间的。

(2) 承包商应当按月递交进一步的中间索赔报告,说明累计索赔延误时间和(或)金额，以及观察所可能合理要求此类进一步详细资料。

（3）承包商应当在索赔的事件或者情况产生影响结束后28天内，或在承包商可能建议并经工程师认可的其他期限内，递交一份最终索赔报告。

4. 工程师的答复

工程师在收到索赔报告或对过去索赔的任何进一步证明资料后42天内，或在工程师可能建议并经承包商认可的其他期限内，做出回应，表示批准、不批准、不批准并附具体意见。工程师应当商定或者确定应给予竣工时间的延长期及承包商有权得到的追加付款。

三、工程索赔的实施

（一）常见的索赔情况

1. 承包人对业主的索赔

索赔事件往往是错综复杂的，而非完全一方引起的责任，所以首先进行归因分析，划清双方的责任，根据《FIDIC施工合同范本》（1999）、《标准施工招标文件》（2007）的总结归类，可将索赔的原因分为以下几类，见表6.7。

表6.7　工程施工阶段索赔原因分析一览表

当事人违约	发包人违约	移交工地延误
		提供的基准点、基准线、基准标高错误而导致的索赔
		图纸发放延误
		施工图认可延误
		指令下达延误
		支付预付款延误
		工程进度款支付延误
		发包人负责提供设备或材料延误
		材料认可延误
		检查施工质量（隐蔽工程）延误
		发包人指定的分包商或供货商的延误
		交工验收延误
		发包人要求停工引起的延误
		发包人提前占用永久工程引起的损失
		发包人原因导致施工条件发生变化
		因发包人的原因终止合同
	承包人违约	未能按照合同协议书中约定或监理人的指示在约定时间内完成工程
		工程质量未达到合同协议书中约定的质量标准
		未经发包人同意擅自将工程转包分包给其他人
		未向发包人支付应付的材料费和设备等费用从而给发包人造成损失
		未按合同约定办理保险
		无理扣留和拒绝支付分包商
		未按合同约定的程序通知发包人检查隐蔽工程质量
		由于承包人过错导致的工程拒收和再次检验
		对施工过程管理不善造成发包人或第三方利益损失
		因承包人的原因终止合同

续表

不可抗力或不利的物质条件	地质、水文条件的变化	
	恶劣的气候条件	
	出现文物、化石等	
	自然不可抗力	地震、洪水等自然灾害
	社会不可抗力	战争、军事政变、罢工、示威、游行等
合同问题	合同缺陷	措辞不当、说明不清、条款二义性
		构成合同文件的各部分文件(图纸)约定不一致
		合同中遗漏了对相关问题的约定
		合同文件文字打印错误
	合同理解差异	采用不同的工程习惯用语
		采用不同的法律体系
工程变更	设计变更	
	实施合同约定以外的额外工程(有时作为独立合同出现)	
	取消合同中任何一项没有转由发包人或其他人实施的工作	
	改变合同工程的基线、标高、位置或尺寸	
	改变合同中任何一项工作的质量或其他特性	
	改变合同中任何一项工作的施工时间或施工顺序	
	改变合同中任何一项工作的已批准的施工工艺	
监理人指令	指令承包人加速施工	
	要求进行某项施工	
	要求更换某些材料	
	要求采取某些措施	
	对已经合格的材料和工程质量进行二次检验	
第三方原因	工程所在国法律约定发生变化	外汇管制
		税率提高
		约定更严格的强制性质量标准
	码头、港口堵塞引起进口机械设备、材料的交货延误	
	外汇汇率变化	
	物价上涨	
	材料及劳动价款的上涨	
	政府控制的材料价款的上涨	
	政府控制的材料短缺引起的延误	
	双方不可控的原因引起的停工	
	第三方原因导致施工条件发生变化	

由于在索赔事件中,发包人的延误、承包人的延误和第三方原因的延误经常交叉发生,不太容易区分各自的责任,国内公认的责任归属有五种原则,但具体使用哪种原则,需要在合同文件中约定,或双方协商决定。

(1) 初始事件原则:初始事件原则是指交叉时段中应判断哪一种原因是最先发生的,找出初始事件责任者,它首先要对索赔负责,在初始事件发生期间,其他的并发事件不承担责任。

(2) 不利于承包人的原则:在交叉时段内,只要出现了承包人的责任或风险,不管其出现次序,也不论干扰事件的性质,该时段的责任全部由承包人承担。

(3) 责任分摊的原则:当交叉时间段内的事件由发包人、承包人共同承担责任时,按各干扰事件对干扰结果的影响分摊责任,并由双方共同承担。

（4）工期从宽、费用从严原则：该原则是工期索赔发包人责任优先，费用索赔承包人责任优先。即在交叉时段内，对于工期索赔，只要存在发包人责任或风险，即给予承包人工期补偿；只要在交叉时段存在承包人责任或风险，则承包人费用索赔均不成立；同时，存在承包人责任时，发包人索赔成立。

（5）主导原因原则：分析这些干扰事件哪个是主要原因，由主导原因的干扰事件承担责任。

对于承包商向业主的索赔，各种常见的事件及其可索赔的内容，1999 年新版的《FIDIC 施工合同条件》在相应条款中给予相应的表述，见表 6.8。其中 C 代表费用索赔，P 代表利润索赔，T 代表工期索赔。

表 6.8　《FIDIC 施工合同条件》(1999)中承包商向业主索赔可引用的明示条款

序　号	合同条款号	条款主要内容	可调整事项
1	1.9	延误的图纸或指示	$C+P+T$
2	2.1	现场进入权	$C+P+T$
3	3.3	工程师的指示	$C+P+T$
4	4.6	合作	$C+P+T$
5	4.7	放线	$C+P+T$
6	4.12	不可预见的物质条件	$C+T$
7	4.24	化石	$C+T$
8	7.2	样品	$C+P$
9	7.4	试验	$C+P+T$
10	8.3	进度计划	$C+P+T$
11	8.4	竣工时间的延长	T
12	8.5	当局造成的延误	T
13	8.8;8.9;8.11	暂停施工、暂停的后果、拖长的暂停	$C+T$
14	9.2	延误的试验	$C+P+T$
15	10.2	部分工程的接收	$C+P$
16	10.3	对竣工试验的干扰	$C+P+T$
17	11.2	修补缺陷的费用	$C+P$
18	11.6	进一步试验	$C+P$
19	11.8	承包商的调查	$C+P$
20	12.4	删减	C
21	13.1	变更权	$C+P+T$
22	13.2	价值工程	C
23	13.5	暂定金额	$C+P$
24	13.7	因法律改变的调整	$C+T$
25	13.8	因成本改变的调整	C
26	14.8	延误的支付	C
27	15.5	业主终止的权利	$C+P$
28	16.1	承包商暂停工作的权利	$C+P+T$
29	16.2;16.4	由承包商终止，终止时的付款	$C+P$
30	17.3;17.4	业主的风险，业主风险的后果	$C+P+T$
31	17.5	知识产权和工业产权	C
32	18.1	有关保险的一般要求	C
33	19.4	不可抗力的后果	$C+T$
34	19.6	自主选择终止、付款和解除	C
35	19.7	根据法律解除履约	C

《标准施工招标文件》(2007)中的通用条款对承包人的索赔权利也做了明确规定,见表6.9。

表 6.9 《标准施工招标文件》(2007)中可以合理补偿承包人索赔的条款

序　号	合同条款号	条款主要内容	可调整事项
1	1.10.1	施工过程中发现文物、古迹以及其他遗迹、化石、钱币或物品	$C+T$
2	4.11.2	承包人遇到不利物质条件	$C+T$
3	5.2.4	发包人要求向承包人提前交付材料和工程设备	C
4	5.2.6	发包人提供的材料和工程设备不符合合同要求	$C+P+T$
5	8.3	发包人提供基准资料错误导致承包人的返工或造成损失	$C+P+T$
6	11.3	发包人的原因导致的工期延误	$C+P+T$
7	11.4	异常恶劣的气候条件	T
8	11.6	发包人要求承包人提前竣工	C
9	12.2	发包人原因引起的暂停施工	$C+P+T$
10	12.4.2	发包人原因造成暂停施工后无法按时复工	$C+P+T$
11	13.1.3	发包人原因造成工程质量达不到合同约定的验收标准	$C+P+T$
12	13.5.3	监理人对隐蔽工程重新检查,经检验证明工程质量符合合同要求的	$C+P+T$
13	16.2	法律变化引起的价款调整	C
14	18.4.2	发包人在全部工程竣工前,使用已接收的单位工程导致承包人费用增加	$C+P+T$
15	18.6.2	发包人的原因导致试运行失败	$C+P$
16	19.2	发包人原因导致工程缺陷和损失	$C+P$
17	21.3.1	不可抗力	T

【例6-1】 某办公楼工程,首层为店面,开发商准备建成后出租,合同价482 144英镑,合同价格中管理费为12.5%,合同工期18个月。

(1) 承包商的在工程实施中出现如下情况,使工程施工延期:①开挖地下室时,遇到了旧房遗留的基础引起的障碍;②发现了古井,由一些考古学家考证它们的价值,而产生拖延;③安装钢架过程中部分隔墙倒塌,同时为保护临近的建筑而造成延误;④地下室钢结构施工的图纸和指令拖延;⑤锅炉运输和安装的指定分包商违约;⑥施工过程中遇到了台风,使工期拖延。

在开工的七个月后,承包商提出了12周的工期拖延索赔。但业主不同意工期延长,因为业主已经与房屋的租赁人签订了租赁合同,如不能按期交付,业主要被罚款,业主指出承包商要求按时完成工程。工程师建议:由于干扰事件发生,承包商不能按时完成工程,有权要求延长工期,必须与承包商商讨价格补偿,并签订加速施工协议。业主认可了工程师的建议。

(2) 双方关于工期拖延及加速补偿问题的商谈:

第一,承包商提出了12周的工期延误索赔,经工程师的审核,给予延长工期10周。

第二,对于10周的延长,承包商提出索赔为:发现古井、考古学家调查期间工程受损2 515英镑;地下室钢结构因图纸延误损失4 878英镑;由分包商引起的延误损失5 286英镑。合计 14 934 英镑，工程师审核同意 11 289 英镑。

第三，业主要求：全部工程按原合同竣工，即加速 10 周；底层商店比合同工期再提前 4 周，即提前 14 周；在余下的 9 个月的工期中达到上述加速目标。

第四，承包商重新做出计划，考虑到因加速所引起的加班时间，额外机械投入，分包商的额外费用，采用技术措施等所增加的费用，提出：底层商店提前 14 周增加费用 8 400 英镑，办公楼提前 10 周增加费用 12 000 英镑，考虑风险影响 600 英镑，合计 21 000 英镑。

第五，工程师指出由于工期压缩了 10 周，承包商可以节约管理费，按照合同管理费的份额，10 周共有管理费为(482 144×12.5%)/(1+12.5%)/78 周×10 周＝6 870 英镑。这笔节约应从索赔额中扣除，则承包商提出工期延误及赶工所需要的补偿为：11 289－6 870＋21 000＝25 419 英镑，考虑到风险因素等共要求补偿25 500 英镑。工程师向业主转达了承包商的要求，并分析了承包商要求的合理性及索赔值计算的正确性，业主接受了承包商的要求。

第六，双方商讨并签署了赶工附加协议，该协议主要包括以下内容：①由于干扰事件的影响，承包商有权延长工期 10 周，并索赔相关费用，工程师已批准。业主希望全部工程按计划竣工，底层比计划提前 4 周，双方经商讨就赶工达成一致；②业主支付赶工费 25 000 英镑(包括以前承包商已提出的各种索赔)；③如果承包商不能按照业主的要求竣工，则赶工费应扣除；④赶工费分批支付。

分析：

(1) 对于工期拖延的第一种情况(开挖地下室时，遇到了旧房遗留的基础引起的障碍)和第二种情况(发现古井，由一些考古学家考证它们的价值，而产生拖延)，其属于施工现场条件变化引起的索赔，承包商可索赔工期和费用。

(2) 第三种情况(安装钢架过程中部分隔墙倒塌，同时为保护临近的建筑而造成延误)属于承包商自身原因造成的工期延误，业主不给与工期和费用补偿。

(3) 第四种情况(地下室钢结构施工的图纸和指令拖延)和第五种情况(锅炉运输和安装的指定分包商违约)属于业主原因引起的工期拖延，承包商可索赔工期和费用。

(4) 第六种情况(遭遇台风)属于不可抗力事件引起的索赔，承包商可索赔工期。

(5) 对于业主已给予承包商 10 周的工期索赔后，又让承包商按原合同工期完工，支付的赶工费 25 000 英镑属于加速施工引起的索赔。

对于以上事件中可以索赔工期的，业主不一定给予工期补偿，要视具体情况而定，对于工期索赔和费用索赔的计算见本节的工期索赔和费用索赔的计算。

2. 业主向承包商的索赔

由于承包商不履行或不完全履行约定的义务，或者由于承包商的行为使业主受到损失是，业主可以向承包商提出索赔。

1) 工期延误索赔

在项目的施工过程中，由于多方面的原因，工程竣工日期拖后，影响到业主对工程的使用，给业主造成经济损失。如果工程竣工延期是由于承包商原因造成的，按照国家惯例，业主有权向承包商进行误期损害赔偿索赔。

至于误期损害赔偿费的计算方法，一般在合同文件中有具体规定。

2）工程质量不符合合同要求的索赔

当承包商的施工质量不符合合同要求，或使用的设备和材料不符合合同规定，或在合同缺陷责任期未满以前没有完成应该负责修补的工程时，业主有权向承包商追究责任，要求补偿所受到的经济损失。如果承包商在规定的期限内未完成缺陷修复工作，业主有权雇用他人修复或自行修复，发生的成本和费用由承包商承担，业主可以向其索赔。

3）承包商不履行的保险费用索赔

如果承包商未能按照合同条款指定的项目投保，并保证保险有效，业主可以投保并保证保险有效，业主所支付的必要的保险费可在应付给承包商的款项中扣除。

4）业主对超额利润的索赔

如果工程量增加很多，使承包商预期的利润加大，业主可以同承包商讨论，收回部分超额利润，因为工程量增大并未增加承包商的固定成本的支出。

如果由于法规的变化导致承包商在工程施工过程中降低了成本。产生了超额利润，应重新调整合同价格，收回部分超额利润。

5）业主合理终止合同或承包商不正当放弃工程的索赔

如果业主合理终止承包商的承包合同或承包商不合理放弃工程，业主可以从承包商手中收回由新的承包商完成工程所需的工程款与原合同未付部分的差额。

（二）费用索赔的计算

通常情况下，费用索赔指承包商向业主要求补偿不应该由承包商自己承担的经济损失或额外开支，不包括业主向承包商的索赔。本部分讲述的是承包商向业主进行的费用索赔。

费用索赔是工程索赔的核心，即使承包商向业主提出工期索赔，要求延长工期，其目的也是避免交纳误期损害赔偿费或是为提出费用赔偿做好铺垫工作。此外，在竞争日益激烈的建筑业市场上，为了中标，承包商投标的价格很低，索赔是他们获得额外补偿的一个手段。在处理费用索赔时，应遵循以下原则：

第一，赔偿实际损失的原则。实际损失包括直接损失（成本的增加和实际费用超支）和间接损失（可能获得的利益减少），赔偿时以实际损失为限。

第二，合同原则。此原则指提出的索赔要符合规定的索赔条件和范围，符合合同规定的计算方法，以合同报价为计算基础。

第三，符合工程惯例。费用索赔的计算必须采用符合人们习惯的、合理的、科学的计算方法，能够让当事人（业主和承包商）和相关人（工程师、调解人、仲裁人等）接受。

1. 费用索赔的构成及计算

索赔费用构成的内容与建筑安装工程造价的组成内容基本一致。按照我国现行规定，建安工程造价包括直接费、间接费、利润与税金，承包商可索赔的费用也是这几部分。对于不同原因引起的索赔，承包商可索赔的具体费用是有差异的，视具体索赔事件的性质、条件分析而定，可参考表 6.5 中 FIDIC 合同条件中承包商可以引用的索赔条款。

1）人工费

可索赔的人工费包括额外增加工作内容的人工费、超过法定工作时间的加班费、非承包商责任引起工程延误的停工损失费、非承包商责任的工作效率降低的损失费和法定人工增长费等，各项费用计算如下：

(1) 加班费＝消耗的人工工日×人工单价×加班系数。

(2) 额外工作所需人工费＝消耗的人工工日×合同中的人工单价、计日单价或重新议定单价。

(3) 劳动效率降低的费用索赔额＝(该项工作实际支出工时－该项工作计划工时)×人工单价。

(4) 停工(窝工)损失费＝窝工人工工日×窝工人工单价

【例 6-2】 某建设工程业主与施工单位签订了可调价合同。合同中约定：人工日工资单价为 60 元/工日，窝工费 20 元/工日。合同履行后第二天，因场外停电停水全场停工二天，造成人员窝工 40 工日；合同履行到第 30 天，工程师指令增加一项新工作，完成该工作需要五天时间，人工 60 工日，计算施工单位可索赔的人工费。

解：合同履行过程中发生的两个事件，属于非承包商责任引起，承包商可索赔相应费用。

因场外停电索赔的窝工费：40×20＝800(元)

因工程师指令增加新工作可索赔的人工费：60×60＝3 600(元)

因此，施工单位可索赔的人工费为：800＋3 600＝4 400(元)

2）施工机械使用费

可索赔的施工机械使用费包括由于完成额外工作增加的机械使用费、非施工单位责任的工效降低增加的机械使用费和由于建设单位或监理工程师原因导致机械停工的窝工费。可采用机械台班费、机械折旧费、设备租赁费等几种形式。

(1) 停工或窝工的机械闲置费＝机械台班折旧费(机械的日租赁费)×闲置天数。

(2) 完成额外工作增加的机械使用费＝机械台班单价×工作台班数。

对于自有机械，机械台班单价按照台班折旧费、大修理费、经修费、人工费、燃料动力费等七项费用构成计算，通常用机械的台班折旧费加上台班的运营费用；对于租赁机械，机械的台班单价通常用机械合理的日租赁费加上台班的运营费用计算。因此，计算索赔的施工机械使用费要注意自有机械和租赁机械的区别。

(3) 机械作业效率降低费＝机械作业发生的实际费用－投标报价的计划费用

【例 6-3】 某工程施工中，由于业主干扰导致窝工 10 天，人工 500 个工日，每工日标准工资 30 元，机械设备日租赁费 200 元，运行费用 100 元。合同规定，窝工人员的单价按日工资标准的 50%计算。该工程合同原定利润率是 10%，假设除此外，其他方面没有变化，计算承包商可以索赔费用金额。

解：可索赔的窝工的人工费：500×30×50%＝7 500(元)

可索赔的窝工机械费：200×10＝2 000(元)

一般窝工不可索赔利润，因此只有人工费和机械窝工费可索赔。

因此，承包商可索赔的费用：7 500＋2 000＝9 500(元)

3）材料费

可索赔的材料费通常包括增加额外工作、变更工作性质和施工方法增加额外使用量的材料费、客观原因引起的材料价格上涨的费用和非承包商责任造成工程延误导致材料价格上涨和超期储存的费用。材料费中应包括运输费、仓储费及合理的损耗费。如果由于承包商管理不善，造成材料损坏失效，不能列入索赔的范围。

（1）额外材料使用费＝（实际用料量－计划用料量）×材料预算单价。

（2）材料价格上涨费用＝（现行价格－基本价格）×材料使用量。

（3）增加的材料运输、采购、保管费用＝实际费用－报价费用。

基本价格是指在递交投标书截止日期前，该种材料的价格。现行价格是指在递交投标书截止日期后的任何日期，通行的该种材料的价格。

4）保函手续费

工程延期时，保函手续费相应增加，反之，取消部分工程且发包人与承包人达成提前竣工协议时，承包人的保函金额相应折减，则计入合同价内的保函手续费也应扣减。

【例 6-4】 某建设项目业主与甲施工单位签订了施工总包合同，合同中约定保函手续费 20 万元，合同工期 200 天。合同履行过程中，因不可抗力事件发生致使开工日期推迟 30 天，因异常恶劣气候停工 10 天，因季节性大雨停工 10 天，因设计单位延期交付图纸停工七天。假设上述事件均为关键路线，且未发生在同一时间。计算甲施工单位可索赔的保函手续费。

解：上述四个事件中，除季节性大雨应是有经验的承包商可预见的事件外，其他三个事件是非承包商责任引起的，这些事件引起的工期延期而增加的保函手续费可索赔。

可索赔的工期延误：30＋10＋7＝47（天）

单位合同工期的保函手续费：20/200＝0.1（万元）

因此，甲施工单位可索赔的保函手续费：47×0.1＝4.7（万元）

5）利息

在索赔款额的计算中，经常包括利息。利息的索赔通常发生于下列情况：①延期付款的利息；②由于工程变更和工程延误增加投资的利息；③索赔款的利息；④错误扣款的利息。

至于这些利息的具体利率应是多少，在实践中可采用不同的标准，主要有以下几种：①按当时的银行贷款利率；②按当时的银行透支利率；③按合同双方协议的利率。

具体计算：可索赔的利息＝贷款额度×选用的利息率

6）保险费

保险费的索赔与保函手续费的索赔类似。

7）分包费用

分包费用索赔指的是分包商的索赔费，一般包括人、材、机费用的索赔。分包商的索赔应如数列入总承包商的索赔款总额之内。

8）企业管理费。企业管理费属于工程成本的组成部分，是指为整个企业的经营活动提供支持和服务所发生的管理费，包括施工现场管理费和总部管理费。

现场管理费指承包商完成额外工程、可索赔事项工作及工程延误期间的工地管理费，包括临时设施、现场管理人员的工资、办公、通信费、交通费等费用。一般窝工损失索赔时，不给予现场管理费补偿。

总部管理费是指为承包商上级部门服务的，不直接归属某个工程的管理费用。如公司总部职员工资、办公楼折旧费、通讯费、广告费等。总部管理费与现场管理费相比，数额较为固定，一般仅在工程延期和工程范围变更时才允许索赔总部管理费。

国际工程费用索赔中，承包商的管理费索赔计算有如下两种方法：

(1) 按照合同规定或协商的施工现场管理费率和总部管理费率计算：

施工现场管理费＝直接费索赔额×施工现场管理费率

总部管理费＝(直接费索赔额＋施工现场管理费索赔额)×总部管理费率

承包商的管理费＝施工现场管理费＋总部管理费

(2) 以工程延期的总天数为基础，计算企业管理费：

施工现场管理费＝工程延期的天数×该工程的每日现场管理费

式中，该工程的每日现场管理费＝该工程的现场管理费/合同工期(天)

总部管理费＝工程延期的天数×该工程的每日总部管理费

式中，该工程的每日总部管理费＝该工程向总部上缴的管理费/合同工期(天)

承包商的管理费＝施工现场管理费＋总部管理费

【例 6-5】 某工程系一条道路和跨越公路的人行大桥，合同总价为 400 万美元，工期为 20 个月，现场管理费率 12%，总部管理费率 7%，利润率 5%。施工过程中发生如下事项：

(1) 施工中由于图纸错误，工程师通知一部分工程暂停，待图纸修改后再继续施工。该事件发生，使承包商三台设备停止使用 37 个工日，每台机械每工日工作两台班。其中汽车吊台班费用 43 美元，台班折旧费 15 美元；大型空压机台班费用 30 美元，台班租赁费 10 美元；其他辅助设备台班费用 10 美元，台班折旧费 5 美元。

(2) 由于原有高压输电线等电业部门迁线后才能施工，因此也有延误。但最终承包商采取了有力措施，保证合同按期完成。

对于此两项事件，经过承包商、监理工程师和业主之间的协商，达成协议：对于第一个事件给予机械窝工费和现场管理费补偿；对于第二个事件，给予现场管理费补偿。由于工程未延期，不给予总部管理费和利润补偿。计算承包商可索赔的现场管理费。

解：(1) 图纸错误的延误，损失补偿如下：

机械窝工费应按台班折旧费和租赁费计算。

汽车吊窝工费＝15×2×37＝1 110(美元)

大型空压机窝工费＝10×2×37＝740(美元)

其他辅助设备窝工费＝5×2×37＝370(美元)

可索赔的直接费＝1 110＋740＋370＝2 220(美元)

可索赔的现场管理费＝2 220×12%＝266.4(美元)

(2) 高压输电线迁移延误两个月，损失补偿如下：

每月现场管理费的计算应按直接成本计算，即

扣除利润后合同价＝4 000 000/105%×100%＝3 560 303(美元)

扣除总部管理费后总成本＝3 560 303/112%×100%＝3 178 812(美元)

扣除现场管理费总成本＝3 560 303/112%×100%＝3 178 842(美元)

每月现场管理费＝178 842×12%/20＝19 073(美元/月)

两个月的延误损失＝19 037×2＝38 146(美元)

承包商对于此事件可索赔的现场管理费为 38 146 美元。

因此，对于(1)、(2)两项，承包商可索赔的现场管理费为 26 604＋38 146＝38 412.4 美元。

9) 利润。一般来说，由于工程范围的变更和施工条件变化引起的索赔，承包商是可以列入利润的。但对于工程延误的索赔，由于利润通常包括在每项实施的工程内容的价格之内，延误工期并未影响削减某些项目的实施而导致利润减少。所以，一般造价工程师很难同意在延误的费用索赔中加进利润损失。

索赔利润的款额计算通常是与原报价单中的利润百分率保持一致，即在直接工程费的基础上，增加原报价单中的利润率，作为该项索赔款的利润。

国际工程施工索赔实践中，承包商有时也会列入一项“机会利润损失”，要求业主予以补偿。这种机会利润损失是出于非承包商责任致使工程延误，承包商不得不继续在本项工程中保留相当数量的人员、设备和流动资金，而不能按原计划把这些资源转到另一个工程项目上去，因而使该承包商失去了一个创造利润的机会。这种利润损失索赔，往往由于缺乏有力而切实的证明，比较难以成功。

另外还需注意的是，施工索赔中，以下几项费用是不允许索赔的：①承包商对索赔事项的发生原因负有责任的有关费用；②承包商对索赔事项未采取减轻措施而扩大的损失费用；③承包商进行索赔工作的准备费用；④索赔款在索赔处理期间的利息。

因为在国内没有相关合同条件对索赔中费用内容的确定做出明确规定，所以国内一般参照《FIDIC 施工合同条件》(1999)中的费用索赔的相关内容确定。见表 6.10。

表 6.10 《FIDIC 施工合同条件》(1999)费用计算索赔一览表

索赔事件		可能的费用项目	说明	计算基础
工程延误	工期拖延	(1) 人工费	包括工资上涨、现场停工、窝工、生产效率降低、不合理使用劳动力等损失	停工、窝工按实际停工工时数和报价单中人工费单价等计算 低效生产的损失按投标书中确定的和实际的劳动力投入量、工作效率、劳动力单价等计算
		(2) 材料费	因工期延长引起的材料价款上涨，因工期延长引起的材料推迟交货而导致的损失	按实际支出计算
		(3) 机械设备费	设备因延期引起的折旧费、利息、维修保养费、固定税费、进出场费或租赁费等	按承包商停滞台班数，停滞台班费单价、台班租赁费等计算
		(4) 现场管理费	包括现场管理人员的工资、津贴等，现场办公设施的折旧、营运费，现场日常管理费支出，交通费等	按实际支出计算

续表

索赔事件		可能的费用项目	说　明	计算基础
工程延误	工期拖延	(5) 因工期延长的通货膨胀费		按实际支出计算
		(6) 相应的保险费、保函费		
		(7) 分包商索赔	分包商因延期向承包商提供的费用索赔	
		(8) 总部管理费	因延期造成公司总部管理费	按企业实际管理费开支分摊计算
		(9) 推迟支付引起的兑换率损失	工程延期引起支付延迟	按实际损失计算
		(10) 利润	工程延误导致承包预期利润的减少	按承包商预期的利润损失计算
	工程中断	(1) 人工费	留守人员工资、人员的遣返和重新招雇费，对工人的赔偿等	按实际支出计算
		(2) 机械费	设备停工费、额外的进出场费、租赁机械的费用等	实际支出或按合同报价标准计算
		(3) 保险、保函、银行手续费		按实际支出计算
		(4) 贷款利息		
		(5) 总部管理费		
		(6) 其他额外费用	停工、复工所产生的额外费用，工地清理、重新计划、安排、重新准备施工等费用	
合同终止 (1) 业主自行终止 (2) 业主违约终止 (3) 不可抗力终止		(1) 人工费	遣散工人的费用，给工人的赔偿金，善后处理工作人员的费用	按实际损失计算
		(2) 机械费	已交付的机械租金，为机械运行已作的一切物质准备费用，机械作价处理损失(包括未提折旧)，已缴纳的保险费，将机械运出现场的费用等	
		(3) 材料费	已购材料，已订购材料的费用损失，材料作价处理损失	
		(4) 其他附加费用	分包商索赔、已缴纳的保险费、银行费用、工地管理费损失等	
		(5) 工程款	已完成的且其价款在合同中有约定的任何未付工作的应付款额	按实际工程师确定的款额计算
		(6) 利润	承包商完成工程应合理获得的利润	按承包商实际的利润损失计算

续表

<table>
<tr><th colspan="2">索赔事件</th><th>可能的费用项目</th><th>说　明</th><th>计算基础</th></tr>
<tr><td rowspan="25">工程师指示</td><td rowspan="2">工程删减</td><td>(1) 现场管理费</td><td>因工程项目删减而导致的分摊的现场管理费的损失</td><td rowspan="2">根据删减工程的工程量、综合单价中分摊的管理费率计算</td></tr>
<tr><td>(2) 总部管理费</td><td>因工程项目删减而导致的分摊的总部管理费的损失</td></tr>
<tr><td rowspan="6">工程质量改变或特性上改变</td><td>(1) 人工费</td><td>返工费、新增人工费</td><td rowspan="3">按实际支出计算</td></tr>
<tr><td>(2) 材料费</td><td>新材料费、新材料与原材料价款的差额</td></tr>
<tr><td>(3) 机械设备费</td><td>返工费、使用新机械设备费</td></tr>
<tr><td>(4) 现场管理费</td><td>因综合单价改变损失的现场管理费</td><td rowspan="2">按新综合单价、管理费率和工程量表计算</td></tr>
<tr><td>(5) 总部管理费</td><td>因综合单价改变损失的总部管理费</td></tr>
<tr><td>(6) 利润</td><td>承包商实施新工程特性应合理获得的利润</td><td>按承包商实际应得的利润计算</td></tr>
<tr><td rowspan="5">工程标高位置尺寸改变</td><td>(1) 人工费</td><td>返工费、新增人工费</td><td rowspan="3">按实际支出计算</td></tr>
<tr><td>(2) 材料费</td><td>新材料费、新材料与原材料价款的差额</td></tr>
<tr><td>(3) 机械费</td><td>返工费、使用新机械设备费</td></tr>
<tr><td>(4) 现场管理费</td><td>因综合单价改变损失的现场管理费</td><td rowspan="2">按新综合单价、管理费率和工程量表计算</td></tr>
<tr><td>(5) 总部管理费</td><td>因综合单价改变损失的总部管理费</td></tr>
<tr><td rowspan="2">工程施工顺序或时间的改变</td><td>(1) 现场管理费</td><td>因可能的工期延长而导致现场管理费的损失</td><td rowspan="2">根据可能延长的工期，综合单价中管理费率计算</td></tr>
<tr><td>(2)总部管理费</td><td>因可能的工期延长而导致总部管理费的损失</td></tr>
<tr><td rowspan="10">加速施工</td><td>(1) 人工费</td><td>(1) 因业主指令工程加速造成增加劳动力投入，不经济地使用劳动力使生产效率降低
(2) 节假日加班、夜班补贴</td><td>(1) 报价中的人工费单价，实际劳动力使用量，已完成工程中劳动力计划用量
(2) 实际加班数，合同约定或劳资合同约定的加班补贴费</td></tr>
<tr><td>(2) 材料费</td><td>(1) 增加材料的投入，不经济地使用材料
(2) 因材料需提前交货给材料供应商的补偿
(3) 改变运输方式
(4) 材料代用</td><td>(1) 实际材料使用量，已完成工程中材料计划使用量，报价中的材料价款或实际价款
(2) 实际支出
(3) 材料数量、实际运输价款、合同约定的材料运输方式的价款
(4) 代用材料的数量差，价款差</td></tr>
<tr><td>(3) 机械设备费</td><td>(1) 增加机械使用时间，不经济地使用机械
(2) 增加新设备的投入</td><td>(1) 实际费用，报价中的机械费，实际租金等
(2) 新设备报价，新设备的使用时间</td></tr>
<tr><td>(4) 工地管理费</td><td>(1) 增加管理人员的工资
(2) 增加人员的其他费用，如福利费、工地补贴、交通费、劳保、假期等
(3) 增加临时设施费
(4) 现场日常管理费支出</td><td>(1) 计划用量，实际用量，报价标准
(2) 实际增加人・月数，报价中的费率标准
(3) 实际增加量，实际费用
(4) 实际开支数，原报价中的包含的数量</td></tr>
<tr><td rowspan="2">(5) 其他</td><td>分包商索赔</td><td rowspan="2">按实际支出计算</td></tr>
<tr><td>总部管理费</td></tr>
<tr><td>(6) 利润</td><td>承包商加速施工应合理获得的利润</td><td>按承包商实际应得的利润计算</td></tr>
<tr><td>扣除：工地管理费</td><td>由于赶工，计划工期缩短，减少支出：工地交通费、办公费、工器具使用费、设施费用等</td><td>缩短月数，报价中的费率标准</td></tr>
<tr><td>扣除：其他附加费</td><td>保函、保险和总部管理费等</td><td></td></tr>
</table>

续表

<table>
<tr><th colspan="2">索赔事件</th><th>可能的费用项目</th><th>说 明</th><th>计算基础</th></tr>
<tr><td rowspan="13">其他索赔事项</td><td rowspan="2">产权索赔</td><td>(1) 谈判、仲裁、诉讼费</td><td></td><td rowspan="2">按实际支出计算</td></tr>
<tr><td>(2) 侵权费</td><td></td></tr>
<tr><td rowspan="4">业主提前接收</td><td>(1) 人工费</td><td>为减少业主影响施工而进行的现场调整所增加的人工费</td><td rowspan="3">实际支出或按合同报价标准计算</td></tr>
<tr><td>(2) 机械设备费</td><td>机械设备的安拆、迁移费</td></tr>
<tr><td>(3) 其他损失费</td><td>施工临时管道、线路及进出场道路的更改费，为保护业主人身安全采取的必要措施费等</td></tr>
<tr><td>(4) 利润</td><td>承包商因业主自行接受导致的利润损失</td><td>按承包商实际的利润损失计算</td></tr>
<tr><td rowspan="4">修补缺陷</td><td>(1) 修补缺陷费</td><td>包括修补由业主使用工程引起的损害所需要的人工费、材料费、机械设备费和其他附加费用</td><td rowspan="3">按实际支出计算（利润应按合同中约定的利润率计算）</td></tr>
<tr><td>(2) 调查费用（业主责任情况下）</td><td>调查费用、合理的利润损失</td></tr>
<tr><td>(3) 因缺陷维修导致的重新检验费（业主责任情况下）</td><td>检验准备费、检验过程中消耗材料费、修补工作费等</td></tr>
<tr><td>(4)利润</td><td>承包商修复业主引起的缺陷应合理获得的利润</td><td>按承包商实际应得的利润计算</td></tr>
<tr><td rowspan="2">保险索赔</td><td>(1) 投保费用</td><td>有义务的一方未办理或未使保险持续有效，另一方代办费用</td><td rowspan="2">按实际支出计算</td></tr>
<tr><td>(2) 应由保险公司赔偿的费用</td><td>包括若正常办理保险，保险公司所应赔付的一切费用</td></tr>
<tr><td>工程删减转包</td><td colspan="3">属于业主违约，可以索赔删减部分的全部费用</td></tr>
</table>

2. 费用索赔的计算方法

费用索赔的计算方法有实际费用法、总费用法、修正费用法、合理价值法和审判裁定法。其中最常用的是实际费用法。

1）实际费用法

实际费用法又叫分项法。该方法是按每个索赔事件所引起的损失的费用项目分别计算索赔值的一种方法。该方法是在明确责任的前提下，将需索赔的费用分项列出，并提供相应的工程记录、收据、发票等证据资料，这样可以在较短的时间内给以分析、核实，确定索赔费用，顺利解决索赔。在实际中，绝大多数工程的索赔都采用分项法计算。

分项法计算通常分三步：

(1) 分析每个或每类索赔事件所影响的费用项目，不得有遗漏。这些费用项目通常应该与合同报价中的费用项目一致。

(2) 计算每个费用项目受索赔事件影响后的数值，通过与合同价中的费用值进行比较即可得到该项费用的索赔值。

(3) 将各费用项目的索赔值汇总，得到总费用的索赔值。实际费用法的索赔费用主要包括该项工程施工过程中所发生的额外人工费、材料费、机械使用费、管理费以及应得利润。

2) 总费用法

总费用法，又称总成本法，是指在索赔事件发生后，计算出该项索赔事件的实际总费用，再从这个实际总费用中减去投标报价时的估算费用，得出要求补偿的索赔款额，具体公式为

索赔款额＝实际总费用－投标报价估算总费用

总费用法有它的局限性，只有在一定的条件下被采用。在采用总费用法时，应注意以下几点：

(1) 由于该项索赔在施工时，通常是多个索赔事件混杂在一起，导致难以准确的进行分项记录和收集资料、证据，不容易分项计算出具体的损失费用，只得采用总费用法进行索赔。

(2) 承包商的投标报价是合理的，不能采用低价中标策略后的过低的投标价。

(3) 承包商必须有足够的证据证明其全部费用的合理性，能够证明实际发生的总费用中不包含因承包商原因(施工组织不善、材料浪费)增加的费用。

3) 修正总费用法

修正的总费用法在原则上同总费用法一样，只是对总费用法进行了相应的修改和调整，即在总费用计算的原则上，除掉一些不合理因素，使其更合理。修正的内容如下：

(1) 将计算索赔的时段局限于受到外界影响的时间，而不是整个工期。

(2) 只计算受影响时段内的某项工作所受影响的损失，而不是计算该时段内所有施工工作所受的损失。

(3) 与该项工作无关的费用不列入总费用中。

(4) 对投标报价费用进行核算，按受影响时段内该项工作的实际单价进行核算，乘以实际完成的该项工作的工程量，得出调整后的报价费用。

按修正后的总费用法支付索赔款的公式是

索赔款额＝某项工作调整后的实际总费用－该项工作调整后的报价费用

4) 合理价值法

合理价值法是根据公正调整理论要求得到合理的经济补偿。

根据公正调整理论，当施工合同条款没有明确的规定时，承包商有权根据自己已经完成的工程量取得合理的经济补偿。对于合同范围以外的额外工程，或施工条件完全变化了的施工项目，承包商有权取得经济补偿，得到合理的索赔款额。

5) 审判裁定法

审判裁定法是解决索赔争端、确定索赔款额的一条法律途径。它通过法庭审判，研究承包商的索赔资料和证据，并听取业主一方的申辩，最后确定一个索赔款额，以法庭裁决的形式使承包商得到相应的经济补偿。美国索赔法庭采用审判裁定法确定索赔款额的

条件：

（1）其他的索赔计价法，如总费用法、修正总费用法、实际费用法以及合理价值法等，均未能解决索赔争端，并且未能找到别的索赔计价法。

（2）承包商要求索赔的证据充足，可以据此做出公正、合理的裁决。

审判裁定法所依据的证据资料同其他的索赔计价法一样，都是根据承包商的实际开支证明来做裁决。唯一不同的是，前四种索赔计价是由合同双方协商一致而确定的，审判裁定法是靠法院审判裁定的。

（三）工期索赔的计算

由于工程项目的建设周期比较长、不可预见因素比较多，施工干扰因素不可避免，常常使预定计划不能实现，造成工期延误。工程延误会造成非常严重的后果。首先，项目不能按期完工，就不能产生预期的经济效益，必将给业主带来严重的经济损失，业主为了防范这种风险一般在合同中规定了巨额的误期损害赔偿费；其次，项目不能按期完工，承包商就占用更多的资金、支付更多的管理费等，同时也要面临支付损害赔偿费。因此，无论业主或承包商都不愿工程工期产生延误。然而，延误在某种程度上又是不可控制的，一旦产生工期的延误，必须寻找一种合理的风险分担措施，工期索赔是寻求这种风险分担机制的直接体现。

工期索赔是指合同的一方根据工程项目合同的规定，在工期超出合同规定的条件下，提出的工期补偿要求，以弥补本身遭受的损失。工期索赔与其他类型的索赔一样，是合理合法的合同行为，是合同条件赋予双方保护自身合法利益的权利，使合同风险分担程度趋于合理的有效手段。

1. 工期索赔的处理原则

1）单事件索赔的处理原则

单事件索赔是指在同一时间段内干扰事件独立发生。处理单事件索赔时，首先，划清施工进度拖延的责任。工程延期可分为“可原谅延期”和“不可原谅延期”两种情况。因承包人的原因造成施工进度滞后，属于不可原谅延期；只有承包人不应承担任何责任的延误，才是可原谅延期。其次，判断可原谅延期被延误的工作是否处于施工进度计划关键线路上。只有位于关键线路上工作内容的滞后，才会影响到竣工日期。但有时也要注意，既要看被延误的工作是否在批准进度计划的关键路线上，又要详细分析这一延误对后续工作的可能影响。因为若对非关键路线工作的影响时间较长，超过了该工作可用于自由支配的时间，也会导致进度计划中非关键路线转化为关键路线，其滞后将影响总工期的拖延。此时，应充分考虑该工作的自由时间，给予相应的工期顺延，并要求承包人修改施工进度计划。

工期索赔的处理原则，如表 6.11 所示。

表 6.11　工期索赔的处理原则

延期性质	延期原因	责任者	处理原则	索赔结果
可原谅延期	(1) 设计修改 (2) 施工条件改变 (3) 业主原因 (4) 工程师原因	业主/工程师	可准予工期延长和给予经济补偿	工期延长＋经济补偿
	不可抗力(天灾、社会动乱)以及非业主、工程师或承包商原因造成的延期	客观原因	依据《建设工程施工合同》第 39.3 条规定处理	工期给予延长,经济补偿依据《建设工程施工合同》第 39.3 条确定
不可原谅延期	由承包商原因造成的延期	承包商	不给予工期延长和经济补偿,竣工结算时业主按照合同规定的竣工延期条款追究承包商的违约责任,扣除违约赔偿金	无权索赔

因不可抗力事件导致的费用及延误的工期,我国的《建设工程施工合同》第 39.3 条规定如下:

(1) 工程本身的损害、第三方人员伤亡和财产损失以及运至施工场地用于施工的材料和待安装设备的损害,由发包人承担。

(2) 承发包双方人员伤亡由其所在单位负责,并承担相应费用。

(3) 承包人机械设备损坏及停工损失,由承包人承担。

(4) 停工期间,承包人应工程师要求留在施工场地的必要的管理人员及保卫人员的费用由发包人承担。

(5) 工程所需清理、修复费用,由发包人承担。

(6) 延误的工期相应顺延。

因合同一方迟延履行合同后发生不可抗力的,不能免除相应责任。

2) 共同延误下的工期索赔处理原则

工程施工过程中,往往有两种或多种原因同时造成工期延误,这种情况称为“共同延误”或“平行延误”。此时处理原则如下:

(1) 首先判断造成延期的哪种原因是最先发生的,即确定“初始延误”的责任者。在初始延误发生期间,其他平行发生的延误责任者不承担延误责任。

(2) 如果初始延误责任者是业主/工程师,则在业主造成的延误期内,承包商既可得到工期延长,又可得到经济补偿。

(3) 如果初始延误责任者是客观因素,则在客观因素发生影响的期间内,承包商可得到工期延长,经济补偿原则按前述《建设工程施工合同》第 39.3 条处理。

(4) 如果初始延误责任者是承包商,则承包商不能索赔。

【例 6-6】 某工程项目采用单价合同,施工过程中发生了以下事件:1 月 10 日～1 月 14 日由于施工单位自有设备未能按时运到施工现场,致使工程停工;甲方于 1 月 12 日提出图纸做局部修改,修改后图纸于 1 月 20 日送达乙方;1 月 18 日乙方发现甲方提供的地质报告与现场地质情况不符致使乙方停止工作五天;1月21日～1月25日该地区出现罕见的沙尘暴,致使乙方停止施工。

问题:上述事件发生后,乙方可合理索赔的工期和费用为多少?

解:本例中出现的事件均属于共同发生事件,因此应采用共同事件索赔处理原则,要找出事件的最初责任人,具体分析情况,见表6.12。

表6.12　索赔事件分析表

事件时间	事件内容	初始责任	工期补偿	费用补偿
1.10～1.14	施工设备未到现场	乙方	—	—
1.12～1.14	甲方图纸延迟	乙方责任优先	—	—
1.15～1.2	甲方图纸延迟	甲方	6天	3×6=18
1.18～1.20	地质报告不符	甲方	上项已补	上项已补
1.21～1.22	地质报告不符	甲方	2天	3×2=6
1.21～1.22	不可抗力原因	甲方责任优先	上项已补	上项已补
1.23～1.25	不可抗力原因	不可抗力责任	3天	—

因此,甲方应向乙方补偿工期11天,费用索赔3×8=24万元。

2. 工期延误的计算方法

工期索赔的计算主要有网络图分析和比例分析法两种。

1) 网络图分析法

网络图分析法是利用进度计划的网络图,分析其关键线路。如果延误的工作为关键工作,则总延误的时间为批准顺延的工期;如果延误的工作为非关键工作,当该工作由于延误超过时差限制而成为关键工作时,可以批准延误时间与时差的差值;若该工作延误后仍为非关键工作,则不存在工期索赔问题。

2) 比例分析法

网络图分析法虽然最科学、最合理,但在实际工程中,干扰事件常常仅影响某些单项工程、单位工程或分部分项工程的工期,分析它们对总工期的影响,可以采用更为简单的比例分析法,即以某个技术经济指标作为比较基础,计算出工期索赔值。

(1) 按合同价所占比例计算。按此法计算的公式为

对于已知部分工程延期的时间:

$$\text{工期索赔值}=\frac{\text{受干扰部分工程的合同价}}{\text{原合同总价}}\times\text{该受干扰部分工期拖延时间}$$

对于已知额外增加工程量的价格:

$$\text{工期索赔值}=\frac{\text{额外增加的工程量的价格}}{\text{原合同总价}}\times\text{原合同总工期}$$

比例分析法简单方便,但有时不尽符合实际情况,比例分析法不适用于变更施工顺序、加速施工、删减工程量等事件的索赔。

(2) 按单项工程工期延误的平均值计算。将各个单项工程延误的时间加总，计算平均值，并考虑一个修正值。

【例 6-7】 某一商场土建工程，业主与施工单位参照 FIDIC 合同条款签订了施工合同，除税金外的合同总价为 3 000 万元，其中：现场管理费率 15%，企业管理费率 10%，利润率 7%，合同工期 300 天。合同中规定，施工中若业主原因造成的停工或窝工，业主对施工单位自有机械按台班单价的 60%给予补偿，对施工单位租赁机械按租赁费给予补偿（不包括运转费），人员窝工每工日按 20 元计算，临时停工一般不补偿管理费和利润。

该工程施工过程中发生以下事件：

事件一：施工过程中业主通知施工单位某分项工程（非关键工作，总时差 10 天）需进行设计变更，由此造成施工单位的机械设备窝工六天。窝工械设备的台班单价和台班运营费用，如表 6.13 所示。

表 6.13　施工单位窝工机械相关资料

窝工机械设备	机械台班单价（元/台班）	台班运转费（元/台班）
塔吊（自有）	800	150
混凝土泵车（租赁）	600	140
掘土机（自有）	1 000	200

事件二：在地基部分施工过程中遇到了百年不遇的大暴雨，地基被冲垮，并造成施工机械损坏。施工单位修复地基耗费 50 000 元，耗时三天，修理施工机械耗费 10 000 元，耗时一天，因而工期拖延四天。此项工作为关键工作。

事件三：施工中发现地下文物，处理地下文物工作造成工期拖延 20 天，造成施工单位人员窝工 200 工日，自有的施工机械塔吊窝工 10 天。

上述事件均未发生在同一时间。

问题：对于上述发生的事件，施工单位可索赔的工期和费用为多少？

解：

(1) 事件一属于业主设计变更造成的窝工，施工单位可索赔工期和费用。

第一，施工单位可索赔费用为

塔吊窝工费用＝800×6×60%＝2 880（元）

租赁的混凝土泵车窝工费用＝600×6－140×6＝2 760（元）

掘土机窝工费用＝1 000×6×60%＝3 600（元）

因此，施工单位此事件中可索赔费用：2 880＋2 760＋3 600＝9 240 元。

第二，由于此事件未在关键路线上，且总时差大于窝工天数，因此不予工期补偿。

(2) 事件二属于不可抗力事件造成的，自己的损失自己承担，工程损失由业主承担，因此施工单位可索赔地基修复工作增加的劳务费、设施费等项费用，但不能索赔施工机械损坏的修复费用，工程延期可索赔。

第一，可获得索赔费用为地基修复工作花费的 50 000 元。

第二，可索赔的工期为 3＋1＝4 天。

(3) 事件三施工中遇到文物，属于施工现场条件发生变法，根据 FIDIC 合同条款，地下文物处理是有经验的承包商无法预见的，因处理地下文物拖延的工期应给予延长，相应的费用给予补偿。

第一，施工单位可索赔工期 20 天。

第二，施工单位可索赔的费用

人员窝工费＝20×200＝4 000(元)

塔吊机械窝工费＝800×10×60%＝4 800(元)

现场管理费应补偿的金额为

现场管理费＝30 000 000÷(1.15×1.10×1.07)×15%＝3 324 591(元)

每天的现场管理费＝3 324 591÷300＝11 082(元)

应补偿的现场管理费＝11 082×20＝221 634(元)

因此，施工单位在此事件中可获得的索赔费用：4 000＋4 800＋221 634＝230 434元。

因而，施工单位可获得的总索赔费用为 9 240＋50 000＋230 434＝289 674 元。

施工单位可获得的工期索赔为 4＋20＝24 天。

案　　例

(一) 案例背景

某建设工程系外资贷款项目，业主与承包商按照《FIDIC 施工合同条件》(1999)签订施工合同。施工合同《专用条件》规定：

2.1 钢材、木材、水泥由业主供货到现场仓库，其他由承包商自行采购。

3.1 如果业主提供的材料出现问题或延迟交货时，则承包商有权根据此条款向业主索赔有关费用，计入合同价款，并相应延长工期。

3.2 如果施工场地遇到停水、遇到停电及其他不可预见的外界情况时，则承包商有权根据此条款向业主索赔有关费用，计入合同价款，并相应延长工期。

当工程施工至第五层框架柱钢筋绑扎时，因业主提供的钢筋未到，使该项作业从 10 月 3 日～10 月 16 日停工(该项作业的总时差为 0)。

在施工过程中：

10 月 7 日～10 月 9 日因停电、停水使第三层的砌砖停工(该项作业总时差为四天)。

10 月 14 日～10 月 17 日因砂浆搅拌机发生故障，使第一层抹灰延迟开工(该项作业总时差为四天)。

为此，承包商于 10 月 20 日向监理人提交了一份索赔意向书，并于 10 月 25 日送交了一份工期、费用索赔计算书和索赔根据的详细材料。其计算书的主要内容如下：

1. 工期索赔

(1) 框架柱扎筋 10 月 3 日～10 月 16 日停工　　计 14 天

(2) 砌砖 10 月 7 日～10 月 9 日停工　　计 3 天

(3) 抹灰 10 月 14 日～10 月 17 日停工　　计 4 天

总计请求顺延工期 21 天

2. 费用索赔

1) 窝工机械设备费

(1) 一台塔吊 14×468=6 522(元)

(2) 一台混凝土搅拌机 14×110=1 540(元)

(3) 一台砂浆搅拌机 7×48=336(元)

小计:8 248 元

2) 窝工人工费

(1) 扎筋 35×40.30×14=19 747(元)

(2) 砌砖 30×40.30×3=3 627(元)

(3) 抹灰 35×40.30×4=5 642(元)

小计:29 016 元

3) 保函费延期补偿 (1 500×10%×0.6%/365)×21=517.81(元)

4) 管理费增加 (8 428+29 016+517.81)×15%=5 694.27(元)

5) 利润损失 (8 428+29 016+517.81+5 694.27)×5%=2 182.80(元)

经济索赔合计 45 838.88 元

(二) 要点分析

在索赔事件中,首先要明确双方责任的划分。在分析工期延误时,主要应注意网络计划中的关键线路,工作的总时差及对工期的影响,并应明确因非承包商原因造成窝工的机械与人工增加费的确定方法。

因业主原因造成的施工机械闲置补偿标准要实机械来源确定,如果是承包商的自有机械,一般按台班折旧费标准补偿;如果是承包商租赁来的机械,一般按台班租赁费标准补偿。因机械故障造成的损失应由承包商自行负责。

确定因业主原因造成的承包商人员窝工补偿标准时,可以考虑承包商应合理安排窝工工人做其他工作,所以只考虑补偿工效差。

因承包商自身原因造成的人员窝工和机械闲置,其损失业主不予补偿。

(三) 解决方案

1. 工期索赔

(1) 框架柱绑扎钢筋停工 14 天,应予以补偿,这是由于业主原因造成的,并该项工作位于关键路线上。

(2) 砌砖停工,不予以工期补偿,因为该项工程停工虽属业主原因造成的,但该项作业不在关键线路上,且未超过工作总时差。

(3) 抹灰停工,不予以工期补偿,因为该项停工属于承包商自身原因造成的。

同意补偿工期 14+0+0=14 天。

2. 费用索赔

经双方协商一致，窝工机械设备费索赔案台班单价的 65%计算；考虑对窝工人工应合理安排工人从事其他作业后的降效损失，窝工人工费索赔按每工日 30 元计算；保函费计算方式合理；管理费、利润不予补偿，则：

(1) 窝工机械费

塔吊 1 台　14×468×65%=4 258.80(元)

混凝土搅拌机 1 台　14×110×65%=1 001.00(元)

砂浆搅拌机 1 台　3×48×65%=93.60(元)

小计：4 258.80+1 001.00+93.60=5 353.40(元)

(2) 窝工人工费

扎筋窝工　35×30×14=14 700.00(元)

砌砖窝工　30×30×3=2 700.00(元)

小计：14 700.00+2 700.00=17 400.00(元)

(3) 保函费补偿　1 500×10%×0.6%/365×14=350.00(元)

经济补偿合计：5 353.40+17 400.00+350.00=23 103.40(元)

附：承包商编制的索赔报告

×××公司××项目索赔报告

一、总论部分

(一) 序言

我方与贵方在××项目上合作十分愉快，虽然在项目实施过程中出现了一些偏差，由于双方的共同努力和贵方的大力支持，项目总体进展顺利，在此对贵方的合作表示感谢。

此报告为在原有各单项索赔报告的基础上关于该项目的综合索赔报告。索赔事件主要包括重要设备延期交货、图纸多次变动等事项。希望贵方认真考虑我方的索赔要求，对由于非我方原因而对我方造成的费用增加和工期延长进行合理的补偿，以保证项目的顺利完成。

(二) 索赔事件

1. 重要材料延期交货

根据进度计划的要求，设备 R-1、R-2、R-3、R-4 型钢筋需在××年××月××日前应交付我方，然后由于你方原因导致上述设备交货日期严重滞后，实际交货期如表 6.14 所示。

表 6.14　交货信息表

设备编号	计划安装日期	实际交货日期	安装所需要的吊车设备
R1	××××.×.××	××××.×.××	250 吨吊车
R2	××××.×.××	××××.×.××	600 吨吊车
…	……	……	……

延迟交货导致我方的安装工作无法按时进行,其他工作也受到影响,造成了窝工。对此造成的额外费用以及可能引起的工期延长我方具有获得补偿的权利。

2. 施工场地停水停电

(略)

3. 其他索赔事件

(三) 索赔要求

1. 费用补偿要求

表 6.15 是我方此次索赔报告请求费用补偿的汇总。

表 6.15 请求费用补偿汇总表

序 号	索赔事件	直接费	间接费	合 计
1	重要设备延期交货	××××.×.××.00	×××.××.0×	×××.××.0×
2	施工场地停水停电	××××.×.××.00	×××.××.×0	×××.××.×0
…	……	……	……	……
	合计	……	……	……

本次要求的费用补偿额为(略)

2. 工期延长要求

上述各类索赔事件影响了我方原来的进度计划,但我方一直努力赶工,希望实现原进度计划的安排,希望得到业主的配合,同时我方保留对工期进一步索赔的权利。

(四) 索赔报告编写及审核人员

(略)

二、合同引证部分

(一) 索赔事件的处理过程

1. 重要设备延期事项的处理过程

上述设备延期交货时间发生后,我方于××年××月××日向贵方发出通知(信件编号 X-Y-2-DF-05),表明我方在此事件中应具有的权利,并说明我方将对此发生的额外费用以报表的形式报送给贵方。贵方于××年××月××日回函(新建编号 X-O-10/17)以缺乏证据为理由拒绝了我方的索赔请求,我方遂于××年××月××日提交编号为 X-Y-2-DF-07 的信件,说明了我方的索赔根据,并附有费用计算过程、横道图等证据资料、贵方……

2. 施工场地停水停电的处理过程

(略)

3. 其他索赔事件的处理过程

(略)

(二) 索赔通知书的发出时间

《关于重要设备延期交货的索赔通知》的发出时间:××年××月××日

《关于施工场地停水停电的索赔通知》的发出时间:××年××月××日

（三）索赔的法律及合同根据

1. 相关法律规定

根据《中华人民共和国合同法》第十六章283、284、285条规定：

第283条业主未按照约定的时间和要求提供原材料、设备、场地、资金、技术资料的，承包商可以顺延工程日期，并有权要求赔偿停工、窝工等损失。

（略）

2. 相关合同根据

1）设备延期交货

我方按贵方的总工程计划进行进度安排，设备R-1、R-2、R-3、R-4型钢筋的相关施工设备和人员在××年××月××日已经抵达现场，但贵方提供的设备严重延迟交货。根据合同第2.3款规定，业主提供的货物应与承包商合理实施和完成工程一致，显然贵方在此事项上没有达到合同要求，对由此导致的额外费用我方有获得补偿的权利。

2）施工场地停水停电（略）

3）其他索赔事件（略）

（四）结论

（略）

三、索赔款额计算部分

本部分按照上述索赔事件分类，分别对每一类的索赔款额进行了详细的计算

四、证据资料列表

1. 重要设备延期事项的证据资料

1）信件X-Y-2-DF-05

2）信件X-Y-2-DF-07

（略）

2. 图纸多次变动事项的证据资料

1）信件X-Y-2-DF-06

2）信件X-Y-2-DF-09

3）信件X-O-10/17

4）施工进度计划××

（略）

5）合同条款2.3

（略）

第七章　竣工阶段的工程计价

本章导读

竣工阶段是建设项目建成移交与投入使用的关键时期。依据《建设工程价款结算暂行办法》(财建〔2004〕369号)的规定,工程竣工后,发、承包双方应及时办清竣工结算,否则,工程不得交付使用,有关部门不予办理权属登记。而竣工结算阶段的工程计价是依据发、承包合同约定及国家、行业相关法规对建设项目竣工结算价款的全面确定的重要工作。建设项目实施的复杂性、不确定性等因素,使得竣工工程的结算价款会与工程交易阶段发、承包双方约定的工程合同价款发生偏离,因此竣工阶段的工程计价主要包括如下内容:其一,承包人依据合同约定的合同价款与合同价款调整内容及索赔事项等确定最终的竣工结算价款,并将其结果如实反映在编制并提交的竣工结算文件(包括竣工结算书与竣工结算资料)中;其二,发包人依据合同约定及国家、行业相关法规对承包人送审的竣工结算文件进行审查并出具审查意见,经双方确认的结算价款成为双方结清工程价款的直接依据。

本章的重点内容是竣工结算的编制和竣工结算的审查,共分两节予以介绍。本章的写作目的在于为读者提供实务性操作指引,主要内容包括竣工结算编审的基本步骤、工作内容、工作依据、工作方法等。

第一节　竣工结算编制

一、竣工结算概述

(一) 工程竣工结算的概念

按照《建设工程价款结算暂行办法》(财建〔2004〕369号)的规定,工程完工后,发、承包双方应按照约定的合同价款与合同价款调整内容以及索赔事项,进行工程竣工结算。

工程竣工结算是指承包人按照合同规定的内容全部完成所承包的工程,经验收质量合格并符合合同要求后,向发包人进行的最终工程价款结算。按照竣工结算工程范围的大小,工程竣工结算可分为单位工程竣工结算、单项工程竣工结算和建设项目竣工总结算,其中单位工程竣工结算和单项工程竣工结算也可以看作是分阶段结算。建设工程竣工结算的编制可以由承包人直接编制,也可以委托具备相应资质的工程造价咨询人进行编制。单位工程竣工结算由发包人审查。单项工程竣工结算或建设项目竣工总结算,发包人可直接审查,也可以委托具有相应资质的工程造价咨询单位进行审查。政府投资项目,由同级财政部门审查。单项工程竣工结算或建设项目竣工总结算经发、承包人签字盖章后有效,双方以此作为结清工程价款的依据。

（二）工程竣工结算依据

1.《建设工程价款结算暂行办法》(财建〔2004〕396 号)的有关规定

《建设工程价款结算暂行办法》(财建〔2004〕396 号)第 11 条明确规定：工程价款结算应按合同约定办理，合同未作约定或约定不明的，发、承包双方应依照下列规定与文件协商处理：①国家有关法律、法规和规章制度；②国务院建设行政主管部门、省、自治区、直辖市或有关部门发布的工程造价计价标准、计价办法等有关规定；③建设项目的合同、补充协议、变更签证和现场签证，以及经发、承包人认可的其他有效文件；④其他可依据的材料。

2. 2008《计价规范》的有关规定

我国 2008《计价规范》对于工程竣工结算的依据相对财建〔2004〕369 号文则规定得更为明确，其中第 4.8.3 条规定工程竣工结算的依据为：①2008《计价规范》；②施工合同；③工程竣工图纸及资料；④双方确定的工程量；⑤双方确认追加(减)的工程价款；⑥双方确认的索赔、现场签证事项及价款；⑦投标文件；⑧招标文件；⑨其他依据。

通过上述规定可见，《建设工程价款结算暂行办法》(财建〔2004〕369 号)对于工程竣工结算依据的规定主要侧重于原则性与通用性，而 2008《计价规范》则规定得明确而具体，是工程量清单计价模式下进行竣工结算的主要依据。

（三）工程竣工结算价款支付流程

根据《建设工程价款结算暂行办法》(财建〔2004〕369 号)的具体的规定，办理竣工结算及竣工结算价款支付的基本过程见图 7.1。

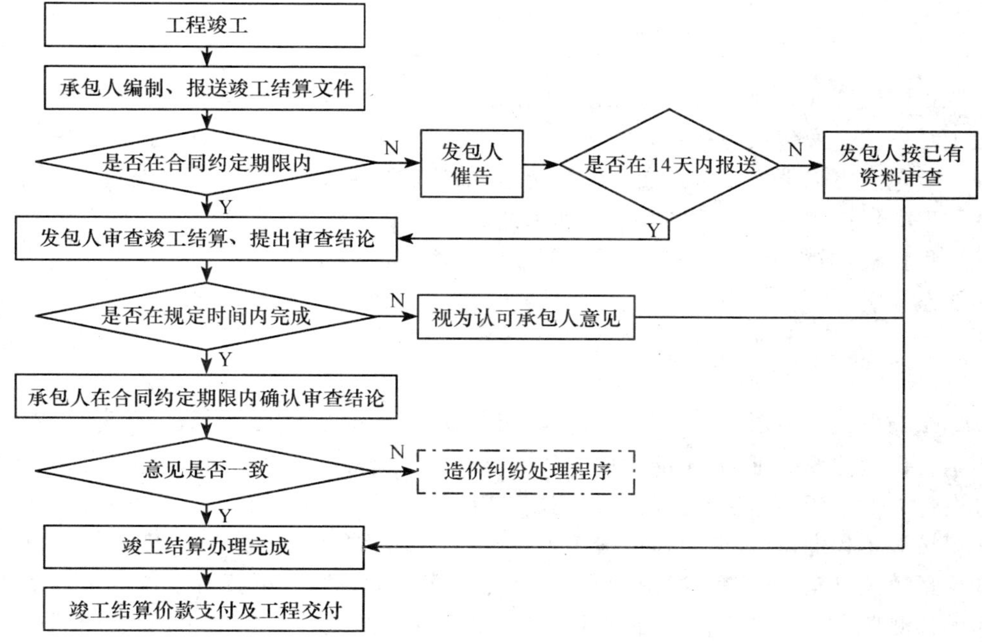

图 7.1　工程竣工结算价款支付基本流程

上述竣工结算支付流程中包括如下四个关键环节。

1. 承包商递交竣工结算书

承包人应该在合同规定的时间内编制完成竣工结算书，并在提交竣工验收报告的同时递交给发包人。承包人未能在合同约定时间内递交竣工结算书，经发包人催促后14天内仍未提供或没有明确答复的，发包人可以根据已有资料办理结算，责任由承包人自负，且发包人要求交付竣工工程的，承包人应当交付。

2. 发包人进行核对

承、发包双方在办理竣工结算过程中，有关期限的确定应具体在合同中予以明确，在合同没有明确约定时，依据财建〔2004〕369号文有关规定进行办理。其中，发包人应按以下规定时限（表7.1）进行核对（审查）并提出审查意见。

表7.1　建设工程不同资金规模的竣工结算审查时限

序　号	工程竣工结算报告金额	审查时间
1	500万元以下	从接到竣工结算报告和完整的竣工结算资料之日起20天
2	500万～2 000万元	从接到竣工结算报告和完整的竣工结算资料之日起30天
3	2 000万～5 000万元	从接到竣工结算报告和完整的竣工结算资料之日起45天
4	5 000万元以上	从接到竣工结算报告和完整的竣工结算资料之日起60天

建设项目竣工总结算在最后一个单项工程竣工结算审查确认后15天内汇总，送发包人后30天内审查完成。

3. 工程竣工结算价款的支付

依据财建〔2004〕369号文的规定，根据确认的结算报告，承包人向发包人申请支付工程竣工结算款。发包人应在收到申请后15天内支付结算款，到期没有支付的应承担违约责任。承包人可以催告发包人支付结算价款，如达成延期支付协议，承包人应按同期银行贷款利率支付拖欠工程价款的利息。如未达成延期支付协议，承包人可以与发包人协商将该工程折价，或申请人民法院将该工程依法拍卖，承包人就该工程折价或者拍卖的价款优先受偿。

4. 工程竣工结算争议处理

如果当事人一方对竣工结算报告有异议的，可对工程结算中有异议的部分，向有关部门申请咨询后协商处理，若不能达成一致的，双方可按合同约定的争议或纠纷解决程序办理。发包人对工程质量有异议，已竣工验收或已竣工未验收但实际投入使用的工程，其质量争议按该工程保修合同执行；已竣工未验收且未实际投入使用的工程以及停工、停建工程的质量争议，应当就有争议部分的竣工结算暂缓办理。双方可就有争议的工程委托有资质的检测鉴定机构进行检测，根据检测结果确定解决方案，或按工程质量监督机构的处理决定执行，其余部分的竣工结算依照约定办理。当事人对工程造价发生合同纠纷时，可通过下列办法解决:①双方协商确定;②按合同条款约定的办法提请调解;③向有关仲裁机构申请仲裁或向人民法院起诉。

我国2008《计价规范》的第4.8.8～4.8.14条也同样规定了竣工结算程序,其过程与《建设工程价款结算暂行办法》(财建〔2004〕369号)基本一致,仅在竣工结算办理完毕后增加了发包人应向当地造价管理部门报送竣工结算书备案。

(四) 竣工结算价的编制方法与内容

1. 竣工结算价的编制方法

依据2008《计价规范》的规定,发、承包双方应依据国家有关法律、法规和标准的规定,按照合同约定确定最终工程造价。因此,工程竣工结算价的编制应是建立在施工合同的基础上,不同合同类型采用的编制方法应不同,常用的合同类型有固定价格合同、可调价格合同和成本加酬金合同三种方式。其中,固定价格合同又分为总价合同和单价合同,这两种合同形式在工程量清单计价模式下经常使用,其竣工结算价的编制方法有两种。

1) 固定总价合同方式

采用总价合同的,应在合同价基础上对设计变更、工程洽商、暂估价以及工程索赔、工期奖罚等合同约定可以调整的内容进行调整。其竣工结算价的计算为

竣工结算价＝合同价±设计变更洽商±现场签证±暂估价调整±工程索赔±奖罚费用±价格调整

2) 固定单价合同方式

采用固定单价合同的,除了对设计变更、工程洽商、暂估价以及工程索赔、工期奖罚等合同约定可以调整的内容进行调整外,还应对合同内的工程量进行调整。其竣工结算价的计算为

竣工结算价＝调整后合同价±设计变更洽商±现场签证±暂估价调整±工程索赔±奖罚费用±价格调整

合同内的分部分项工程量清单及措施项目工程量清单中的工程量应按招标图纸进行重新计算,在此基础上根据合同约定调整原合同价格,并计取规费和税金;固定单价合同中的其他项目调整同固定总价合同。

2. 竣工结算价编制的内容

根据2008《计价规范》第4.8条关于竣工结算的规定,采用工程量清单招标方式的工程,竣工结算价的编制内容如图7.2所示。

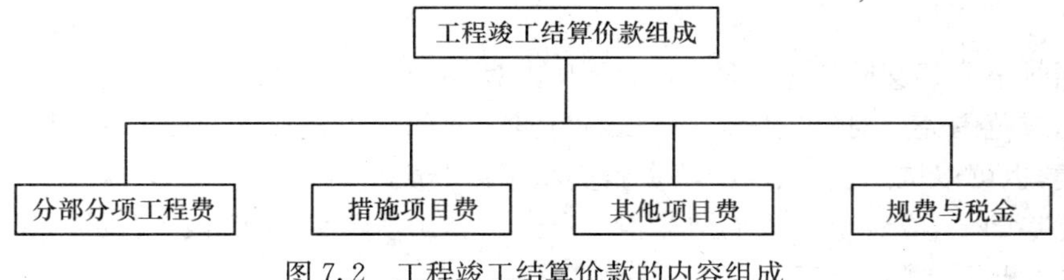

图7.2　工程竣工结算价款的内容组成

具体包括：

(1) 复核、计算分部分项工程的工程量，确定结算单价，计算分部分项工程结算价款。

(2) 复核、计算措施项目工程量，确定结算单价，计算可计量工程量的措施项目结算价款，并汇总以总额计算的其他措施项目费，形成措施项目结算价款。

(3) 计算、确定其他项目的结算价款。

(4) 汇总上述结算价款，按合同约定的计算基数与费率计算、调整规费；同理，计算与调整税金。

(5) 汇总上述各种结算金额，形成工程竣工结算价。

二、竣工结算编制前期工作准备

(一) 收集竣工结算原始资料

1. 收集资料的清单

依据 2008《计价规范》第 4.8.3 条的规定，主要需要收集以下原始资料：

(1) 工程交易类资料：主要包括施工合同、招标文件、投标文件等。

(2) 工程计量规范：2008《计价规范》及项目所在省市的补充技术规范等。

(3) 工程竣工图纸及质量验收文件等资料。

(4) 工程价款中期计量支付文件：工程量计量支付证书及其附件、工程变更资料、索赔与现场签证资料、各种价格(款)调整资料等。

(5) 其他资料等。

2. 资料收集的基本要求

由于竣工结算编制过程中，需要根据合同约定对于施工过程中发生的各种价款调整进行全面、准确的确定，如实反映建设期间合同价款在结算时的变化情况，因此，对于工程实施过程中的各种“量差”与“价差”的确定必须依据各种竣工结算原始资料进行。为此，收集竣工结算各种原始资料必须满足以下基本要求：

(1) 竣工结算资料应分类组卷、装订成册，其具体分类标准可参考《建设工程管理规范》及地区性规定。

(2) 竣工结算资料应规范、完整、真实、手续齐备、签署项完整。

(3) 各种竣工结算资料的内容统一、不发生矛盾。

(二) 整理资料、熟悉资料内容

根据收集或移交的竣工结算相关资料，由具体的竣工结算编制小组人员按照结算编制的目的或范围完成对资料的分类、归纳与整理。如可以按照竣工结算费用类别对资料进行分类，也可以按照技术、经济等资料类型予以分类整理。

在此基础上，应对全部竣工结算相关资料内容初步熟悉，了解该工程的竣工结算编制的主要内容与重点、难点等。

（三）召开竣工结算编制预备会议

组织召开承包人内部包括施工、技术、材料、生产计划、财务和造价等人员参加的竣工结算编制预备会议，对竣工结算内容和结算资料进行多方核对与充实完善，核对的重点应关注与合同价比较发生了价款调整的资料内容（工程造价咨询人进行此项工作需得到委托方的配合，必要时可提请委托方邀请发包人、监理人等参加会议，做好核对工作），如：①核对施工图要求与施工实际有无不相符的项目；②核对漏项工程（或删除工程），是否存在应增加（或扣减）结算价款的；③核对因设计变更引起的工程变更记录与增减账是否相符；④核对特殊工程项目与特殊材料单价有无应调未调的；⑤核对施工过程中相关索赔费用、现场签证费用的资料是否有遗漏；⑥核对其他有关结算造价确定的事实、根据、证明材料等是否统一等。

（四）收集有关补充资料

通过上述工作步骤可以详细了解与竣工结算造价确定有关的基础资料，而补充资料的收集主要包括建设期内影响合同价格与结算造价的法律和政策性文件，以及竣工结算编制所必须遵循的有关工作依据性文件资料。主要包括如下：①《建设工程价款结算暂行办法》（财建〔2004〕369 号）；②2008《计价规范》；③《标准施工招标文件》（2007 版）；④《建设项目工程结算编审规程》（CECA/GC3—2007）；⑤《建设工程造价咨询业务操作指导规程》（中价协〔2002〕第 016 号）；⑥《建设项目全过程造价咨询规程》（CECA/GC4—2009）等。

其中①～③作为国家、行业法规是竣工结算编制过程中必须遵守的基本准则，属于制度层面；④～⑥则主要是行业协会发布的业务指导规程，对于竣工结算编制的过程、工作程序及成果形式等进行规范，主要反映的是技术层面。

三、竣工结算的编制

（一）分部分项工程的结算价款计算

按照工程量清单计价原理，分部分项工程费 $=\sum$ 分部分项工程量 × 综合单价。因此，分部分项工程结算价款的计算需要首先确定结算工程量与结算单价。我国 2008《计价规范》第 4.8.4 条规定，分部分项工程费应依据双方确认的工程量、合同约定的综合单价计算。如发生调整的，以发、承包双方确认调整的综合单价计算。

1. 分部分项工程结算工程量的确定

1）确定分部分项工程结算工程量的主要依据

分部分项工程结算工程量确定的主要依据有：①2008《计价规范》、施工合同；②发包人在招标文件中提供的工程量；③竣（施）工图纸、质量验收文件；④经双方确认的中期计量支付文件及其附件中工程量计算表等。

2）确定分部分项工程结算工程量的基本步骤

（1）依据施工合同及招标范围，核对已完成的质量验收合格的竣工分部分项工程项目。

(2) 按照合同约定的计量规则(如2008《计价规范》),对照发包人提供的工程量、竣(施)工图纸及中期计量支付文件中的工程量计算表,复核、计算各分部分项工程的结算工程量,对于计量错误进行调整。

(3) 按照合同约定的计量规则(如2008《计价规范》)或双方会商确定的方式,对照设变更工程的设计文件、竣工图纸及中期计量支付文件的工程量计算表,复核、计算变更工程、漏项工程的结算工程量,对于计量错误进行调整。

(4) 通过上述步骤,完成分部分项工程的结算工程量的确定,对于删除的工程,不予计量。

2. 分部分项工程结算单价的确定

1) 分部分项工程结算单价确定的主要依据

分部分项工程结算单价确定的主要依据有:①2008《计价规范》、施工合同;②标价工程量清单中分部分项工程的报价表;③经双方确认的分部分项工程的工程量;④各种合同约定的可予以调整综合单价的证明材料等。

2) 分部分项工程结算单价确定的主要内容

依据2008《计价规范》的第4.8.4条规定,竣工结算时,分部分项工程的综合单价存在两种情况,即标价工程量清单中的综合单价作为结算单价与调整的综合单价作为结算单价。

(1) 依据经过复核确定的分部分项工程量,若其结算工程量与已标价工程量清单中的工程量变化幅度在合同约定幅度(一般为10%)以内的,其结算单价仍按报价的综合单价计算。

(2) 依据经过复核确定的分部分项工程量,对于结算工程量与已标价工程量清单中的工程量变化幅度在合同约定幅度(一般规定为10%)以外的,且其影响分部分项工程费超过0.1%时,其结算单价按发承、包双方确认的综合单价计算。

(3) 对于因分部分项工程量清单漏项或非承包人原因引起的工程变更,造成增加新的工程量清单项目,其对应的结算单价按发、承包方共同认可的变更工程综合单价计算。

(4) 市场价格变化超过合同约定的幅度时,需调整的人工单价或材料单价按发、承包双方确认的结果作为结算单价。

上述各种分部分项工程的结算单价可重点依据中期计量支付文件及价格调整文件确定。

3. 分部分项工程结算价款汇总计算

根据确定的分部分项工程结算工程量与结算单价,可计算出分部分项工程结算价款,计算公式为

$$\text{分部分项工程费} = \sum \text{分部分项工程量} \times \text{综合单价}$$

对工程量清单中各完工的分部分项工程结算价款汇总,即得出一个单位工程的分部分项工程结算价款。

(二) 措施项目的结算价款计算

在 2008《计价规范》中，措施项目被具体分两类：一类是可以计算工程量的项目；另一类是不能计算工程量的，则以“项”为计量单位。

2008《计价规范》第 4.8.5 条规定：措施项目费应依据合同约定的项目和金额计算；如发生调整的，以发、承包双方确认调整的金额计算，其中安全文明施工费应按本规范第 4.1.5 条规定计算（即安全文明施工费应按国家或省级、行业建设主管部门的规定计价，不得作为竞争费用）。

1. 以“项”为单位的措施项目结算金额确定

由于此类措施项目费用与工程量的变化关系不大，因此在编制竣工结算时，一般直接以合同价中的本部分金额结算。

2. 可计算工程量的措施项目结算价款确定

本部分措施项目结算价款基本原理与分部分项工程结算价款确定基本一致，其主要依据及计算内容，见表 7.2。

表 7.2　可计算工程量的措施项目结算价款计算的主要依据及计算内容

主要依据	主要计算内容
2008《计价规范》及地方性补充规范、施工合同、标价工程量清单中的措施项目清单、中期计量支付文件及其附件、工程变更资料有关措施项目材料、施工方案等	(1) 对照招标人提供的措施项目工程量数量、施工方案及中期支付文件中措施项目工程量，依据合同约定的计量规则进行措施项目工程量的复核、计算，调整计量错误 (2) 对于变更工程的措施项目，对照中期支付文件及其工程量计算表、工程变更设计文件及验收文件等，依据合同约定的计量规则复核、计算其工程量，调整计量错误 (3) 核对措施项目结算工程量，对照合同约定的工程量偏差范围，对于不符合调整单价约定的，以报价的综合单价作为该措施项目的结算单价；对于措施项目工程量变化符合综合单价调整的，以双方确认的调整单价作为结算单价 (4) 变更工程引起的措施项目单价以双方确认的单价作为结算单价 (5) 依据各项措施项目的结算工程量、结算单价计算措施项目结算价款并汇总

3. 措施项目结算价款汇总

通过对以“项”为单位的措施项目金额与可计算工程量的措施项目价款汇总计算，即可得出单位工程的措施项目结算价款。

(三) 其他项目费的结算金额计算

依据 2008《计价规范》第 4.8.6 条的规定，其他项目费用在竣工结算时的计算涉及：计日工、暂估价、总承包服务费、索赔费用、现场签证费用及暂列金额。其中，暂列金额主要用于工程价款的调整与索赔、现场签证金额计算，如有余额则归发包人。

上述各项费用的计算方法与主要依据，见表 7.3。

表 7.3　其他项目费的结算金额计算方法及主要依据

<table>
<tr><th>计算内容</th><th>计算方法</th><th colspan="2">主要依据</th></tr>
<tr><td>计日工</td><td>按发包人实际签证确认的事项计算、汇总金额</td><td>计日工实际签证确认资料</td><td rowspan="5">2008《计价规范》、施工合同、招标文件、投标文件、及中期计量支付文件及附件</td></tr>
<tr><td>暂估价</td><td>暂估价中的材料单价按发、承包双方最终确认价在综合单价中调整；专业工程暂估价按中标价或发、承包人与分包人最终确认价计算</td><td>当地造价管理部门发布的造价信息、市场价格信息、合同约定的专业工程计价规定、材料采购原始凭证、专业分包合同</td></tr>
<tr><td>总承包服务费</td><td>依据合同约定的计算基数与费率计算</td><td>合同约定的计取方式（基数、费率）</td></tr>
<tr><td>索赔费用</td><td>按发、承包双方确认的索赔事项和金额计算、汇总</td><td>各种费用索赔资料及申请（核准）表</td></tr>
<tr><td>现场签证费用</td><td>按发、承包双方签证资料确认的金额计算</td><td>各种现场签证单</td></tr>
</table>

通过上述内容计算、汇总，形成竣工结算的其他项目费汇总金额。

（四）规费和税金的结算金额计算

1. 规费与税金的组成

根据 2008《计价规范》的规定，规费与税金具体费用项目内容，见表 7.4。

表 7.4　规费与税金的费用构成

费用项	具体费用构成
规费	(1)工程排污费；(2)社会保障费：包括养老保险费、失业保险费、医疗保险费；(3)住房公积金；(4)危险作业意外伤害保险；(5)工程定额测定费
税金	(1)营业税；(2)城市维护建设税；(3)教育费附加

2. 规费与税金计算的主要依据

规费与税金的计算需要对照的主要依据见表 7.5。

表 7.5　规费与税金计算的主要依据

计算内容	主要依据
规费	施工承包合同文本；已标价工程量清单；国家或省级、行业建设主管部门的规定的计取标准等
税金	

3. 规费、税金的计算

在竣工结算中规费、税金的计取原则应按国家或省级、行业建设主管部门的规定的计取标准计算，不作为竞争性费用。其计算应根据合同条款规定的计算基数与费率进行计算。

在具体项目的竣工结算编制过程中，需要依据项目所在省市的具体规章（如北京地区的项目，需依据京建施〔2005〕802 号文和京建施〔2006〕88 号文等具体确定），按其规定基数与费率计算，对于编制结算时由于计算基数发生变化的，应相应调整规费与税金的结算金额。

（五）竣工结算价的汇总

根据（一）～（四）步骤中各项结算价款（金额）的汇总额，可计算出一个单位工程的竣工结算总价款，即竣工结算价＝分部分项工程结算价款＋措施项目结算价款＋其他项目费用结算金额＋规费＋税金。

一个单项工程的竣工结算价由各单位工程竣工结算价汇总而成，相应的，工程项目的竣工结算价由各单项工程竣工结算价款汇总而成。

（六）编制竣工结算书

根据竣工结算价计算过程中形成的结果，编制、填写竣工结算书的各种组成文件。

1. 竣工结算书的组成内容

按照《建设项目结算编审规程》（CECA/GC3—2007）对于竣工结算编制的成果形式的有关规定，竣工结算书主要组成部分及其说明，见表 7.6。

表 7.6　竣工结算书的组成及其要求

竣工结算书组成	具体说明
封面	包括工程名称、编制单位和印章、日期
签署页	包括工程名称、编制人、审核人、审定人姓名和执业（从业）印章、单位负责人印章（或签字）等
编制说明	包括工程概况、编制范围、编制依据、编制方法、有关材料、设备、参数和费用说明、其他有关问题的说明等
工程竣工结算相关表式	(1) 工程结算汇总表；(2) 单项工程结算汇总表；(3) 单位工程结算汇总表；(4) 分部分项（措施项目、其他项目、规费税金）结算汇总表等

2. 主要成果形式

工程竣工结算书各组成文件及格式示例见本节案例部分相关内容。

四、竣工结算编制的有关要求

工程竣工结算编制是竣工阶段承包人结清工程合同价款之前的重要工作，无论是承包人自行编制，还是委托工程造价咨询人进行编制，一般应满足如下基本要求：

(1) 工程竣工结算应以施工发、承包合同为基础，按合同约定的工程价款调整方式对原合同价款进行调整。

(2) 工程竣工结算应核查设计变更、工程洽商等工程资料的合法性、有效性、真实性和完整性。对有疑义的工程实体项目，应视现场条件和实际需要核查隐蔽工程。

(3) 建设项目由多个单项工程或单位工程构成的，应按建设项目划分标准的规定，将各单项工程或单位工程竣工结算汇总，编制相应的工程竣工结算书，并撰写编制说明。

(4) 实行分阶段结算的工程，应将各阶段工程结算汇总，编制工程竣工结算书，并撰写编制说明。

(5) 实行专业分包结算的工程，应将各专业分包结算汇总在相应的单项工程或单位工程竣工结算内，并撰写编制说明。

(6) 工程竣工结算编制应采用书面形式，有电子文本要求的应一并报送与书面形式内容一致的电子版本。

(7) 工程竣工结算应严格按工程竣工结算编制程序进行编制，做到程序化、规范化。竣工结算资料必须完整。

案　　例

(一) 案例背景

1. 工程概况

本案例中的工程项目为北京×××大学体育馆工程，该工程基本概况见第五章的案例背景部分，本项目的合同价为 198 683 962.3 元。

2. 竣工结算编制范围

本工程项目由中建××局×××公司中标承建，该项目为一个完整的单位工程，具体包括建筑工程、装饰装修工程、安装工程等。竣工结算编制范围为上述单位工程，即编制北京××大学体育馆整个单位工程的竣工结算。

3. 竣工结算编制依据

该单项工程的竣工结算编制依据主要有：

(1)《建设项目工程价款结算暂行办法》(财建〔2004〕369 号)。

(2) 2008《计价规范》及北京市相关规定。

(3) 施工承包合同文件、专业工程分包合同、《标准施工招标文件》(2007)。

(4) 竣工验收证书、竣工报告、竣工图纸、分部分项工程检查评定表、单位工程检查评定表、地基和基础结构验收记录、主体结构验收记录、工程竣工验收记录。

(5) 技术交底、图纸会审记录、设计变更单、工程联系单、工程洽商记录、技术核定单、材料代用单、设备(材料)价格确认单、会议纪要。

(6) 工程签证单、现场签证单、发包人确认的变更洽商、现场签证和索赔资料、发包人确认的材料设备认价单、经核准的各种费用(索赔、变更、调价、期中支付)申请(核准)表。

(7) 招投标文件、施工组织设计、施工方案。

(8) 2001 年《北京市建设工程预算定额》、2001 年《北京市建设工程费用定额》及现行文件、2009 年 7 月《北京造价信息》。

(9)《建设项目结算编审规程》(CECA/GC3—2007)、《建设项目全过程造价咨询规程》(CECA/GC4—2009)、《建设工程造价咨询业务操作指导规程》(中价协〔2002〕第 016 号)等。

4. 有关说明

(1) 编制方法及成果文件形式，主要参照《建设项目结算编审规程》(CECA/GC3—2007)进行编制。

(2) 关于措施项目中的安全文明施工费的计取依据《关于调整临时设施费费率的通知》(京造定〔2009〕4号)的规定，对京建施〔2005〕802号文和京建施〔2006〕88号文附表中的费率乘以1.1计算，即：①建筑工程按分部分项工程费的2.81%×1.1；②装饰装修工程按分部分项工程费的2.19%×1.1；③安装工程按分部分项工程费的2.7%×1.1。

(3) 本工程的竣工结算文件由承包人委托造价咨询人具体编制。

(二) 竣工结算价款计算过程

1. 分部分项工程的结算价款计算

本项目中分部分项工程主要包括建筑工程、安装工程及装饰装修工程，其结算价款的计算原理均为分部分项工程结算价款＝$\sum$结算工程量×综合单价。本项目中，上述各分部分项工程的结算价款，由于施工过程中发生部分分项工程的工程量变化、清单漏项及工程变更，使其相应的结算价款增加。具体的计算过程包括以下几方面内容。

1) 建筑工程竣工结算价款计算

(1) 结算工程量、综合单价与原报价工程量清单没有变化的项目，仍以报价的工程量清单中的工程量与综合单价计算，即该部分结算价款＝$\sum$结算工程量×综合单价。

计算的依据主要有竣工图纸、期中计量支付文件、合同条款、报价的工程量清单等。本部分竣工结算价款计算时，直接从报价的工程量清单中抄录相应内容，汇总计算，见表7.7。

表7.7　建筑工程结算工程量、综合单价与报价工程量清单一致的分部分项工程费计算示例

项目编码	项目名称	项目特征描述	计量单位	结算工程量	综合单价/元	结算金额/元
010101001001	场地平整(比赛馆)	(1) 土壤类别：自行考虑 (2) 弃土运距：自行考虑 (3) 取土运距：自行考虑	平方米	4 733.44	1.42	6 721.48
010101001002	场地平整(游泳馆)	(1) 土壤类别：自行考虑 (2) 弃土运距：自行考虑 (3) 取土运距：自行考虑	平方米	1 682.6	1.42	2 389.29
010103001001	土方回填(比赛馆)	(1) 土质要求：2∶8灰土回填 (2) 弃土运距：自行考虑 (3) 取土运距：自行考虑	立方米	290.8	34.6	10 061.68
			(其他略)			

(2) 结算工程量增加引起的结算价款增加额计算。依据施工过程及期中计量支付文件，竣工图纸、验收文件、招标文件及施工合同等，部分分项工程的工程量较招标文件提供的工程量清单出现变化，其结算价款相应应予以调整。本部分增加的结算价款计算，见表7.8。

表 7.8 建筑工程结算工程量增加而引起的结算价款增加部分计算示例

项目编码	项目名称	计量单位	清单中工程量(1)	结算工程量(2)	综合单价/元(3)	调整结算金额/元[(2)—(1)]×(3)
010101003001	挖基础土方(比赛馆)	平方米	48 123.2	49 234.4	30.98	34 424.98
010304001002	空心砖墙、砌块墙	平方米	4 807.4	4 934.43	238.87	30 343.66
010401003001	满堂基础	立方米	3 262.63	3 362.63	426.88	42 688
010416001001	现浇混凝土钢筋(比赛馆)	立方米	253.856	356.457	4 426.65	454 178.72
		(其他略)				
合计						814 583.06

(3) 汇总上述结算价款内容,得出建筑工程的竣工结算价款(不包括工程变更部分)合计为 53 973 598.3 元,较本部分合同价 53 159 015.24 元有所增加。

2) 装饰装修工程竣工结算价款计算

(1) 对于结算工程量及其综合单价没有变化部分的计算过程及方法,参照建筑工程本部分价款计算方式,在此从略。

(2) 结算工程量变化引起结算价款增加额计算。本项目中由于工程量变化,引起的装饰装修工程的竣工结算价款增加额计算,见表 7.9。其主要的计算依据同建筑工程相应部分,即主要为期中计量支付文件,竣工图纸、验收文件、招标文件及施工合同等。

表 7.9 建筑工程结算工程量增加而引起的结算价款增加部分计算示例

项目编码	项目名称	计量单位	清单中工程量(1)	结算工程量(2)	综合单价/元(3)	调整结算金额/元[(2)—(1)]×(3)
020102001001	石材楼地面	平方米	3 201.00	3 181.00	665.04	—13 300.8
020210001001	带骨架玻璃幕墙	平方米	1 876.00	1 945.00	1 290.34	89 033.46
		(其他略)				
合计						518 221.86

(3) 清单漏项部分引起结算价款增加额计算。本项目中,装饰装修工程存在清单漏项的情况,其结算价款的计算依据主要有施工合同、招标文件、漏项工程的计量支付文件等。其结算价款计算,见表 7.10。

表 7.10 建筑工程结算工程量增加而引起的结算价款增加部分计算示例

项目编码	项目名称	计量单位	结算工程量(1)	综合单价/元(2)	调整结算金额/元(1)×(2)
020507001002	防火涂料	平方米	12 181.6	89.64	1 091 958.62
		(其他略)			
合计					1 801 220

(4) 装饰装修工程竣工结算价款(不包括工程变更部分)合计:依据本部分合同价,加

上由于结算工程量、清单漏项引起的结算金额增加，可得出本部分结算价款为29 843 036.25元，较合同价27 523 594.39元增加了2 319 441.86元，其中由于清单漏项引起的为1 801 220元。

3）安装工程竣工结算价款计算

本部分的竣工结算价款的增加主要由于工程量变化或清单漏项引起。其计算依据、计算过程、计算方法同上述建筑工程与装饰装修工程部分，在此不予介绍，仅对其结果说明如下：

（1）机械设备安装工程中的电梯工程：结算价款与本部分合同价没有变化，为1 681 664.9元。

（2）电气设备安装工程中的变配电工程：由于工程量增加导致结算价款增加为6 227 569.98元，较本部分合同价的6 065 910.87元增加了161 659.11元。

（3）电气设备安装工程中的强电工程：由于工程量增加导致结算价款增加为20 405 805.8元，较本部分合同价20 071 321.16元增加了334 484.64元。

（4）消防工程中喷淋工程：由于工程量增加，导致结算价款增加为635 667元，较本部分合同价的614 463元增加了21 204元。

（5）消防工程的消火栓及气体灭火工程：由于工程量增加导致结算价款为831 855.9元，较本部分合同价的815 545元增加了16 310元。

（6）消防工程的消防炮工程：结算价款与合同价比较没有变化，仍为714 486元。

（7）给排水工程：由于工程量变化导致结算价款增加为2 715 012.54元，较本部分合同价的2 661 777元增加了53 235.54元。

（8）采暖工程：与合同价没有变化，仍为1 386 035元。

（9）通风空调工程：由于工程量增加导致结算价款增加为15 107 054.29元，较本部分合同价的14 667 043元增加了440 011.29元。

（10）通信设备及线路工程的弱电工程：以合同价结算，为681 210元。

（11）安装工程清单漏项：由实际确认的工程量乘以双方确认的综合单价进行计算，总额为2 453 475元。

4）工程变更引起的竣工结算价款增加额计算

建筑、安装、装饰装修工程因工程变更而发生的结算价款增加，其计算依据主要有工程变更令、工程变更设计文件、双方确认的变更工程量及其综合单价等。计算方法为变更工程结算价款＝变更确认的工程量×综合单价。在具体编制竣工结算时，本部分价款主要是汇总计算经发包人审核批准的各变更费用申请（核准）表，具体计算见表7.11。

表7.11　分部分项工程工程变更结算价款计算汇总表

序　号	变更号	变更项目名称	分部分项工程费/元	措施项目费/元	合计/元
1	设计变更(结构01-C2-001)	满堂基础标号C30S6改为C30S8 Z12截面尺寸1 000×800改为1 000×1 000	12 181.6	89.64	1 091 958.62
		（其他略）			
合计			7 331 966.21	671 432	8 003 398.21

即本项目中由于建筑工程、装饰装修工程、安装工程等工程变更而引起的竣工结算价款增加额合计为 7 331 966.21 元。

汇总上述四部分，得出本项目的分部分项工程竣工结算价款为 143 988 437.2 元。

2. 措施项目竣工结算价款计算

1) 以项为单位的措施项目费计算

本部分措施项目费没有调整，仍以本部分合同价结算，即 10 195 849.39 元，其中安全文明施工费按国家及北京市有关规定计取为 3 772 164.39 元。

2) 可计算工程量的措施项目费计算

(1) 非变更措施项目由于工程量变化引起的结算费用变化计算：

由于施工过程中实际发生的措施项目工程量与报价清单中的措施项目工程量不一致，而引起结算费用的变化。本部分结算费用的计算方法为

措施项目结算费用＝可计算工程量的措施项目清单中的合同价＋增加金额

其主要的计算依据有施工合同文件、报价工程量清单中的措施项目清单、期中支付的计量文件涉及措施项目计量的有关材料等。其计算方法见表 7.12。

表 7.12　分部分项工程工程变更结算价款计算汇总表

项目编码	措施项目名称	项目特征描述	计量单位	原清单中工程量(1)	结算工程量(2)	综合单价/元(3)	合价/元 (2)×(3)
AB003	现浇钢筋混凝土有梁板及支架	(1) 构件形状：矩形 (2) 支模高度：板底支模高度 3.78 米 (3) 模板类型：自行考虑 (4) 支撑类型：自行考虑	平方米	15 856.86	16 006.87	41.53	664 765.31
	(其他略)						
合计							2 632 210.98

(2) 工程变更引起的措施项目费计算：

其计算原理、依据同“分部分项工程结算价款计算中的工程变更引起的竣工结算价款增加额计算”部分，见表 7.12，因工程变更而引起的措施项目结算价款增加合计为 671 432 元。

对上述措施项目费的结算价款进行汇总，即可得出本项目的措施项目竣工结算价款：

措施项目竣工结算价款＝10 195 849.39＋2 632 210.98＋671 432

＝13 499 492.37(元)

3. 其他项目竣工结算价款计算

1) 专业工程结算价计算

依据发承包合同约定，本项目专业工程采取的是招标采购方式，因此，根据发承包合同、2008《计价规范》等相关规定，该部分结算金额以各专业工程的中标价结算。各专业工程的内容构成及结算价款，见表 7.13，其计算汇总的直接依据是专业工程分包合同。

表 7.13　各专业工程内容构成及其结算价表

序　号	工程名称	工程内容	金额/元
1	玻璃雨篷	制作、安装	48 000
2	金属屋面板	制作、安装	6 985 600
3	中央球壳	制作、安装	1 500 000
4	火警报警及消防联动控制系统	安装、调试	2 800 000
5	安保系统	安装、调试	2 200 000
6	楼宇设备自控系统	安装、调试	2 560 000
	……		
合计			40 120 000

本部分合计为 40 120 000 元，较招标人在清单中提供的 39 170 000 元增加了 950 000 元。

2）材料暂估价调整金额计算

此项费用在竣工结算价款中的计算主要是通过汇总在期中支付过程中由承包方提出调整申请，计算并由监理单位、发包方核准的材料暂估价价差调整申请（核准）表中的金额形成汇总表。本项目中，材料暂估价调整金额合计增加 2 305 576 元。

3）总承包服务费计算

依据招标文件及施工承包合同，发、承包双方约定的总承包服务费的取费基数为发包人发包的专业工程合计总金额，费率为 2%。由于实际中标的专业工程总金额为 40 120 000 元，因此总承包服务费＝40 120 000×2%＝802 400 元，相应的增加额＝(40 120 000－39 170 000)×2%＝19 000 元。

4）索赔与现场签证费用计算

本部分结算费用的计算主要是依据在期中支付过程中经发包人核准的各种费用索赔申请（核准）表中的金额，汇总计算而成。本项目中该项价款总金额为314 027.1 元。

5）人工、材料、机械台班价差调整金额汇总

本部分结算费用的计算同索赔及现场签证结算价款的确定方法相同，主要依据期中支付过程中，由承包人计算并申请、经发包人核准的若干人工、材料、机械台班价差调整申请（核准）表中的相应金额，汇总计算而成。本项目中此项价款合计为 1 022 341 元。

6）预留金及计日工：按照施工合同约定，预留金不计入本次竣工结算价款；由于计日工相应费用没有实际发生，因此也不计入竣工结算价款内容。

汇总上述五个步骤中的各项金额，得出本项目的其他项目费的结算金额为 40 120 000＋2 305 576＋802 400＋324 027.1＋1 022 341＝44 564 344.1 元。

4. 规费、税金结算

1）规费的计算

本项目中，双方约定的规费计取的计算基础为项目的人工费，取费费率为 24.09%。因此，本项目竣工结算的规费金额＝22 093 812.038×24.09＝5 322 399.32 元。

2）税金的计算

按照发、承包合同约定，税金的计算基础为分部分项工程费＋措施项目费＋其他项目

费＋规费，取费的费率为3.4%，因此本项目的税金总额为

(143 988 437.2＋13 499 492.37＋44 564 344.1＋5 322 399.32)×3.4%＝7 050 738.88(元)

5. 竣工结算总价款计算

汇总上述1～4步骤中各项合计金额，即可得出本项目的竣工结算价款＝143 988 437.2＋13 499 492.37＋44 564 344.1＋5 322 399.32＋7 050 738.88＝214 425 411.9元。

6. 编制填写竣工结算书

依据1～5步骤的各种竣工结算价款计算的结果，填写竣工结算书的各种表式，并编制封面、签署页及其编制说明等文件。本工程竣工结算书成果文件具体包括下列四部分内容：①工程竣工结算书封面；②工程竣工结算签署页；③工程竣工结算编制说明；④工程竣工结算相关表式。

(三) 案例成果形式

1. 工程竣工结算书封面

工程竣工结算书封面，如表7.14所示。

表7.14 北京××大学体育馆工程竣工结算书封面

北京××大学体育馆 工程竣工结算书 档案号：××× 北京××工程造价咨询有限公司 (工程造价咨询人执业章) 年 月 日

2. 工程竣工结算签署页

工程竣工结算签署面，如表7.15所示。

表7.15 北京××大学体育馆工程竣工结算签署页

北京××大学体育馆 工程竣工结算 档案号：×××× 编制人：×××[执业(从业)印章] 审核人：×××[执业(从业)印章] 审定人：×××[执业(从业)印章] 单位负责人：×××

3. 工程竣工结算编制说明

工程竣工结算编制说明由以下六部分组成。

竣工结算编制说明

1）工程概况

本工程为北京××大学体育馆工程，由××设计研究院设计。建筑面积：25 800 平方米；层数：主体建筑地上三层，看台两层，局部设备用房四层，地下一层；层高平均为五米；招标要求施工工期 684 日历天，投标工期为 581 日历天，实际工期为 675 天。结构工程采用满堂基础，主体为框架剪力墙，钢屋架，陶粒混凝土砌块及加气混凝土砌块填充墙，外墙装修采用烧毛花岗岩板、仿石涂料、玻璃幕墙及铝塑板，内装修为乳胶漆涂料、吸音铝板及釉面砖，铝合金门窗、木质防火门。

2）编制范围

本工程竣工结算书的编制范围包括施工合同中约定的全部工程（已竣工且验收合格）结算造价。

3）主要编制依据

(1)《建设工程工程量清单计价规范》(GB 50500—2008)及北京市相关规定。

(2) 本工程的各种中期计量、支付文件。

(3) 施工合同，投标文件。

(4) 本工程的招标文件及答疑纪要。

(5) 招标图纸、竣工图纸。

(6) 发包人确认的变更洽商、现场签证和索赔资料。

(7) 发包人确认的材料设备认价单。

(8) 2001 年《北京市建设工程预算定额》。

(9) 2001 年《北京市建设工程费用定额》及现行文件。

(10) 2009 年 7 月《北京造价信息》。

(11) 其他相关资料

4）编制方法

本工程竣工结算书的编制是依据 2008《计价规范》及北京市相关规定，对照发包人提供的工程量清单，把整个工程项目的分部分项工程费、措施项目费、其他项目费、规费和税金逐项计算，并依据施工过程中发、承包方对其中需要调整的价款确认文件汇总而完成的。

5）材料、设备、参数和费用说明

本工程合同价为 198 683 962.3 元，结算价为 214 425 411.9 元。结算价格中包括专业工程结算价，专业工程暂估价为 39 170 000 元，结算价为 40 120 000 元。本工程结算价较合同价超 15 741 449.6 元，具体分析如下：

(1) 原合同内清单漏项及工程量清单数量调整增加 6 614 405.39 元，其中漏项增加 4 254 695 元。

(2) 变更洽商增加 7 331 966.21 元。

(3) 措施费用增加 723 043.98 元，其中变更洽商导致措施费用增加 671 432 元。

(4) 专业暂估价增加 950 000 元。

(5) 总承包服务费增加19 000元。

(6) 材料暂估价增加2 305 576元。

(7) 价格调整1 022 341元。

(8) 索赔及签证增加314 027.1元。

(9) 规费和税金增加1 047 689.85元。

(10) 预留金及计日工减少4 586 600元(其他略)。

6) 有关问题的说明

(略)

4. 工程竣工结算相关表格

1) 工程竣工结算总价表

工程竣工结算总价,见表7.16。

表7.16 北京×××大学体育馆工程竣工结算总价表

北京×××大学体育馆工程

竣工结算总价

中标价(小写):198 683 962.3元 (大写):壹亿玖仟捌佰陆拾捌万叁仟玖佰陆拾贰元叁角

结算价(小写):214 425 411.9元 (大写):贰亿壹仟肆佰肆拾贰万伍仟肆佰壹拾壹元玖角

发 包 人:______ 承 包 人:中建××局×××公司 咨 询 人:______

(单位盖章) (单位盖章) (单位资质专用章)

法定代表人 ______ 法定代表人 ×××建筑公司 法定代表人 ______

或其授权人:______ 或其授权人:法定代表人 或其授权人:法定代表人

(签字或盖章) (签字或盖章) (签字或盖章)

×××签字盖造价工程师

编 制 人:或造价员专用章 核 对 人:______

(造价人员签字盖专用章) (造价工程师签字盖专用章)

编 制 时 间:××××年×月×日 核 对 时 间:××××年×月×日

2) 工程项目竣工结算各种汇总表

(1) 工程项目竣工结算汇总,见表7.17。

表7.17 工程项目竣工结算汇总表

工程名称:北京××大学体育馆工程 第1页 共1页

序 号	单项工程名称	金额/元	其 中	
			安全文明施工费/元	规费/元
1	体育馆工程	214 425 411.9	3 772 164.39	5 322 399.32
合计		214 425 411.9	3 772 164.39	5 322 399.32

(2) 单项工程竣工结算汇总,见表7.18。

表 7.18　单项工程竣工结算汇总表

工程名称:北京××大学体育馆工程　　第 1 页　共 1 页

序　号	单项工程名称	金额/元	其中	
			安全文明施工费/元	规费/元
1	体育馆工程	214 425 411.9	3 772 164.39	5 322 399.32
合　计		214 425 411.9	3 772 164.39	5 322 399.32

(3) 单位工程竣工结算汇总,见表 7.19。

表 7.19　单位工程竣工结算汇总表

工程名称:北京××大学体育馆工程　　第 1 页　共 1 页

序　号	汇总内容	金额/元
1	分部分项工程费	143 988 437.2
1.1	建筑工程	53 973 598.3
1.2	装饰装修工程(已含漏项 1 801 220 元)	29 843 036.25
1.3	电梯工程	1 681 664.9
1.4	变配电工程	6 227 569.98
1.5	强电工程	20 405 805.8
1.6	喷淋工程	635 667
1.7	消火栓及气体灭火工程	831 855.9
1.8	消防炮工程	714 486
1.9	给排水工程	2 715 012.54
1.10	采暖工程	1 386 035
1.11	通风空调工程	15 107 054.29
1.12	弱电工程	681 210
1.13	安装清单漏项	2 453 475
1.14	变更洽商	7 331 966.21
2	措施项目费(合同内 12 828 060.37 元,变更 671 432 元)	13 499 492.37
2.1	其中:安全文明施工费	3 772 164.39
2.2	其中:变更洽商调整措施费用	671 432
3	其他项目	44 564 344.1
3.1	暂列金额	—
3.2	专业工程结算价	40 120 000
3.3	计日工	—
3.4	总承包服务费	802 400
3.5	索赔与现场签证	314 027.1
3.6	材料暂估价价差调整	2 305 576
3.7	人工、材料、机械价差调整	1 022 341
4	规费	5 322 399.32
5	税金	7 050 738.88
	竣工结算总价合计=1+2+3+4+5	214 425 411.9

3）分部分项工程工程量清单与计价表

以建筑工程分部分项工程工程量清单与计价表示例，见表 7.20。

表 7.20　分部分项工程工程量清单与计价表

工程名称：北京××大学体育馆工程　　标段：　　第 1 页　共 9 页

序号	项目编码	项目名称	项目特征描述	计量单位	工程量	金额/元		
						综合单价	合价	其中：暂估价
A.1 土(石)方工程								
1	010101001001	场地平整（比赛馆）	(1) 土壤类别：自行考虑 (2) 弃土运距：自行考虑 (3) 取土运距：自行考虑	平方米	4 733.44	1.42	6 721.48	
2	010101003001	挖基础土方（比赛馆）	(1) 土壤类别：自行考虑 (2) 基础类型：伐板基础 (3) 挖土深度：13 米外 (4) 弃土运距：自行考虑	立方米	49 234.4	30.98	1 525 281.71	
3	010101001002	场地平整（游泳馆）	(1) 土壤类别：自行考虑 (2) 弃土运距：自行考虑 (3) 取土运距：自行考虑	平方米	1 682.6	1.42	2 389.29	
			（其他略）					
			分部小计				2 188 210.97	
A.2 桩与地基基础工程								
12	010201003001	混凝土灌注桩	(1) 土壤级别：自行考虑 (2) 单桩长度、根树：15.4 米，共 85 根 (3) 桩截面：直径 600 (4) 成孔方法：钻孔灌注桩 (5) 砼强度等级：C30	米	1 309.00	243.39	318 593.6	
13	010201003002	混凝土灌注桩	(1) 土壤级别：自行考虑 (2) 单桩长度、根树：17 米，共 162 根 (3) 桩截面：直径 600 (4) 成孔方法：钻孔灌注桩 (5) 砼强度等级：C30	根	162.00	243.39	778 845.6	
			（其他略）					
			分部小计				1 789 884.2	
A.3 砌筑工程								
14	010304001001	空心砖墙、砌块墙	(1) 墙体类型：地下室内隔墙 (2) 墙体厚度：300 厚 (3) 砌块品种及强度等级：MU7.5 陶粒空心砌块 (4) 砂浆和料要求：预拌	立方米	518.00	238.87	123 734.66	

续表

序　号	项目编码	项目名称	项目特征描述	计量单位	工程量	金额/元		
						综合单价	合　价	其中：暂估价
A.3 砌筑工程								
15	010304001002	空心砖墙、砌块墙	(1) 墙体类型：地下室内隔墙 (2) 墙体厚度：200 厚 (3) 砌块品种及强度等级：MU7.5 陶粒空心砌块 (4) 砂浆和料要求：预拌	立方米	4 934.43	238.87	1 178 687.29	
			(其他略)					
			分部小计				1 143 429.48	
本页小计							3 875 679.75	

4) 措施项目清单与计价表

措施项目清单与计价表，见表 7.21、表 7.22。

表 7.21　措施项目清单与计价表(一)

工程名称：北京××大学体育馆工程　　　　标段：　　　　第 1 页　共 1 页

序　号	项目名称	计算基础	费率/%	金额/元
1	安全文明施工	人工费		3 772 164.39
2	夜间施工			
3	二次搬运			55 731
4	冬雨季施工			72 415
5	大型机械设备进出场及安拆			90 000
6	施工排水			
7	施工降水			325 620
8	地上、地下设施，建筑物的临时保护设施			
9	已完工程及设备保护			241 200
10	竣工图编制费			251 250
11	护坡工程			2 164 826
12	场地狭小所需措施费用			83 597
13	意外伤害保险费用			106 832
14	室内空气污染检测费			50 000
15	扬尘污染控制费			243 245
16	建筑工程措施项目			2 463 298
16.1	脚手架			1 246 243
16.2	垂直运输机械			1 217 055
17	装饰装修工程措施项目			
17.1	垂直运输机械			
17.2	脚手架			
18	砼泵送费			275 671
合计				10 195 849.39

表 7.22　措施项目清单与计价表(二)

工程名称:北京××大学体育馆工程　　　　标段:　　　　第 1 页　共 1 页

序　号	项目编码	项目名称	项目特征描述	计量单位	工程量	金额/元	
						综合单价	合　价
1	AB002	现浇钢筋混凝土平板模板及支架	(1) 构件形状:矩形 (2) 支模高度:支模高度 3 米 (3) 模板类型:自行考虑 (4) 支撑类型:自行考虑	平方米	1 178.5	34.67	40 858.6
2	AB003	现浇钢筋混凝土有梁板及支架	(1) 构件形状:矩形 (2) 支模高度:板底支模高度 3.78 米 (3) 模板类型:自行考虑 (4) 支撑类型:自行考虑	平方米	16 006.87	41.53	664 765.31
3	AB004	现浇钢筋混凝土圆形柱模板	(1) 构件形状:圆形 (2)支模高度:支模高度 3.5 米 (3) 模板类型:自行考虑 (4)支撑类型:自行考虑	平方米	248.6	47.86	11 898
4	AB005	现浇钢筋混凝土直行墙模板	(1) 构件形状:矩形 (2) 支模高度:支模高度 3.9 米 (3) 模板类型:自行考虑 (4) 支撑类型:自行考虑	平方米	9 634	21.68	208 865.12
			(其他略)				
本页小计							930 871.47
合计							2 632 210.98

5）其他项目清单相关表式

其他项目清单相关表式,见表 7.23、表 7.28。

表 7.23　其他项目清单与计价汇总表

工程名称:北京××大学体育馆工程　　　　标段:　　　　第 1 页　共 1 页

序　号	项目名称	计量单位	金额/元	备　注
1	暂列金额	项	—	明细详见暂列金额明细表
2	暂估价		40 120 000	
2.1	材料暂估价		—	明细详见材料暂估单价表
2.2	专业工程结算价	项	40 120 000	明细详见专业工程暂估价表
3	计日工		—	明细详见计日工表
4	总承包服务费		802 400	明细详见表总承包服务费计价表
5	索赔与现场签证		314 027.1	索赔与现场鉴证汇总表
合计			41 236 427.1	

（1）专业工程及材料暂估价价差调整金额，见表7.24、表7.25。

表7.24　专业工程结算价表

工程名称：北京××大学体育馆工程　　标段：　　第1页　共1页

序　号	工程名称	工程内容	金额/元	备　注
1	玻璃雨篷	制作、安装	48 000	
2	金属屋面板	制作、安装	6 985 600	
3	中央球壳	制作、安装	1 500 000	
4	火警报警及消防联动控制系统	安装、调试	2 800 000	
5	安保系统	安装、调试	2 200 000	
6	楼宇设备自控系统	安装、调试	2 560 000	
	……			
合计			40 120 000	—

表7.25　材料暂估价费用调整汇总表

工程名称：北京××大学体育馆工程　　标段：　　第1页　共1页

序　号	项目名称	计量单位	调整金额/元	调整依据	备　注
1	铝合金门窗	项	−420 774.71	004	
2	（以下略）				
3					
合计			2 305 576		

（2）总承包服务费，见表7.26。

表7.26　总承包服务费计价表

工程名称：北京××大学体育馆工程　　标段：　　第1页　共1页

序　号	项目名称	项目价值/元	服务内容	费率/%	金额/元
1	发包人发包专业工程	40 120 000	总承包人向分包人免费提供管理、协调、配合和服务工作，包括但不限于： （1）为专业分包人采购提供所需的一切服务 （2）为分包人提供临时工程或垂直运输机械和设备及脚手架 （3）承包人应对各专业分包人的工作所或材料设备存放等负责协调 （4）向提供施工所需的水、电接口，工程水电费由总承包人承担，但分包人应保证节约用水、用电 （5）向分包人提供施工工作面，对施工现场进行统一管理，对竣工资料进行统一汇总 （6）技术规范所注明由总承包人提供的其他工作	2	802 400
2	发包人供应材料		对发包人提供的材料、设备进行验收、保管和使用发放等		
合计					802 400

(3) 人工、材料、机械价差调整汇总,见表 7.27。

表 7.27　人工、材料、机械价差调整汇总表

工程名称:北京××大学体育馆工程　　标段:　　第 1 页　共 1 页

序　号	项目名称	计量单位	数量	调整单价/元	调整合价/元	调整依据	备　注
1	2009 年 7 月钢筋	吨	1 500	180	494 418.1	003	
2							
3							
4							
		(以下略)					
合计					1 022 341		

(4) 索赔与现场签证费用的汇总,见表 7.28。

表 7.28　索赔与现场鉴证汇总表

工程名称:北京××大学体育馆工程　　标段:　　第 1 页　共 1 页

序　号	签证及索赔项目名称	计量单位	数量	单价/元	合价/元	索赔及签证依据	备　注
1	关于施工现场增加视频监控系统	项	1	74 027.1	74 027.1	001	
2	破除障碍物	立方米	3 000	80	2 400 000	002	
		(以下略)					
合计					314 027.1		

6) 规费、税金项目的汇总表

规费、税金项目的汇总,见表 7.29。

表 7.29　规费、税金项目清单与计价表

工程名称:北京××大学体育馆工程　　标段:　　第 1 页　共 1 页

序　号	项目名称	计算基础	费率/%	金额/元
1	规费	人工费	24.09	5 322 399.32
1.1	工程排污费			
1.2	社会保障费			
1.2.1	养老保险费			
1.2.2	失业保险费			
1.2.3	医疗保险费			
1.3	住房公积金			
1.4	危险作业意外伤害保险			
1.5	工程定额测定费			
2	税金	分部分项工程费+措施项目费+其他项目费+规费	3.4	7 050 738.88
合计				12 373 138.2

7) 工程量清单综合单价分析

工程量清单综合单价分析,见表 7.30。

表 7.30　工程量清单综合单价分析表

工程名称:北京××大学体育馆工程　　　　标段:　　　　第 1 页　共 564 页

项目编码	020507001002	项目名称	防火涂料	计量单位	平方米						
清单综合单价组成明细											
定额编号	定额名称	定额单位	数量	单价				合价			
				人工费	材料费	机械费	管理费和利润	人工费	材料费	机械费	管理费和利润
11-45	钢屋架防火涂料	平方米	12 181.6	16.605	65.08	2.41	5.54	202 275.47	792 778.53	29 357.66	67 486.06
人工单价			小计					202 275.47	792 778.53	29 357.66	67 486.06
45 元/工日			未计价材料费								
清单项目综合单价								89.64			
材料费明细	主要材料名称、规格、型号			单位	数量			单价/元	合价/元	暂估单价/元	暂估合价/元
	钢结构防火涂料			千克	50 431.82			15.5	781 693.21		
	其他材料费							—	11 085.32	—	
	材料费小计							—	792 778.53	—	

第二节　竣工结算审查

一、竣工结算审查概述

(一) 工程竣工结算审查的概念

根据《建设工程价款结算暂行办法》(财建〔2004〕369 号),竣工结算书编制完成后,须提交发包人由其审查(政府投资项目,由同级财政部门审查)确认才能有效。发包人在收到承包人提出的工程竣工结算书后,由发包人或其委托的具有相应资质的工程造价咨询人对其进行审查,并按合同约定的时间提出审查意见,作为办理竣工结算的依据。

竣工结算审查的目的在于保证竣工结算的合法性和合理性,正确反映工程所需的费用,只有经审核的竣工结算才具有合法性,才能得到正式确认,从而成为发包人与承包人支付结算款项的有效经济凭证。

(二) 工程竣工结算审查的意义

竣工结算价款的合理确定直接关系到发、承包双方的经济利益,是竣工阶段交易双方关注的焦点。因此竣工结算审查具有重要的现实意义:

(1) 通过竣工结算审查合理确定建设项目最终结算造价,对竣工结算进行合理的核减(增),从而有效平衡发、承包双方的利益。

(2) 竣工结算审查以工程发、承包合同为依据,并遵循合法、独立、公平、公正和诚实信用原则进行,可有效减少竣工结算阶段发、承包双方的结算纠纷。

(3) 竣工结算审查是对结算内容进行的全面详细比对,能够全面反映竣工结算工程实际造价形成的具体过程及其原因,经审定的由发、承包双方最终确认的具有法律竞争力的结算审查文件是建设项目决算编制的重要依据,并成为定额编制的重要基础性资料。

(4) 通过独立执业的工程造价咨询人进行的竣工结算审查,因严格遵循国家相关法律、法规和规章制度,坚持实事求是、诚实信用和客观公正原则,可以有效审查建设工程的最终真实造价,且工程造价咨询人在具体审查过程中,有权拒绝来自任何一方的不合理要求,从而能够有效保障社会公德与公共利益、维护建设市场的正常经济秩序。

(三) 工程竣工结算审查的依据与内容

1. 工程竣工结算审查的依据

工程竣工结算审查需严格遵守国家、行业主管部门及其项目所在省市的有关法规、规范,具体结合发、承包合同及施工过程中双方确认的有关文件进行,其主要依据如下:

(1) 法律法规:主要有《建设工程价款结算暂行办法》(财建〔2004〕369 号)、《最高人民法院关于审理建设工程施工合同纠纷案件适用法律问题的解释》(法释〔2004〕14 号)、《中华人民共和国审计法》、《中华人民共和国建筑法》、《中华人民共和国合同法》、《中华人民共和国招标投标法》及其他适用法规等。

(2) 技术规范:主要是依据 2008《计价规范》。

(3) 合同范本:《标准施工招标文件》(2007)。

(4) 施工承包合同文件。

(5) 项目所在省市制定的有关竣工结算审查的办法、细则等。

若由工程造价咨询人接受委托进行竣工结算审查时,还应依据咨询服务委托合同及行业主管部门制定的有关标准、办法与规程进行。

2. 工程竣工结算审查内容

竣工结算审查的基本目的在于通过审查承包人报送的竣工结算文件(竣工结算书及竣工结算资料),合理确定发、承包双方的竣工结算价并以其作为竣工结算支付的依据。竣工结算审查的内容一般包括以下三个方面:

(1) 竣工结算资料审查。主要是审查承包人报送的竣工结算文件的组成是否完整、规范。

(2) 竣工结算编制依据审查。主要是确定竣工结算编制依据是否合法、有效、适用。

(3) 竣工结算内容审查。主要是审查确定竣工结算价的组成、确定是否正确合理,通过全面审查对竣工结算价进行增减调整,并说明原因。

二、竣工结算审查前期工作准备

（一）熟悉结算审查标的及审查目的

竣工结算审查小组（或接受委托的工程造价咨询人）应首先熟悉竣工结算审查的范围与具体内容，明确审查目的，主要需熟悉以下具体内容：①工程项目的性质（如是否政府投资项目）、工程建设实施概况；②施工发包方式及合同类型、结算计价方式；③竣工结算审查范围等。

当工程造价咨询人接受委托进行审查时，除应了解上述内容外，还需要熟悉委托咨询服务合同书的条款（咨询合同标的、范围、期限、方式、目标要求、资料提供、协作事项、收费标准、违约责任等），了解竣工结算审查委托单位的审查目的，不同的结算审查委托单位有不同的审查目的，如发包人委托进行的竣工结算审查主要目的在于合理确定工程造价以作为结算支付的依据；而政府投资项目中同级财政部门委托进行的竣工结算审查主要目的则在于合理确定造价，提高财政资金的使用效益，通过严格把关对建设资金结算进行核准。

（二）接收送审的竣工结算资料

完整竣工结算资料的是结算审查的重要条件，竣工结算审查小组（或工程造价咨询人）获取完整的竣工结算资料是准备阶段的基础性工作，主要需完成以下工作内容：

（1）竣工结算审查小组应编制详细的竣工结算资料清单，与承包人送审的竣工结算资料进行核对，对于缺失项应要求对方补充（若由工程造价咨询人具体负责审查时，应向委托方开列出资料清单，由对方组织、提供）。竣工结算的一般资料范围见表 7.31。竣工结算审查小组（或工程造价咨询人）开列的资料清单可结合具体结算审查范围、内容及要求进行选择。

表 7.31　建设工程竣工结算资料清单

序　号	资料名称	序　号	资料名称
1	竣工结算审查委托合同书	8	工程招投标过程与施工过程中往来文件、图纸及图纸会审记录
2	施工合同文件和有关协议	9	施工组织设计或施工方案（应明确具体的现场施工情况和施工工艺）及其报审表
3	招投标文件和中标通知书（如为招标项目）	10	工程索赔相关资料
4	工程结算书（工程量甲乙双方的认可，甲乙双方负责人签字，编制人签名，并注明造价员、造价工程师证号）	11	变更通知单、工程停工报告、监理指令
5	各级批文复印件，如可研报告和批复、申请立项书和批复，设计、规划、土地、计划等部门审批	12	施工记录、原始票据、形象进度及现场照片
6	经审查批准的施工竣工图（严格按照国家、行业规范与标准绘制）和有关签证资料	13	有关定额（清单）、费用调整的文件规定
7	开工许可证、竣工验收合格证、工程竣工验收单及质量等级评定书、竣工报告	14	隐蔽工程施工记录、验收文件

续表

序　号	资料名称	序　号	资料名称
15	各种设备材料合格证,出厂试验报告,材料设备供应情况及加工订货合同(或确认价)	22	国家、省市(自治区)有关单位颁发的有关规定、通知、细则和规定等
16	工地运输距离及地形比例表,材料二次运输路径示意图(运输记录)	23	国家、省市(自治区)有关单位颁发的现行定额或补充定额及现行相关取费标准或费用定额
17	设计变更签证表(工程内容清楚表述)	24	现行地区材料预算价格,项目所在地区工资标准及机械台班费用标准
18	工程现场签证单(工程内容清楚表述)	25	施工单位取费资质证明文件
19	工程量计算表,工地运输工程量计算表	26	与结算审查相关各单位联系人姓名、地址、电话
20	工程领料单和退料单	27	其他有关资料
21	建设单位供料明细表,需要核实的单位采购的材料凭证		

(2) 若由工程造价咨询人进行竣工结算审查时,需要与委托方进行结算资料移交,并办理移交登记手续或回执。

(三) 熟悉竣工结算资料

竣工结算审查小组(或工程造价咨询人)全面熟悉已经获得的竣工结算资料,主要目的在于对发、承包方的交易及其工程实施状况的整体把握,并对影响结算造价较大的因素形成初步判断,尚不涉及资料的详细审查。在此,需要重点关注以下资料内容:①施工合同文件和有关协议;②工程结算书;③已标价的工程量清单;④经审查批准的施工竣工图;⑤施工组织设计或施工方案;⑥各种变更通知单及签证;⑦工程索赔相关资料;⑧隐蔽工程施工记录及验收文件等。

(四) 现场勘验

即在熟悉竣工结算资料并初步掌握工程结算审查重点与难点的基础上,实地勘验工程现场,并形成现场勘验的记录文件。需要了解的基本情况主要有:①竣工结算审查工程的实施概况(如工程现场条件、施工范围及内容、合同段界面、建设标准等);②竣工结算审查的项目是否符合结算基本条件;③结算工程量与工程实体形象对比、变更工程的实地对比查验、隐蔽工程的具体工程内容调查、占总造价比例较大的工程实体概况了解等。

现场勘验在整个竣工结算审查期间如有必要可重复进行。现场勘验应该有竣工结算审查委托方或发包人、承包人及监理人等多方共同参与,竣工结算审查小组应至少派出两名专业人员参加。最终形成的记录文件应由参与各方会签确认。

(五) 补充资料收集与整理

结合承包人送审的竣工结算资料及现场勘验的记录文件等,竣工结算审查小组(或工程造价咨询人)应进行补充资料的收集、整理与熟悉。此类资料主要包括两类。

1. 需要补正的有关资料

即应由自行整理或由承包人送审的资料不够全面或部分资料存在内容缺失、错误的,应提请有关方限期补正。

2. 收集结算审查必需的依据性资料、文件

即竣工结算审查小组组织人员具体收集建设工程竣工结算审查所需的一般性文件、规程、办法等，以及项目所在地有关部门发布的地方性规章，作为结算审查实施环节的工作依据(特别要关注依据性资料的时效性)。如：①国家或项目所在省、自治区、直辖市价格部门或统计部门提供的价格指数，市场价格信息调查资料等；②2008《计价规范》；③《标准施工招标文件》(2007)；④《建设项目工程价款结算暂行办法》(财建〔2004〕369号)；⑤地方性规章，如《深圳市宝安区建设项目预结算审查指南》；⑥《建设项目结算编审规程》(CECA/GC3—2007)；⑦《建设项目全过程造价咨询规程》(CECA/GC4—2009)；⑧《建设工程造价咨询业务操作指导规程》(中价协〔2002〕第016号)；⑨其他有关竣工结算编制依据的相关资料，可参见《建设项目结算编审规程》(CECA/GC3—2007)。

三、竣工结算审查实施

(一) 竣工结算资料审查

对竣工结算资料进行审查是竣工结算审查实施环节的基础性工作，结算资料不充分、不完备必然导致结算内容的要求难以得到有效支持。此处所指的结算资料，主要指承包人(或其委托的工程造价咨询单位)编报的结算文件及相关资料。对其提供的竣工结算资料的审查主要是形式审查，即可通过核对表法审查其资料是否完整。建设工程竣工结算的资料审查记录表可参考(表7.32)进行编制。

表7.32 建设工程竣工结算审查资料审查记录表

序　号	资料名称	资料要求	是否完备		备注
			是	否	
1	竣工结算书	原件：竣工结算书应有书面与电子文件，各项签署完整，各计算表格齐备			
2	与工程结算有关的合同	原件：合同要素齐全，包括签订日期、法人印鉴、公章、经办人签字等			
3	工程签证单(包括工程变更、图纸会审、隐蔽工程签证等)	原件：签证手续齐全，签证内容一事一签			
4	索赔相关资料(包括索赔意向报告、索赔处理文件、索赔证明材料等)	原件：签证手续齐全			
5	材料价格确认表(包括序号、名称、规格、型号、所用位置、报批价格、审批价格等)	原件：手续要齐全(日期、项目监理人、施工单位、业主代表等)，多页则需编号			
6	计日工有关报表与凭证	原件：手续齐全(施工、监理等签字)			
7	全套竣工图纸	图纸必须复核，盖有竣工图章，人员签字齐全			

续表

序　号	资料名称	资料要求	是否完备		备注
			是	否	
8	竣工验收资料	若采购合同则需有甲方验收单或交货单，如交接后则有交接单			
9	期中结算相关资料	监理、财务等签字			
10	招标文件、投标文件、中标通知书等	原件			
11	专业分包合同等	原件			
12	地质勘察报告	原件			
13	批复的工程投资文件（包括立项文件、政府批文、领导批示、建设单位申请、重要事项会议纪要、开工报告）	原件或复印件			

（二）竣工结算编制依据审查

竣工结算编制依据选择的合法、合理直接关系到结算文件编制的合理性与准确性，一般通过审查竣工结算书的“编制说明”可对其编制依据进行审查。其审查的内容及具体要求，见表 7.33。

表 7.33　竣工结算编制依据审查的内容及要求

序　号	审查内容	审查的具体要求
1	合法性审查	(1) 建设工程竣工结算编制的依据必须是经过国家和行业主管部门批准，符合国家的编制规定，未经批准的不能采用 (2) 建设工程竣工结算编制依据必须符合发、承包合同的各组成文件，不得与其相互矛盾 (3) 在施工过程中的各种合法的签证及其他有关凭证或证明文件等可作为竣工结算编制的依据
2	时效性审查	各种建设工程竣工结算编制依据均应该严格遵守国家及行业主管部门的现行规定，注意有无调整和新的规定，审查竣工结算编制依据是否仍具有法律效力
3	适用范围审查	各种编制依据的范围进行适用性审查，如不同投资规模、不同工程性质、专业工程是否具有相应的依据；工程所在地的特殊规定、材料价格信息等应具体采用

（三）竣工结算内容审查

建设项目工程竣工结算内容审查主要是对分部分项工程费（需审查分部分项工程结算工程量与分部分项工程结算单价后确定）、措施项目费、其他项目费、规费及税金等相关的竣工结算费用进行全面审查，从而对竣工工程的结算价款的确定进行全面的合理性审核。

1. 审查分部分项工程费

由于分部分项工程费 $= \sum$ 分部分项工程量×（相应的）结算单价，因此分部分项工程费的审查必须在完成对分部分项工程量及其相应的结算单价的审查之后才能够就结算的分部分项工程费的合理性得出审查结论。分部分项工程费计算，见表 7.34。

表 7.34　分部分项工程量清单与计价表

工程名称：　　　　　　　　　　标段：　　　　　　　　　　第　　页 共　　页

序　号	项目编码	项目名称	项目特征描述	计量单位	工程量	金额/元		
						综合单价	合价	暂估价
本页小计								
合计								

注：根据建设部、财政部发布的《建筑安装工程费用组成》(建标〔2003〕206 号)的规定，为计取规费等的使用，可在表中增设其中："直接费"、"人工费"或"人工费＋机械费"。

1) 分部分项工程量的审查

本部分主要是对竣工结算工程的分部分项工程量的计量条件、计量内容、计算结果等进行审查，从而与竣工结算书中的相应工程量进行比对，以确定应予结算计量的分部分项工程量。

(1) 分部分项工程量审查的主要依据。建设工程项目竣工结算的分部分项工程量审查的主要依据及审查对象，见表 7.35。

表 7.35　分部分项工程量的竣工结算审查对象及其依据

审查目的	主要审查对象	主要审查依据
确定分部分项工程量	竣工结算书、施工图纸、竣工图纸；监理工程师的工程验收单；经确认的中期结算书的工程计量文件；已标价的工程量清单等	工程施工承包合同文件；投标报价文件；2008《计价规范》;《标准施工招标文件》(2007)；地方性计量或计价规则等

(2) 分部分项工程量审查的要点。建设工程项目竣工结算审查对分部分项工程量审查的要点如下：

第一，审查竣工结算工程是否符合结算计量的基本条件。即审查竣工结算工程是否为施工承包合同范围内的工程，且是否已经竣工并经监理人验收合格。只有符合上述条件的工程才能计量其工程量，否则应对该部分工程量予以核减，如设计变更增加工程量却未经约定和签证的不能计入，施工方高估冒算和非建设方原因增加的工程量不能认可。

第二，审查竣工结算工程工程量计量的资料是否充分。即审查结算工程的施工图纸、竣工图纸、监理人验收单、施工方编制的中期结算书、竣工结算书相关表格等是否齐备，且各资料间能否相互佐证、一致。

第三，审查施工方编报的竣工结算书中清单项目的设置、编号是否与清单规范及招标文件中相应内容统一。

第四，审查竣工结算工程量的计量是否符合合同约定的计量规则(如 2008《计价规范》)。即审查工程量计量的范围、单位、公式、计算等是否正确。

第五，审查清单项目缺项而又属于合同范围内的工程量计量是否符合合同约定，各种计量文件是否经发、承包方及监理方确认。

通过上述要点的全面审查，对结算工程的各分部分项工程量高估冒算的进行核减、对漏算的进行核增，并说明原因，形成工程量审查的阶段性文件，完成工程量审查记录。

2）分部分项工程结算单价审查

本部分主要对照承包人投标报价文件中所报综合单价并结合项目施工过程中的各种单价调整确认文件进行结算单价的合理性审查，审查的重点是需要进行调整的单价的审查。

（1）结算单价审查依据。分部分项工程的结算单价审查的主要对象及其依据，见表7.36。

表7.36 分部分项工的结算单价审查对象及其依据

审查内容	主要审查对象	主要审查依据
确定分部分项工程的结算单价	竣工结算书；结算工程具体综合单价调整的各种会商与确认文件；结算工程具体综合单价调整的合理性的证明性文件；承包人的投标报价文件、已标价工程量清单等	工程施工承包合同有关单价约定条款；投标报价文件；2008《计价规范》；《标准施工招标文件》(2007)；国家及地方性计价（调价）办法、造价管理部门发布的价格信息等

（2）结算单价审查的基本原则。

第一，对于未变更单价的审查：主要审查结算单价是否与承包人投标报价文件中所填报的单价相符，对于工程项目内容没有发生变化的仍应套用原单价。

第二，对于变更单价的审查应遵循以下原则：①合同中已有适于变更工程、新增工程单价的，按已有的单价结算；②合同中有类似变更工程、新增工程单价的，可以参照类似单价作为结算依据；③合同中无适用或类似变更工程、新增工程单价的，经承包人或监理人提出适当价格，经发包人确认后作为结算依据；④对于结算工程量与已标价工程量清单中的工程量变化幅度在合同约定幅度（一般为10%）以外，且其影响分部分项工程费超过0.1%时，其结算单价按承包人依据综合单价调整程序提出并经发包人确认的综合单价计算。

（3）结算单价审查的要点。

第一，对于未变更单价的审查主要是通过比对承包人投标报价单上所填报的单价与结算单价的一致性，对于其不一致的地方应予以纠正。

第二，对于变更或调整单价的审查是此项审查工作的重点。应严格遵循施工合同条款有关规定、《标准施工招标文件》(2007)、2008《计价规范》等有关原则，依据发、承包双方协调的确认结果，重点审查其单价变更原因、调整单价依据、双方会商确认的书面文件的相互一致性，对合理的单价变更或调整进行审查。只有通过上述合理性审查的综合单价才能够作为结算单价被采用。

通过上述具体细节的审查，形成有关竣工结算单价审查的审查记录，对不合理的结算单价进行调整并注明原因。

在完成分部分项工程结算工程量与结算单价审查的基础上，可以汇总计算出合理的分部分项工程费，与承包方编报的竣工结算分部分项工程费进行比对，对其不合理的部分进行调整，并形成分部分项工程费的审查记录。

2. 审查措施项目费

措施项目以是否可计算工程量具体分两类：一类是可以计算工程量的措施项目；另一类是不能计算工程量的，则以“项”为计量单位。二者的清单格式，见表 7.37、表 7.38。

表 7.37　措施项目清单与计价表(一)

工程名称：　　　　　　　　　　　标段：　　　　　　　　　　　第　　页 共　　页

序　号	项目编码	项目名称	项目特征描述	计量单位	工程量	金额/元	
						综合单价	合价
本页小计							
合计							

注：本表适用于以综合单价形式计价的措施项目。

表 7.38　措施项目清单与计价表(二)

工程名称：　　　　　　　　　　　标段：　　　　　　　　　　　第　　页 共　　页

序　号	项目名称	计算基础	费率/%	金额/元
1	安全文明施工费			
2	夜间施工费			
3	二次搬运费			
4	冬雨季施工			
5	大型机械设备进出场及安拆费			
6	施工排水			
7	施工降水			
8	地上、地下设施、建筑物的临时保护设施			
9	已完工程及设备保护			
10	各专业工程的措施项目			
合计				

注：①本表适用于以“项”计价的措施项目。②根据建设部、财政部发布的《建筑安装工程费用组成》(建标〔2003〕206 号)的规定，“计算基础”可为“直接费”、“人工费”或“人工费＋机械费”。

其中，对于适合以综合单价计价的措施项目的措施项目费进行结算审查，其审查内容、要点、依据等可以参考前述有关分部分项工程费审查的相关步骤。而对于以“项”为计量单位的措施项目的措施项目费因其主要是按照有关规定的计算基础与费率计取，从而主要审查其计算基础及费率的确定依据是否合理、合法，计算结果是否准确等。在此基础上应形成措施项目费审查结论，完成措施项目费的审查记录(本部分审查依据可参见表 7.36)。

其中，需要特别注意的是，措施项目清单中的安全文明施工费应审查其计取是否按照国家或省级、行业建设主管部门的规定计价，不得作为竞争性费用。

3. 审查其他项目费

其他费用主要包括计日工、暂估价、总承包服务费、索赔费用、现场签证费用、暂列金额等费用，因此竣工结算审查其他项目费时主要在于审查上述费用确定的合理性。

1）其他项目费的审查依据

其他项目费的主要审查对象及其依据，见表7.39。

表7.39 其他项目费的竣工结算审查对象及其依据

审查内容	主要审查对象	主要审查依据
其他项目费	竣工结算书；施/竣工图纸；竣工验收单；期中支付凭证；监理人核发的各种计量证书；已标价工程量清单；计日工签证及承包人编报经监理审核的有关资料；材料暂估价及专业工程暂估价有关单价或金额调整确认文件；工程索赔相关证明资料；各种现场签证单；等等	施工合同文件有关取费、变更、签证、索赔、调价等相关条款；投标报价文件；2008《计价规范》；《标准施工招标文件》(2007)；国家及地方性计价(调价)办法，如《建筑安装工程费用组成》(建标〔2003〕206号)等

2）其他项目费的主要审查内容

(1) 计日工费用审查：主要通过审查工程施工过程中经发包人确认的签证数量及承包人投标报价文件中所报的计日工综合单价，核查计日工费用汇总额的合理性。对于错误或不准确部分予以调整。

(2) 暂估价审查：首先审查暂估价清单表中所列的材料、专业工程是否是经招标采购；其次，对于招标采购的材料或专业工程，应审查核对其中标价；招标采购的材料其单价应按中标价在综合单价中调整，招标采购的专业工程则以中标价计算；另外，对于非招标方式采购的材料或专业工程，以发、承包双方最终确认的价格在综合单价中调整或计算。

(3) 总承包服务费审查：通过审查合同条款中的有关约定，或双方的调整确认文件，计算其金额。

(4) 索赔费用审查：此项费用审查是竣工结算审查过程中的重点与难点。

第一，审查索赔的基本要求：①所提出索赔必须以合同为依据；②提出索赔必须有发、承包双方认可的签字；③提出索赔方必须有实际损失；④索赔费用计取符合国际或国内标准。

第二，审查索赔费用的要点。工程索赔费用的审查，包括对索赔资料完备性、索赔处理程序、责任归集、索赔费用计算等进行全面审查，以核定索赔费用的真实性、合法性与准确性。其审查要点主要有：

其一，审查索赔事件发生证明材料的完整性与充分性。即审核索赔方提交的记录和证明材料是否真实、完整，必要时可要求承包人提交全部原始记录副本或现场踏勘取证。

其二，审查索赔程序的合法性。即审核索赔事件的处理是否按照合同文本约定的具体程序进行。

其三，审查索赔提出及处理的时效性。只有在发、承包双方签订的工程施工合同文本中具体约定的时限内提出索赔或进行处理的，才可能索赔成立；否则，将使索赔方自动失去合法权益的追偿。

其四，审查索赔事件的责任归集的合理性。即根据合同条件及其风险分担方案审查索赔事件发生后的责任划分是否符合合同条件及建设工程实施惯例。

其五，审查索赔费用计算的依据是否合理、计算结果是否准确。

最终形成对该项目工程结算的索赔费用审核结论，进行费用核定并形成工程索赔费用结算审查记录。

（5）现场签证费用审查：主要审查在合同约定时间内经发、承包人双方确认的现场签证数量核对现场签证费用。对于没有签证或手续不全的，应将其费用项核减。

（6）暂列金额审查：主要是对暂列金额差额或余额进行审查，即合同价款中的暂列金额在用于各项价款调整、索赔与现场签证后，若有余额，则余额归发包人，若出现差额，则由发包人补足并反映在相应的工程竣工结算价款中。

通过上述各种其他项目费的具体组成内容的审查，形成相应的审查结论并完成其他项目费审查记录。

4. 规费与税金的审查

因规费和税金应按国家或省级、行业建设主管部门的规定计算，不得作为竞争性费用，从而其审查主要是核对各项规费、税金的计取原则是否符合国家或省级、行业建设主管部门对规费和税金的计取和计算标准的有关规定，结果是否正确。对于规费和税金的计取与计算不正确、不合理的地方，在竣工结算中应予以纠正，并形成相关审查结论，完成审查记录。

（四）编制竣工结算审查书

本步骤主要是在前一工作步骤的各种竣工结算审查记录的基础上进行竣工结算审查书（初稿）的编制，若由工程造价咨询人负责竣工结算审查实施，则应结合工程造价咨询服务的有关规程，在小组内部及公司进行多层次的审核，发包人自行审查时也可参照执行。

1. 主要工作依据

工程造价咨询人在编制竣工结算审查书时，需要参照的主要工作依据，见表 7.40。

表 7.40　竣工结算审查书编制的主要工作依据

工作内容	主要依据
竣工结算审查书编制	竣工结算分部分项工程费审查记录；竣工结算措施项目费审查记录；竣工结算其他项目费审查记录；竣工结算规费与税金审查记录；竣工结算编制（咨询）服务委托合同；《建设项目结算编审规程》（CECA/GC3—2007）；2008《计价规范》等

2. 竣工结算审查书的编制内容

根据竣工结算审查实施的阶段形成的各种结算审查记录，竣工结算审查小组经过各项费用汇总，编制竣工结算审查书初稿。其主要内容，见表 7.41。

表 7.41 竣工结算审查书的组成内容

序号	组成内容	具体要求或内容细分
1	竣工结算审查书封面	包括工程名称、审查单位名称、审查单位工程造价咨询单位执业章、日期等
2	签署页	包括工程名称、审查编制人、审定人姓名和执业(从业)印章、单位负责人印章(或签字)
3	竣工结算审查报告	主要包括概述、审查范围、审查原则、审查依据、审查方法、审查程序、审查结果、主要问题、有关建议等
4	竣工结算审查相关表式	主要包括竣工结算审定签署表;竣工结算审查汇总对比表;单项工程竣工结算审查汇总对比表;单位工程竣工结算审查汇总对比表;分部分项工程竣工结算审查对比表;其他相关表格
5	有关附件	

3. 竣工结算审查书的内部审核

按照工程造价咨询人内部生产管理办法及工程造价咨询业务操作指导规程等要求,项目组完成竣工结算审查书编制后,需要对其进行“两校三审”,即编制人自查、复核人复查、小组审核、部门审核、公司审核等以保证咨询服务成果的质量。其中,只有按上述次序顺利通过审核,才能够提交上一级审核,若审核未能通过则应继续完善成果文件再次提请审核,直到最终成果在公司内得以完全审核通过为止。

4. 竣工结算审查书的成果形式

竣工结算审查书是工程造价咨询人完成咨询服务,最终向委托方提交的主要成果文件,其成果形式的有关格式标准,可参见本节案例部分。

四、竣工结算审查收尾

(一) 主要工作内容

本阶段是竣工结算审查的最后阶段,主要的工作内容包括竣工结算审查方复核、检查竣工结算审查书的有关结论及其内容,出具正式的审查结论供承包人确认,作为双方完成竣工结算办理的直接依据。具体工作内容如下:

(1) 竣工结算审查小组完成对竣工结算审查书各组成文件的复核、检查,并对其中存在问题的内容予以调整,完善竣工结算审查书。若直接实施审查的为发包人委托的工程造价咨询人,则应依据咨询服务委托合同与《建设项目工程结算编审规程》(CECA/GC3—2007)第 5.3.4 条完成相关的成果文件完善工作。

(2) 发包人确认竣工结算审查书,并正式向承包人出具竣工结算审查结论。

(3) 承包人在合同约定时间内研究发包人的竣工结算审查结论及其具体内容,决定是否接受其审查结论。

(4) 双方签字确认、竣工结算办理完成,或承包人不接受发包人的审查结论,进入造价纠纷处理程序。

（二）竣工结算审查的有关规定

依据《建设项目工程价款结算暂行办法》（财建〔2004〕369 号）、2008《计价规范》等文件，工程竣工结算的审查须遵守以下几项具体规定。

1. 竣工结算审查的时间

（1）发包人出具竣工结算审查结论的时限应依据发、承包双方合同约定的时间完成，若无具体约定的则应依据表 7.1 中具体时间完成。其中，若发包人委托工程造价咨询人进行竣工结算审查的，也必须在上述时间范围内完成，否则可依据《最高人民法院关于审理建设工程施工合同纠纷案件适用法律问题的解释》（法释〔2004〕14 号）第 20 条规定办理，承包人递交的竣工结算可视为已被认可。

（2）承包人在接到发包人的审查结论后，在合同约定时限内，不确认也未提出异议的，视为发包人提出的审查意见已被认可，竣工结算办理完毕。

2. 竣工结算审查完成的标志

依据 2008《计价规范》的规定，发、承包双方签字确认标志着竣工结算审查的完成，其确认的结果作为双方办理工程价款结算的依据。此后，禁止发包人又要求承包人与另一个或多个工程造价咨询人重复核对（审查）竣工结算。

五、竣工结算审查的有关要求

竣工结算审查对于发、承包双方最终结清工程价款、顺利办理项目移交具有重要的影响，发包人或接受委托的工程造价咨询人在进行竣工结算审查时应遵循以下基本要求：

（1）严禁采用抽样审查、重点审查、分析对比审查和经验审查的方法，避免审查疏漏现象发生。

（2）应审查竣工结算文件和与竣工结算有关的资料的完整性和符合性。

（3）按施工发、承包合同约定的计价标准或计价方法进行审查。

（4）对合同未作约定或约定不明的，可参照签订合同时当地建设行政主管部门发布的计价标准进行审查。

（5）对工程竣工结算内多计、重列的项目应予以扣减，对少计、漏项的项目应予以调增。

（6）对工程竣工结算与设计图纸或事实不符的内容，应在掌握工程事实和真实情况的基础上进行调整（若工程造价咨询人受托进行审查时，在工程竣工结算审查中发现的工程竣工结算与设计图纸或事实不符的内容应约请各方履行完善的确认手续）。

（7）对由总承包人分包的工程竣工结算，其内容与总承包合同主要条款不相符的，应按总承包合同约定的原则进行审查。

（8）工程竣工结算审查文件应采用书面形式，有电子文本要求的应采用与书面形式内容一致的电子版本。

(9) 工程竣工结算审查的编制人、校对人和审核人不得由同一人担任。

案　　例

(一) 案例背景

1. 工程概况

本案例中的工程项目为北京×××大学体育馆工程,该工程基本概况见第五章案例背景部分。本工程的合同价为198 683 962.3元,送审结算价为214 425 411.9元。

2. 竣工结算审查范围

竣工结算审查范围为北京×××大学体育馆整个单位工程的竣工结算审查,具体包括建筑工程、装饰装修工程、安装工程等全部竣工结算范围。

3. 竣工结算审查内容

主要包括对承包方送审的竣工结算资料、竣工结算编制依据及竣工结算价款等三部分内容进行审查。其中,对于竣工结算资料主要审查其完整性与规范性;对于竣工结算编制依据主要审查其合法性、时效性及适用范围;对于竣工结算价款审查则是审查的重点,主要目的在于确定其真实性、合理性并对其中不合理部分进行调整,有效控制该工程的最终结算价款。

4. 竣工结算审查依据

对本工程进行竣工结算审查的主要依据如下:

(1) 法规类:《中华人民共和国审计法》、《中华人民共和国建筑法》、《中华人民共和国合同法》、《中华人民共和国招标投标法》、《最高人民法院关于审理建设工程施工合同纠纷案件适用法律问题的解释》、建设部107号令《建筑工程施工发包与承包计价管理办法》、财建〔2004〕369号财政部建设部关于印发《建设工程价款结算暂行办法》。

(2) 规范类:2008《计价规范》及北京市相关规定、2001年《北京市建设工程预算定额》、2001年《北京市建设工程费用定额》及现行文件。

(3) 执业规程类:《建设项目工程结算编审规程》、《造价工程师职业道德行为准则》、中国建设工程造价管理协会(2002)第015号《工程造价咨询单位执业行为准则》等。

5. 有关说明

(1) 竣工结算审查主体:本案例中竣工结算的审查实施主体为工程造价咨询人。

(2) 竣工结算审查方法:依据《建设项目工程结算编审规程》(CECA/GC3—2007),采用全面审查法。

(3) 竣工结算审查程序:依次审查竣工结算资料、竣工结算编制依据、竣工结算价款内容,其中对于竣工结算价款的审查程序依次为分部分项工程费竣工结算审查、措施项目费结算审查、其他项目费结算审查及规费与税金的审查，具体见案例的第二部分。

（二）竣工结算审查过程

1. 竣工结算资料及编制依据的审查

1）竣工结算资料审查

本案例中，承包方送审的竣工结算资料及竣工结算书完整齐备、各项签署项完整，通过资料的形式审查。

2）竣工结算编制依据审查

通过审查承包方送审的竣工结算书中“编制说明”，对于承包主编制竣工结算所列示的各种依据符合合法性、时效性的要求，也适用于本项目实际。因此，竣工结算编制依据合理、合法、有效的原则。

2. 竣工结算价款审查

1）分部分项工程结算价款的审查

本部分的竣工结算价款审查范围包括本单位工程中的建筑工程、装饰装修工程及安装工程。由于本项目中分部分项工程的综合单价未出现变更与调整的情况，因此对竣工结算的分部分项工程费的审查重点是确定各清单项目及漏项的清单项目的竣工结算工程量是否符合施工承包合同约定的计量规则，对于其不合理部分予以审查调整，形成审定的分部分项工程竣工结算价款。

（1）建筑工程竣工结算价款审查。本部分竣工结算价款的审查主要是通过工程竣工图纸、施工图纸、验收文件及各种期中计量支付文件的核对，审查各分项工程的结算工程量是否合理。其审查的主要依据是确定各竣工结算工程量（清单项目及漏项的清单项目）的计量是否符合 2008《计价规范》及北京市补充清单项目的相关技术规范及施工承包合同中的有关约定，对不符合上述计量规则的清单项目应在重新计算工程量的基础上对其竣工结算价款进行合理地调整，对于没有发生计量错误的则以送审数据进行竣工结算。具体审查及其调整过程，见表 7.42。

由表 7.42 可知，本项目中分部分项工程中的建筑工程的竣工结算价款报审金额为 53 973 598.3 元，由于部分工程量的计量出现错误，经竣工结算审查审定的金额为 51 948 227 元，审减 2 025 370.39 元。

(2)装饰装修工程竣工结算价款审查。本部分竣工结算价款的审查调整原因主要有：①清单项目及漏项清单项目的竣工结算工程量计量不准确：其审查原理与主要依据、计算方法同建筑工程一样，在此从略；②报审的竣工结算数据中对于取消的清单项目价款计入了竣工结算价款，应予以扣除。

上述竣工结算价款审查结果，见表 7.43。

表 7.42 建筑工程竣工结算价款审查计算表

项目编码	项目名称	项目特征	计量单位	综合单价/元	送审数据		审定数据		调整金额/元（十、一）
					工程量	合价/元	工程量	合价/元	
010101003001	挖基础土方（比赛馆）	(1) 土壤类别：自行考虑 (2) 基础类型：伐板基础 (3) 挖土深度：13 米外 (4) 弃土运距：自行考虑	立方米	30.98	49 234.4	1 525 281.71	482 123.5	14 936 186.03	－289 095.68
010416001001	比赛馆现浇混凝土钢筋	(1) 钢筋的种类规格：Φ20（三级钢）	吨	4 426.65	356.457	1 577 910.38	324.700	1 437 333.26	－140 577.12
010416001002	比赛馆现浇混凝土钢筋	(1) 钢筋的种类规格：Φ22（二级钢）	吨	4 307.22	198.763	856 115.97	172.675	743 749.21	－112 366.76
		(其他略)							
合计(建筑工程部分)						53 973 598.3		51 948 227.91	－2 025 370.39

表 7.43　建筑工程竣工结算价款审查计算表

项目编码	项目名称	项目特征	计量单位	综合单价/元	送审数据		审定数据		调整金额/元（+、-）
					工程量	合价/元	工程量	合价/元	
清单项目工程量计量错误									
020101001001	水泥砂浆楼地面(F7)	(1) 1～2 厚自流平环养面漆涂层 (2) 环养漆底涂一道 (3) 20 厚 1∶2.5 水泥砂浆压实赶光 (4) 砂浆和料要求:预拌	平方米	202.16	5 096.00	1 030 207.36	4 766.67	963 630.01	−66 577.35
		(其他略)							
合计(装饰装修工程清单项目部分)						28 032 884.25		26 799 728.04	−1 224 224.21
漏项清单项目工程量计量错误									
合计(装饰装修工程漏项部分)						1 801 220		1 501 242	−299 978
取消项									
020209001001	隔断	50 厚轻钢龙骨单面石膏板墙	平方米	79.75	112	8 932	—	8 932	−8 932
						29 843 036.25		28 309 902.04	−1 533 134.21

即装饰装修工程由于清单项目(含原有清单项目与漏项清单项目)工程量计算有误以及清单项目中取消项等原因,使本部分竣工结算价款由报审的金额 29 843 036.25 元,审定为 28 309 902.04 元,审减金额为 1 533 134.21 元。

(3) 安装工程竣工结算价款审查本部分竣工结算价款的审查调整原因主要在于清单项目及漏项清单项目的竣工结算工程量计量不准确。其审查原理与主要依据、计算方法同建筑工程一样,在此从略,仅对各专业工程的审减金额合计予以介绍,见表 7.44。

表 7.44　安装工程中各专业工程的竣工结算价款审查结果

序　号	专业工程名称	送审金额/元	审定金额/元	调整金额/元(+、-)
1	机械设备安装工程—电梯	1 681 664.9	1 681 664.9	
2	电气设备安装工程—变配电	6 227 569.98	6 123 144.3	-104 425.68
3	电气设备安装工程—强电	20 405 805.8	19 984 565.3	-421 240.5
4	消防工程—喷淋	635 667	635 667	
5	消防工程—消火栓及气体灭火	831 855.9	831 855.9	
6	消防工程—消防炮	714 486	714 486	
7	给排水工程	2 715 012.54	2 134 532.6	-580 479.94
8	采暖工程	1 386 035	1 386 035	
9	通风空调工程	15 107 054.29	16 011 231.2	+904 176.91
10	通信设备及线路工程—弱电工程	681 210	681 210	
11	安装部分清单漏项	2 453 475	1 143 344.2	-1 310 130.8
合计		52 839 836.41	51 327 736.4	-1 512 100.01

由表 7.44 可知,本项目分部分项工程中的安装工程竣工结算价款的送审金额为 52 839 836.41 元,审定金额为 51 327 736.4 元,审减金额为 1 512 100.01 元,其主要原因在于承包方送审的竣工结算文件中存在工程量的确定不够合理。

(4) 工程变更价款结算审查。本项目中,送审的工程变更结算汇总金额为分部分项工程费 7 331 966.21 元、变更工程的措施费 671 432 元,工程变更价款已随工程进度款进行了支付。

通过审查工程变更资料,本项目的工程变更程序及各种文件符合施工承包合同及 2008《计价规范》等相关规定,各种证明文件齐全、变更价款计算正确。因此,对此部分价款不作调整。

汇总上述(1)～(4)步骤的各种调整金额,可以计算出本项目的分部分项工程的竣工结算价款的审定金额=51 948 227.91+28 309 902.04+51 327 736.4=138 917 832.6元,较送审金额 143 988 437.2 元审减了(143 988 437.2-138 917 832.6)=5 070 604.6 元。

2) 措施项目费的审查

(1) 以"项"为单位的措施项目:按照 2008《计价规范》及合同约定,本部分措施项目费用与工程量的变化关系不大,属于不调整范畴。因此,通过审查各项费用计算正确,其竣工结算审定的费用与送审金额一致(10 195 849.39 元),没有调整。

(2) 可以计算工程量的措施项目:本部分费用的审查与分部分项工程费的审查方法

基本一致，主要依据包括措施项目的计量支付文件、合同约定的相关计量规则（如2008《计价规范》的相关技术规范及北京市补充清单项目的计量规则等）审查其送审的工程量是否计算准确，进而核对其费用计算的合理性。本部分费用的调整计算，见表7.45。

表7.45　措施项目费用审查调整计算表

项目编码	项目名称	项目特征	计量单位	综合单价/元	送审数据		审定数据		调整金额/元（+、−）
					工程量	合价/元	工程量	合价/元	
AB003	现浇钢筋混凝土有梁板及支架	（1）构件形状：矩形（2）支模高度：板底支模高度3.78米（3）模板类型：自行考虑（4）支撑类型：自行考虑	平方米	41.53	16 006.87	664 765.31	15 324.34	636 419.84	−28 345.47
		（其他略）							
合计						2 632 210.98		2 564 544.5	−67 666.48

（3）工程变更的措施费用审查：见分部分项工程费的竣工结算审查第四部分“工程变更价款结算审查”，工程变更引起的措施项目费增加额为671 432元。此项费用已经通过竣工结算审查，在此不作调整。

综合上述（1）～（3）步骤，可计算出审定的措施项目费＝10 195 849.39＋2 632 210.98＋671 432＝13 431 825.89元，审减金额＝13 499 492.37－13 431 825.89＝67 666.48元。

3）其他项目费的竣工结算审查

（1）专业工程结算价审查。本部分结算价款的审查主要是通过核对招标文件、施工承包合同、专业工程招标文件及其合同，对于与分部分项工程量清单存在重复及招标内容改变的，依据发、承包合同的有关约定进行审减。此项结算价款的审查结果及其原因，见表7.46。

表7.46　各专业工程结算价审查表

序　号	工程名称	工程内容	送审金额/元	审定金额/元	调整金额/元（+、−）	调整原因
1	玻璃雨篷	制作、安装	48 000	48 000		
2	金属屋面板	制作、安装	6 985 600	6 585 600	−400 000	与分部分项部分内容重复
3	中央球壳	制作、安装	1 500 000	1 500 000		
4	火警报警及消防联动控制系统	安装、调试	2 800 000	2 800 000		

续表

序　号	工程名称	工程内容	送审金额/元	审定金额/元	调整金额（+、-）	调整原因
5	安保系统	安装、调试	2 200 000	2 200 000		
6	楼宇设备自控系统	安装、调试	2 560 000	2 360 000	-200 000	与招标内容发生改变
	……					
合　计			40 120 000	39 520 000	600 000	

通过表 7.46 可知，专业工程结算价款审定金额为 39 520 000 元，审减 600 000 元。

(2) 总承包服务结算审查。本项目中发、承包双方在合同约定总承包服务费的取费基数为发包人发包的专业工程合计总金额，费率为 2%，承包方报审的结算金额为 802 400 元。本部分金额的审查中发现存在以下两个原因使得总承包服务费计算不合理：

第一，经竣工结算审查，专业分包工程的项目价值为 39 520 000 元，相对报审金额 40 120 000 元审减 600 000 元。

第二，承包方报审的总承包服务费中基数计算不合理，依据北京市“关于执行 2008《计价规范》若干意见的通知(京造定〔2009〕7 号)”的有关规定，总承包服务费的计算基数应为分包工程的估算造价(不含设备费)。本项目中，承包方计取总承包服务费时并未扣除专业分包工程所含有的 500 万元的设备费。

综上，本项目的总承包服务费结算金额的计算如下：

总承包服务费结算金额＝(39 520 000－5 000 000)×2%＝690 400 元，与报审金额 802 400 元比较，审减 112 000 元。

(3) 材料暂估价价差调整审查。本部分价款调整的审查主要是审查期中支付过程中，由承包方提出申请、计算，并由监理、发包人核准的材料暂估价价差调整申请(核准)表及其支持性文件。审查结果表明，本部分价款的调整依据符合合同约定及其国家与北京市的现行文件精神，依据充分、计算结果正确。因此，本部分的结算价款审查未作调整，仍以材料暂估价价差调整汇总金额 2 305 576 元作为竣工结算审定金额。

(4) 人工、材料、机械价差调整审查。本部分价款的竣工结算审定金额仍为报审金额 1 022 341 元，其审查过程及其原因同材料暂估价价差调整审查部分，未作调整。

(5) 索赔与现场签证费用审查。本项目实施过程中的索赔及现场签证费用审查同样未作调整，发、承包双方在期中支付过程中对于本部分价款的处理程序符合合同约定、相关证明材料齐全、计算结算准确无误。审定金额仍为送审金额，即 314 027.1 元。

上述各项费用汇总，得

$$\text{其他项目费结算总额} = 39\,520\,000 + 690\,400 + 2\,305\,576 + 1\,022\,341 + 314\,027.1 = 43\,852\,344.1(\text{元})$$

4) 规费、税金结算审查

由于规费、税金的计取基础因竣工结算审查过程中的结算价款调整而出现变化，因此本项目的规费、税金同样需要相应的调整。其调整计算过程如下：

(1) 规费的计算。本项目中规费的计算基础为项目的人工费，费率为 24.09%。由于竣工结算审查，使项目的人工费由送审结算价款中的 22 093 812.038 元，减少至

21 323 071.36 元，因此：

$$规费 = 21\ 323\ 071.36 \times 24.09\% = 5\ 136\ 727.89(元)$$

(2) 税金的计算。按照发、承包合同约定，税金的计算基础为分部分项工程费＋措施项目费＋其他项目费＋规费，取费的费率为 3.4%，因此本项目的税金总额为

$$(138\ 917\ 832.6 + 13\ 431\ 825.89 + 43\ 852\ 344.1 + 5\ 136\ 727.89) \times 3.4\%$$
$$= 6\ 845\ 516.84(元)$$

5) 竣工结算价款审定金额计算

汇总以上各步骤的审定金额合计，得出本项目竣工结算价款的审定金额为

$$138\ 917\ 832.6 + 13\ 431\ 825.89 + 43\ 852\ 344.1 + 5\ 136\ 727.89 + 6\ 845\ 516.84$$
$$= 208\ 184\ 247.3(元)$$

3. 编制竣工结算审查书

依据以上各种竣工结算审查的结果，填写竣工结算审查书的各种表式，并编制封面、签署页及其编制说明等文件。本工程竣工结算审查成果文件具体包括下列四部分内容：①竣工结算审查书封面；②竣工结算审查签署页(表)；③竣工结算审查报告；④竣工结算审查相关表式。

(三) 案例成果形式

1. 竣工结算审查书封面

竣工结算审查书封面，如表 7.47 所示。

表 7.47　北京×××大学体育馆工程竣工结算审查书封面

北京×××大学体育馆 工程竣工结算审查书 档案号： ××工程咨询有限公司 造价咨询单位执业章 年　月　日

2. 竣工结算审查签署页

竣工结算审查签署页，如表 7.48 所示。

表 7.48　北京×××大学体育馆工程竣工结算审查签署页

北京×××大学体育馆 工程竣工结算审查书 档案号： 编制人：____________[执业(从业)印章] 审核人：____________[执业(从业)印章] 审定人：____________[执业(从业)印章] 法定代表人或其授权人：____________

3. 竣工结算审查报告

竣工结算审查报告，如表 7.49 所示。

表 7.49　北京×××大学体育馆工程竣工结算审查报告封面

北京×××大学体育馆 工程竣工结算审查报告 ××工程咨询有限公司

本工程竣工结算审查报告的正文如下：

北京×××大学体育馆工程竣工结算审查报告

北京×××大学：

我公司接受贵单位委托，对贵单位体育馆工程结算文件进行审查，根据国家法律、法规和中国建设工程造价管理协会发布的《建设项目工程结算编审规程》及合同的规定，已完成了本工程结算文件的审查工作，现将审查的情况和结果报告如下：

一、项目概况

(1) 建设单位名称：北京×××大学。

(2) 建设工程名称：北京×××大学体育馆。

(3) 设计单位：×××建筑设计院。

(4) 招标代理单位：北京×××招标代理有限公司。

(5) 施工单位名称：中建××局×××公司。

(6) 编制时间：××××年××月××日。

(7) 批复概算：25 800 万元；其中，建安造价：22 150 万元。

(8) 结构类型：框架结构。

(9) 建筑面积：25 800 平方米。

(10) 建设地点：校内。

二、审查范围

根据咨询合同委托的范围，重点审查以下内容：

(一) 审查结算的递交程序和资料的完备性

(1) 审查结算资料递交手续程序的合法性，以及结算资料具有的法律效力。

(2) 审查结算资料的完整性、真实性和相符性。

(二) 审查与结算有关的各项内容

(1) 建设工程发承包合同及其补充合同的合法和有效性。

(2) 施工发承包合同范围以外调整的工程价款。

(3) 分部分项、措施项目、其他项目工程量及单价。

(4) 发包人单独分包工程项目的界面划分和总包人的配合费用。

(5) 工程变更、索赔、奖励及违约费用。

(6) 取费、税金、政策性调整以及材料价差计算。

(7) 实际施工工期与合同工期发生差异的原因和责任,以及对工程造价的影响程度。

(8) 其他涉及工程造价的内容。

三、审查原则

维护国家利益、发包人和承包人的合法权益,坚持实事求是、诚实信用和客观公正的原则。

四、审查依据

(1)《中华人民共和国审计法》。

(2)《中华人民共和国建筑法》。

(3)《中华人民共和国合同法》。

(4)《中华人民共和国招标投标法》。

(5)《最高人民法院关于审理建设工程施工合同纠纷案件适用法律问题的解释》。

(6) 建设部 107 号令《建筑工程施工发包与承包计价管理办法》。

(7) 财建〔2004〕369 号财政部建设部关于印发《建设工程价款结算暂行办法》。

(8) 中国建设工程造价管理协会(2002)第 015 号《工程造价咨询单位执业行为准则》、《造价工程师职业道德行为准则》。

(9) 中国建设工程造价管理协会〔2007〕015 号《建设项目工程结算编审规程》。

(10) 建设部 GB 50500—2008《建设工程工程量清单计价规范》。

(11) 施工合同及补充协议。

(12) 招标文件(含招标图)及纪要。

(13) 中标文件(含商务标和技术标)。

(14) 变更洽商单及材料设备认价单。

(15) 现场签证单。

(16) 送审结算书。

(17) 其他送审资料。

五、审查方法

依据施工发承包合同约定的结算方法,对已被列于审查范围的内容全面审查。

六、审查程序

(1) 收集并审阅资料、踏勘现场、了解情况。

(2) 编制实施方案并报批。

(3) 召开咨询项目实施前的协商会议。

(4) 开展工程造价的各项计量与计价,向有关单位询问并核对。

(5) 将咨询初步成果文件进行检查核对后,向有关各方征询意见,并进行合理的调整。

(6) 将核对后咨询初步成果文件报公司主管负责人审查批准。

(7) 召开咨询成果的定案会议,发、承包双方代表人和审查人应分别在“结算审定签署表”上签认并加盖公章。

(8) 对竣工结算审查结论有分歧的，应在出具竣工结算审查报告前至少组织两次协调会；凡不能共同签认的，审查受托人可适时结束审查工作，并独立出具审查报告，审查报告应客观地载明具体分歧内容、原因及审查处理意见。

(9) 向委托单位出具成果文件。

七、审查结果

本工程送审金额为人民币 214 425 411.9 元，经审核，审减金额为人民币 6 241 164.58 元，审定含税工程造价为人民币 208 184 247.3 元。具体审核明细详见“工程竣工结算审查汇总对比表”和“竣工结算审查签署表”。

八、调整原因

(1) 合同内清单工程量部分进行了调整。

(2) 对合同内已有的清单项目，但实际没有发生的项目进行了删除。

(3) 对暂估价认价中的内容与分部分项工程量清单中有重复的内容进行了扣除。

(4) 实际工作内容与招标不一致进行了调整。

(5) 总承包服务费计算基数扣除了设备费。

(其他略)

九、主要问题

(1) 外装饰幕墙、通风空调等专业分包工程未进行公开招标，不符合《中华人民共和国招标投标法》第 3 条、《工程建设项目招标范围和规模标准规定》第 7 条相关规定。

(2) 工程变更控制不到位，导致工程投资较大增加；图纸的整体换版为施工单位转嫁钢筋量差风险提供了借口。

(3) 非暂估价材料办理签价，释放了施工单位投标时应承担的风险。

(4) 超期降水变更洽商签署不严谨，导致结算纠纷的产生。

十、有关建议

(1) 应制定建设项目招投标管理办法，并加强监督和管理。

(2) 应制定设计变更管理办法，加强对设计变更的管理，并制定责任追究制度。

(3) 应制定投资控制管理办法，促进投资控制，加强对投资的动态控制，避免结算造价超出设计概算。

(4) 应加强工程价款支付的控制，尤其是对合同金额有减项的项目，工程预付款、进度款支付比例应符合相关文件要求，防止超付。

(5) 加强对施工过程的管理，开展全过程审计，避免施工过程中一些不必要变更、签证的发生，提高签证的准确性和严谨性。

××××××工程　　　　法定代表人：
咨询有限公司　　　　编制人：
复核人：
审查人：
××××年××月××日

4. 竣工结算审查相关表式

主要包括工程竣工结算审定签署表、工程竣工结算审查汇总表、单项工程竣工结算审查汇总对比表、单位工程竣工结算审查对比表及其他各种审查对比(明细)表等。

1）工程竣工结算审定签署表

工程竣工结算审定签署表，如表 7.50 所示。

表 7.50　结算审定签署表

工程名称：北京×××大学体育馆工程

工程名称	北京×××大学体育馆工程		工程地址	北京×××大学校内	
发包人单位	北京×××大学		承包人单位	中建××局×××公司	
委托合同书编号	×××		审定日期	×年×月×日	
报审结算造价	￥214 425 411.9 元		调整金额(＋、－)	￥6 241 164.58 元	
审定结算造价	大写	贰亿零捌佰壹拾捌万肆仟贰佰肆拾柒圆叁角		小写	￥208 184 247.3 元
委托单位 (签章) 代表人(签章、字)	建设单位 (签章) 代表人(签章、字)		承包单位 (签章) 代表人(签章、字)	审核单位 (签章) 代表人(签章、字) 技术负责人(执业章)	

2）工程竣工结算审查汇总对比表

工程竣工结算审查汇总对比表，如表 7.51 所示。

表 7.51　工程项目竣工结算审查汇总对比表

工程名称：北京×××大学体育馆工程　　　　第 1 页　共 1 页

序号	单项工程名称	送审数据			审定数据			调整金额/元		备注
		金额/元	其中		金额/元	其中		＋	－	
			安全文明施工费/元	规费/元		安全文明施工费/元	规费/元			
1	体育馆工程	214 425 411.9	3 772 164.39	5 322 399.32	208 184 247.3	3 772 164.39	5 136 727.89		6 241 164.58	
合计		214 425 411.9	3 772 164.39	5 322 399.32	208 184 247.3	3 772 164.39	5 136 727.89		6 241 164.58	

3）单项竣工结算审查汇总对比表

由于该体育馆工程为一单项工程，故单项工程竣工结算审查汇总表(表 7.52)与表 7.51 相同。

表 7.52 单项竣工结算审查汇总对比表

工程名称:北京×××大学体育馆工程　　　　第1页　共1页

序号	单项工程名称	送审数据			审定数据			调整金额/元		备注
		金额/元	其中		金额/元	其中		+	−	
			安全文明施工费/元	规费/元		安全文明施工费/元	规费/元			
1	体育馆工程	214 425 411.9	3 772 164.39	5 322 399.32	208 184 247.3	3 772 164.39	5 136 727.89		6 241 164.58	
合计		214 425 411.9	3 772 164.39	5 322 399.32	208 184 247.3	3 772 164.39	5 136 727.89		6 241 164.58	

4) 单位工程竣工结算审查汇总对比表

单位工程竣工结算审查汇总对比表,如表7.53所示。

表 7.53 单位工程竣工结算审查汇总对比表

工程名称:北京×××大学体育馆工程　　　　第1页　共1页

序号	汇总内容	金额/元		调整金额/元	
		送审数据	审定数据	+	−
1	分部分项工程费	143 988 437.2	138 917 832.6		5 070 604.64
1.1	建筑工程	53 973 598.3	51 948 227.91		2 025 370.39
1.2	装饰装修工程	29 843 036.25	28 309 902.04		1 533 134.21
1.3	电梯工程	1 681 664.9	1 681 664.9		
1.4	变配电工程	6 227 569.98	6 123 144.3		104 425.68
1.5	强电工程	20 405 805.8	19 984 565.3		421 240.5
1.6	喷淋工程	635 667	635 667		
1.7	消火栓及气体灭火工程	831 855.9	831 855.9		
1.8	消防炮工程	714 486	714 486		
1.9	给排水工程	2 715 012.54	2 134 532.6		580 479.94
1.10	采暖工程	1 386 035	1 386 035		
1.11	通风空调工程	15 107 054.29	16 011 231.2	904 176.91	
1.12	弱电工程	681 210	681 210		
1.13	安装清单漏项	2 453 475	1 143 344.2		1 310 130.8
1.14	变更洽商	7 331 966.21	7 331 966.21		
2	措施项目费	13 499 492.37	13 431 825.89		67 666.48
2.1	其中:安全文明施工费	3 772 164.39	3 772 164.39		
2.2	其中:变更洽商调整措施费用	671 432	671 432		
3	其他项目	41 236 427.1	40 524 427.1		712 000
3.1	暂列金额	—	—		
3.2	专业工程结算价	40 120 000	39 520 000		600 000
3.3	计日工	—	—		
3.4	总承包服务费	802 400	690 400		120 000
3.5	索赔与现场签证	314 027.1	314 027.1		
4	规费	5 322 399.32	5 136 727.89		185 671.43
5	材料暂估单价调整	2 305 576	2 305 576		
6	价格调整	1 022 341	1 022 341		
7	税金	7 050 738.88	6 845 516.84		205 222.04
竣工结算总价合计=1+2+3+4+5		214 425 411.9	208 184 247.3		6 241 164.58

5) 分部分项工程量清单的审查对比表

分部分项工程量清单的审查对比表示例,见表7.54～表7.57。其中表格中加粗的数字为与送审资料中有变化的数据。

表 7.54　分部分项工程量清单与计价审查对比表

工程名称:北京×××大学体育馆工程　　　　标段:　　　　第 1 页　共 9 页

序号	项目编码	项目名称	项目特征描述	计量单位	送审数据				审定数据				调整金额/元		备注
					工程量	金额/元			工程量	金额/元					
						综合单价	合价	其中:暂估价		综合单价	合价	其中:暂估价	+	−	
A. 1　土(石)方工程															
1	010101001001	场地平整(比赛馆)	(1) 土壤类别:自行考虑 (2) 弃土运距:自行考虑 (3) 取土运距:自行考虑	平方米	4 733.44	1.42	6 721.48		4 733.44	1.42	6 721.48		—	—	
2	010101003001	挖基础土方(比赛馆)	(1) 土壤类别:自行考虑 (2) 基础类型:伐板基础 (3) 挖土深度:13 米外 (4) 弃土运距:自行考虑	立方米	**49 234.4**	30.98	**1 525 281.71**		**482 123.5**	30.98	**14 936 186.03**		—	289 095.68	工程量调整
3	010101001002	场地平整(游泳馆)	(1) 土壤类别:自行考虑 (2) 弃土运距:自行考虑 (3) 取土运距:自行考虑	平方米	1 682.6	1.42	2 389.29		1 682.6	1.42	2 389.29		—	—	

续表

序号	项目编码	项目名称	项目特征描述	计量单位	送审数据				审定数据				调整金额/元		备注
					工程量	金额/元			工程量	金额/元					
						综合单价	合价	其中：暂估价		综合单价	合价	其中：暂估价	+	−	
A. 1 土(石)方工程															
4	010103001001	土方回填（比赛馆）	(1) 土质要求：2∶8灰土回填 (2) 弃土运距：自行考虑 (3) 取土运距：自行考虑	立方米	290.8	34.6	10 061.68		290.8	34.6	10 061.68		—	—	
			(其他略)												
			分部小计				**2 188 210.97**				**2 061 878.6**			126 332.37	
A. 2 桩与地基基础工程															
12	010201003001	混凝土灌注桩	(1) 土壤级别：自行考虑 (2) 单桩长度、根树：15.4米，共85根 (3) 桩截面：直径600 (4) 成孔方法：钻孔灌注桩 (5) 砼强度等级：C30	米	**1 309.00**	243.39	**318 593.6**		**1 235.4**	243.39	**300 684.01**		—	289 095.68	工程量调整

表 7.56 分部分项工程量清单与计价审查对比表

工程名称:北京×××大学体育馆工程　　　　标段:　　　　第 9 页　共 9 页

序号	项目编码	项目名称	项目特征描述	计量单位	送审数据				审定数据				调整金额/元		备注
					工程量	金额/元			工程量	金额/元					
						综合单价	合价	其中:暂估价		综合单价	合价	其中:暂估价	+	−	
A. 4 混凝土及钢筋混凝土工程															
17	010401003001	满堂基础	(1) 垫层材料种类、厚度:C15,100 厚 (2) 混凝土强度等级:C30S6 (3) 混凝土拌和料要求:预拌	立方米	**3 362.63**	426.88	**1 435 439.49**		**3 362.63**	426.88	**1 435 439.49**		—	—	
26	010402001001	矩形柱(比赛馆)	(1) 柱截面:1 000×800 (2) 混凝土强度等级:C40 (3) 混凝土拌和料要求:预拌	立方米	1 386.6	397.34	550 951.64		1 386.6	397.34	550 951.64			—	
41	010405001001	比赛馆地下一层有梁板	(1) 板厚度:200 厚 (2) 混凝土强度等级:C30 (3) 混凝土拌和料要求:预拌	立方米	211.29	359.08	75 870.01		211.29	359.08	75 870.01		—	—	

续表

序号	项目编码	项目名称	项目特征描述	计量单位	送审数据				审定数据				调整金额/元		备注
					工程量	金额/元			工程量	金额/元					
						综合单价	合价	其中：暂估价		综合单价	合价	其中：暂估价	+	−	
A. 4　混凝土及钢筋混凝土工程															
93	010416001001	比赛馆现浇混凝土钢筋	钢筋的种类规格：Φ20（三级钢）	吨	**356. 457**	4 426. 65	**1 577 910. 38**		**324. 700**	4 426. 65	**1 437 333. 26**		—	140 577. 12	工程量调整
94	010416001002	比赛馆现浇混凝土钢筋	钢筋的种类规格：Φ22（二级钢）	吨	**198. 763**	4 307. 22	**856 115. 97**		**172. 675**	4 307. 22	**743 749. 21**		—	112 366. 76	工程量调整
			（其他略）												
			分部小计				**29 982 359. 88**				**28 796 567. 56**			1 185 792. 32	
A. 6　金属结构工程															
145	010605001001	比赛场二层压型钢板	（1）压型钢板 YX70-200-600（2）厚度：0. 8 毫米	平方米	447. 40	126. 09	56 412. 67		447. 40	126. 09	56 412. 67		—	—	
			（其他略）												
			分部小计				**11 727 956. 4**				**11 125 673. 6**			602 282. 8	

表 7.57　分部分项工程量清单与计价审查对比表

工程名称:北京×××大学体育馆工程　　　　标段:　　　　第 9 页　共 9 页

序号	项目编码	项目名称	项目特征描述	计量单位	送审数据				审定数据				调整金额/元		备注
					工程量	金额/元			工程量	金额/元					
						综合单价	合价	其中:暂估价		综合单价	合价	其中:暂估价	+	—	
A. 7　屋面及防水工程															
			(其他略)												
			分部小计				**5 926 731. 48**				**5 926 731. 48**				
A. 8　防腐、隔热、保温工程															
164	010803003001	保温隔热墙	(1) 抹 3～5 厚聚合物砂浆中间压入一层耐碱玻纤网格布 (2) 聚合物砂浆粘贴 90 厚双面带小凹槽聚苯板 (3) 1∶3 水泥砂浆找平 (4) 基层墙面刷界面剂 (5) 砂浆和料要求:预拌	平方米	5 261. 00	120. 55	634 213. 55		5 261. 00	120. 55	634 213. 55		—	—	
166	京 010803006001	工程水电费	工程水电费(北京市补充清单项目)	平方米	25 800	15. 91	410 478		25 800	15. 91	410 478		—	—	
			(其他略)												
			分部小计				1 215 025. 89				1 215 025. 89				
合计							**53 973 598. 3**				**51 948 227. 91**			2 025 370. 39	

6）措施项目清单与计价审查对比表

措施项目清单与计价审查对比表，见表7.58、表7.59。

表7.58　措施项目清单与计价审查对比表（一）

工程名称：北京×××大学体育馆工程　　　　标段：　　　　第1页　共1页

序　号	项目名称	计算基础	费率/%	送审金额/元	送审金额/元	调整金额/元		备　注
						＋	－	
1	安全文明施工	人工费		3 772 164.39	3 772 164.39	—	—	
2	夜间施工					—	—	
3	二次搬运			55 731	55 731	—	—	
4	冬雨季施工			72 415	72 415	—	—	
5	大型机械设备进出场及安拆			90 000	90 000	—	—	
6	施工排水					—	—	
7	施工降水			325 620	325 620	—	—	
8	地上、地下设施，建筑物的临时保护设施					—	—	
9	已完工程及设备保护			241 200	241 200	—	—	
10	竣工图编制费			251 250	251 250	—	—	
11	护坡工程			2 164 826	2 164 826	—	—	
12	场地狭小所需措施费用			83 597	83 597	—	—	
13	意外伤害保险费用			106 832	106 832	—	—	
14	室内空气污染检测费			50 000	50 000	—	—	
15	扬尘污染控制费			243 245	243 245	—	—	
16	建筑工程措施项目			2 463 298	2 463 298	—	—	
16.1	脚手架			1 246 243	1 246 243	—	—	
16.2	垂直运输机械			1 217 055	1 217 055	—	—	
17	装饰装修工程措施项目					—	—	
17.1	垂直运输机械					—	—	
17.2	脚手架					—	—	
18	砼泵送费			275 671	275 671	—	—	
						—	—	
						—	—	
合计				10 195 849.39	10 195 849.39	—	—	

表 7.59 措施项目清单与计价审查对比表(二)

工程名称:北京×××大学体育馆工程　　　　标段:　　　　第1页　共1页

序号	项目编码	项目名称	项目特征描述	计量单位	送审数据			审定数据			调整金额/元		备注
					工程量	金额/元		工程量	金额/元				
						综合单价	合价		综合单价	合价	+	−	
1	AB002	现浇钢筋混凝土平板模板及支架	(1) 构件形状:矩形 (2) 支模高度:支模高度3米 (3) 模板类型:自行考虑 (4) 支撑类型:自行考虑	平方米	1 178.5	34.67	40 858.6	1 178.5	34.67	40 858.6			
2	AB003	现浇钢筋混凝土有梁板及支架	(1) 构件形状:矩形 (2) 支模高度:板底支模高度3.78米 (3) 模板类型:自行考虑 (4) 支撑类型:自行考虑	平方米	16 006.87	41.53	664 765.31	15 324.34	41.53	636 419.84		28 345.47	
3	AB004	现浇钢筋混凝土圆形柱模板	(1) 构件形状:圆形 (2) 支模高度:支模高度3.5米 (3) 模板类型:自行考虑 (4) 支撑类型:自行考虑	平方米	248.6	47.86	11 898	248.6	47.86	11 898			
4	AB005	现浇钢筋混凝土直行墙模板	(1) 构件形状:矩形 (2) 支模高度:支模高度3.9米 (3) 模板类型:自行考虑 (4) 支撑类型:自行考虑	平方米	9 634	21.68	208 865.12	9 634	21.68	208 865.12			
		(其他略)											
合计							2 632 210.98			2 564 544.5		67 666.48	

7）其他项目清单汇总审查对比表

其他项目清单汇总审查对比，见表7.60～表7.63。

表7.60　其他项目清单与计价汇总审查对比表

工程名称：北京×××大学体育馆工程　　　标段：　　　第1页　共1页

序　号	项目名称	计量单位	送审金额/元	审定金额/元	调整金额/元		备　注
					＋	－	
1	暂列金额	项	—	—			
2	暂估价		40 120 000	39 520 000		600 000	
2.1	材料暂估价		—	—			
2.2	专业工程结算价	项	40 120 000	39 520 000		600 000	明细详见专业工程暂估价审查表7.61
3	计日工		—	—			
4	总承包服务费		802 400	690 400		112 000	明细详见表总承包服务费计价审查表7.62
5	索赔与现场签证		314 027.1	314 027.1			索赔与现场签证汇总表7.63
合计			44 564 344.1	43 852 344.1		712 000	—

其中，各种明细表及调整金额中的原因，见表7.61～表7.63。

表7.61　专业工程价审查对比表

工程名称：北京×××大学体育馆工程　　　标段：　　　第1页　共1页

序　号	工程名称	工程内容	送审金额/元	审定金额/元	调整金额/元		备　注
					＋	－	
1	玻璃雨篷	制作、安装	48 000	48 000			
2	金属屋面板	制作、安装	6 985 600	6 585 600		400 000	与分部分项部分内容重复
3	中央球壳	制作、安装	1 500 000	1 500 000			
4	火警报警及消防联动控制系统	安装、调试	2 800 000	2 800 000			
5	安保系统	安装、调试	2 200 000	2 200 000			
6	楼宇设备自控系统	安装、调试	2 560 000	2 360 000		200 000	与招标内容发生改变
	……						
合计			40 120 000	39 520 000		600 000	—

表7.62　总承包服务费计价审查对比表

工程名称：北京×××大学体育馆工程　　　标段：　　　第1页　共1页

序　号	项目名称	送审数据			审定数据			调整金额/元		备　注
		项目价值/元	费率/%	金额/元	项目价值/元	费率/%	金额/元	＋	－	
1	发包人发包专业工程	40 120 000	2	802 400	34 520 000	2	690 400		112 000	基数中扣除500万元设备费
2	发包人供应材料									
合计				802 400			690 400		112 000	

表 7.63　索赔与现场签证费用汇总审查对比表

工程名称：北京×××大学体育馆工程　　标段：　　第 1 页　共 1 页

序　号	签证及索赔项目名称	计量单位	数量	单价/元	合价/元	索赔及签证依据	备　注
1	关于施工现场增加视频监控系统	项	1	74 027.1	74 027.1	001	
2	破除障碍物	立方米	3 000	80	2 400 000	002	
3							
4							
		（以下略）					
合计					314 027.1		

8）规费、税金项目清单与计价审查对比表

规费、税金项目清单与计价审查对比表，如表 7.64 所示。

表 7.64　规费、税金项目清单与计价审查对比表

工程名称：北京×××大学体育馆工程　　标段：　　第 1 页　共 1 页

序　号	项目名称	计算基础	送审数据		审定数据		调整金额/元		备　注
			费率/%	金额/元	费率/%	金额/元	+	−	
1	规费	人工费	24.09	5 322 399.32	24.09	5 136 727.89		185 671.43	基数减少
1.1	工程排污费								
1.2	社会保障费								
1.2.1	养老保险费								
1.2.2	失业保险费								
1.2.3	医疗保险费								
1.3	住房公积金								
1.4	危险作业意外伤害保险								
1.5	工程定额测定费								
2	税金	分部分项工程费＋措施项目费＋其他项目费＋规费	3.4	7 050 738.88	3.4	6 845 516.84		205 222.04	
合计				12 373 138.2		11 982 244.73		390 893.47	

参考文献

陈德义,李军红.2003.建筑工程概预算教程[M].广州:广东科技出版社
陈勇强,张水波.2008.国际工程索赔[M].北京:中国建筑工业出版社
成虎.2008.建设工程合同管理与索赔[M].南京:东南大学出版社
国家发展和改革委员会,建设部.2006.建设项目经济评价方法与参数(第三版)[S].北京:中国计划出版社
何红锋.2004.建设工程施工合同纠纷处理实务[M].北京:知识产权出版社
胡磊,彭时青.2006.建设工程工程量清单计价编制实例[M].北京:机械工业出版社
黄顺基.2004.自然辩证法[M].北京:高等教育出版社
李红,辛飞.2009.建筑工程概预算[M].合肥:合肥工业大学出版社
李辉,蒋宁生.2003.工程施工组织设计编制与管理[M].北京:人民交通出版社
李建峰.2005.工程计价与造价管理[M].北京:中国电力出版社
李启明,朱树英,黄文杰.2007.工程建设合同管理与索赔[M].北京:科学出版社
李相然.2008.工程经济学[M].北京:中国电力出版社
廖小建,杜晓玲.2005.建设工程工程量清单计价快速编制技巧与实例[M].北京:中国建筑工业出版社
刘晓军.2005.工程经济学[M].北京:中国建筑工业出版社
陆宁.2008.工程经济学[M].北京:化学工业出版社
马楠,张国兴,韩英爱.2009.工程造价管理[M].北京:机械工业出版社
孟新田.2006.土木工程概预算与清单计价[M].北京:高等教育出版社
全国造价工程师执业资格考试培训教材编审组.2009.工程造价计价与控制[M].北京:中国计划出版社
全国造价工程师执业资格考试培训教材编审组.2009.建设工程技术与计量(土建工程部分)[M].北京:中国计划出版社
全国造价工程师执业资格考试培训教材编写委员会.2001.工程造价案例分析[M].北京:中国计划出版社
沈杰.2008.工程造价管理[M].南京:东南大学出版社
沈祥华.2004.建筑工程概预算[M].武汉:武汉理工大学出版社
宋伟,王恩茂.2007.工程经济学[M].北京:人民交通出版社
谭祖欢.2006.建筑工程预结算书实例精选[M].北京:中国电力出版社
王朝霞.2006.建筑工程计量与计价[M].北京:机械工业出版社
王雪青.2008.工程估价[M].北京:中国建筑工业出版社
徐莉,王红岩.2006.项目评估与决策[M].北京:科学出版社
严玲,尹贻林.2004.工程造价导论[M].天津:天津大学出版社
严玲,尹贻林.2006.工程计价学[M].北京:机械工业出版社
严玲,尹贻林.2007.工程估价学[M].北京:人民交通出版社
杨博.2004.工程造价咨询[M].合肥:安徽科学出版社
俞国凤,吕茫茫.2005.建筑工程概预算与工程量清单[M].上海:同济大学出版社
袁建新,迟晓明.2007.建筑工程预算(第三版)[M].北京:中国建筑工业出版社

张建平，吴贤国. 2006. 工程估价[M]. 北京：科学出版社

中国建设工程造价管理协会. 2007a. 建设项目工程结算编审规程(CECA/GC3—2007)[S]. 北京：中国计划出版社

中国建设工程造价管理协会. 2007b. 建设项目设计概算编审规程(CECA/GC2—2007)[S]. 北京：中国计划出版社

中国建设工程造价管理协会. 2007c. 建设项目投资估算编审规程(CECA/GC1—2007)[S]. 北京：中国计划出版社

中国建设工程造价管理协会. 2009. 建设项目全过程造价咨询规程(CECA/GC4—2009)实施手册[S]. 北京：中国计划出版社

中华人民共和国住房和城乡建设部，中华人民共和国国家质量监督检验检疫总局. 2008. 建设工程工程量清单计价规范(GB 50500—2008)[S]. 北京：中国计划出版社

周和生，尹贻林. 2008. 建设项目全过程造价管理[M]. 天津：天津大学出版社

朱宏亮，成虎. 2006. 工程合同管理[M]. 北京：中国建筑工业出版社

附　　图

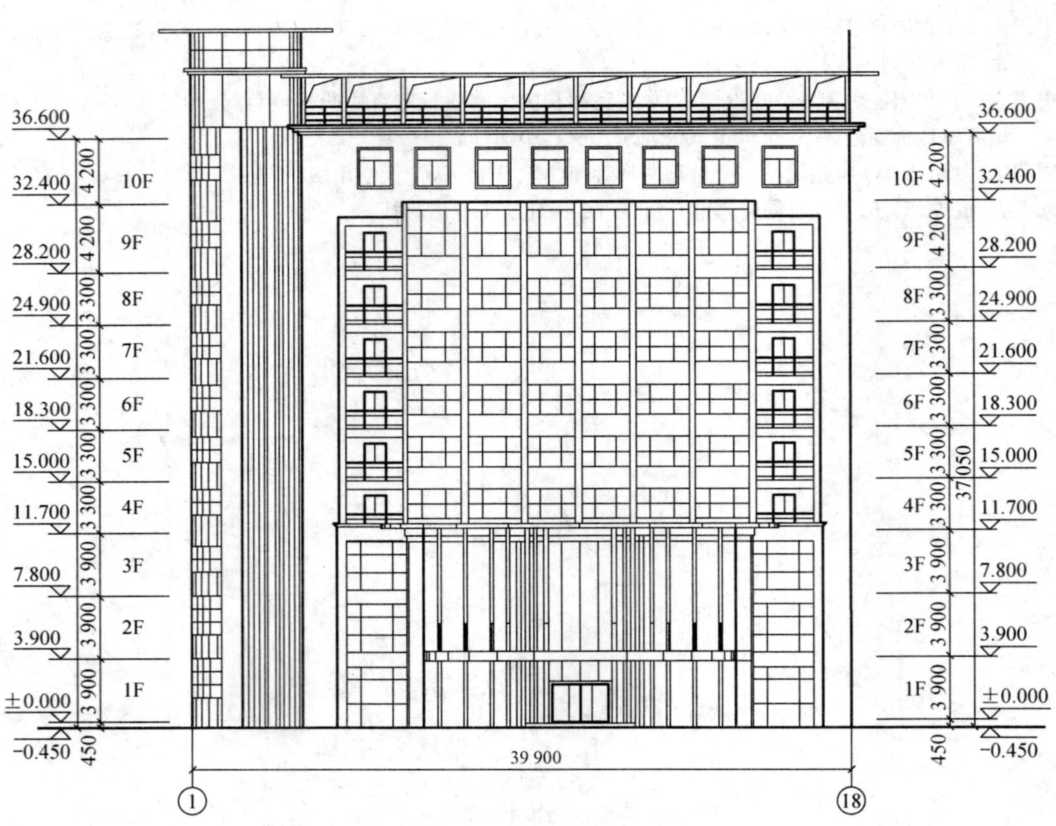

附图 1　①-⑱正立面图

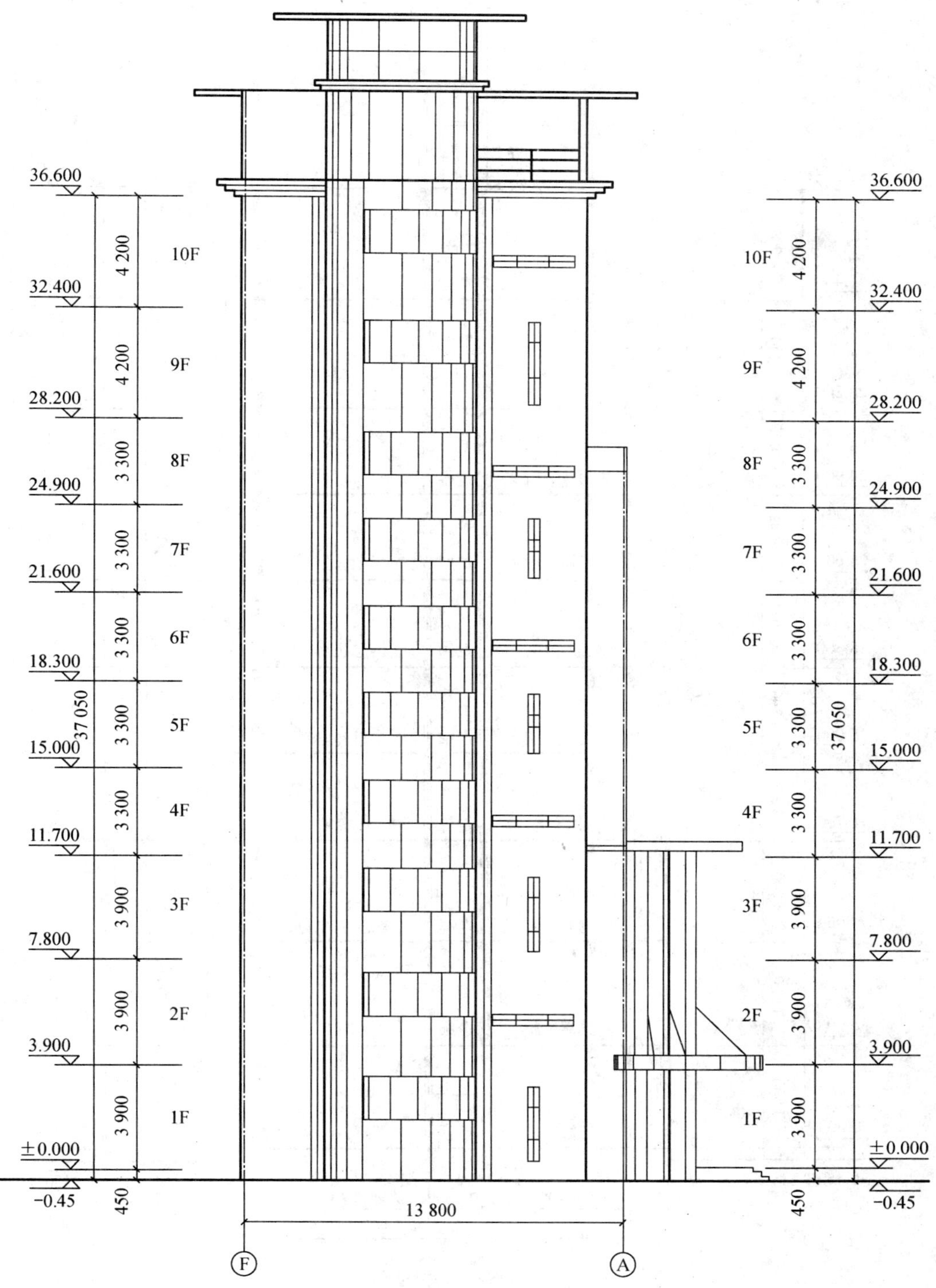

附图 2　F-A 侧立面图

屋面
多功能厅
职工之家
调度通信中心
走廊
机房
党群办公室
走廊
荣誉室
信息中心
走廊
总机房
公司行政
走廊
总经部
档案室
走廊
档案室
财务部
走廊
三新农电办
营销部
走廊
安保部
值班室
走廊
服务中心
10F
9F
8F
7F
6F
5F
4F
3F
2F
1F
36.600
32.400
28.200
24.900
21.600
18.300
15.000
11.700
7.800
3.900
±0.000
-0.450
4 200
4 200
3 300
3 300
3 300
3 300
3 300
3 900
3 900
3 900
450
37 050
1 414
5 400
2 100
6 300
13 800
A
C
D
F

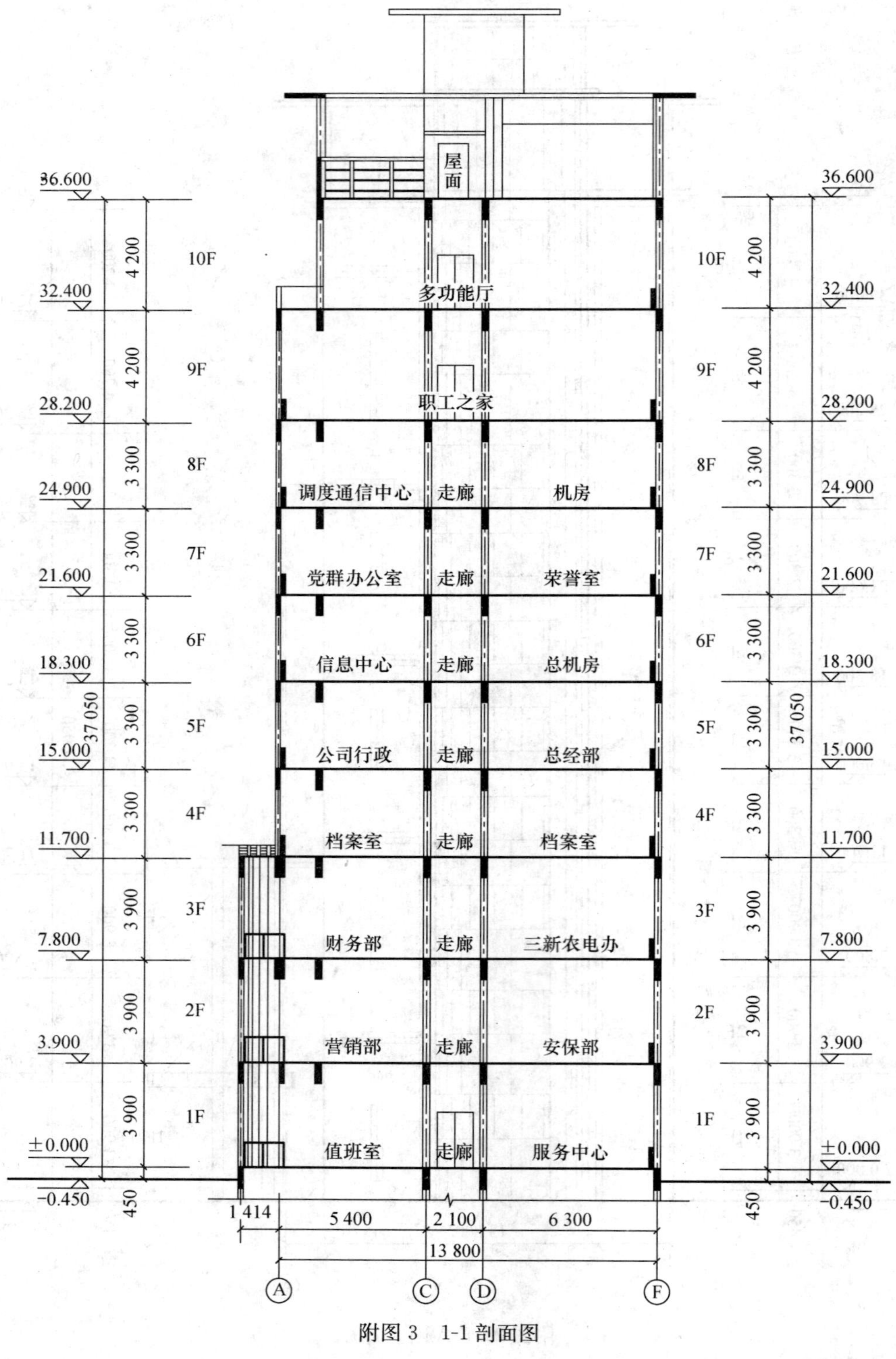

附图 3　1-1 剖面图

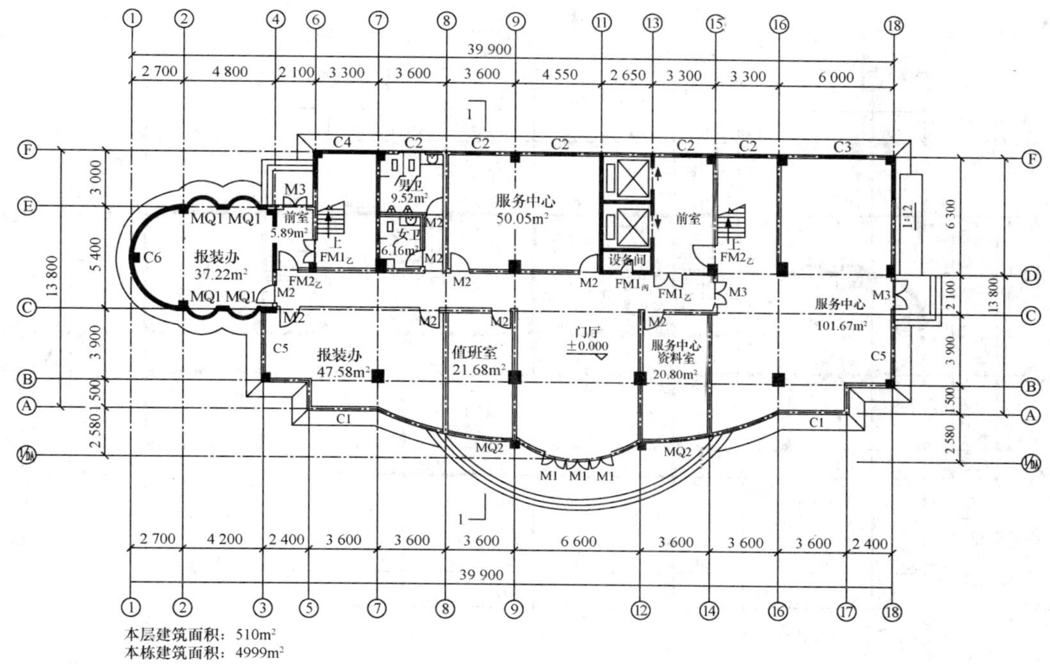

附图 4　1 层平面图

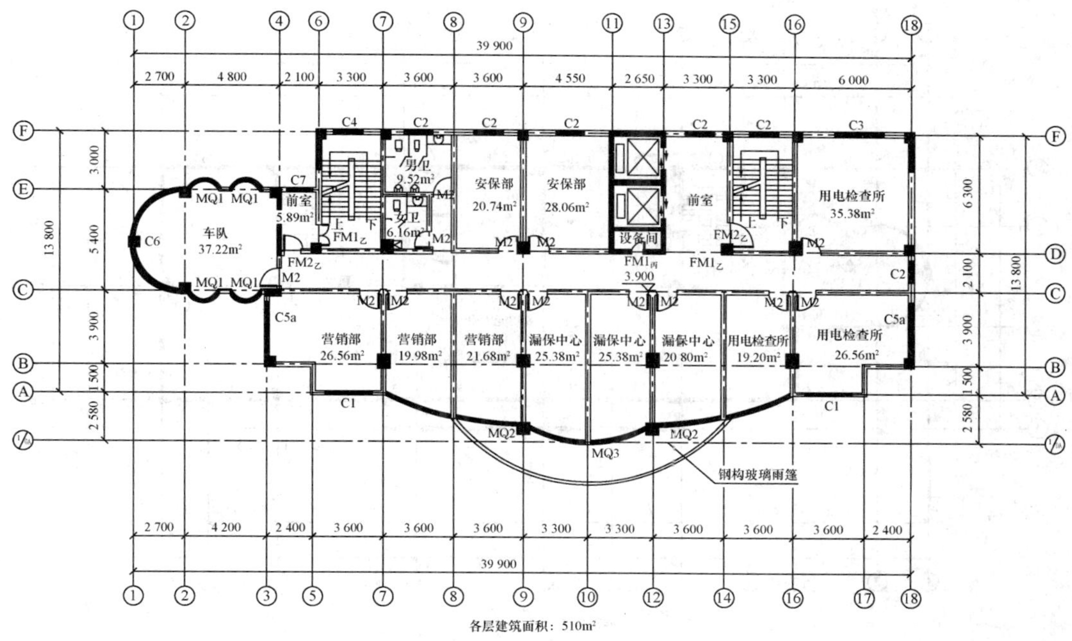

附图 5　2-7 层平面图

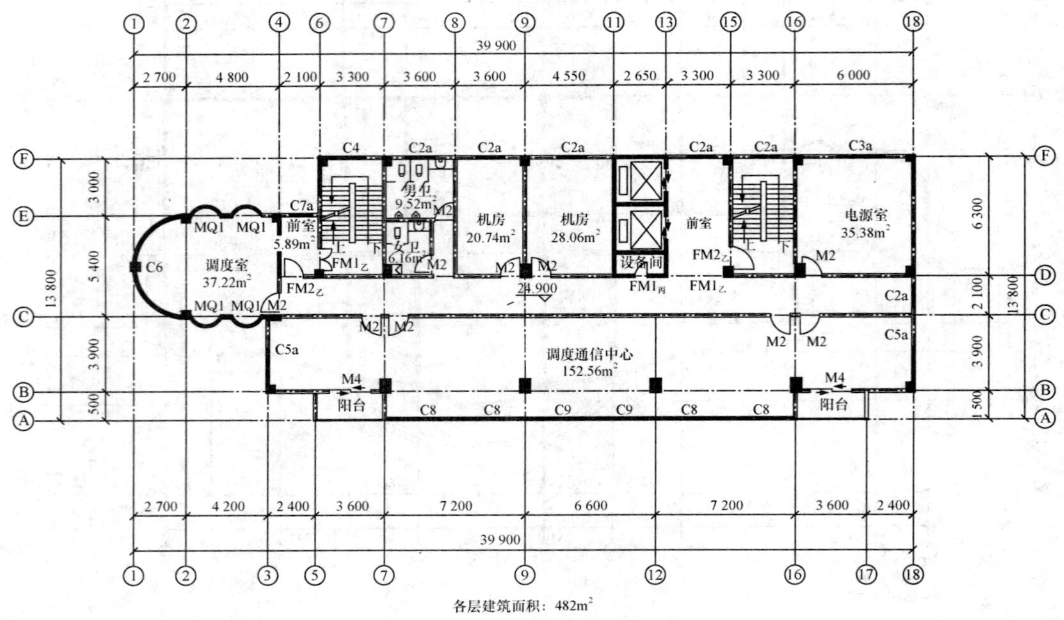

各层建筑面积：482m²

附图 6　8-9 层平面图

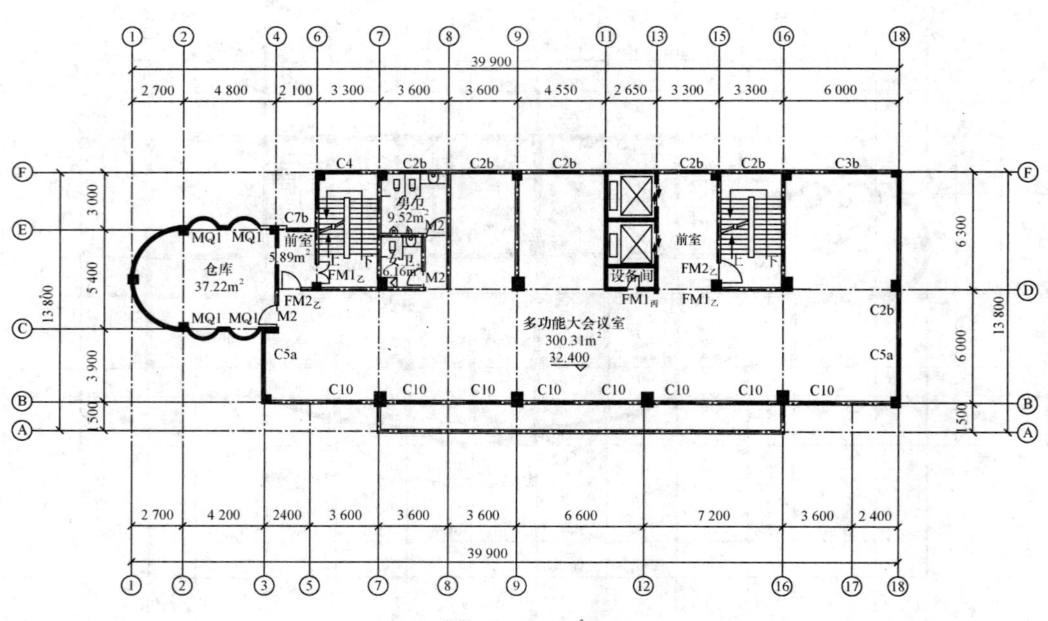

本层建筑面积：445m²

附图 7　10 层平面图

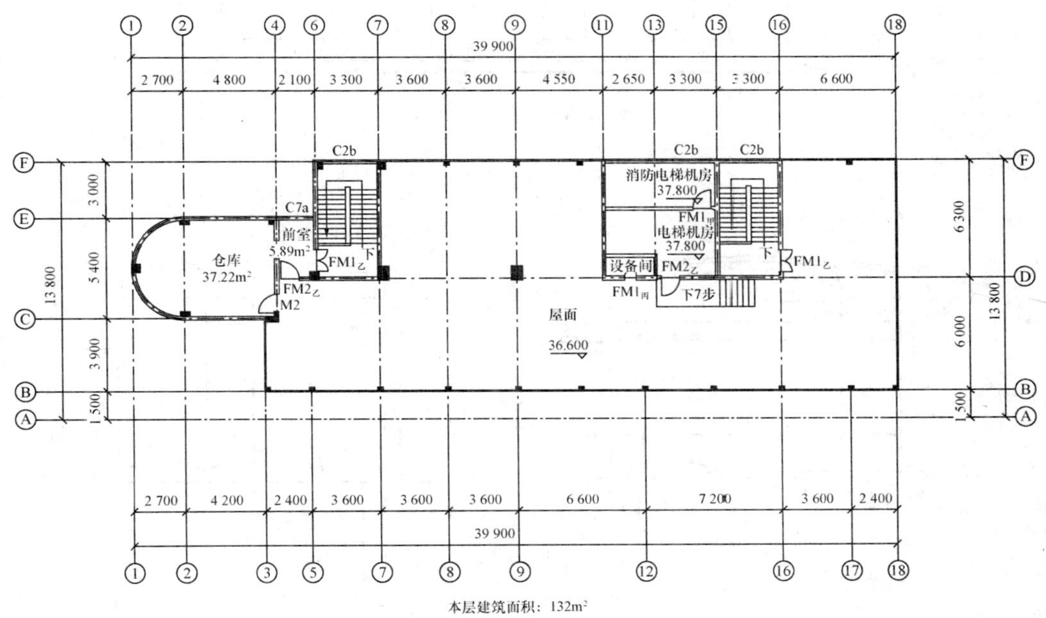

本层建筑面积：132m²

附图 8 屋面平面图

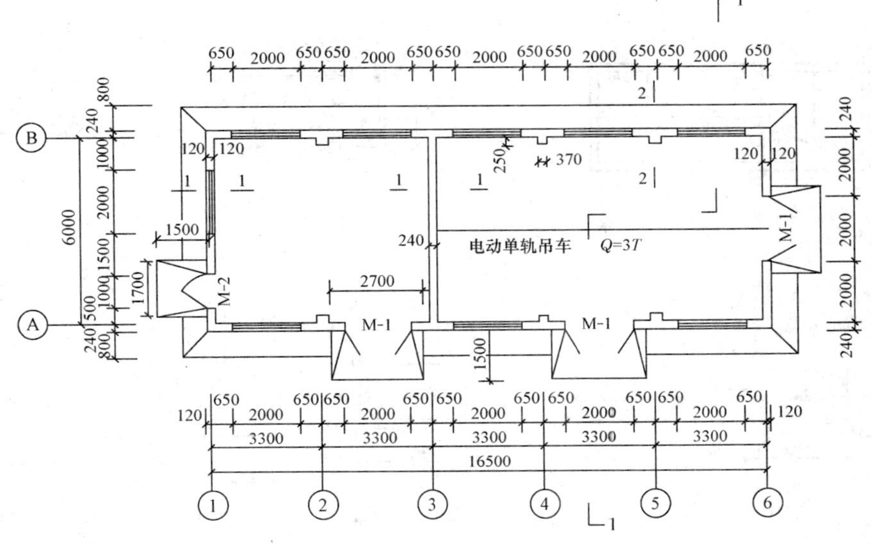

附图 9 平面图

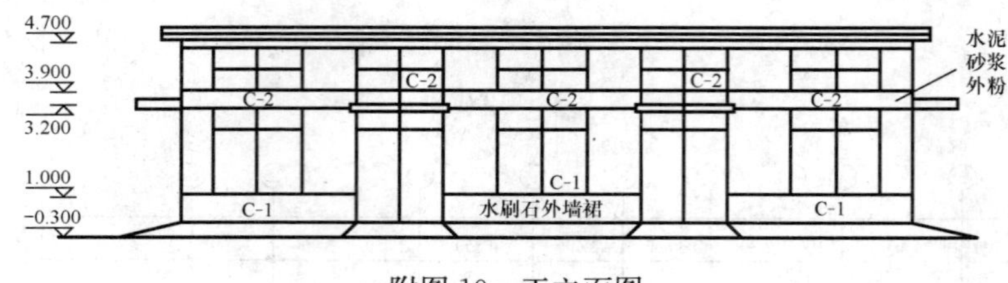

附图 10　正立面图

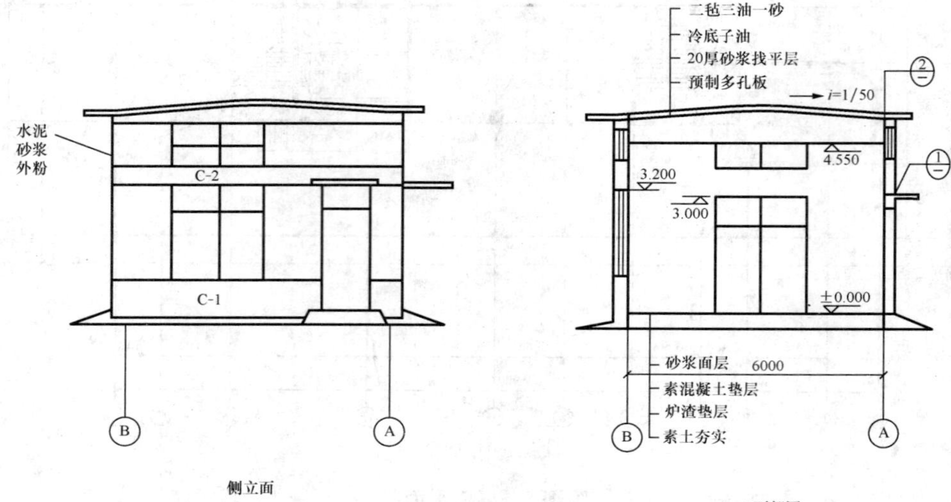

附图 11　侧立面及剖面图

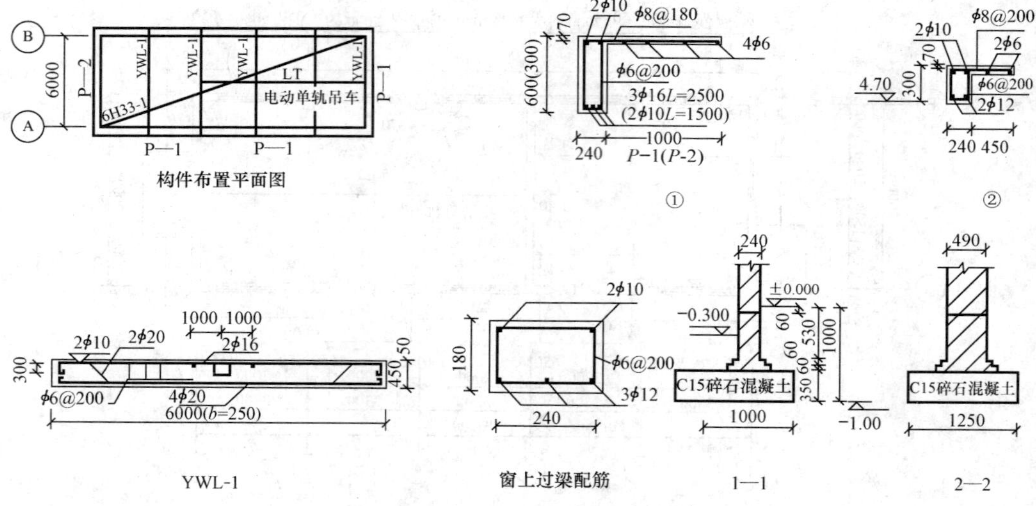

附图 12　结构施工图